Steuerplanung des Mitunternehmers

Die entnahmeorientierte Steuerplanung

Von

Dr. Jürgen Karsten

R. Oldenbourg Verlag München Wien

CIP-Titelaufnahme der Deutschen Bibliothek

Karsten, Jürgen:
Steuerplanung des Mitunternehmers : d. entnahmeorientierte
Steuerplanung / von Jürgen Karsten. - München ; Wien :
Oldenbourg, 1988
ISBN 3-486-20900-0

Gesamtherstellung: Rieder, Schrobenhausen

ISBN 3-486-20900-0

Inhaltsverzeichnis

Anhang

Vorwort

In Zeiten zunehmender steuerlicher Belastungen gewinnt eine zielgerechte, d.h. an den individuellen Verhältnissen und Bedürfnissen des Steuerpflichtigen orientierte Steuerplanung zunehmend an Bedeutung.

Für den Gesellschafter einer Personenhandelsgesellschaft stößt die Realisation der individuell optimalen Steuerplanungskonzeption allerdings grundsätzlich auf Probleme. Auf Gesellschaftsebene wird die individuelle steuerplanerische Nutzung von Gestaltungsmöglichkeiten (Bilanzierungs- und Bewertungswahlrechte) im Rahmen der einheitlichen und gesonderten Feststellung von Besteuerungsgrundlagen eingeschränkt. Die Nutzung von Gestaltungsmöglichkeiten muß im Rahmen des Feststellungsverfahrens einheitlich, d.h. für alle Gesellschafter mit demselben Ergebnis erfolgen.

Soweit unterschiedliche finanzielle Ziele der Gesellschafter eine unterschiedliche Steuerplanungskonzeption und daher auch eine unterschiedliche Nutzung von Gestaltungsmöglichkeiten erfordern, muß eine gegenseitige Abstimmung im Rahmen eines Verhandlungsprozesses erfolgen.

Im Rahmen des vorliegenden Buches wird daher zunächst ein Planungsansatz dargestellt, mit dessen Hilfe der Gesellschafter einer Personengesellschaft den für ihn optimalen Ergebnisausweis der Gesellschaft ermitteln kann. Zur Durchführung dieser Planung benötigt der Mitunternehmer spezifische Informationen, so daß die Untersuchung von Möglichkeiten zur Informationsgewinnung in einem gesonderten Abschnitt durchgeführt wird.

Der für den einzelnen Gesellschafter optimale Ergebnisausweis wird von den individuellen Besteuerungsdeterminanten (z.B. weitere Einkünfte, Familienstand, Anzahl der Kinder etc.) bestimmt. Daher ist der auf Gesellschaftsebene zu realisierende Ergebnisausweis grundsätzlich interpersonell konfliktär und muß zum Gegenstand von Verhandlungen zwischen den Gesellschaftern gemacht werden. Verlauf und Ergebnis der Verhandlungen hängen in starkem Maße von den Machtpositionen der Gesellschafter ab, so daß u.a. eine eingehende Analyse möglicher gesellschaftsvertraglicher Regelungen erforderlich ist.

Als praktische Möglichkeit der Konfliktlösung bieten sich Ausgleichszahlungen zwischen den Gesellschaftern an. Die möglichen Formen von Ausgleichszahlungen (z.B. Gewinnanteil, Sondervergütungen) und deren steuerliche Behandlung stellen daher einen weiteren zentralen Komplex des vorliegenden Buches dar.

Das Buch ist insgesamt mit der Zielrichtung einer unmittelbaren praktischen Umsetzbarkeit der Ergebnisse erstellt worden. Dieser Umsetzbarkeit dienen die Berücksichtigung zahlreicher rechtlicher bzw. möglicher gesellschaftsvertraglicher Regelungen ebenso wie die den Zwecken einer Steuerplanung gerecht werdende Strukturierung steuerlicher Wahlrechte und Spielräume in Form einer Checkliste.

Das Streben nach praktischer Umsetzbarkeit bedingt allerdings auch eine partiell vereinfachende Darstellung und Verarbeitung komplexerer Zusammenhänge, um auf nachvollziehbare Art und Weise für die Praxis verwertbare Ergebnisse zu gewinnen.

Entsprechend der praktischen Auslegung richtet sich das Buch an die Gesellschafter von Personenhandelsgesellschaften ebenso wie an deren steuerliche Berater. Ferner dürfte das Buch für Studenten des Faches Betriebswirtschaftliche Steuerlehre von Interesse sein.

Jürgen Karsten

Verzeichnis der Abbildungen und Tabellen

Verzeichnis der Abkürzungen

Abb.	Abbildung
Abs.	Absatz
Abschn.	Abschnitt
AfA	Absetzung(en) für Abnutzung
Anm.	Anmerkung
AO	Abgabenordnung
Art.	Artikel
Aufl.	Auflage
BB	Betriebsberater (Zeitschrift)
Bd.	Band
BdF	Bundesminister der Finanzen
BerlinFG	Berlinförderungsgesetz
betr.	betreffend
BewG	Bewertungsgesetz
BFH	Bundesfinanzhof
BFuP	Betriebswirtschtliche Forschung und Praxis (Zeitschrift)
BGB	Bürgerliches Gesetzbuch
BGBL	Bundesgesetzblatt
BGH	Bundesgerichtshof
BiRiLiG	Bilanzrichtlinien-Gesetz
BMF	Bundesministerium der Finanzen
Bsp.	Beispiel
BStBl	Bundessteuerblatt
bzgl.	bezüglich
bzw.	beziehungsweise
c.p.	ceteris paribus
d.A.	der Autor
DB	Der Betrieb (Zeitschrift)
ders.	derselbe
d.h.	das heißt
Diss.	Dissertation
DStR	Deutsches Steuerrecht (Zeitschrift)
DStZ	Deutsche Steuerzeitung (Zeitschrift)

EFG	Entscheidungen der Finanzgerichte
EG	Europäische Gemeinschaft
EGHGB	Einführungsgesetz zum Handelsgesetzbuch
ESt	Einkommensteuer
EStDV	Einkommensteuer-Durchführungsverordnung
EStG	Einkommensteuergesetz
EStR	Einkommensteuer-Richtlinien
f.	folgende
ff.	fortfolgende
FG	Finanzgericht
FN	Fachnachrichten (Zeitschrift)
FR	Finanz-Rundschau (Zeitschrift)
gem.	gemäß
GewESt	Gewerbeertragsteuer
GewKapSt	Gewerbekapitalsteuer
GewSt	Gewerbesteuer
GewStG	Gewerbesteuergesetz
GewStR	Gewerbesteuer-Richtlinien
ggü.	gegenüber
GoB	Grundsätze ordnungsmäßiger Buchführung
GrS	Großer Senat
GuV	Gewinn- und Verlustrechnung
HGB	Handelsgesetzbuch
h.M.	herrschende Meinung
Hrsg.	Herausgeber
HWR	Handwörterbuch des Rechnungswesens
i.d.R.	in der Regel
i.d.S.	in diesem Sinne
IdW	Institut der Wirtschaftsprüfer
i.e.S.	im engeren Sinne
i.S.v.	im Sinne von
i.w.S.	im weiteren Sinne
KG	Kommanditgesellschaft
KiSt	Kirchensteuer
LSt	Lohnsteuer
LStDV	Lohnsteuer-Durchführungsverordnung

Max.	Maximiere/Maximum
m.H.	mit Hilfe
Min.	Minimiere/Minimum
MM	Manövriermasse
MME	Manövriermasseneinsatz
m.w.N.	mit weiteren Nachweisen
Nr.	Nummer
NWB	Neue Wirtschafts-Briefe (Zeitschrift)
OHG	Offene Handelsgesellschaft
OLG	Oberlandesgericht
PuK	Planungs- und Kontrollrechnung
Rdz/Rz	Randziffer
RoJ	Return on Investment
RWP	Rechts- und Wirtschaftspraxis (Zeitschrift)
S.	Seite
SABI	Sonderausschuß Bilanzrichtlinien-Gesetz
SG.	Sachgebiet
Sp.	Spalte
StbJb	Steuerberater-Jahrbuch
StKongrRep	Steuer-Kongreß-Report
StuW	Steuer und Wirtschaft (Zeitschrift)
StWA	Steuerwarte (Zeitschrift)
Tab.	Tabelle
Tz	Textziffer
u.a.	und andere / unter anderem
USt	Umsatzsteuer
UStG	Umsatzsteuergesetz
u.U.	unter Umständen
v.	vom
vgl.	vergleiche
VSt	Vermögensteuer
VStG	Vermögensteuergesetz
VStR	Vermögensteuer-Richtlinien
WiSt	Wirtschaftswissenschaftliches Studium (Zeitschrift)

WiSu	Das Wirtschaftstudium (Zeitschrift)
WPg	Die Wirtschaftsprüfung (Zeitschrift)
ZfB	Zeitschrift für Betriebswirtschaft
ZfbF	Zeitschrift für betriebswirtschaftliche Forschung
ZfOR	Zeitschrift für Operations Research
ZfürO/ZfO	Zeitschrift für Organisation/ Zeitschrift Führung + Organisation (ab 1982)
Ziff.	Ziffer
ZonenRFG	Zonenrandförderungsgesetz
z.T.	zum Teil

1. Problemstellung und Konzeption

Dem deutschen Einkommensteuerrecht liegt das Prinzip der Individualbesteuerung zugrunde. Danach sind die individuellen Verhältnisse einer einzelnen Person für deren Einkommensbesteuerung relevant. Nur diese einzelne natürliche Person ist Steuerpflichtiger. "Grundsätzlich spielt also weder die familiäre noch die gesellschaftsrechtliche noch die vermögensmäßige noch die interessenmäßige Bindung mehrerer Personen für die Einkommensbesteuerung eine Rolle."[1]

Es bleibt auch dann bei der Individualbesteuerung, wenn mehrere Personen gemeinsam Einkünfte erzielen, indem diese z.B. gemeinsam eine gewerbliche Tätigkeit ausüben. Zivilrechtlich liegt bei einem Zusammenschluß mehrerer Personen in einer gemeinsamen Rechtsform und zur Erreichung eines gemeinsamen Zwecks[2] eine Personen-(Handels-)Gesellschaft vor.[3]

Im Einkommensteuerrecht wird eine solche Personenmehrheit durch das Konstrukt der Mitunternehmerschaft[4] erfaßt. Eine Mitunternehmerschaft kann gekennzeichnet werden als Zusammenschluß von mehre-

---

[1] Rose, Ertragsteuern, S. 76.

[2] Vgl. § 705 BGB; Zimmermann/Reyher/Hottmann, Personengesellschaft, S. 29 f.

[3] Personenhandelsgesellschaften sind die OHG und die KG. Im folgenden werden ausschließlich gewerbliche Mitunternehmergemeinschaften in der Rechtsform der OHG und der KG betrachtet, deren Gesellschafter natürliche Personen sind. Zu den weiteren Formen von Mitunternehmergemeinschaften und deren steuerliche Behandlung vgl. z.B. Michels, Wahlrechte, S. 94 ff. sowie die Kommentierungen zu § 15 EStG.

[4] Zu den Fragen der Tatbestandsmerkmale der Mitunternehmerschaft sowie zur Besteuerung der Mitunternehmerschaft bzw. des Mitunternehmers existiert bereits in umfangreichem Maß Literatur, so daß im folgenden auf diese Fragen nur noch in knapper Form einzugehen ist, soweit dies themennotwendig ist. Vgl. stellvertretend für viele Autoren zu den angesprochenen Aspekten Brewi, Behandlung; Zimmermann/Reyher/Hottmann, Personengesellschaft; Kruse, (Hrsg.), Grundprobleme; Kurth, Besteuerung.

ren Personen in einer gemeinsamen Rechtsform zur Erreichung eines gemeinsamen Zwecks. Dabei wird die Unternehmerfunktion durch alle Mitunternehmer gemeinschaftlich erfüllt; die Gesellschafter üben gemeinsam eine gewerbliche Betätigung aus.[5]

Um entprechend dem Prinzip der Individualbesteuerung den einzelnen Mitunternehmer zur Einkommensteuer veranlagen zu können, ist es notwendig, die von der Mitunternehmergemeinschaft erwirtschafteten Besteuerungsgrundlagen aufzuteilen. Zu diesem Zweck wird das Verfahren der gesonderten Feststellung von Besteuerungsgrundlagen gemäß §§ 179 ff. AO herangezogen. Im Rahmen dieses Verfahrens erfolgt u.a. die Feststellung des dem Mitunternehmer steuerlich zuzurechnenden Gewinns, bestehend aus Gewinnanteil und/oder Sondervergütungen gemäß § 15 Abs. 1 Nr. 2 EStG. Diese Gewinnfeststellung erfolgt einheitlich für mehrere Steuerarten, für alle Mitunternehmer gemeinsam und für alle Betroffenen bindend[6] sowie gesondert, d.h. in einem von der individuellen Veranlagung getrennten Verfahren.[7] In diesem Verfahren werden "... sämtliche Besteuerungsfragen, welche die Gesellschafter gemeinsam betreffen, im Hinblick auf die nachfolgende Veranlagung bindend entschieden..."[8].

Das Verfahren der einheitlichen und gesonderten Feststellung von Besteuerungsgrundlagen erzwingt bzgl. der Nutzung von Gestaltungsmöglichkeiten (Bilanzierungs- und Bewertungswahlrechte) in der Steuerbilanz der Gesellschaft grundsätzlich kollektive, d.h. diesbezüglich einheitliche Entscheidungen aller Gesellschafter. Die Entscheidungen sind für alle Gesellschafter mit demselben Ergebnis zu treffen.[9] Individuelle Entscheidungen im Rahmen der Steuerbilanz kann der einzelne Mitunternehmer im wesentlichen nur auf

---

[5] Eine Personenmehrheit kann auch gemeinschaftlich Einkünfte aus Land- und Forstwirtschaft und aus selbständiger Arbeit beziehen, vgl. §§ 13 Abs. 5, 18 Abs. 5 EStG. Auf diese Fälle wird im weiteren nicht eingegangen.

[6] Vgl. Rose, Ertragsteuern, S. 77.

[7] Vgl. ebenda, S. 77.

[8] Brewi, Behandlung, S. 155.

[9] Vgl. Börner/Krawitz, Steuerbilanzpolitik, S. 68.

Gesellschafterebene bzgl. der Bilanzierung und Bewertung des ihm allein zuzurechnenden Sonderbetriebsvermögens im Rahmen der von ihm zu erstellenden Sonderbilanz treffen.[10]

Der Zwang zur einheitlichen Bilanzierung und Bewertung auf Gesellschaftsebene hat eine wesentliche Konsequenz für die Steuerplanung bei Mitunternehmergemeinschaften.[11] Steuerplanung ist die systematisch vorbereitete Festlegung von steuerlichen Zielen und der zu ihrer Erreichung notwendigen Maßnahmen.[12]
Steuerplanung umfaßt somit Zielplanung und Maßnahmenplanung. Die Maßnahmenplanung besteht in der Ermittlung der verfügbaren Aktionsparameter[13] sowie der Bestimmung des zielorientierten Einsatzes dieser Aktionsparameter, so im wesentlichen der Bestimmung zielorientierter Strategien des Manövriermasseneinsatzes. Unter Manövriermasse ist die "Gesamtheit aller im konkreten Einzelfall verfügbaren Möglichkeiten zur Beeinflussung des steuerlichen Ergebnisausweises einer Periode"[14] zu verstehen. Verursacht wird diese steuerliche Manövriermasse durch die Existenz von Bilanzierungs- und Bewertungswahlrechten, welche z.T. explizit durch das Steuerrecht und z.T. faktisch durch Verwaltungsübung und Rechtsprechung eingeräumt werden. Der Zwang zur einheitlichen Bilanzierung und Bewertung auf Gesellschaftsebene bewirkt, daß steuerplanerische Entscheidungen über den Einsatz der Manövriermasse als Aktionsparameter der Steuerplanung für alle Mitunternehmer einheitlich zu treffen sind.

---

10 Vgl. Börner/Krawitz, Steuerbilanzpolitik, S. 70; Kobs, Bilanzen.

11 Zur Notwendigkeit der Steuerplanung vgl. Heinhold, Steuerplanung, S. 19 mit weiteren Nachweisen.

12 Vgl. analog zur Planungsdefinition Hahn, PuK, S. 29.

13 Vgl. zu dem Begriff Aktionsparameter Wagner/Dirrigl, Steuerplanung, S. 277 f. Es sind darunter sämtliche zielführenden Handlungsmöglichkeiten zu verstehen.

14 Börner/Krawitz, Steuerbilanzpolitik, S. 194; vgl. analog Heigl/Melcher, Ertragsteuerplanung, S. 20 und Wagner/Dirrigl, Steuerplanung, S. 277 ff. Manövriermasse ist eine Teilmenge der Gesamtmenge der Aktionsparameter der Steuerplanung bei Mitunternehmergemeinschaften.

Dies bedeutet letztlich, daß auf der Gesellschaftsebene für alle Mitunternehmer nur eine einheitliche Steuerplanungskonzeption in Frage kommt.[15]

Problematisch kann dieser Zwang zur Einheitlichkeit dann werden, wenn die einzelnen Mitunternehmer unterschiedliche Ziele mit der Steuerplanung verfolgen. Steuerplanung wird nicht per se betrieben und kann daher nie für sich isoliert betrachtet werden.[16] Die Steuerplanung ist vielmehr ein Instrument zur Realisierung von übergeordneten Zielsetzungen und wird daher durch diese Oberziele in ihrer Ausprägung determiniert.[17]

Unterschiedliche individuelle Oberziele der Gesellschafter können daher unterschiedliche Steuerplanungskonzeptionen, d.h. unterschiedliche Subziele der Steuerplanung und/oder unterschiedliche Manövriermasseneinsatzstrategien erfordern. Ferner können unterschiedliche persönliche Verhältnisse und die dadurch bedingten unterschiedlichen Zielwirkungen[18] des Manövriermasseneinsatzes zu divergierenden gesellschafterindividuellen Steuerplanungskonzepten führen. Die Herbeiführung der auf Gesellschaftsebene zwingend einheitlichen Vorgehensweise bezüglich Bilanzierung und Bewertung erfordert daher bei Gesellschaftern mit gleich starker Position eine gegenseitige interpersonelle Abstimmung von Zielen der Steuerplanung und damit Manövriermasseneinsatzstrategien. Besteht zwischen den Gesellschaftern kein ausgeprägtes Vertrauensverhältnis, so kann die Herbeiführung der zwingend notwendigen Einheitlichkeit der Steuerplanung äußerst problematisch werden, da davon auszugehen ist, daß kein Gesellschafter zu seinem Nachteil auf die Realisierung seiner Ziele und seiner optimalen Manövriermasseneinsatzstrategien verzichtet. Der einzelne Mitunternehmer ist vielmehr bestrebt, seine individuellen Zielvorstellungen zu realisieren!

---

[15] Vgl. analoge Überlegungen für die Steuerbilanzpolitik bei Börner/Krawitz, Steuerbilanzpolitik, S. 68.
[16] Vgl. Heinhold, Steuerplanung, S. 68.
[17] Vgl. Wagner/Dirrigl, Steuerplanung, S. 8.
[18] Vgl. dazu Heigl/Melcher, Ertragsteuerplanung, S. 122.

Diesem Ansatz liegt eine Unternehmenstheorie zugrunde, welche das Unternehmen nicht als Koalition aller mit dem Unternehmen in Beziehung stehenden Personen interpretiert, sondern die das Unternehmen ausschließlich als Einkommensquelle der Unternehmenseigner auffaßt.[19] Nach dieser Eigner-Theorie hat der Jahresabschluß die Aufgabe, "dem Eigner periodisch Informationen über den Stand seines in der Unternehmung gebundenen Vermögens und der Schulden sowie über die Höhe des mittels der Unternehmung erzielten Einkommens zu liefern."[20]

Wird die Aufgabe der Betriebswirtschaftslehre darin gesehen, "die Ursachen und Zusammenhänge ... zu ergründen, und die Erkenntnisse in ein umfassendes System zu kleiden, das ... geeignet ist, der Praxis als Grundlage für das im jeweiligen Einzelfall anzuwendende Verfahren zu dienen"[21], so ist es sinnvoll, die Ursachen und Zusammenhänge der Steuerplanung bei Mitunternehmergemeinschaften aus der Sicht von einzelnen Mitunternehmern und unter dem Aspekt der Praktikabilität, d.h. der praktischen Umsetzbarkeit der Untersuchungsergebnisse zu diskutieren.

Bei der dieser Arbeit zugrunde liegenden Perspektive des einzelnen Mitunternehmers ist daher zu untersuchen, welche Steuerplanungsziele der einzelne Mitunternehmer verfolgt und wie und unter welchen Voraussetzungen er diese Zielsetzungen bestmöglich realisieren kann.

Es ist somit zunächst notwendig, mögliche Ziele der Steuerplanung von einzelnen Mitunternehmern herauszuarbeiten. Dazu ist von den Oberzielen der Steuerplanung auszugehen. Diese können als gegeben angesehen werden, da sie intersubjektiv nicht allgemeingültig darstellbar sind und sich daher einer Analyse weitestgehend entziehen. Ausgehend von dem allgemeingültigen, letztlich aber nicht

[19] Vgl. Coenenberg, Jahresabschluß, S. 741 ff.
[20] Ebenda, S. 741.
[21] Bussmann, Industrielles Rechnungswesen, S. 2, zitiert bei Heinhold, Steuerplanung, S. 2.

operationalen Nutzenbegriff[22] können als quantifizierbare monetäre Oberziele der Steuerplanung unterschiedliche Ausprägungen des Gewinnziels herangezogen werden.[23] Es sind dies das Streben nach Einkommen, das Streben nach Vermögen und Kombinationen beider Ziele. In allen Fällen strebt der Mitunternehmer nach bestimmten Nettozuflüssen, d.h. Zuflüssen nach Steuern in Form von Gewinn- bzw. Kapital-/Vermögensentnahmen zu bestimmten Zeitpunkten.[24]

Das Streben nach Einkommen bzw. nach Vermögen wird unter Nebenbedingungen diskutiert, "wobei die Nebenbedingungen ein bestimmtes Endvermögen oder bestimmte Entnahmen während des Planungszeitraumes fordern."[25] Weitere ggf. zu berücksichtigende Nebenbedingungen resultieren aus dem Ziel der Unternehmenssicherung und der Liquidität. Bei der Ableitung individueller Subziele der Steuerplanung aus den Oberzielen sind unterschiedliche individuelle betragsmäßige und zeitliche Ausprägungen der Oberziele (Zielstrukturen) und mögliche Zielbeziehungen zwischen dem Einkommens- und Vermögensstreben einerseits und den Gewinnzielen des Mitunternehmers und den Unternehmenszielen andererseits zu berücksichtigen. Aus den Oberzielen sind dann die Subziele der Steuerplanung abzuleiten. Diese Subziele dienen zur Bestimmung von Entscheidungskriterien für den oberzielkonformen Manövriermasseneinsatz,[26] d.h. für die Bestimmung von Manövriermasseneinsatzstrategien bzw. Gewinnausweisstrategien in der steuerlichen Bilanz. In der Literatur werden als Subziele bzw. Zielfunktionen[27] der Steuerplanung im

[22] Vgl. Heigl/Melcher, Ertragsteuerplanung, S. 8.
[23] Von nicht monetären Zielsetzungen wird im folgenden abstrahiert, da diese zum einen schwer nachvollziehbar sind und zum anderen "Steuern als Geldleistungen überwiegend nur für ein monetäres Zielsystem" relevant sind. Börner/Krawitz, Steuerbilanzpolitik, S. 71.
[24] In der neueren Literatur werden Extremalziele (Beispiel Gewinnmaximierung) zunehmend als realitätsfremd kritisiert. Statt der Optimierung wird als Zielerreichungsgrad daher in vielen Fällen ein bestimmtes Satisfizierungsniveau herangezogen. Vgl. Kupsch, Satisfizierungsprinzip, S. 477 ff. und Bidlingmaier, Zielfunktion, Sp. 2339 ff.
[25] Wagner/Dirrigl, Steuerplanung, S. 9.
[26] Vgl. Börner/Krawitz, Steuerbilanzpolitik, S. 82 ff.
[27] Besteht das Subziel der Steuerplanung in einer zu maximierenden bzw. zu minimierenden Zielgröße, und kann diese Zielgröße in

wesentlichen die Steuerkapitalwertminimierung und die Nettokapitalwertmaximierung diskutiert.[28] Beide Zielfunktionen decken jedoch nicht die Gesamtheit denkbarer Oberziele der Steuerplanung ab, da diese Zielfunktionen tendenziell eine vollständige Vor- bzw. Nachverlagerung der Manövriermasse induzieren. Mit diesen Zielfunktionen wird nicht unmittelbar eine u.U. sinnvolle Schwerpunktbildung des Manövriermasseneinsatzes in einzelnen Perioden des Planungszeitraums erfaßt.

Für die Ableitung der Subziele[29] der Steuerplanung im Rahmen einer gewinnorientierten Steuerplanung ist es von entscheidender Bedeutung, ob durch den geplanten Manövriermasseneinsatz neben Betrag und Zeitpunkt der Steuerbelastung als negative Komponente des Gewinnziels, auch die Entnahmemöglichkeiten des Mitunternehmers als zentrale positive Komponente determiniert werden.[30] Dies ist immer dann der Fall, wenn die Entnahmemöglichkeiten an den Ergebnisausweis der Steuer- oder einer Einheitsbilanz[31] geknüpft sind.[32] Die durch das Oberziel 'Gewinn' bestimmte Entnahmeentscheidung ist dann für die Wahl des Subziels der Steuerplanung von entscheidender Bedeutung.[33] In diesem Fall wird aus der Steuerplanung, welche ursprünglich lediglich eine zielorientierte Gestaltung der Be-

---

Abhängigkeit von den verschiedenen Einflußgrößen in einer Funktion dargestellt werden, liegt eine Zielfunktion vor. Vgl. Hax, Entscheidungsmodelle, S. 22.

[28] Vgl. etwa Heigl/Melcher, Ertragsteuerplanung, S. 78 ff. und S. 90 ff. sowie Börner/Krawitz, Steuerbilanzpolitik, S. 82 ff. In der Praxis findet sich als Zielvorschrift ferner häufig die Orientierung am 'Gesetz der Normallinie' sowie die periodenbezogene Steueraufwandsminimierung. Vgl. dazu Rose, Wahlrechte, S. 357.

[29] Zu den grundsätzlichen Problemen der Zielformulierung vgl. Hahn, PuK, S. 39 ff.

[30] Vgl. dazu Heigl/Melcher, Ertragsteuerplanung, S. 44.

[31] Vgl. zu dem Begriff Sudhoff, Gesellschaftsvertrag, S. 245 f; Kottke, Bilanzstrategie, S. 48 und Kaiser, Gesellschaftsvertrag, S. 267. In der Praxis erstellen 90% aller Personengesellschaften eine Einheitsbilanz. Vgl. Woltmann, Bilanz, S. 251.

[32] Vgl. zur Begründung auch Börner/Krawitz, Steuerbilanzpolitik, S. 61.

[33] Vgl. analog Heigl/Melcher, Ertragsteuerplanung, S. 44 und S. 72.

steuerung zum Inhalt hatte, eine Gewinnplanung unter Berücksichtigung von Steuern.[34]

Im Rahmen der Subzielplanung ist weiter zu untersuchen, welchen Einfluß die durchgriffsspezifischen Daten des Mitunternehmers (Familienstand, weitere Einkünfte und deren erwartete Entwicklung etc.) auf dessen Subzielwahl und damit auf die zu wählende Manövriermasseneinsatzstrategie haben. Ebenso ist der Einfluß von Risikoeinstellung und Informationsstand des Mitunternehmers auf Subzielwahl und Planungsverfahren darzustellen. In diesem Zusammenhang ist insbesondere zu erörtern, welche Möglichkeiten zur Informationsgewinnung dem Mitunternehmer als Träger der Steuerplanung zur Verfügung stehen.

Zur Ableitung von optimalen Manövriermaseneinsatzstrategien aus den einzelnen Subzielen der Steuerplanung ist die Entwicklung eines Verfahrens erforderlich, das die spezifischen Planungserfordernisse und -determinanten des Mitunternehmers berücksichtigt.

Sind die oberzielkonformen Subziele der Steuerplanung und die optimalen Manövriermasseneinsatzstrategien des einzelnen Mitunternehmers bestimmt, so ist zu fragen, ob und in welcher Weise der Mitunternehmer diese individuellen Ziele realisieren kann.[35] Die Analyse der Durchsetzbarkeit der individuellen Steuerplanung erfordert eine Strukturierung der Zielbeziehungen zwischen den interpersonellen Subzielen der Steuerplanung, hinsichtlich komplementärer und konfliktärer Beziehungen. Im Fall konfliktärer Beziehungen ist danach zu differenzieren, ob zwischen den Gesellschaftern grundsätzlich Einigungsbereitschaft besteht oder nicht. Besteht keine Einigungsbereitschaft (ein Mitunternehmer hat auf Grund seiner Gesellschafterstellung eine Machtposition und setzt seine Zielvorstellung durch), so ist zu diskutieren, wie der 'schwache' Mitunternehmer eine optimale Anpassung seines Aktions-

---

[34] Vgl. zu dieser Auffassung auch Wagner/Dirrigl, Steuerplanung, S. 3.

[35] Vgl. dazu Brenzke, Organisation, S. 106 und Heigl/Melcher, Ertragsteuerplanung, S. 78.

parametereinsatzes an die Manövriermasseneinsatzstrategie des dominanten Gesellschafters vornehmen kann. Dazu ist es notwendig, die dem einzelnen Gesellschafter zur Verfügung stehenden Aktionsparameter zu bestimmen, nach geeigneten Kriterien zu systematisieren und Einsatzmöglichkeiten, insbesondere im Bereich der Sonderbilanz aufzuzeigen. Es ist daher zu untersuchen, wie der Einsatz der verfügbaren Manövriermasse seitens des schwachen Mitunternehmers zu erfolgen hat, um unerwünschte Wirkungen, die durch den Manövriermasseneinsatz des dominanten Gesellschafters induziert sind, zu kompensieren.

Besteht Einigungsbereitschaft zwischen den Gesellschaftern, so sind die Bedingungen und Voraussetzungen und der Inhalt möglicher interpersoneller Zielabstimmungsprozesse aus der Sicht des einzelnen Mitunternehmers zu analysieren. Dabei steht die Frage im Vordergrund, welche Objekte zum Gegenstand von Verhandlungen im Rahmen der Zielabstimmungs- bzw. Konfliktlösungsprozesse gemacht werden und damit als Instrumente der Konfliktlösung dienen können und in welcher Form dies geschehen kann.

Da die Konflikte in unterschiedlichen Auffassungen der Gesellschafter über den Einsatz der kollektiven steuerlichen Manövriermasse bestehen, sind in Abhängigkeit von der jeweiligen Planungssituation unterschiedliche Konfliktlösungsmöglichkeiten denkbar. Zur Konfliktlösung können die Mitunternehmer im Fall eines gegebenen Manövriermasseneinsatzes (z.B. wenn aus Gründen der Kreditwürdigkeit ein bestimmter Gewinnausweis oder eine bestimmte Vermögensstruktur erforderlich ist) eine Zielabstimmung durch den Einsatz von Ausgleichsmechanismen herbeiführen. Als Ausgleichsmechanismen sind grundsätzlich Änderungen der Gewinnverteilung, der Entnahmemöglichkeiten, der Gewährung von Sondervergütungen und andere Kompensationszahlungen denkbar. Für die genannten Fälle sind die konkreten Ausprägungen der Ausgleichsmechanismen in Abhängigkeit von der jeweiligen Planungssituation darzustellen. Im Rahmen dieser Darstellung ist insbesondere zu untersuchen, welche steuerlichen und nicht-steuerlichen Wirkungen mit dem Einsatz von Ausgleichsmechanismen ggf. verbunden sind und wie diese berücksichtigt werden können.

Die Frage, welches konkrete Verhandlungsergebnis im Rahmen des Zielabstimmungsprozesses realisiert wird, d.h. letztlich die Frage nach der Kompromißlösung, welche aus Sicht aller Mitunternehmer optimal bzw. akzeptabel ist, ist aus der Sicht des einzelnen Mitunternehmers nicht sinnvoll diskutierbar und daher auch nicht Gegenstand der vorliegenden Untersuchung.

Im Interesse einer praktischen Verwertbarkeit der gewonnenen Ergebnisse ist abschließend eine anforderungsgerecht strukturierte Zusammenstellung der wesentlichen steuerlichen Manövriermasse vorzunehmen.

2. Ermittlung der gewerblichen Einkünfte des Mitunternehmers als Grundlage der Steuerplanung

2.1 Begriff und Voraussetzungen der Mitunternehmerschaft[1]

Bei den Begriffen 'Mitunternehmerschaft' und 'Mitunternehmer' handelt es sich um steuerliche Termini[2], die weder im Steuer- noch im Privatrecht abschließend definiert sind.[3]

Eine Auslegung der unbestimmten Rechtsbegriffe nach dem Wortsinn muß zu dem Ergebnis führen, daß bei einer Mitunternehmerschaft offensichtlich die Unternehmerfunktion[4] von mehreren Personen gemeinsam getragen wird. Dies kann nur dann der Fall sein, wenn mehrere Personen im Rahmen einer gesamthänderischen Verbundenheit[5] gemeinschaftliches Vermögen nutzen, um damit den gemeinschaftlichen Zweck der Einkünfteerzielung zu verfolgen. Nur in diesem Fall können die dem Unternehmerbegriff immanenten Merkmale der Unternehmerinitiative und des Unternehmerrisikos auch auf den einzelnen Beteiligten zutreffen. Dementsprechend formuliert der BFH: "Kennzeichnend für den Mitunternehmer ... ist, daß er zusammen mit anderen Personen eine Unternehmerinitiative und ein Unternehmerrisiko trägt."[6]

Zivilrechtlich liegt bei einem gesamthänderischen Zusammenschluß mehrerer Personen in einer gemeinsamen Form und zur Erreichung eines gemeinsamen Zwecks[7] eine Personen-(Handels-)Gesellschaft vor. Entsprechend qualifiziert § 15 Abs. 1 Nr. 2 EStG den Gesellschafter einer OHG, einer KG "und einer anderen Gesellschaft, bei

---

[1] Vgl. zu Begriff und Voraussetzungen im einzelnen z.B. Knobbe-Keuk, Bilanz- und Unternehmenssteuerrecht, S. 252 ff; ders. Rechtsprechung, S. 216 ff; Kurth, Besteuerung; Biergans, Einkommensteuer, S. 63 ff, 460 ff; Brewi, Behandlung; Döllerer, Steuerrecht, S. 179 ff; Söffing, Besteuerung; Pankow/Fitzner, Steuerbilanz, S. 1223 ff; Ritzrow, Personengesellschaft, S. 77 f; Bitz, Mitunternehmerschaft, S. 1229 ff.

[2] Vgl. BFH v. 24.1.1980 IV R 156 157/78, S. 271 f.

[3] Vgl. Paulick, in: Westermann, Handbuch, Rdz 28, S. III 16 d.

[4] Im Steuerrecht gilt als Unternehmer, "wer planmäßig eine auf Erwerb gerichtete Tätigkeit gewerblicher Art im Rahmen eines als selbständiger wirtschaftlicher Organismus erscheinenden Betriebs ausübt, der auf seine Rechnung und Gefahr geführt wird." Paulick, in: Westermann, Handbuch, Rdz 32, S. III 18.

[5] Vgl. Pankow/Fitzner, Steuerbilanz, S. 1233.

[6] BFH v. 25.6.1984 GrS 4/82, S. 769.

[7] Vgl. § 705 BGB.

der der Gesellschafter als Unternehmer ... anzusehen ist", als Mitunternehmer.
Während im Rahmen der früheren BFH-Rechtsprechung grundsätzlich auch Derjenige Mitunternehmer sein konnte, der zivilrechtlich nicht Gesellschafter war (sog. faktische Mitunternehmerschaft),[8] nimmt die neuere BFH-Rechtsprechung dies nur noch in eingeschränktem Maß an. Nach dem Beschluß des Großen Senats vom 25.6.84 kann Mitunternehmer im allgemeinen nur sein, "wer zivilrechtlich Gesellschafter einer Personengesellschaft ist oder - in Ausnahmefällen - eine diesem wirtschaftlich vergleichbare Stellung innehat."[9] Für das Vorliegen der Gesellschaftereigenschaft in den angesprochenen Ausnahmefällen kommt es danach nicht auf die formale Bezeichnung der Rechtsbeziehung, sondern auf den materiellen wirtschaftlichen Inhalt der Rechtsbeziehung an.[10] Aus der Existenz der Gesellschaftereigenschaft alleine kann noch nicht auf Mitunternehmerschaft geschlossen werden.[11] Für die Annahme der Mitunternehmerschaft ist es vielmehr erforderlich, daß der Gesellschafter mehrere Kriterien erfüllt, an die die Rechtsprechung die Anerkennung knüpft. Nach der BFH-Rechtsprechung ist der Mitunternehmerbegriff ein Typusbegriff, der insoweit nicht "einer abschließenden Definition durch eine begrenzte Zahl von Kriterien zugänglich ist, sondern der nur durch eine unbestimmte Zahl von Merkmalen beschrieben werden kann ...".[12]

Zentrale Merkmale der Mitunternehmerschaft sind, wie bereits oben angesprochen, die (Mit-) Unternehmerinitiative und das (Mit-) Unternehmerrisiko.
"Mitunternehmerinitiative bedeutet vor allem Teilhabe an unternehmerischen Entscheidungen, wie sie z.B. Gesellschaftern oder diesen vergleichbaren Personen als Geschäftsführern, Prokuristen oder anderen leitenden Angestellten obliegen ... Ausreichend ist indes

---

[8] Vgl. etwa BFH v. 11.12.1980 IV R 91/76, S. 310.
[9] Vgl. BFH v. 25.6.1984 GrS 4/82, S. 768.
Vgl. auch die Kommentierungen dieses Beschlusses z.B. bei Knobbe-Keuk, Mitunternehmerschaft, S. 106 ff; Streck, Zwischenbilanz, S. 3 ff; Schulze zur Wiesche, Personengesellschaft S. 65 ff; IdW (Hrsg.), Neuorientierung.
[10] Vgl. BFH v. 25.6.1984 GrS 4/82, S. 768.
[11] Vgl. ebenda, S. 769.
[12] Ebenda.

schon die Möglichkeit zur Ausübung von Gesellschafterrechten ..."[13] Die Entfaltung von Unternehmerinitiative ist damit abhängig von den einem Gesellschafter zur Verfügung stehenden Möglichkeiten, auf die Geschicke des Unternehmens maßgeblichen Einfluß zu nehmen.[14] Die Rechtsprechung beurteilt daher die Frage der Unternehmerinitiative ausgehend von den ggf. gesellschaftsvertraglich kodifizierten Rechten, die der Gesellschafter geltend machen kann. Es handelt sich dabei um die Stimm-, Kontroll- und Widerspruchsrechte[15] des Gesellschafters sowie dessen Verfügungsbefugnisse über Gewinn- und Kapitalanteil.[16]

"Mitunternehmerrisiko bedeutet gesellschaftsrechtliche oder eine dieser wirtschaftlich vergleichbare Teilnahme am Erfolg oder Mißerfolg eines gewerblichen Unternehmens. Dieses Risiko wird regelmäßig durch Beteiligung am Gewinn und Verlust sowie an den stillen Reserven des Anlagevermögens einschließlich eines Geschäftswerts vermittelt ...".[17] Das Mitunternehmerrisiko besteht somit in dem Wertminderungsrisiko des eingesetzten Vermögens.[18] Hinsichtlich der Beteiligung an den stillen Reserven und am Firmenwert ist zu beachten, daß sich diese auf den Fall der Liquidation beschränken kann, ohne daß dies zu einer Nichtanerkennung der Mitunternehmerschaft führt.[19] Hinsichtlich der Beteiligung am Gewinn und Verlust ist ferner zu berücksichtigen, daß weder eine ausschließliche Beteiligung am laufenden Gewinn noch eine ausschließliche Beteiligung am laufenden Verlust des Unternehmens der Gesellschaft "oder der Verlust der Einlage des Kommanditisten bei seinem Ausscheiden aus der Gesellschaft ... (ausreicht, d.A.), um Mitunternehmerrisiko annehmen zu können."[20]

[13] Ebenda.
[14] Vgl. Brewi, Behandlung, S. 60.
[15] Vgl. BFH v. 25.6.1984 GrS 4/82, S. 769; vgl. auch BFH v. 6.5.1986 VIII R 300/82, S. 891 ff.
[16] Dabei ist zu berücksichtigen, daß freiwillige vertragliche Beschränkungen dieser Verfügungsbefugnisse der Anerkennung einer Mitunternehmerschaft nicht entgegenstehen. Vgl. Brewi, Behandlung, S. 70.
[17] BFH v. 25.6.1984 GrS 4/82, S. 769.
[18] Vgl. Brewi, Behandlung, S. 64.
[19] Vgl. ebenda, S. 66.
[20] BFH v. 25.6.1984 GrS 4/82, S. 770.

Mitunternehmerrisiko und Mitunternehmerinitiative müssen als Hauptmerkmale der Mitunternehmerstellung jeweils beide vorliegen, wenn auch im Einzelfall in mehr oder weniger starker Ausprägung.[21] "Ob dies zutrifft, ist unter Berücksichtigung aller die rechtliche und wirtschaftliche Stellung einer Person insgesamt bestimmenden Umstände zu würdigen."[22] Diese Beurteilung muß nach dem Gesamtbild der Verhältnisse[23] auf Grund einer wirtschaftlichen Betrachtungsweise erfolgen.[24] Die Beurteilung muß somit unter Berücksichtigung der wirtschaftlichen Bedeutung und des Zwecks einer Sachverhaltsgestaltung erfolgen. "Entscheidend ist das wirtschaftlich Gewollte und de facto Bewirkte."[25]

Die Qualifikation oder Nicht-Qualifikation eines Gesellschafters als Mitunternehmer[26] erfolgt im Hinblick auf die Ermittlung und Zurechnung von Einkünften im Rahmen von § 15 EStG beim gemeinschaftlichen Bezug von Einkünften aus Gewerbebetrieb.[27] Die Gemeinschaft, d.h. die Personengesellschaft als solche ist nicht einkommensteuerpflichtig. Der von der Personengesellschaft erzielte Gewinn wird nicht bei dieser, sondern anteilig bei den einzelnen Gesellschaftern als Einkünfte aus Gewerbebetrieb erfaßt. Zu den Einkünften aus Gewerbebetrieb des Gesellschafters zählen gemäß § 15 Abs. 1 Nr. 2 EStG die Gewinnanteile des Mitunternehmers sowie

[21] Vgl. ebenda, S. 769.
[22] Ebenda.
[23] Vgl. Schulze zur Wiesche, Mitunternehmerschaft S. 527 und die dort angegebene Literatur.
[24] Vgl. Paulick, in: Westermann, Handbuch, Rz 29 f, S. III 16d f. Zur wirtschaftlichen Betrachtungsweise vgl. Beisse, Betrachtungsweise, S. 1 ff.
[25] Wacker, Lexikon, S. 866.
[26] Im folgenden werden, soweit nicht ausdrücklich etwas anderes gelten soll, die Begriffe Mitunternehmer und Gesellschafter synonym verwendet.
[27] Vgl. BFH v. 25.6.1984 GrS 4/82, S. 768 und Schulze zur Wiesche, Gewinnermittlung, S. 8.

dessen Sondervergütungen, d.h. "die Vergütungen, die der Gesellschafter von der Gesellschaft für seine Tätigkeit im Dienst der Gesellschaft oder für die Hingabe von Darlehen oder für die Überlassung von Wirtschaftsgütern bezogen hat."[28]

[28] Vgl. zur Qualifikation von Sondervergütungen i.S.v. § 15 Abs. 1 Nr. 2 EStG, die sog. Beitragstheorie bei Woerner, Mitunternehmerbegriff, S. 585 ff. Nach dem Beitragsgedanken müssen bei wirtschaftlicher Betrachtungsweise die Leistungen, die der Gesellschafter für die Gesellschaft z.B. durch die Überlassung von Wirtschaftsgütern erbringt und für die er Vergütungen i.S.v. § 15 Abs. 1 Nr. 2 EStG erhält, Beiträge darstellen, die der Förderung des gemeinsamen Gesellschaftszwecks dienen.

2.2 Die Ermittlung der gewerblichen Einkünfte des Mitunternehmers

2.2.1 Verfahren der gesonderten und einheitlichen Gewinnfeststellung

Erzielt eine Personenmehrheit gemeinschaftlich Einkünfte, so ist zur Durchführung der Einzelveranlagung der Gesellschafter nach dem Prinzip der Individualbesteuerung[1] eine Aufteilung der von der Gesellschaft erwirtschafteten Besteuerungsgrundlagen auf die einzelnen Steuerpflichtigen erforderlich. Diese erfolgt mit Hilfe des Verfahrens der gesonderten und einheitlichen Feststellung von Besteuerungsgrundlagen gemäß §§ 179, 180 ff. AO[2] durch das Betriebsfinanzamt gemäß § 18 Abs. 1 Nr. 2 AO.

In diesem Verfahren werden die Höhe und die Verteilung (gemäß den gesellschaftsvertraglichen Regelungen) des von der Gesellschaft erwirtschafteten Ergebnisses einheitlich gemäß § 179 Abs. 2 AO für alle Beteiligten bindend und in einem gesonderten, von der Veranlagung getrennten Verfahren festgelegt.[3]

Im Rahmen dieser gesonderten Feststellung werden ferner sämtliche Besteuerungsfragen, die alle Gesellschafter gemeinsam betreffen, bindend festgelegt.[4] Insbesondere wird in diesem Verfahren auch darüber entschieden, ob eine Mitunternehmerschaft vorliegt.[5]

§ 180 Abs. 1 Nr. 2 a AO bestimmt, daß solche einkommen- und körperschaftsteuerpflichtigen Einkünfte gesondert festgestellt werden, an denen mehrere Personen beteiligt und die diesen steuerlich zuzurechnen sind. Nach § 15 Abs. 1 Nr. 2 EStG bestehen die Einkünfte aus Gewerbebetrieb, die dem einzelnen Mitunternehmer zuzurechnen sind, aus dessen Gewinnanteil und den dort genannten Sondervergütungen. Diese Sondervergütungen mindern auf der Ebene der Gesellschaft, sofern sie als Betriebsausgaben geltend gemacht werden, den Gewinn und somit auch den Gewinnanteil des einzelnen Ge-

---

[1] Vgl. Rose, Ertragsteuern, S. 76.

[2] Das Verfahren wird im folgenden nur insoweit dargestellt, wie unmittelbar Zusammenhänge zur Ermittlung der Einkünfte bestehen. Auf eine Gesamtdarstellung, insbesondere rein verfahrensrechtlicher Fragen wird verzichtet. Vgl. dazu etwa Tipke-Kruse, AO, Kommentierungen zu §§ 179, 180 AO.

[3] Vgl. Rose, Ertragsteuern, S. 77.

[4] Vgl. Brewi, Behandlung, S. 155.

[5] Zur Adressierung eines kombiniert positiv-negativen Gewinnfeststellungsbescheids vgl. BFH v. 7.4.1987 VIII R 259/84, S. 766 ff.

sellschafters. Im Rahmen der gesonderten und einheitlichen Gewinnfeststellung sind diese Sondervergütungen dem Gewinnanteil des Mitunternehmers daher wieder hinzuzurechnen.[6]

Bei dieser Vorgehensweise bezieht sich die gesonderte Gewinnfeststellung also auf die Summe der beteiligungsinduzierten gewerblichen Einkünfte der Mitunternehmer. Mit der Erzielung von Sondervergütungen können bei dem einzelnen Mitunternehmer Aufwendungen verbunden sein. Diese Aufwendungen sind in die gesonderte und einheitliche Feststellung einzubeziehen[7] und kürzen dann als Sonderbetriebsausgaben den dem Mitunternehmer zuzurechnenden Gewinn.[8]
Mit dieser Vorgehensweise sind insbesondere auch gewerbeertragsteuerliche Konsequenzen verbunden.[9] Gemäß § 2 Abs. 2 Nr. 1 GewStG gilt stets und in vollem Umfang die gewerbliche Tätigkeit von Mitunternehmergemeinschaften als Gewerbebetrieb. Danach sind die Mitunternehmergemeinschaften, im Gegensatz zur einkommensteuerlichen Behandlung, im Bereich der GewSt eigenständige Steuersubjekte.[10]
Ausgangsgröße bei der Ermittlung des Gewerbeertrags ist gemäß § 7 GewStG der nach den Vorschriften des EStG zu ermittelnde Gewinn aus dem Gewerbebetrieb. In diese Gewinngröße sind auch die Sondervergütungen i.S.v. § 15 Abs. 1 Nr. 2 EStG, ggf. gemindert um Sonderbetriebsausgaben, einzubeziehen,[11] so daß Ausgangsgröße für die Bestimmung des Gewerbeertrags die Summe der sich gemäß § 15 Abs. 1 Nr. 2 EStG ergebenden Einkünfte aus Gewerbebetrieb der Mitunternehmer ist.[12] Da das Gesamthandsvermögen und die Sonderbetriebsvermögen der Mitunternehmer nach h.M. als eine wirtschaftliche Einheit aufzufassen sind, erfolgt die Gewinnermittlung für beide

---

[6] Vgl. z.B. von Wallis/Heinicke, Besteuerung, Rdz 36, S. 51.
[7] Vgl. BFH v. 29.8.1973 I R 26/71, S. 63.
[8] Vgl. auch Plückebaum/Sauerland/Wendt, Einkommensteuer, S. 456 ff.
[9] Es ist jedoch zu beachten, daß der GewE grundsätzlich selbständig ermittelt wird und die gesonderte Gewinnfeststellung für die GewSt nicht bindend ist. Vgl. Paulick, in: Westermann, Handbuch, Rz 310, S. III 114.
[10] Vgl. Woerner, Mitunternehmerbegriff, S. 594.
[11] Vgl. ebenda, S. 595 und 597.
[12] Vgl. Rose, Ertragsteuern, S. 191.

Betriebsvermögensteilebenen einheitlich durch Betriebsvermögensvergleich gemäß §§ 5 ff. EStG[13] in zwei Stufen:[14]

I. Auf einer ersten Stufe im Bereich des Gesellschaftsvermögens,

II. Auf einer zweiten Stufe im Bereich des Sonderbetriebsvermögens für jeden einzelnen Mitunternehmer.

2.2.2 Gewinnermittlung auf Gesellschaftsebene

Auf der ersten Stufe der Gewinnermittlung ist der Gewinnanteil des Mitunternehmers als erste Komponente seiner Einkünfte aus Gewerbebetrieb gemäß § 15 Abs. 1 Nr. 2 EStG zu ermitteln. Mit dieser Vorgehensweise wird auch steuerlich der stärkeren Verselbständigung der Personengesellschaft gegenüber ihren Gesellschaftern Rechnung getragen.[15] "Eine Personengesellschaft unterliegt zwar als solche nicht der Einkommensteuer und ist insoweit nicht Steuersubjekt ... Eine Personengesellschaft ist jedoch für die Einkommensteuer insoweit Steuerrechtssubjekt, als sie in der Einheit ihrer Gesellschafter Merkmale eines Besteuerungstatbestandes verwirklicht, welche den Gesellschaftern für deren Besteuerung zuzurechnen sind."[16] Damit ist die Personengesellschaft auf ihrer Gesamthandsebene bzgl. der Ermittlung von Art und Höhe der Einkünfte selbst Steuerrechtsubjekt.[17]

Zur Ermittlung von Art und Höhe der Einkünfte der Gesellschafter ist der Gewinn mit der nach steuerrechtlichen Vorschriften modifizierten Handelsbilanz der Gesellschaft gemäß §§ 5 ff. EStG durch Betriebsvermögensvergleich zu ermitteln.[18] Auf der ersten Stufe der Gewinnermittlung ist somit ausschließlich das Gesamthandsvermögen Grundlage der Gewinnermittlung; schuldrechtliche Beziehungen zwischen Gesellschaft und Gesellschaftern werden wie entsprechende Beziehungen zwischen der Gesellschaft und außenstehenden Dritten behandelt,[19] "vorausgesetzt, die Gestaltung ist angemessen und

[13] Vgl. Knobbe-Keuk, Bilanz- und Unternehmenssteuerrecht, S. 250 ff.

[14] Vgl. auch Schulze zur Wiesche, Rechtsprechung, S. 219 f.

[15] Vgl. Knobbe-Keuk, Bilanz- und Unternehmenssteuerrecht, S. 250; Schwichtenberg, Verselbständigung, S. 225 ff.

[16] BFH v. 25.6.1984 GrS 4/82, S. 761 f.

[17] Vgl. Pankow/Fitzner, Steuerbilanz, Anm. 46, S. 1245.

[18] Vgl. Knobbe-Keuk, Bilanz- und Unternehmenssteuerrecht, S. 275.

[19] Vgl. ebenda, S. 251.

entspricht Vereinbarungen mit Fremden."[20] Der Gewinnanteil des Mitunternehmers ist dann unter Anwendung der gesellschaftsvertraglichen Regelungen bzgl. der Gewinn- und Verlustverteilung zu bestimmen.

2.2.2.1 Das Betriebsvermögen

In der Handelsbilanz der Gesellschaft sind nur solche Wirtschaftsgüter zu bilanzieren, die dem Gesamthandsvermögen der Gesellschaft gemäß §§ 718, 719 BGB, also allen Gesellschaftern gemeinsam zur gesamten Hand zuzurechnen sind. Zum Gesamthandsvermögen gehören ferner solche Wirtschaftsgüter, die zwar nicht im rechtlichen, aber im gemeinschaftlichen wirtschaftlichen Eigentum i.S.v. § 39 Abs. 2 Nr. 1 AO der Gesellschafter stehen.[21] Wirtschaftsgüter, die der Gesellschaft zur Nutzung überlassen werden, die aber im Eigentum eines Gesellschafters oder einer Gruppe von Gesellschaftern stehen, sind nicht Bestandteil des Gesamthandsvermögens.
Grundsätzlich gehören alle Wirtschaftsgüter des Gesamthandsvermögens auf Grund des Maßgeblichkeitsprinzips der Handelsbilanz für die Steuerbilanz auch zum steuerlichen Betriebsvermögen der Gesellschaft, sofern dem nicht zwingende steuerrechtliche Regelungen entgegenstehen.[22] Dies gilt uneingeschränkt für solche Wirtschaftsgüter des Gesamthandsvermögens, die unmittelbar dem Betrieb der Gesellschaft dienen oder zu dienen bestimmt sind und die daher zum notwendigen Betriebsvermögen zu rechnen sind.[23]
Wirtschaftsgüter, die diese Voraussetzung nicht erfüllen, werden gemäß dem Maßgeblichkeitsprinzip nur solange als gewillkürtes Betriebsvermögen der Personengesellschaft behandelt, bis sie aus dem Gesamthandsvermögen ausgeschieden werden.[24]

[20] Pankow/Fitzner, Steuerbilanz, Anm. 52, S. 1247.
[21] Vgl. Pankow/Fitzner, Steuerbilanz, Anm. 48, S. 1245.
[22] Vgl. ebenda.
[23] Vgl. BdF-Schreiben v. 20.12.1977, Mitunternehmererlaß, Tz 7.
[24] Vgl. ebenda Tz 8.
In der Literatur wird z.T. die Existenz eines gewillkürten Betriebsvermögens mit der Begründung verneint, daß eine Personengesellschaft mangels Privatsphäre kein Privatvermögen habe und daher auch nicht über ein Wahlrecht verfügen könne, ob bestimmte Wirtschaftsgüter zum gewillkürten Betriebsvermögen oder zum Privatvermögen zu rechnen seien. Vgl. Pankow/Fitzner, Steuerbilanz, Anm. 48, S. 1245 f; Ritzrow, Personengesellschaft, S. 78.

2.2.2.2 Einheitliche Bilanzierung und Bewertung

Die Ermittlung des Gesellschaftsgewinns erfolgt durch Betriebsvermögensvergleich, so daß die Frage auftaucht, ob Bilanzierungs- und Bewertungswahlrechte bzgl. des Betriebsvermögens gesellschaftsbezogen, d.h. durch alle Gesellschafter einheitlich oder gesellschafterbezogen in Anspruch zu nehmen sind.
Da der Gewinn der Gesellschaft zu ermitteln ist, ergibt sich unmittelbar, daß die Gesellschafter Bilanzierungs- und Bewertungswahlrechte hinsichtlich des Gesellschaftsvermögens nur einheitlich ausüben können.[25] Die Konsequenzen einer Inanspruchnahme bzw. Nichtinanspruchnahme der Wahlrechte betreffen allerdings unmittelbar den einzelnen Gesellschafter, da diesem entsprechend der vertraglichen Gewinnbeteiligung mögliche steuerliche Vergünstigungen zugute kommen.

Eine Ausnahme von der einheitlichen Inanspruchnahme bilden solche Wahlrechte, die an persönliche Voraussetzungen des einzelnen Steuerpflichtigen anknüpfen (z.B. § 7 e EStG) oder die von Rechtsprechung und Literatur ausdrücklich als personenbezogene Wahlrechte deklariert werden (z.B. § 6 b EStG) und die daher nur gesellschafterbezogen auszuüben sind.[26] In § 7 a Abs. 7 Satz 1 EStG ist dieser Fall für erhöhte Absetzungen und Sonderabschreibungen allgemein in der Weise geregelt, daß, falls die Voraussetzungen für die Inanspruchnahme nur bei einzelnen Beteiligten erfüllt sind, diese Wahlrechte auch nur anteilig und bei mehreren Begünstigten einheitlich in Anspruch genommen werden dürfen.
Die abweichende Nutzung von Bilanzierungs- und Bewertungswahlrechten durch einzelne Gesellschafter wird zweckmäßigerweise mittels Ergänzungsbilanzen erfaßt,[27] die dann jährlich fortzuführen

[25] Vgl. BFH v. 7.8.86 IV R 137/83, S. 910 ff; Pankow/Fitzner, Steuerbilanz, Anm. 51, S. 1246.
[26] Vgl. z.T. kritisch Knobbe-Keuk, Bilanz- und Unternehmenssteuerrecht, S. 276 ff.
[27] Vgl. Pankow/Fitzner, Steuerbilanz, Anm. 51, S. 1247.

sind.[28] Ergänzungsbilanzen werden i.d.R. auch dann aufgestellt, wenn einzelne Gesellschafter ihr anteiliges Gesamthandsvermögen unterschiedlich bewerten müssen, weil im Rahmen eines Gesellschafterwechsels, der eintretende Gesellschafter für den Erwerb des Anteils einen Kaufpreis zahlt, der über oder unter dem Wert des ihm zuerkannten Kapitalkontos liegt.[29]
Die Bewertung der einzelnen Buchwertdifferenzen in der Ergänzungsbilanz "richtet sich nach der Bewertung des Vermögens in der Gesellschaftsbilanz."[30] Die jährlich fortzuführenden Ergänzungsbilanzen sind Bestandteil der Gesamthandsbilanz der Gesellschaft,[31] d.h. die "Ergänzungsbilanz gewinnt ... im Verhältnis zur Steuerbilanz erster Stufe ... den Charakter einer Korrekturbilanz ... Die Ergänzungsbilanz ist dadurch gekennzeichnet, daß in ihr keine Wirtschaftsgüter aktiviert oder passiviert sind, sondern lediglich Wertdifferenzen sachgerecht zugerechnet werden."[32] Die aus den Ergänzungsbilanzen resultierenden Korrekturen sind damit bei der steuerlichen Ergebnisermittlung auf Gesamthandsebene (Steuerbilanz der Stufe I) zu erfassen und bei der Gewinnverteilung nur den betreffenden Gesellschaftern zuzurechnen.[33]
Der sich aus dem Betriebsvermögensvergleich ergebende steuerliche Gewinn der Gesamthand ist darüber hinaus nach den gesetzlichen oder gesellschaftsvertraglichen Gewinnverteilungsregelungen auf die einzelnen Gesellschafter zuzurechnen.[34] Der Gewinnanteil des Gesellschafters wird steuerlich bei diesem im Jahr der Gewinnentstehung erfaßt.[35] "Entnahmefähigkeit und Zufluß sind für die Verteilung (und Besteuerung, d.A.) ohne Bedeutung."[36]

---

[28] Vgl. Biergans, Einkommensteuer, S. 474 f. und das dort dargestellte Beispiel der Aufstellung einer negativen Ergänzungsbilanz für die Fälle der Nutzung der Wahlrechte nach §§ 6 b, 7 e EStG durch einen Gesellschafter. Vgl. ferner Budde/Kaiser, Steuerbilanz, Anm. 103 ff, S. 1257 ff.
[29] Vgl. im einzelnen Biergans, Einkommensteuer, S. 466 ff.
[30] Ebenda, S. 469 f.
[31] Vgl. ebenda, S. 469.
[32] Budde/Kaiser, Steuerbilanz, Anm. 70 und 71, S. 1249.
[33] Vgl. Biergans, Einkommensteuer, S. 470.
[34] Vgl. BFH v. 7.7.1983 IV R 209/80, S. 53.
[35] Vgl. Knobbe-Keuk, Bilanz- und Unternehmenssteuerrecht, S. 287 f.
[36] Pankow/Fitzner, Steuerbilanz, Anm. 53, S. 1247.

2.2.3 Gewinnermittlung auf Gesellschafterebene

Nach der Ermittlung des Gewinnanteils auf Gesamthandsebene erfolgt auf einer zweiten Stufe für den einzelnen Gesellschafter eine besondere Gewinnermittlung im Rahmen seines Sonderbetriebsbereichs. Bei dieser Ermittlung des Sonderbetriebsergebnisses des einzelnen Gesellschafters sind Sonderbetriebseinnahmen (z.B. Sondervergütungen, Erlöse aus der Veräußerung von Wirtschaftsgütern des Sonderbetriebsvermögens) und Sonderbetriebsausgaben zu erfassen.[37] Da Gesamthands- und Sonderbetriebsvermögen der Gesellschafter eine wirtschaftliche Einheit bilden, muß die Gewinnermittlung auf beiden Ebenen gleichermaßen durch Betriebsvermögensvergleich erfolgen.[38] Die ermittelten Sonderbetriebsergebnisse sind dem Gewinnanteil des Mitunternehmers zuzurechnen.
Die Gewinnermittlung auf dieser zweiten Stufe erfolgt m.H. von Sonderbilanzen, in denen das Sonderbetriebsvermögen ausgewiesen wird und Sonderbetriebseinnahmen und -ausgaben erfaßt werden. Der mit der Sonderbilanz erfaßte Sonderbetrieb stellt allerdings keinen selbständigen Betrieb oder Teilbetrieb des Gesellschafters dar. "Vielmehr ist der Sonderbetrieb des Gesellschafters nach der Konzeption der Rechtsprechung des BFH nur ein unselbständiger Teil der aus dem Betrieb der Gesellschaft und den Sonderbetrieben bestehenden wirtschaftlichen Einheit."[39]

2.2.3.1 Das Sonderbetriebsvermögen

Zum steuerlichen Betriebsvermögen der Gesellschaft rechnen neben dem Gesamthandsvermögen auch solche Wirtschaftsgüter, die im Eigentum eines oder mehrerer Gesellschafter stehen und die der Gesellschaft gegen ein besonderes Entgelt zur Nutzung überlassen werden oder die der Beteiligung des Gesellschafters an der Gesellschaft dienen.[40] Diese Wirtschaftsgüter stellen das Sonderbetriebsvermögen des Gesellschafters dar, das ebenso wie das Gesamthandsvermögen in den Betriebsvermögensvergleich einzubeziehen ist.[41] Die Qualifizierung dieser Wirtschaftsgüter als Sonderbe-

[37] Vgl. Knobbe-Keuk, Bilanz- und Unternehmenssteuerrecht, S. 297.
[38] Vgl. ebenda, S. 298.
[39] Ebenda, S. 300.
[40] Vgl. Brewi, Behandlung, S. 88.
[41] Vgl. Plückebaum, Gewinn, S. 181.

triebsvermögen ist damit zu begründen, daß das Wirtschaftsgut auf Grund einer im Gesellschaftsverhältnis begründeten Beitragspflicht oder auf Grund eines besonderen schuldrechtlichen Vertrags der Gesellschaft zur gemeinschaftlichen Erzielung von gewerblichen Einkünften zur Verfügung gestellt wird. Die dafür an den Gesellschafter gewährten Nutzungsentgelte werden von § 15 Abs. 1 Nr. 2 EStG als gewerbliche Einkünfte des Gesellschafters qualifiziert, so daß auch das zur Verfügung gestellte Wirtschaftsgut Betriebsvermögen ist.[42]
Das Sonderbetriebsvermögen umfaßt zum einen das notwendige Sonderbetriebsvermögen. Bei dem notwendigen Sonderbetriebsvermögen des Mitunternehmers wird zwischen dem notwendigen Sonderbetriebsvermögen I und II differenziert. Zum Sonderbetriebsvermögen I rechnen solche Wirtschaftsgüter, die der Mitunternehmer der Gesellschaft zur Nutzung überlassen hat, die also unmittelbar für betriebliche Zwecke genutzt werden (z.B. Gastwirtschaft eines Gesellschafters einer Brauerei, die dieser der Gesellschaft zur betrieblichen Nutzung verpachtet; Grundstück eines Gesellschafters, das dieser an die Gesellschaft verpachtet; Kraftfahrzeug eines Gesellschafters, das dieser für betrieblich bedingte Fahrten einsetzt).[43] Dabei ist unerheblich, ob die Überlassung auf Grund einer gesellschaftsrechtlichen Beitragspflicht oder auf Grund eines schuldrechtlichen Verhältnisses erfolgt.[44]
Als Wirtschaftsgüter des Sonderbetriebsvermögens II sind solche zu qualifizieren, die zwar nicht der Personengesellschaft zur Nutzung überlassen werden, die aber der Beteiligung des Mitunternehmers an der Personengesellschaft dienen oder zu dienen bestimmt sind (z.B. Darlehen zum Erwerb oder zur Aufstockung der Beteiligung des Mitunternehmers an der Gesellschaft).[45]

Das Sonderbetriebsvermögen des Mitunternehmers kann zum anderen auch gewillkürtes Sonderbetriebsvermögen umfassen (z.B. Wertpapiere eines Gesellschafters, die dieser zur Sicherung eines von

[42] Vgl. dazu kritisch Knobbe-Keuk, Bilanz- und Unternehmenssteuerrecht, S. 301.
[43] Vgl. BdF-Schreiben vom 20.12.1977, Mitunternehmererlaß, Tz 13; Pankow/Fitzner, Steuerbilanz, Anm. 124, S. 1262 f.
[44] Vgl. ebenda; BFH v. 12.11.1985 VIII R 286/81, S. 55.
[45] Vgl. BdF-Schreiben v. 20.12.1977, Mitunternehmererlaß, Tz 14; Ritzrow, Personengesellschaft, S. 79 f. und die dort angegebenen Beispiele aus der Rechtsprechung.

der Gesellschaft aufgenommenen Darlehens verpfändet).[46] Der Mitunternehmer hat grundsätzlich die gleichen Möglichkeiten im Rahmen seines Sonderbetriebsvermögens gewillkürtes Betriebsvermögen zu bilden, wie diese auch einem Einzelunternehmer im Rahmen seines Betriebsvermögens zustehen.[47] Notwendige Voraussetzung für die Behandlung von Wirtschaftsgütern als gewillkürtes Betriebsvermögen ist allerdings, daß diese objektiv oder subjektiv dazu geeignet und bestimmt sind, den Betrieb der Personengesellschaft oder die Beteiligung des Mitunternehmers zu fördern "und subjektiv durch Widmung seitens des Gesellschafters und entsprechendem bilanzmäßigem Ausweis diesem Zweck zu dienen."[48]

Hinsichtlich der Inanspruchnahme von Bilanzierungs- und Bewertungswahlrechten in der Sonderbilanz ist der Gesellschafter bzgl. des ihm zuzurechnenden Sonderbetriebsvermögens grundsätzlich frei.[49] Soweit der Gesellschaftsvertrag keine abweichende Regelung enthält, kann der Mitunternehmer steuerliche Wahlrechte und Spielräume im Bereich seines Sonderbetriebs nutzen, ohne auf eine Zustimmung durch die Mitgesellschafter angewiesen zu sein.[50] Ebenso kann der Mitunternehmer Sonderabschreibungen, Investitionszulagen, -prämien u.ä. für die Wirtschaftsgüter seines Sonderbetriebsvermögens in Anspruch nehmen.[51]

Der Sonderbetriebsbereich eines Gesellschafters ist unselbständiger Teil des Gesamtbetriebs (Gesamthandsbetrieb und Sonderbetriebe der Gesellschafter) der Personengesellschaft. Daraus ergeben sich Konsequenzen für die Buchführungspflicht sowie die Nutzung von Tarifbegünstigungen nach §§ 16, 34 EStG bei der Veräußerung eines Wirtschaftsguts des Sonderbetriebsvermögens.[52] Soweit die Verlustklausel des § 7 a Abs. 6 EStG 1979 noch Anwendung findet,[53] ist zu beachten, daß Sonderabschreibungen und erhöhte Absetzungen im Bereich des Sonderbetriebsvermögens dann unzulässig sind, "wenn ein

---

[46] Vgl. BdF-Schreiben v. 20.12.1977, Mitunternehmererlaß, Tz 15; Ritzrow, Personengesellschaft, S. 80 f. und die dort angegebenen Beispiele der Rechtsprechung.

[47] Vgl. ebenda.

[48] Schulze zur Wiesche, Rechtsprechung, S. 221 mit Verweis auf BFH v. 20.6.1985 IV R 36/83, S. 654; vgl. auch Knobbe-Keuk, Bilanz- und Unternehmenssteuerrecht, S. 303 f.

[49] Vgl. Döllerer, Steuerbilanz, S. 216; Schulze zur Wiesche, Gewinnermittlung, S. 98.

[50] Vgl. auch Rabald, Steuerwirkungen, S. 410.

[51] Vgl. Knobbe-Keuk, Bilanz- und Unternehmenssteuerrecht, S. 300.

[52] Vgl. im einzelnen ebenda, S. 300 f.

[53] Vgl. Ritzrow, Personengesellschaft, S. 83.

Verlust zwar nicht im Sonderbetriebsvermögen, wohl aber in der wirtschaftlichen Einheit des Gesamthandsvermögens und der Sonderbetriebsvermögen aller Gesellschafter entstehen würde."[54]

2.2.3.2 Die Sonderbetriebseinnahmen und Sonderbetriebsausgaben

Zu den Einkünften aus Gewerbebetrieb des Mitunternehmers gehören auch die Einnahmen, die in unmittelbarem oder mittelbarem Zusammenhang mit dem Sonderbetriebsbereich des Mitunternehmers stehen[55] (z.B. Einnahmen aus der Veräußerung von Wirtschaftsgütern des Sonderbetriebsvermögens; Zinsen aus Wertpapieren, die gewillkürtes Betriebsvermögen darstellen). "Ferner gehören zu den Sonderbetriebseinnahmen die Einnahmen, die der Gesellschafter durch den Einsatz von Wirtschaftsgütern (des Sonderbetriebsvermögens, d.A.) erlangt, die der Beteiligung an der Personengesellschaft dienen."[56] Zu den Sonderbetriebseinnahmen des Mitunternehmers nach § 15 Abs. 1 Nr. 2 EStG sind diese "Vergütungen, die der Gesellschafter von der Gesellschaft für seine Tätigkeit im Dienst der Gesellschaft oder für die Hingabe von Darlehen oder für die Überlassung von Wirtschaftsgütern bezogen hat" zu den Einkünften aus Gewerbebetrieb zu rechnen.

Sondervergütungen i.S.v. § 15 Abs. 1 Nr. 2 EStG sind allerdings nur solche Vergütungen, die durch das Gesellschaftsverhältnis veranlaßt sind,[57] wobei das Merkmal der gesellschaftlichen Veranlassung grundsätzlich weit auszulegen ist.[58] Eine gesellschaftliche Veranlassung ist gegeben, "wenn die Vergütungen Entgelt für Leistungen sind, die der Gesellschafter zur Förderung des Gesellschaftszwecks einbringt (Beitragsgedanke); dabei braucht die Leistungsbeziehung ihre Grundlage nicht im Gesellschaftsrechtsverhältnis zu haben, sie kann auch auf daneben bestehenden Rechtsbeziehungen beruhen ...".[59]

---

[54] BdF-Schreiben vom 20.12.1977, Mitunternehmererlaß, Tz 20.

[55] Vgl. Zimmermann/Reyher/Hottmann, Personengesellschaft, S. 168 f. und die dort genannten Beispiele; Knobbe-Keuk, Bilanz- und Unternehmenssteuerrecht, S. 308.

[56] Zimmermann/Reyher/Hottmann, Personengesellschaft, S. 169.

[57] Vgl. Pankow/Fitzner, Steuerbilanz, Anm. 135, S. 1266.

[58] Vgl. BFH v. 27.5.1981 I R 112/79, S. 192.

[59] Plückebaum/Sauerland/Wendt, Einkommensteuer, S. 460. Zu dem Beitragsgedanken vgl. Woerner, Mitunternehmer, S. 203 ff. Vgl. zur Qualifizierung der Vergütungen im einzelnen Pankow/Fitzner, Steuerbilanz, S. 146 ff, S. 1270 ff.

Aufwendungen des Mitunternehmers, die mit der Erzielung von Sondervergütungen in wirtschaftlichem Zusammenhang stehen oder die durch die Beteiligung an der Gesellschaft oder durch das Sonderbetriebsvermögen veranlaßt sind, stellen Sonderbetriebsausgaben des Gesellschafters dar.[60] Ebenso wie die Sonderbetriebseinnahmen sind auch die Sonderbetriebsausgaben im Rahmen der einheitlichen und gesonderten Gewinnfeststellung dem betreffenden Gesellschafter zuzurechnen und erhöhen bzw. mindern dann den auf den Mitunternehmer entfallenden Gewinn aus Gewerbebetrieb.[61]

---

60 Vgl. Knobbe-Keuk, Bilanz- und Unternehmenssteuerrecht, S. 308; vgl. ferner die Aufzählung von möglichen Sonderbetriebsausgaben bei Zimmermann/Reyher/Hottmann, Personengesellschaft, S. 171 ff.

61 Vgl. Döllerer, Bilanzen, S. 264.

3. Notwendigkeit, Inhalt und Abgrenzung der Steuerplanung bei Mitunternehmergemeinschaften

Planung erfolgt "auf der Basis systematischer Entscheidungsvorbereitung zur Bestimmung künftigen Geschehens ... Es geht um die systematisch vorbereitete Festlegung von Zielen und der zu ihrer Erreichung notwendigen Maßnahmen ..."[1] In Analogie zu diesem allgemeingültigen Planungsbegriff umfaßt die Steuerplanung[2] die systematisch vorbereitete Festlegung von steuerlichen Zielen und der zu ihrer Erreichung notwendigen Maßnahmen. Planung "beinhaltet den Vergleich relevanter möglicher künftiger Alternativen ... Bei dem Streben, die jeweils bestmögliche Alternative im Hinblick auf das Ziel bzw. die Ziele zu ermitteln, wird ihre Optimierungsfunktion deutlich."[3]

Soweit die Erreichung der von dem Mitunternehmer mit der Beteiligung an der Personengesellschaft verfolgten Ziele durch die beteiligungsinduzierte Besteuerung beeinträchtigt wird - wovon im Fall monetärer Ziele auszugehen ist[4] - muß eine Beeinflussung, d.h. zukunftsorientierte Gestaltung der Besteuerung im Interesse einer verbesserten Zielerreichung erfolgen. Aus der Sicht des Mitunternehmers muß es sich um eine individuell konzipierte Steuerplanung handeln, da diese letztlich der Realisation individueller Ziele dienen soll. Eine kollektive Steuerplanung der Personengesellschaft bzw. der Mitunternehmergemeinschaft genügt dieser Anforderung der Verbesserung der individuellen Zielerreichung im allgemeinen auf Grund der gesellschafterindividuellen Ziele und Zielwirkungen[5] nicht. Zwar ist eine Personengesellschaft ein Zusammen-

---

[1] Hahn, Puk, S. 29.

[2] Zu dem Bereich der Steuerplanung sowie der damit verwandten Begriffe der Steuerpolitik-, strategie-, taktik existiert eine kaum noch überschaubare Zahl an Veröffentlichungen. Vgl. für viele Autoren: Bareis, Planung; Marettek, Steuerbilanz; Eisenach, Steuerplanung; Heigl/Melcher, Ertragsteuerplanung; Börner/Krawitz, Steuerbilanzpolitik; Wagner/Dirrigl, Steuerplanung; Jung, Instrumente. Die in der Literatur zu findende Terminologie ist ebenso uneinheitlich wie die zu Grundsatz- und Detailfragen der Steuerplanung vertretenen Auffassungen. Vgl. dazu etwa Heinhold, Steuerplanung, S. 19 ff. und die dort angegebene Literatur. Auf eine Darstellung dieser Diskussion wird im folgenden verzichtet.

[3] Hahn, Puk, S. 30.

[4] Vgl. im einzelnen Abschn. 4.

[5] Vgl. dazu Abschn. 4.

schluß von mehreren Personen zur Erreichung eines gemeinsamen Zwecks, jedoch verfolgt jeder Gesellschafter "mit seiner Beteiligung ein persönliches, eigennütziges Ziel, und für den Regelfall gilt, daß das persönliche Interesse eines jeden Teilhabers von den Zielen der übrigen Gesellschafter abweicht und nur insoweit Kongruenz vorliegt, als alle durch eine rechtliche Verbindung ihre persönlichen Endzwecke erreichen wollen."[6] Damit nimmt der kollektive Gesellschaftszweck im Verhältnis zu den individuellen Endzielen der Gesellschafter lediglich Instrumentalcharakter an.[7]

Daher besteht aus der Sicht des einzelnen Mitunternehmers grundsätzlich die Notwendigkeit einer individuellen Steuerplanung, d.h. einer Steuerplanung unter Beachtung der individuellen Determinanten der Planung und zur Erreichung der individuellen Ziele. Die Erreichung der individuellen Ziele erfordert die Ermittlung der verfügbaren Aktionsparameter sowie die Bestimmung des zielorientierten Einsatzes dieser Aktionsparameter (Maßnahmenplanung). Der Begriff der Aktionsparameter[8] umfaßt sämtliche Handlungsmöglichkeiten der zielorientierten Beeinflussung der Besteuerung. Die gesamten Aktionsparameter zur Beeinflussung der Besteueurung des Mitunternehmers können - wie in Abb. 1 dargestellt - differenziert werden.[9]

---

[6] Kurth, Besteuerung, S. 467 f, m.w.N.

[7] Vgl. ebenda, S. 468.

[8] Vgl. dazu auch Heinhold, Steuerplanung, S. 27 und 29.

[9] Zur Ausgrenzung von Sachverhaltsgestaltungen als Aktionsparameter vgl. ebenda, S. 27, 29; vgl. zur weiteren Abgrenzung auch Bauer, Rechnungspolitik, S. 79.

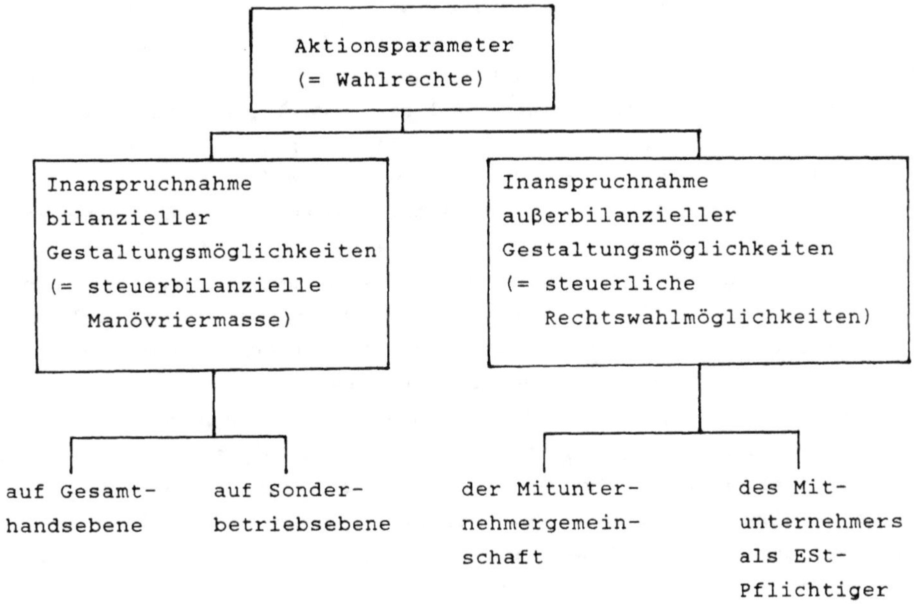

Abb. 1: Aktionsparameter zur zielorientierten Beeinflussung der Besteuerung des Mitunternehmers

Aktionsparameter stellen allgemein Wahlrechte dar, die zur zielorientierten Beeinflussung der Besteuerung von dem Steuerpflichtigen genutzt werden können. "Ein Wahlrecht liegt vor, wenn an einen gegebenen Tatbestand mindestens zwei eindeutig bestimmte Rechtsfolgen anknüpfen, die sich gegenseitig ausschließen, und wenn der zur Rechnungslegung Verpflichtete entscheidet, welche von ihnen eintritt."[10] Dabei kann die Ursache für die Existenz dieser Wahlrechte sowohl in der Verfolgung wirtschaftspolitischer Zielsetzungen (formal kodifizierte Wahlrechte) als auch in der generalisierenden Gesetzgebung und der daraus resultierenden Notwendigkeit der Auslegung und Subsumtion von Sachverhalten (faktische Wahlrechte bzw. Ermessensspielräume) beruhen.[11]
Wahlrechte bezeichnen danach die formell normierten Wahlrechtstatbestände[12] (Beispiel: Wahlrecht des Einbezugs bestimmter Kostenbe-

[10] Bauer, Rechnungspolitik, S. 66.
[11] Vgl. dazu auch ebenda, S. 70 ff. Bauer verwendet in diesem Zusammenhang das Begriffspaar Wahlrecht und Spielraum.
[12] Vgl. ebenso Pfleger, Bilanzpolitik, S. 29: "Von einem Wahlrecht spricht man, wenn an einen gegebenen Tatbestand mindestens zwei verschiedene, eindeutig fixierte Rechtsfolgen anknüpfen, die

standteile in die Herstellungskosten gemäß Abschn. 33 EStR). Dagegen "entstehen Spielräume dadurch, daß das Gesetz einen bestimmten Wertansatz oder einen bestimmten Wertmaßstab zwar vorschreibt, nicht aber die jeweilige Methode und die jeweiligen Komponenten zu seiner bilanziellen Erfassung..."[13] (Beispiel: Gemeinkostenschlüsselung bei der Berechnung der Herstellungskosten).

Bei den bilanziellen Gestaltungsmöglichkeiten (Manövriermasse) handelt es sich um die "Gesamtheit aller im konkreten Einzelfall verfügbaren Möglichkeiten zur Beeinflussung des steuerlichen Ergebnisausweises einer Periode ...".[14] Im konkreten Einzelfall ist diese Manövriermasse quantifizierbar.[15] Bei einer allgemeinen, vom Einzelfall abstrahierenden Betrachtung repräsentiert die Manövriermasse die Menge der zur Beeinflussung des Ergebnisausweises verfügbaren Gestaltungsmöglichkeiten. Die einzelnen Gestaltungsmöglichkeiten bestehen im wesentlichen aus Bilanzierungs- und Bewertungswahlrechten sowie Ermessensspielräumen bei Bilanzierung und Bewertung auf der Gesamthands- und der Sonderbetriebsebene des Mitunternehmers.

Neben der Manövriermasse stellen die steuerlichen Rechtswahlmöglichkeiten als außerbilanzielle Gestaltungsmöglichkeiten eine weitere Gruppe von Aktionsparametern dar. Eine steuerliche Rechtswahlmöglichkeit ist zu umschreiben "als die dem Steuerpflichtigen zustehende Wahlmöglichkeit, die bei realisiertem Sachverhalt zur Anwendung kommende Rechtsfolge zu bestimmen."[16] Die Rechtswahlmöglichkeiten sind entweder in der Subsumtionsphase (Ordnung eines konkreten Sachverhalts unter einen Tatbestand; Beispiel: Antragstellung nach § 33 Abs. 1 EStG) oder in der Konklusionsphase (Festlegung der Rechtsfolge; Beispiel: Beantragung der Behandlung der Sonderausgaben im Fall des § 26 a EStG) angesiedelt.[17]

sich gegenseitig ausschließen und wenn der zur Rechnungslegung verpflichtete entscheidet, welche von ihnen eintritt."

[13] Ebenda, S. 30. Pfleger differenziert weiter in Verfahrens- und Individualspielräume. Vgl. ebenda, S. 30 f.

[14] Börner/Krawitz, Steuerbilanzpolitik, S. 194; vgl. auch Wagner/Dirrigl, Steuerplanung, S. 277.

[15] Vgl. Börner/Krawitz, Steuerbilanzpolitik, S. 194. Die bilanziellen Gestaltungsmöglichkeiten stellen zunächst nur Parameter der eigentlichen Manövriermasse dar. Erst durch den Einsatz dieser Gestaltungsmöglichkeiten entsteht eine Manövriermasse, d.h. eine Masse vor- bzw. nachverlagerbarer Ergebniserhöhungen oder -minderungen.

[16] Michels, Wahlrechte, S. 61.

[17] Vgl. ebenda, S. 60 f.

Kennzeichnend für zahlreiche Rechtswahlmöglichkeiten ist, daß sie unabhängig von der Ermittlung des bilanziellen Ergebnisausweises ausgeübt werden können.[18] Soweit die Rechtswahlmöglichkeiten auf der Ebene des Steuerpflichtigen ansetzen, stehen dem Mitunternehmer diese Wahlmöglichkeiten unbeschränkt zur Verfügung, d.h. eine Abstimmung mit den Mitgesellschaftern über deren Inanspruchnahme ist nicht erforderlich. Diese Rechtswahlmöglichkeiten sind dem privaten, nicht mitunternehmerspezifischen, d.h. nicht unmittelbar von der Mitunternehmerschaft berührten Besteuerungsbereich zuzuordnen und werden aus den genannten Gründen im folgenden nicht näher berücksichtigt.[19]

Beispiel:

- Antrag auf Wiedereinsetzung in den vorigen Stand gemäß § 110 AO;
- Antrag auf Feststellung der Nichtigkeit eines Verwaltungsakts gemäß § 125 Abs. 5 AO;
- Antrag auf Aufhebung oder Änderung der Steuerfestsetzung gemäß § 164 Abs. 2 Satz 2 AO;
- Antrag auf Stundung und Zahlungsaufschub gemäß §§ 222, 223 AO;
- Antrag auf Abzug außergewöhnlicher Belastungen gemäß §§ 33, 33 a, 33 b EStG;
- Antrag auf Behandlung von Unterhaltsleistungen als Sonderausgaben gemäß § 10 Abs. 1 Nr. 1 EStG;
- Behandlung ausländischer Steuern gemäß § 34 c EStG;
- Wahl der Veranlagung bei Ehegatten gemäß § 26 EStG.

Soweit die Rechtswahlmöglichkeiten auf der Ebene der Mitunternehmergemeinschaft ansetzen, muß deren Inanspruchnahme grundsätzlich mit den Mitgesellschaftern abgestimmt werden.

Beispiel:

- Bilanzberichtigung gemäß § 4 Abs. 2 Satz 1 EStG;
- Bilanzänderung gemäß § 4 Abs. 2 Satz 2 EStG.

Diese Rechtswahlmöglichkeiten können einen Einfluß auf den bilanziellen Ergebnisausweis und die Besteuerung des Mitunternehmers haben, so daß sie entsprechend dieser Wirkungen in den Bereich der steuerbilanziellen Manövriermasse einzuordnen sind.

---

[18] Vgl. ebenda, S. 62.

[19] Einzelne Rechtswahlmöglichkeiten werden im folgenden allerdings insoweit aufgegriffen, als deren Inanspruchnahme Auswirkungen auf den Zeitpunkt der Steuerzahlungen und damit auf die Liquidität des Steuerpflichtigen haben.

Die Maßnahmenplanung als wesentliche Komponente der Steuerplanung muß neben der Ermittlung der verfügbaren und zu berücksichtigenden Aktionsparameter, d.h. hier der steuerbilanziellen Manövriermasse, auch die Bestimmung des zielorienierten Einsatzes dieser Manövriermasse beinhalten.[20] Wie bereits ausgeführt, besteht aus der Sicht des einzelnen Mitunternehmers grundsätzlich die Notwendigkeit der Ermittlung der individuell optimalen Manövriermasseneinsatzstrategie, d.h. des längerfristigen über den aus mehreren Planungsperioden bestehenden Planungszeitraum zu verfolgenden Manövriermasseneinsatzes auf Gesellschafts- (Gesamthands-) und Sonderbetriebsebene. Nur die Realisation der individuell optimalen Manövriermasseneinsatzstrategien gewährleistet unmittelbar die Realisation der individuellen Ziele der Steuerplanung des Mitunternehmers.

Auf Grund der auf Gesellschaftsebene zwingend einheitlich vorzunehmenden Bilanzierung und Bewertung, kann auf dieser Ebene für alle Gesellschafter nur eine einheitliche Steuerplanungskonzeption verfolgt werden. Die Realisation der individuell optimalen Steuerplanungskonzeption des Mitunternehmers als Planungsträger umfaßt daher nicht nur die detaillierte Festlegung und die Veranlassung der Durchführung des Planungsergebnisses.[21] Es ist vielmehr notwendig, im Anschluß an die individuelle Planaufstellung im Rahmen einer kollektiven Planverabschiedung in Form eines kollektiven Verhandlungsprozesses nach der Durchsetzung der individuellen Planungskonzeption zu streben.[22] Die Steuerplanung des Mitunternehmers muß daher zwingend diese Phase der kollektiven Planverabschiedung in Form eines Verhandlungsprozesses einschließen, soweit durch den aus der Mitunternehmerschaft resultierenden Zwang zur Einheitlichkeit individuelle Interessen beeinträchtigt werden.[23]

---

[20] Als Techniken der Steuerplanung kommen im wesentlichen in Frage: Teilsteuerrechnung, Veranlagungssimulation, Angleichung von Grenzsteuerbarwerten, Verfahren der revolvierenden Steuerbilanzplanung. Vgl. zu Darstellung und Kritik der Verfahren. Marettek, Techniken, S. 389 ff. m.w.N.

[21] Vgl. zu der sich an die Planungsphase anschließenden Steuerungsphase, Hahn, Puk, S. 30 f.

[22] Vgl. zu den einzelnen Phasen des Führungs- bzw. Planungsprozesses ebenda.

[23] Es erscheint insoweit auch gerechtfertigt von der Steuerplanung und nicht von der sachlich enger zu fassenden Steuerbilanzplanung des Mitunternehmers zu sprechen.

4. Die Ableitung von gesellschafterindividuellen Zielen der Steuerplanung bei Mitunternehmergemeinschaften und die Bestimmung des individuell optimalen Manövriermasseneinsatzes

4.1 Zielgröße und Zielvorschrift

Jede rationale Entscheidung über die Auswahl einer Handlungsalternative bei mehreren Möglichkeiten erfordert die Existenz und Kenntnis eines oder mehrerer klarer Ziele.[1] Nur die Existenz eines Ziels, d.h. eines erwünschten, angestrebten Zustands[2] und die Kenntnis dieses Ziels ermöglicht eine zielbewußte, d.h. vor allem zielentsprechende Entscheidung. Der Zielbegriff ist zu konkretisieren bzgl. der Zielgröße und der Zielvorschrift.[3] Während die Zielgröße die "Maßgröße für das Erstrebte"[4] darstellt (z.B. Einkommen, Vermögen), gibt die Zielvorschrift eine "Anweisung über die Zielgröße"[4] hinsichtlich Zielausmaß und Zielzeitbezug (z.B. maximiere das Einkommen im Planungszeitraum!).
Bei der Konkretisierung der Zielgröße des Mitunternehmers ist von der Vorstellung auszugehen, daß dieser bestrebt ist, aus der Beteiligung an der Mitunternehmergemeinschaft einen individuellen Nutzen zu ziehen. Die undifferenzierte Zielgröße 'Nutzen' umfaßt in dieser allgemeinen Form sowohl unmittelbar quantifizierbare monetäre und nicht monetäre als auch nicht unmittelbar quantifizierbare Komponenten.[5]

---

[1] Vgl. Eisenführ/Weber, Zielstrukturierung, S. 907.
[2] Vgl. Hahn, PuK, S. 8.
[3] Vgl. dazu Schneider, Investition, S. 49 f.
[4] Ebenda, S. 50.
[5] Vgl. dazu ebenda, S. 52 ff. und Börner/Krawitz, Steuerbilanzpolitik, S. 71.

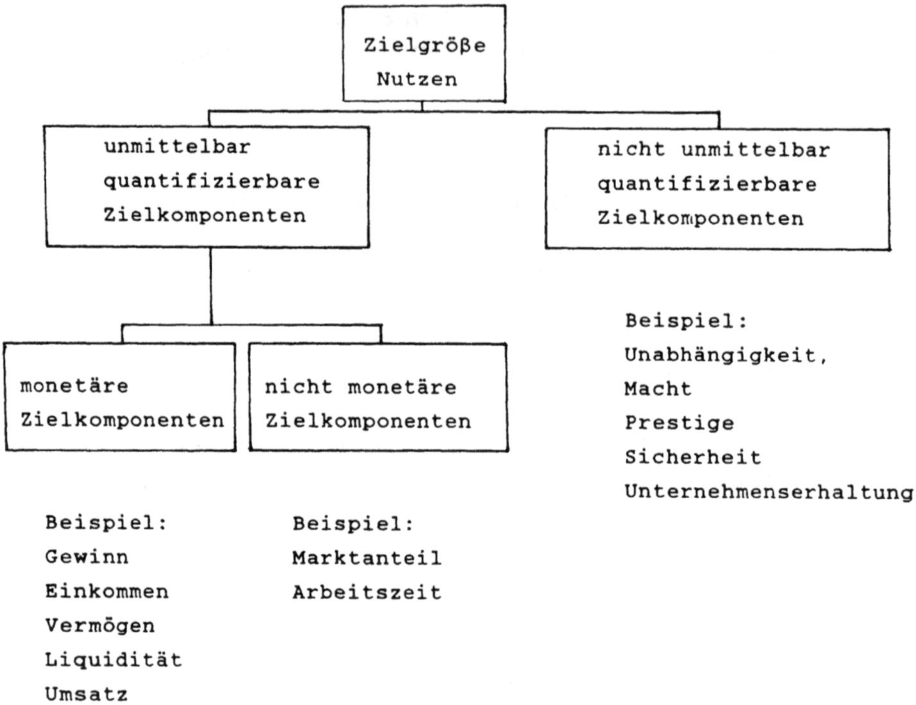

Abb. 2: Zielkomponenten der Zielgröße Nutzen

Die nicht quantifizierbaren Zielgrößen sind intersubjektiv grundsätzlich nicht allgemein darstellbar und entziehen sich daher weitestgehend allen Analysen. "Sie lassen keine direkte Ableitung von quantifizierbaren (operationalen) Entscheidungskriterien zu."[6]
Die nicht unmittelbar quantifizierbaren Zielgrößen stehen zu den quantifizierbaren Zielen in einer komplementären Beziehung, da die Realisation der quantifizierbaren Ziele in aller Regel der Realisation der nicht unmittelbar quantifizierbaren Ziele dient. Schneider bezeichnet die nicht unmittelbar quantifizierbaren Zielgrößen daher auch als Handlungsmotive.[7]
Es ist insoweit gerechtfertigt, bei der Diskussion möglicher individueller Oberziele von den nicht unmittelbar quantifizierbaren Zielgrößen zu abstrahieren und die Zieldiskussion im folgenden auf

[6] Börner/Krawitz, Steuerbilanzpolitik, S. 71.
[7] Vgl. Schneider, Investition, S. 50 f.

die unmittelbar quantifizierbaren Zielgrößen zu beschränken[8]. Dabei werden im folgenden auch die nicht monetären, d.h. nicht unmittelbar in Geldgrößen ausdrückbaren Zielgrößen ausgeklammert, und die Zieldiskussion wird auf die monetären Zielgrößen beschränkt. Für diese Vorgehensweise spricht zum einen, daß auch die nicht monetären Zielgrößen in der Regel auf die monetären Zielgrößen zurückführbar sind, d.h. durch diese repräsentiert werden. "Zum anderen sind Steuern als Geldleistungen überwiegend nur für ein monetäres Zielsystem der Unternehmung relevant."[9] Im folgenden werden daher als die wesentlichen Zielgrößen des Mitunternehmers diskutiert:

1. Einkommensstreben
2. Vermögensstreben
3. Kombinationen aus Einkommensstreben und Vermögensstreben.

Einkommens- bzw. Vermögensstreben ist dabei jeweils eine spezielle Ausprägung des allgemeineren Gewinnstrebens des Mitunternehmers.[10] Weitere Zielgrößen sind ggf. in Form von Nebenbedingungen im Rahmen der Formulierung der Zielvorschrift zu berücksichtigen.
Als Zielvorschrift seitens des Mitunternehmers ist eine Maximierung der Zielgrößen anzunehmen. Der Mitunternehmer muß aus einer (vollständig) formulierten Alternativenmenge diejenigen Handlungsmöglichkeiten auswählen, die seine Zielgröße maximieren.[11] In der neueren Literatur werden Extremalzielvorschriften, insbesondere die Gewinnmaximierung, zunehmend als realitätsfremd kritisiert.[12] Statt der Optimierung wird als Zielerreichungsgrad ein bestimmtes Satisfizierungsniveau herangezogen, d.h. die Zielvorschrift schreibt lediglich die Satisfizierung der Zielgröße vor. Ein wesentliches Argument gegen die Extremalzielvorschrift der Gewinnmaximierung ist, daß eine Gewinnmaximierung auf Grund der unvollkommenen Information des Entscheidungsträgers faktisch ausscheidet.

[8] Die nicht unmittelbar quantifizierbare Zielgröße 'Sicherheit' nimmt bzgl. der Quantifizierbarkeit insoweit eine Ausnahmeposition ein, als sich deren Einfluß auf auszuwählende Handlungsalternativen erfassen läßt. Vgl. dazu die Ausführungen unter Abschn. 4.5.3.

[9] Börner/Krawitz, Steuerbilanzpolitik, S. 71.

[10] Vgl. dazu Siegel, Steuerwirkungen, S. 27 und die Ausführungen in Abschn. 4.2.

[11] Vgl. Schneider, Investition, S. 54 f. Im Ergebnis ebenso Börner/Krawitz, Steuerbilanzpolitik, S. 73 und Siegel, Steuerwirkungen, S. 27.

[12] Vgl. Kupsch, Satisfizierungsprinzip, S. 477 ff.

Dem ist entgegenzuhalten, daß auch im Fall unvollkommener Information rationales Verhalten möglich und sinnvoll ist. Auch bei unvollkommener Information, d.h. bei Ungewißheit bzgl. aktueller und zukünftiger Daten muß der Entscheidungsträger eine rationale Auswahl bzgl. der zielführenden Handlungsmöglichkeiten vornehmen. Rationales Handeln unter Ungewißheit kann dann zum einen in einer "Maximierung des Erwartungswertes des Risikonutzens"[13] bestehen, d.h. der Entscheidungsträger muß unter Abwägung von Chancen und Risiken, ggf. auf Grund von Wahrscheinlichkeiten, angenommener oder geschätzter Datenkonstellationen zieloptimale Entscheidungen hinsichtlich eines gegebenen Ziels treffen. Zum anderen kann die Ungewißheit bzgl. zukünftiger Entwicklungen jedoch auch die Wahl des zu verfolgenden Ziels beeinflussen. Der Entscheidungsträger wählt dann ein Ziel, das trotz der bestehenden Ungewißheit realisierbar erscheint, wobei er hinsichtlich dieses modifizierten Ziels einer optimalen Zielerreichung sicher ist. Auch bei Ungewißheit über aktuelle und künftige Daten sind daher nur Extremwertentscheidungen rational.[14]

Gegen die Gewinnmaximierung wird ferner vorgebracht, daß der Entscheidungsträger sich überwiegend mit einem satisfizierenden Gewinniveau begnüge und nicht nach einer Gewinnmaximierung strebe. Dies ist jedoch primär ein Problem der Bestimmung der zur Verfügung stehenden Handlungsmöglichkeiten und der damit korrelierten Probleme der Informationsbeschaffung. Auch bei nur zwei zur Verfügung stehenden Alternativen wird der Entscheidungsträger die Alternative auswählen, die den höchsten Zielbeitrag erwarten läßt.[15]
Im Ergebnis ist es daher konsequent, als oberste Zielsetzung des Mitunternehmers, die Gewinnmaximierung in verschiedenen Ausprägungen anzunehmen. Dem steht nach den obigen Ausführungen nicht entgegen, daß sich die daraus abzuleitenden Entscheidungen ex post als suboptimal erweisen.
Für den Fall, daß der Entscheidungsträger nicht nur ein einziges, sondern mehrere Ziele gleichzeitig anstrebt, ist eine unmittelbare Entscheidung über die optimalen Handlungsalternativen dann nicht möglich, wenn die mehreren Ziele in einer konkurrierenden Zielbe-

[13] Schneider, Investition, S. 56.
[14] Vgl. die Argumentation bei Schneider, Investition, S. 56.
[15] Vgl. ebenda, S. 57.

ziehung stehen.[16] In diesen Fällen ist die gleichzeitige Realisation der konkurrierenden Ziele nicht möglich. Der Entscheidungsträger muß daher eine Gewichtung der Ziele vornehmen, die es erlaubt, die einzelnen Ziele in einer Rangfolge entsprechend ihrer Relevanz für den Entscheidungsträger anzuordnen. Diese Gewichtung und Anordnung kann je nach Entscheidungssituation in unterschiedlicher Art und Weise erfolgen.[17]
Es ist zum einen möglich, ein Ziel zu dem dominanten Ziel zu erklären und dessen Realisierung entweder ohne Beachtung der übrigen Ziele zu betreiben oder die übrigen Ziele zumindest in Form von Nebenbedingungen (Mindestzielerreichung) zu berücksichtigen. Zum anderen ist es denkbar, für die einzelnen Ziele eine Austauschrelation zu formulieren, etwa in Form von Indifferenzkurven, als geometrischer Ort aller Zielkombinationen, die dem Entscheidungsträger den gleichen Nutzen stiften. Auf diese Weise wäre eine Substitution einzelner Ziele durchführbar. Dieser Weg kann in praxi jedoch in der Regel nicht beschritten werden, weil zum einen die benötigten Austauschrelationen nicht bestimmbar sind und zum anderen selbst bei bestimmbaren Austauschrelationen das Substitutionsproblem bei mehr als zwei Zielen sehr komplex würde.[18]

Als Oberziel der Steuerplanung des Mitunternehmers als Entscheidungs- bzw. Planungsträger sind daher im folgenden zu diskutieren:

1. Formen der Einkommensmaximierung
2. Formen der Vermögensmaximierung
3. Formen der Kombination aus Einkommens- und Vermögensmaximierung.

[16] Zu den verschiedenen Zielbeziehungen vgl. z.B. Heinen, Zielsystem.
[17] Vgl. dazu auch Schneider, Investition, S. 58 f.
[18] Vgl. die ähnliche Einschätzung bei Börner/Krawitz, Steuerbilanzpolitik, S. 74.

4.2 Mögliche gesellschafterindividuelle Oberziele der Steuerplanung

4.2.1 Einkommensmaximierung

4.2.1.1 Einkommensmaximierung unter Nebenbedingungen

Einkommensmaximierung als Ziel des Mitunternehmers besteht ex definitione in der Erzielung möglichst hoher finanzieller Nettozuflüsse (Zuflüsse nach Besteuerung) zu Konsumzwecken[1] innerhalb des Planungszeitraums. Unter Einkommen in diesem Sinne ist somit eine Summe "disponibler liquider Mittel nach Steuern"[2] zu verstehen. Das Ziel der Einkommensmaximierung kann sich auf den gesamten finanzwirtschaftlichen Bereich des Mitunternehmers oder auf einzelne Komponenten dieses Bereichs erstrecken. Der finanzwirtschaftliche Bereich des Mitunternehmers besteht dabei aus dessen sämtlichen finanziellen Aktivitäten. Das 'Unternehmen des Mitunternehmers' umfaßt damit dessen sämtliche geldlichen Interessen[3] und ist nicht auf die Beteiligung an der Mitunternehmergemeinschaft bzw. an dem von der Mitunternehmergemeinschaft betriebenen Unternehmen beschränkt.

Entsprechend dem dieser Arbeit zugrunde liegenden Untersuchungsobjekt ist es jedoch sinnvoll, im folgenden das Ziel der Einkommensmaximierung auf den Bereich der Beteiligung des Mitunternehmers an der Mitunternehmergemeinschaft zu beschränken.

Bezüglich der übrigen Komponenten des finanzwirtschaftlichen Bereichs (andere Beteiligungen, Wertpapier-Dispositionen, weitere Einkünfte etc.) wird von der Annahme ausgegangen, daß diese im Planungszeitraum nicht beeinflußbar seien, d.h. deren zeitliche und betragsmäßige Struktur fix sei. Sie sind dann im Rahmen der Einkommensmaximierung nur noch in Form von Determinanten der Optimalentscheidung zu berücksichtigen.

Das Einkommen als zu maximierende Größe umfaßt daher alle finanziellen Zuflüsse aus dem von der Mitunternehmergemeinschaft betriebenen Unternehmen an den Mitunternehmer. Es handelt sich bei

[1] Vgl. Heigl/Melcher, Ertragsteuerplanung, S. 10.
[2] Gintrowski/Marettek, Bemerkungen, S. 234.
[3] Vgl. ebenso Schneider, Investition, S. 161.

diesen Zuflüssen im wesentlichen um die Entnahmen[4] und die Sondervergütungen des Mitunternehmers. Neben der Höhe dieser Zuflüsse ist für den Mitunternehmer der Zeitpunkt der Zuflüsse relevant. Bei einem Zinssatz i muß ein finanzieller Zufluß in der Periode n höher bewertet werden als eine nominell gleich hohe Zahlung in der Periode n+1, da die Zahlung Z_n in der Periode n zu einem Zinssatz i angelegt werden kann, und damit in der nachfolgenden Periode um i*Z größer wäre als der dann eingehende Betrag Z_{n+1}.[5]

Der Mitunternehmer wird daher danach streben, tendenziell möglichst frühzeitig und möglichst hohe Zuflüsse aus dem Unternehmen zu erhalten. Dieses Einkommensstreben des Mitunternehmers kann allerdings bestimmten Restriktionen unterliegen. Zum einen kann das Ziel der Einkommensmaximierung durch das gleichzeitige Streben nach einem bestimmten Endvermögen am Ende des Planungszeitraums begrenzt werden, da jede Maßnahme zur Erhöhung des Endvermögens zu einer Reduktion der aktuellen Entnahmen für konsumtive Zwecke führt, so wie umgekehrt auch jede Entnahme für komsumtive Zwecke eine Reduktion des Endvermögens zur Folge hat.[6] Der Mitunternehmer kann z.B. nach einem solchen Endvermögen streben, welches ihn in die Lage versetzt, auch in dem folgenden Planungszeitraum bestimmte Entnahmen vorzunehmen bzw. ebenfalls wieder Einkommensmaximierung zu betreiben.

Um den Bestand und die Entwicklung des Unternehmens langfristig nicht zu gefährden, dürfen diesem nicht unbegrenzt finanzielle Mittel entzogen werden. Das Einkommensstreben muß daher grundsätzlich durch notwendige Maßnahmen zur Unternehmenssicherung begrenzt werden. Bei diesen Maßnahmen handelt es sich im wesentlichen um Maßnahmen zur Kapital- bzw. Substanzerhaltung des Unternehmens sowie um Maßnahmen zur Erhaltung der Liquidität des Unternehmens.[7]

[4] Die Entnahmemöglichkeiten sind bei Personengesellschaften grundsätzlich abhängig von den diesbezüglichen Regelungen des Gesellschaftsvertrags. Diese können u.a. auch eine Bindung der Entnahmen an einen bilanziellen Ergebnisausweis vorsehen.

[5] Vgl. Siegel, Steuerwirkungen, S. 24.

[6] Vgl. Heigl/Melcher, Ertragsteuerplanung, S. 11.

[7] Vgl. Börner/Krawitz, Steuerbilanzpolitik, S. 77; zu den verschiedenen Konzepten der Kapital- bzw. Substanzerhaltung vgl. etwa Coenenberg, Jahresabschluß, S. 751 ff. Unter Liquidität wird im allgemeinen die Fähigkeit verstanden, allen

Dabei ist zu berücksichtigen, daß die Maßnahmen zur Kapital- bzw. Substanzerhaltung simultan auch der Erzielung eines bestimmten Endvermögens am Ende des Planungszeitraums dienen et vice versa.

Alle Maßnahmen, die der Kapital- bzw. Substanzerhaltung oder der Liquiditätssicherung dienen, mindern die finanziellen Zuflüsse aus dem Unternehmen an den Mitunternehmer und damit den Zielerreichungsgrad der Einkommensmaximierung. Mittel- und langfristig sind diese Erhaltungsmaßnahmen jedoch aus der Sicht des betreffenden Mitunternehmers dennoch sinnvoll, wenn er ein langfristiges Beteiligungsengagement anstrebt und für die Zukunft entsprechende Gewinnerwartungen bestehen oder aber der Mitunternehmer aus anderen persönlichen Motiven, etwa im Fall einer Familienpersonengesellschaft, an dem Fortbestand des Unternehmens interessiert ist. In diesem Fall wird der Mitunternehmer in Grenzfällen der Kapital- bzw. Substanzerhaltung und der Liquiditätssicherung Priorität vor seinem individuellen Ziel der Einkommensmaximierung einräumen.[8] Daraus folgt, daß der Mitunternehmer für den Fall eines kurzfristigen Beteiligungsengagements nur insoweit Maßnahmen zur Kapital- bzw. Substanzerhaltung oder Liquiditätssicherung zustimmen wird, als dadurch eine Unternehmenserhaltung für den Zeitraum des Beteiligungsengagements, d.h. für den Planungszeitraum, gewährleistet wird. Alle Maßnahmen, die einer Unternehmenserhaltung über diesen Zeitraum hinaus dienen, liegen nicht im Interesse des betreffenden Gesellschafters.

Unabhängig von der Dauer des Beteiligungsengagements ist der Liquiditätsaspekt für den einzelnen Mitunternehmer von Bedeutung, wenn durch die individuellen Steuerzahlungen individuelle Liquiditätsengpässe verursacht würden, wodurch Kosten, z.B. aus notwendigen Kreditaufnahmen, resultieren würden. Die Berücksichtigung kurzfristig auftretender persönlicher Liquiditätsengpässe in der Steuerplanung wird allerdings durch die zeitliche Diskrepanz zwischen Erstellen und Einreichen der Steuerbilanz bzw. -erklärung einerseits und der Steuerzahlungen andererseits verhindert. So müssen zum einen Steuervorauszahlungen geleistet werden, die nach den steuerlichen Verhältnissen der Vorperiode bemessen sind, und

---

unabwendbaren Zahlungsverpflichtungen auf Dauer nachzukommen, vgl. dazu ebenda, S. 587.

[8] Vgl. Börner/Krawitz, Steuerbilanzpolitik, S. 80.

es erfolgen zum anderen Steuerabschlußzahlungen bzw. -erstattungen zu nicht exakt bestimmbaren Zeitpunkten nach Einreichung von Steuerbilanz bzw. -erklärung.[9] Die Verschiebung bzw. Hinauszögerung von Steuerzahlungen wird - allerdings in Grenzen - durch den Einsatz verfahrensrechtlicher Mittel ermöglicht. Zu nennen wären in diesem Sinne etwa: Verlängerungen der Abgabefrist für Steuererklärungen, Stundung, Aussetzung der Vollziehung und Vollstreckungsaufschub.[10]

Der Mitunternehmer verfolgt somit das Ziel der Einkommensmaximierung unter Nebenbedingungen, d.h. er strebt tendenziell nach möglichst hohen und möglichst frühzeitig anfallenden Nettozuflüssen aus dem Unternehmen unter den Nebenbedingungen der Erzielung eines bestimmten Endvermögens, der Kapital- bzw. Substanzerhaltung sowie der Liquiditätssicherung. In diesen Fällen stellt der Mitunternehmer unter Beachtung der Nebenbedingungen letztlich nur auf den größtmöglichen Kapitalwert der Nettozuflüsse als Zielgröße ab, d.h. er ist darüber hinaus nicht an einer bestimmten zeitlichen und betragsmäßigen Struktur der Nettozuflüsse im Planungszeitraum interessiert.

4.2.1.2 Einkommensmaximierung unter dominanten Nebenbedingungen

Stellt der Mitunternehmer nicht ausschließlich auf den Kapitalwert der Nettozahlungen als Zielgröße ab, sondern strebt er darüber hinaus nach einer bestimmten zeitlichen und betragsmäßigen Struktur der Nettozuflüsse, so verfolgt er das Ziel der Einkommensmaximierung unter dominanten Nebenbedingungen. Dieses Ziel kann bzw. muß grundsätzlich unter den gleichen Nebenbedingungen angestrebt werden wie das Ziel der Einkommensmaximierung unter nicht dominanten Nebenbedingungen.[11] Bei diesem Ziel ist der Mitunternehmer allerdings bestrebt, die Struktur der Nettozuflüsse aus dem Unternehmen seinen individuellen Verhältnissen bzw. Bedürfnissen anzupassen unter Inkaufnahme eines im Vergleich zur Einkommensmaximierung unter nicht dominanten Nebenbedingungen ggf. verminderten Kapitalwerts der Nettozuflüsse. So kann der Gesellschafter z.B. für

[9] Vgl. Bauer, Rechnungspolitik, S. 135.
[10] Vgl. ebenda.
[11] Vgl. dazu Abschn. 4.2.1.1.

eine Periode t_n des Planungszeitraums die Anschaffung eines höherwertigen Konsumguts planen und ist deshalb auf entsprechend hohe Nettozuflüsse in der Periode t_n angewiesen. Das Ziel der Einkommensmaximierung unter dominanten Nebenbedingungen entspricht somit grundsätzlich dem Ziel der Einkommensmaximierung unter nicht dominanten Nebenbedingungen, wobei allerdings bei ersterem zusätzliche und insbesondere dominierende Nebenbedingungen zu beachten sind, die insoweit den Charakter selbständiger Zielgrößen annehmen.

Es könnte eingewendet werden, daß der Gesellschafter die in Periode t_n benötigten Mittel auch durch Kumulation von Teilbeträgen früherer Nettozuflüsse bilden könnte. Dies würde jedoch nicht dem hier verwendeten Begriff des Einkommensstrebens, als Streben nach finanziellen Zuflüssen zur (sofortigen) konsumtiven Verwendung, entsprechen. Vielmehr müßte der Mitunternehmer die zwischenzeitlich verfügbaren Beträge anlegen, so daß in diesem Fall das Ziel der Vermögensmaximierung i.w.S. vorläge.[12]
Auch entsprechend hohe Zuflüsse von finanziellen Mitteln in späteren Perioden können nicht zielführend sein. Der Mitunternehmer müßte entweder den Konsumwunsch in einer späteren Periode realisieren oder den Bedarf an finanziellen Mitteln in der Periode t_n durch eine Kreditaufnahme decken. Die Kreditfinanzierung wäre aus Sicht des Mitunternehmers jedoch nur dann lohnend, wenn der Fremdkapitalzinssatz geringer wäre als die unternehmensinterne Rendite des eingesetzten Kapitals. Davon kann im Normalfall nicht ausgegangen werden.
Der Mitunternehmer wird somit entsprechend der angestrebten Einkommensstruktur nach bestimmten Nettozuflüssen in der Periode t_n und bezogen auf die der Periode t_n vor- bzw. nachverlagerten Perioden des Planungszeitraums nach Nettozuflüssen in der betragsmäßigen und zeitlichen Ausprägung streben, die zu einem möglichst hohen Kapitalwert der Nettozuflüsse führen.
Im Extremfall könnte der Mitunternehmer nicht nur für eine einzige Periode, sondern für alle Perioden seines Planungszeitraums einen bestimmten Nettozufluß anstreben. In diesem Fall wäre die gesamte zeitliche und betragsmäßige Struktur der Nettozuflüsse festgelegt.
Ferner kann der Gesellschafter nach einer bestimmten zeitlichen und betragsmäßigen Entwicklung der Nettozuflüsse streben, d.h.

[12] Vgl. zum Inhalt des Ziels der Vermögensmaximierung i.w S. sowie zur Kritik an diesem Ziel Abschn. 4.2.2.

nach einem konstanten, fallenden oder steigenden Verlauf der Nettozuflüsse, wobei jeweils mindestens die Ausgangshöhe der Nettozuflußreihe bestimmt ist. Typischerweise wird der Gesellschafter nach einem steigenden Verlauf der Nettozuflüsse streben. Dies ist zum einen durch die nachlassende Kaufkraft der Nominaleinkommen und zum anderen dadurch begründet, daß der Gesellschafter sein aktuelles Konsumniveau, d.h. auch seinen momentanen Lebensstandard mindestens halten will. Die genannten Ausprägungen der Einkommensmaximierung unter dominanten Nebenbedigungen können selbstverständlich auch kombiniert werden. So ist es denkbar, daß der Mitunternehmer nach einer steigenden Nettozuflußreihe strebt und darüber hinaus für eine Periode des Planungszeitraums einen bestimmten Zufluß an finanziellen Mitteln anstrebt.

Entsprechend der hier vertretenen Auffassung, daß das Ziel der Einkommensmaximierung für den gesamten finanziellen Bereich des Mitunternehmers gilt,[13] wird die anzustrebende Struktur der Nettozuflüsse aus dem von der Mitunternehmergemeinschaft betriebenen Unternehmen im wesentlichen durch zwei Determinanten bestimmt. Die erste Determinante besteht in den intersubjektiv nicht nachprüfbaren und sich einer Analyse daher entziehenden Konsumwünschen. Die zweite Determinante besteht in den sonstigen finanziellen Zuflüssen, die nicht gestaltbar sind oder außerhalb der Beteiligung an der Mitunternehmergemeinschaft anfallen. Da diese Zuflüsse annahmegemäß als nicht beeinflußbar anzusehen sind, muß der Mitunternehmer die Einkommensmaximierung unter dominanten Nebenbedingungen durch eine Optimierung der Struktur der Nettozuflüsse aus der Mitunternehmergemeinschaft realisieren. Er muß somit die Struktur der Nettozuflüsse an die annahmegemäß nicht variierbare Struktur der übrigen Einkünfte anpassen, um auf diese Weise eine optimale Struktur des gesamten Einkommens, d.h. der gesamten finanziellen Nettozuflüsse, zu erreichen. Da der Mitunternehmer als Entscheidungsträger bei rationalem Verhalten nach der optimalen Anpassung strebt, stellt auch dieses Ziel eine Form der Einkommensmaximierung dar.

[13] Vgl. Abschn. 4.1.

4.2.2 Vermögensmaximierung unter Nebenbedingungen

Vermögensmaximierung als Oberziel der Steuerplanung des Mitunternehmers ist konkretisiert durch das Streben nach einem möglichst hohen Vermögen am Ende des Planungszeitraums. Dieses Ziel ist daher präziser als Endvermögensmaximierung zu bezeichnen.[14] Das Ziel der Vermögensmaximierung kann sich auf den gesamten Bereich finanzieller Dispositionen des Mitunternehmers erstrecken oder auf Teilbereiche. Analog der Argumentation in bezug auf das Ziel der Einkommensmaximierung[15] wird auch für die Vermögensmaximierung von der Annahme ausgegangen, daß die übrigen Komponenten des Bereichs finanzieller Dispositionen (weitere Einkünfte, Investitionen etc.) nicht beeinflußbar sind. Daher ist das Ziel der Vermögensmaximierung unmittelbar nur in bezug auf die Beteiligung an der Mitunternehmergemeinschaft zu diskutieren, während die übrigen Größen des finanziellen Bereichs nur mittelbar als Determinanten der Zielerreichung zu berücksichtigen sind.

Inhalt und Dimension der Zielgröße Endvermögen differieren in Abhängigkeit von der zeitlichen Relation zwischen Beteiligungsengagement des Mitunternehmers und dessen Planungszeitraum. Entspricht das Beteiligungsengagement zeitlich dem Planungshorizont, d.h. plant der Mitunternehmer zum Planungshorizont aus der Gesellschaft auszuscheiden,[16] so besteht die Zielgröße in liquiden Mitteln. Diese Mittel stammen aus der Liquidation der Beteiligung unter Auflösung der anteiligen stillen Reserven. Ist der Planungszeitraum kürzer als der Zeitraum des Beteiligungsengagements, so entspricht das Endvermögen der Summe der dem Mitunternehmer ganz oder anteilig zuzurechnenden Werte der im Unternehmen eingesetzten

---

[14] Vgl. Heigl/Melcher, Ertragsteuerplanung, S. 10 f.

[15] Vgl. Abschn. 4.2.1.

[16] Zu den damit verbundenen Problemen, insbesondere zu Fragen der Bewertung vgl. Kobs, Austritt.

Vermögensgegenstände. Das Endvermögen ist in dieser Form sowohl aus der Summe fiktiver Einzelveräußerungspreise der Vermögensgegenstände (Ansatz des gemeinen Werts) als auch aus dem Unternehmensgesamtwert ableitbar.[17]

Die zu maximierende Zielgröße Endvermögen, als Ergebnis der dem Mitunternehmer zurechenbaren Größen Kapitalanteil, Gewinnanteile der einzelnen Planungsperioden und der Zinserträge aus diesen Größen wird umso größer, je weniger und je später dem Unternehmen finanzielle Mittel entzogen werden. Der Mitunternehmer wird daher ggf. notwendige Entnahmen für nicht investive Zwecke möglichst spät und in möglichst geringen Beträgen vornehmen. Die Beträge, die der Mitunternehmer ansonsten konsumtiv verwenden würde, setzt er im Fall der Endvermögensmaximierung ganz oder teilweise für investive Zwecke zur Erzielung eines Vermögenszuwachses ein. Dabei hat der Mitunternehmer die Wahl, die Beträge in dem von der Mitunternehmergemeinschaft betriebenen Unternehmen zu investieren bzw. dort zu belassen (Endvermögensmaximierung i.e.S.) oder die Beträge bei entsprechenden Anlagemöglichkeiten außerhalb des eigenen Unternehmens zu investieren (Endvermögensmaximierung i.w.S.)[18].

Die Endvermögensmaximierung i.w.S. bietet sich aus Sicht des Mitunternehmers primär aus Gründen der Diversifikation und der damit verbundenen Risikostreuung an. Ansonsten wäre es unter dem Aspekt der Rentabilität kaum nachvollziehbar, weshalb der Mitunternehmer bei günstigeren Außenanlagemöglichkeiten ein weiteres Beteiligungsengagement an der Mitunternehmergemeinschaft verfolgt, statt die verfügbaren und disponiblen Beträge in die rentablere Außenanlage fließen zu lassen. Das Ziel der Endvermögensmaximierung i.w.S. wird im folgenden nicht weiter diskutiert. Dies ist sinnvoll, da dieses Ziel auf tendenziell möglichst hohe und frühzeitig anfallende Zuflüsse aus der Mitunternehmergemeinschaft ausgerichtet ist und daher grundsätzlich analoge Überlegungen gelten, wie bei dem Ziel der Einkommensmaximierung. Der Unterschied zwischen beiden Zielen besteht letztlich nur in der Verwendung der Zuflüsse.

[17] Zu Verfahren und Problemen der Unternehmensbewertung vgl. Bellinger/Vahl, Unternehmensbewertung und Moxter, Unternehmensbewertung.

[18] Vgl. Melcher, Anwendungsbereiche, S. 330.

Bei der im weiteren zu erörternden Endvermögensmaximierung i.e.S. ist danach zu differenzieren, ob der Mitunternehmer während des Planungszeitraums nach Entnahmen für konsumtive Zwecke strebt oder nicht. Benötigt der Mitunternehmer in den einzelnen Perioden des Planungszeitraums einen bestimmten Betrag für konsumtive Zwecke, so werden durch diese Konsumentnahmen, die in ihrer zeitlichen und betragsmäßigen Struktur festgelegt sind, die für investive Zwecke zur Verfügung stehenden Mittel gemindert. Dadurch wird der Zielerreichungsgrad der Endvermögensmaximierung unter der Nebenbedingung einer festgelegten Entnahmestruktur, im Vergleich zur Nichtentnahme reduziert, da jede konsumtive Verwendung von Mitteln zu einer Minderung des Endvermögens führt.[19]

Es ist ferner zu fragen, ob Nebenbedingungen zur Berücksichtigung von Maßnahmen der Unternehmenserhaltung, d.h. im wesentlichen der Substanz- bzw. Kapitalerhaltung sowie der Sicherung der Liquidität für die Endvermögensmaximierung i.e.S. zu formulieren sind.
Im Fall der Endvermögensmaximierung i.e.S. werden die disponiblen finanziellen Mittel zwar in dem von der Mitunternehmergemeinschaft betriebenen Unternehmen belassen bzw. dort wieder investiert, wodurch jedoch noch nicht die Unternehmenserhaltung garantiert wird. Das Ziel der Endvermögensmaximierung verlangt vielmehr eine Investition der Mittel in die aus der Sicht des Mitunternehmers rentabelste Alternative, diese dürfte jedoch nur in Ausnahmefällen mit den zur Substanzerhaltung erforderlichen Reinvestitionen übereinstimmen. Dies gilt in noch stärkerem Maß für Maßnahmen zur Sicherung der Liquidität, wie Kassenhaltung oder geldnahe Investitionen in Wertpapiere etc. Das Ziel der Endvermögensmaximierung ist somit zu formulieren, als das Streben nach einem maximalen Vermögen am Ende des Planungszeitraums unter den Nebenbedingungen einer zeitlich und betragsmäßig festgelegten Entnahmestruktur sowie Maßnahmen zur Sicherung der Liquidität.

Entsprechend dieser Konzeption des Ziels der Endvermögensmaximierung ist eine gesonderte Vermögensmaximierung unter dominanten Nebenbedingungen analog zur Einkommensmaximierung[20] nicht zu disku-

[19] Vgl. Heigl/Melcher, Ertragsteuerplanung, S. 11.
[20] Vgl. Abschn. 4.2.1.2.

tieren.[21] Wünscht der Mitunternehmer ein bestimmtes bzw. maximales Vermögen zu einem bestimmten Zeitpunkt, so muß der Planungszeitraum so gewählt werden, daß dieser Zeitpunkt und der Planungshorizont als letzte Periode des Planungszeitraums übereinstimmen.

4.2.3 Zielkombinationen

Bei den Zielkombinationen, d.h. Kombinationen der Ziele Einkommensmaximierung und Vermögensmaximierung, jeweils in ihren verschiedenen Ausprägungen, sind zwei Kategorien zu unterscheiden:

1. Der Mitunternehmer strebt im Planungszeitraum simultan sowohl nach größtmöglichem Einkommen als auch nach größtmöglichem Vermögen;
2. Der Mitunternehmer verfolgt innerhalb des Planungszeitraums im Zeitablauf sukzessiv wechselnde Ziele, z.B. in der ersten Hälfte des Planungszeitraums Einkommens- und in der zweiten Hälfte des Planungszeitraums Vermögensmaximierung.

Zu 1) Der erste genannte Fall wird allgemein als Ziel der Wohlstandsmaximierung bezeichnet.[22] Da die Zielgrößen Einkommen und Vermögen in Zielkonkurrenz stehen, ist die simultane Maximierung beider Zielgrößen nicht möglich. Das Ziel der Wohlstandsmaximierung wird vielmehr erst dann operabel, wenn zwischen den beiden Zielgrößen eine Austauschrelation hergestellt werden kann.[23] Diese Austauschrelation muß angeben, auf wie viele Einheiten Einkommen und damit aktuellen Konsum der Mitunternehmer zu verzichten bereit ist, im Interesse einer zusätzlichen Einheit Vermögen und damit zukünftigen Konsum am Ende des Planungszeitraums.[24] Diese Substitutionsrate als Ausdruck der individuellen Zeitpräferenz von Vermögen und Einkommen muß zu jedem Zeitpunkt des Planungszeitraums

[21] Motive, die seitens des Mitunternehmers ein bestimmtes Vermögen als Ausdruck des Ergebnis- bzw. Gewinnstrebens in einer bestimmten Periode des Planungszeitraums mit Ausnahme des Planungshorizonts begründen könnten, sind grundsätzlich nicht denkbar, da mit der Wahl der Zielgröße Vermögensmaximierung keine weiteren materiellen bzw. finanziellen Konsequenzen mit Ausnahme der Substanzbesteuerung verbunden sind. Vgl. auch Abschn. 4.3.2.2.

[22] Vgl. für viele Autoren Schneider, Investition, S. 162.

[23] Vgl. Heigl/Melcher, Ertragsteuerplanung, S. 11 und Rückle, Normative Theorie, S. 262.

[24] Vgl. Schneider, Investition, S. 162.

bekannt sein. Theoretisch läßt sich die Austauschrelation bzw. Substitutionsrate mit Hilfe des Instruments der Indifferenzkurven-Schemata erfassen.[25]

Es ist offensichtlich, daß die praktische Anwendbarkeit des Instruments der Indifferenzkurven äußerst begrenzt ist.[26] Zwar ist es durchaus vertretbar anzunehmen, daß der Mitunternehmer als Entscheidungsträger subjektiv seine Präferenz bzgl. des einen oder anderen Ziels in Grenzen einschätzen kann. Die genaue und theoretisch exakte Angabe einer Austauschrelation im Sinne einer Substitutionsrate als Ausdruck der individuellen Zeitpräferenz kann praktisch jedoch kaum vorausgesetzt werden, da dies die Quantifizierung der Zielgröße Wohlstand erfordern würde. Die Möglichkeit einer theoretisch exakten Optimumbestimmung mit Hilfe von Indifferenzkurven-Schemata scheidet in der praktischen Anwendung daher aus.

Die Bestimmung optimaler Handlungsalternativen bei mehreren konkurrierenden Zielen erfordert daher eine Gewichtung der Ziele durch den Mitunternehmer, die es ermöglicht, die einzelnen Ziele in einer Rangfolge zu ordnen.[27] Die Gewichtung der Ziele ist dabei nach den individuellen Präferenzen des Mitunternehmers vorzunehmen. Die Auswahl der optimalen Handlungsalternativen erfolgt dann nach dem Beitrag zur Erreichung des Ziels mit der 1. Rangstelle (dominantes Ziel). Verfügen mehrere Alternativen über den gleichen Zielerreichungsgrad hinsichtlich des dominanten Ziels, so erfolgt die Auswahl nach dem Beitrag zur Realisierung des bzw. der nachgeordneten Ziele.[28] Diese Verfahrensweise wird dem Mehrfachziel des Mitunternehmers, d.h. dem Streben nach gleichzeitiger Einkommens- und Vermögensmaximierung nur dann gerecht, wenn die dem dominanten Ziel nachgeordneten Ziele bei der Auswahl der optimalen Handlungsalternativen hinsichtlich des dominanten Ziels, in Form von Nebenbedingungen berücksichtigt werden. Diese Nebenbedingungen können für die nachgeordneten Ziele dann z.B. eine bestimmte Mindestzielerreichung vorschreiben.

---

[25] Vgl. ein Anwendungsbeispiel bei Siegel, Steuerwirkungen, S. 24 ff.

[26] Vgl. im Ergebnis ebenso jedoch mit einer anderen Begründung, ebenda, S. 25 f.

[27] Vgl. Abschn. 4.1.

[28] Vgl. dazu auch Schneider, Investition, S. 58 f.

So kann der Mitunternehmer nach Einkommensmaximierung als dominantem Ziel unter der Nebenbedingung der Erzielung eines Mindest-Endvermögens streben, wobei zwischen dem alleinigen Streben nach Einkommensmaximierung und dem alleinigen Streben nach Endvermögensmaximierung jede denkbare Zwischenlösung liegen kann.
Das Ziel der Wohlstandsmaximierung deckt sich in dieser Form vollständig mit dem Ziel der Einkommensmaxierung unter Nebenbedingungen bzw. dem Ziel der Endvermögensmaximierung unter Nebendingungen,[29] so daß eine gesonderte Diskussion der Wohlstandsmaximierung nicht erforderlich ist.[30]

Zu 2) Ziele können innerhalb eines Planungszeitraums wechseln. Dies kann zum einen bedingt sein durch eine nicht antizipierbare Veränderung der Verhältnisse und Rahmenbedingungen, die ursprünglich der Entscheidung für ein bestimmtes Ziel zugrunde gelegt worden sind. Diese Fälle sind im Rahmen der Planung nur in Form von Unsicherheits- bzw. Risikoüberlegungen zu berücksichtigen.[31] Zum anderen kann die Änderung der Determinanten der Zielplanung im Planungszeitraum aber bereits zum Planungszeitpunkt, etwa im Rahmen einer rollenden Planung,[32] bekannt sein. Es ist in diesen Fällen erforderlich, die Änderung der Determinanten bereits zum Zeitpunkt der Planung zu berücksichtigen und in den einzelnen Perioden des Planungszeitraums mit unterschiedlichen Zielen zu arbeiten, wenn diese Ziele in einer konkurrierenden Beziehung stehen. Nur wenn die im Planungszeitraum sukzessiv zu verfolgenden Ziele in Konkurrenz stehen, wird die Auswahl der optimalen Handlungsalternativen zum Entscheidungsproblem. Verfolgt der Mitunternehmer z.B. für die ersten beiden Perioden des Planungszeitraums das Ziel der Einkommensmaximierung und ab der dritten Planungsperiode das Ziel der Endvermögensmaximierung, so wird durch den Einsatz der für die Einkommensmaximierung optimalen Handlungsalternativen, der Zielerreichungsgrad der Endvermögensmaximierung reduziert.[33]
Verfolgt der Mitunternehmer dagegen zunächst in den ersten beiden Perioden Endvermögensmaximierung und ab der dritten Periode Einkommensmaximierung, so wird durch die in den ersten beiden Peri-

[29] Vgl. Abschn. 4.2.1 und 4.2.2.
[30] Vgl. im Ergbnis ebenso Börner/Krawitz, Steuerbilanzpolitik, S. 74.
[31] Vgl. dazu im einzelnen Abschn. 4.3.2. und 4.5.
[32] Vgl. zu dem Begriff Hahn, PuK, S. 78 f.
[33] Vgl. dazu auch Abschn. 4.2.1.1.

oden einbehaltenen bzw. wieder investierten Beträge die anschließende Einkommensmaximierung grundsätzlich gefördert. Dabei ist allerdings zu berücksichtigen, daß bei der Endvermögensmaximierung diejenige Handlungsalternative auszuwählen ist, die den größten Endvermögenszuwachs erwarten läßt. Dies kann offensichtlich auch eine Maßnahme sein, welche die finanziellen Mittel über die ersten beiden Planungsperioden hinaus an das Unternehmen bindet, d.h. deren Bindungswirkung über den betreffenden Planungszeitraum hinausreicht und die somit die Erreichung des Ziels der Einkommensmaximierung stört.

Verfolgt der Mitunternehmer im Planungszeitraum wechselnde Ziele, so sind daher Zielkonkurrenzen bzw. die Konsequenzen des Einsatzes der jeweils optimalen Handlungsalternativen für die Zielerreichung beider Zielgrößen zu berücksichtigen. Soweit zwischen den Zielen derartige Abhängigkeiten bestehen, wovon bei den Zielen Einkommens- und Vermögensmaximierung grundsätzlich auszugehen ist, ist der daraus resultierende Zielkonflikt auch in diesen Fällen über eine Gewichtung und Rangordnung der einzelnen Ziele lösbar. Der Mitunternehmer muß analog zu den zuvor besprochenen Fällen entsprechend seiner individuellen Präferenzen entscheiden, welches Ziel zuungunsten eines oder mehrerer anderer Ziele zu realisieren ist. Im Ergebnis bedeutet dies, daß der Mitunternehmer eine Maximierung der dominanten Zielgröße und eine Optimierung bzw. Satisfizierung der übrigen Zielgrößen anstrebt, d.h. die übrigen Zielgrößen in Form von Nebenbedingungen berücksichtigt.

Grundsätzlich ist denkbar, daß der Mitunternehmer im Planungszeitraum nicht nur eine Kombination von zwei Zielen verfolgt (z.B. zunächst Einkommensmaximierung, dann Vermögensmaximierung), sondern eine Mehrfachzielkombination (z.B. zunächst Einkommensmaximierung, dann Vermögensmaximierung und anschließend wieder Einkommensmaximierung) anstrebt. Diesen Mehrfachzielsetzungen dürfte allerdings sowohl aus theoretischer als auch aus praktischer Sicht nur geringe Bedeutung zukommen. Dies ist zum einen durch den damit verbundenen erhöhten Planungsaufwand bedingt. Zum anderen ist eine Mehrfachzielkombination allenfalls einer extrem langfristigen Steuerplanung sinnvoll zugrunde zu legen. Nur in diesen Fällen ist plausibel anzunehmen, daß der Mitunternehmer im Planungszeitraum mehrere sukzessiv wechselnde Oberziele verfolgt.

4.3 Ableitung der Subziele der Steuerplanung des Mitunternehmers

4.3.1 Determinanten der Subzielplanung

4.3.1.1 Rahmenbedingungen der Steuerplanung

Aus den genannten Oberzielen des Mitunternehmers[1] sind die Subziele der Steuerplanung des einzelnen Mitunternehmers abzuleiten. Die Subziele der Steuerplanung - in der Literatur werden vorwiegend die Steuerkapitalwertminimierung und die Nettokapitalwertmaximierung diskutiert[2] - dienen originär zunächst nur der Bestimmung von Entscheidungskriterien für den oberzielkonformen Einsatz der zur Verfügung stehenden Manövriermasse, d.h. zur Bestimmung von Manövriermasseneinsatzstrategien und somit Gewinnausweisstrategien in der Steuerbilanz. Bei dieser Konzeption der Subzielplanung werden ausschließlich Höhe und Zeitpunkt der Steuerzahlungen, welche aus der Feststellung des dem einzelnen Mitunternehmer steuerlich zuzurechnenden Gewinns resultieren, als Gestaltungselemente berücksichtigt.

Die monetären Oberziele Einkommens- bzw. Vermögensmaximierung in ihren verschiedenen Formen enthalten als Ausprägungen des Gewinnziels, neben der Steuerbelastung als negativer Komponente des Gewinnziels, jedoch auch und primär die finanziellen Zuflüsse aus dem Unternehmen an den Mitunternehmer. Diese Zuflüsse bestehen im wesentlichen in den Sondervergütungen und in den Entnahmen des Mitunternehmers, sei es, daß diese Zuflüsse tendenziell möglichst frühzeitig und möglichst hoch (Fall der Einkommensmaximierung), möglichst spät und möglichst hoch (Fall der Vermögensmaximierung) oder zu bestimmten Zeitpunkten in einer vorgegebenen Höhe (Fall der Einkommensmaximierung unter dominanten Nebenbedingungen) anfallen sollen.

Für die Ableitung der Subziele der Steuerplanung des einzelnen Mitunternehmers ist es daher von entscheidender Bedeutung, ob

---

[1] Vgl. Abschn. 4.2.
[2] Vgl. Börner/Krawitz, Steuerbilanzpolitik, S. 85 ff; Heigl/Melcher, Ertragsteuerplanung, S. 80 ff; Siegel, Zielfunktion, S. 265 ff; Wagner/Dirrigl, Steuerplanung, S. 282 ff. und Abschn. 4.3.2.

durch den geplanten Manövriermasseneinsatz neben Betrag und Zeitpunkt der Steuerbelastung auch die Zuflüsse aus dem Unternehmen, d.h. im wesentlichen die Entnahmemöglichkeiten des Mitunternehmers determiniert werden.[3] Für die Sondervergütungen ist diese Frage nur insoweit von Bedeutung, als die Sondervergütungen als Gewinnvorab aus dem erzielten und ausgewiesenen Gewinn erfolgen und nicht unabhängig von der Gewinnhöhe etwa auch dann vorzunehmen sind, wenn kein Gewinn bzw. wenn ein Verlust erzielt wurde.[4] Steuerlich werden beide Formen der Gewährung von Sondervergütungen von § 15 Abs. 1 Nr. 2 EStG als Einkünfte aus Gewerbebetrieb erfaßt. Unabhängig von den genannten, die Höhe der Sondervergütungen betreffenden Regelungen, hat der Mitunternehmer auf die in dessen Sonderbilanz zu erfassenden Sondervergütungen grundsätzlich eine unbeschränkte Zugriffsmöglichkeit. Allerdings kann der Gesellschaftsvertrag davon abweichende Regelungen enthalten.

Eine Determinierung der Entnahmemöglichkeiten ist dann gegeben, wenn die Entnahmemöglichkeiten per gesellschaftsvertraglicher Regelung an einen bilanziellen Ergebnisausweis geknüpft sind. Der bilanzielle Ergebnisausweis und die daraus resultierenden Gewinnanteile des Gesellschafters sind zunächst nur rein buchmäßige Größen, an die noch keine direkten Zahlungsvorgänge anknüpfen. Der Gewinnanteil des einzelnen Gesellschafters repräsentiert nur dessen Anspruch auf einen bestimmten Anteil am Gesamtgewinn der Gesellschaft.[5] Ob und wann aus diesem Anspruch Zahlungsvorgänge resultieren, ergibt sich aus den für die Gesellschaft gültigen Entnahmeregelungen. Durch diese wird bestimmt, zu welchem Zeitpunkt und in welcher Höhe der Gesellschafter finanzielle Mittel aus der Gesellschaft zulässig entnehmen darf.[6]

Die gesetzlichen Entnahmeregelungen, z.B. § 122 HGB für die OHG, durch welche dem Gesellschafter ein Kapital- und ein Gewinnentnah-

---

[3] Vgl. dazu etwa auch Heigl/Melcher, Ertragsteuerplanung, S. 11 f. und S. 44.

[4] Vgl. Sudhoff, Gesellschaftsvertrag, S. 253. Für die Fälle, in denen die Sondervergütungen auch in Verlustsituationen geleistet werden, ist zu klären, zu wessen Lasten die entstehenden Fehlbeträge zu verbuchen sind. Vgl. ebenda, S. 253 f.

[5] Vgl. Sudhoff, Gesellschaftsvertrag, S. 289.

[6] Vgl. ebenda.

merecht eingeräumt werden,[7] sind gemäß § 109 HGB dispositive Normen und finden danach "nur insoweit Anwendung, als nicht durch den Gesellschaftsvertrag ein anderes bestimmt ist." Die gesetzlichen Entnahmeregelungen werden in praxi in aller Regel durch spezifische gesellschaftsvertragliche Regelungen ersetzt,[8] da sich die gesetzlichen Regelungen aus betriebswirtschaftlicher Sicht als zu weitgehend erweisen können. Insbesondere kann infolge überhöhter Entnahmen die Gefahr der Illiquidität dann bestehen, wenn die Gesellschaft auf eine Selbstfinanzierung[9] angewiesen ist. "Deshalb ist es meist ratsam, in Abweichung von § 122 HGB, das Gewinnentnahmerecht der Höhe nach zu begrenzen, indem nur ein bestimmter Prozentsatz des Jahresgewinns (unter Beachtung der Steuer) als entnahmefähig deklariert wird."[10] Die Bindung der Entnahmemöglichkeiten an einen bilanziellen Ergebnisausweis ist vor allem bei solchen Gesellschaften zu finden, bei denen starke Interessengegensätze zwischen den Gesellschaftern gegeben sind bzw. das Vertrauensverhältnis zwischen den Gesellschaftern nicht stark ausgeprägt ist.

Für die Ableitung der Subziele der Steuerplanung ist weiter zu fragen, an den Ergebnisausweis welcher Bilanz die Entnahmemöglichkeiten gekoppelt sind. Sind die Entnahmen an den Ergebnisausweis der Handelsbilanz geknüpft, so ist zu untersuchen, inwieweit dadurch die Wahl der Subziele der Steuerplanung berührt wird, d.h. letztlich, inwieweit eine eigenständige, von der handelsbilanziellen Gestaltung bzw. Handelsbilanzplanung losgelöste Steuerplanung möglich ist.
Während der Gesellschafter in diesem Fall die gewünschte Entnahmestruktur durch eine entsprechende handelsbilanzielle Gestaltung anstreben müßte, wäre das Subziel der Steuerplanung auf eine möglichst geringe und zeitlich so weit wie möglich nachverlagerte Steuerbelastung auszurichten.[11] Dabei ist jedoch zu berücksichti-

[7] Für die KG gilt gemäß § 169 HGB eine andere Regelung.
[8] Vgl. die Darstellung und Analyse praktischer Entnahmeregelungen in Abschn. 5.1 und 5.2.
[9] Vgl. zu dem Begriff Schneider, Investition, S. 154 ff.
[10] Sudhoff, Gesellschaftsvertrag, S. 246.
Ähnlich äußert sich Westermann, in: Westermann, Handbuch, Tz 317, S. I 224: "Der Gesellschaftsvertrag wird in aller Regel das Entnahmerecht einschränken, um das Eigenkapital der Gesellschaft zu stärken."
[11] Dem Ziel der tendenziellen Nachverlagerung der Steuerzahlungen entspricht die Zielfunktion der

gen, daß auf Grund der Maßgeblichkeit der Handelsbilanz für die Steuerbilanz zum einen die handelsbilanzielle Gestaltung die Grundlage für eine Steuerplanung darstellt.[12] Darüber hinaus verlangt die Inanspruchnahme bestimmter steuerlicher Wahlrechte eine entsprechende Vorgehensweise in der Handelsbilanz (sog. umgekehrte Maßgeblichkeit), so daß dadurch der Gestaltungsspielraum in der Handelsbilanz eingeengt wird.[13]
"Die Geltung des Maßgeblichkeitsprinzips führt dazu, daß die Handelsbilanz immer dann, wenn im Hinblick auf die Steuerbelastung gewisse Gestaltungen wünschenswert sind, auf die Steuerbemessungsgrundlage (zumindest teilweise) ausgerichtet wird. Dies kann als faktische Umkehrung der Maßgeblichkeit bezeichnet werden".[14] Dies bedeutet im Ergebnis, daß die Wahl der Subziele der Steuerplanung nicht unabhängig von den der handelsbilanziellen Gestaltung zugrunde liegenden Zielen erfolgen kann.

Für die Fälle, in denen der einzelne Mitunternehmer nach einem möglichst hohen und möglichst frühzeitig anfallenden Ergebnisausweis in der Handelsbilanz strebt, stünde diesem Streben "... die handelsbilanzpolitische Alternativenauswahl nach dem Kriterium der Minimierung des Kapitalwerts der Steuerzahlungen diametral entgegen."[15] Eine weitgehend isolierte Steuerplanung ist daher offensichtlich nur dann möglich, wenn die Entnahmen unabhängig von einem bilanziellen Ergebnisausweis vorgenommen werden können.[16] Allerdings ist auch bei dieser Konstellation eine völlig isolierte Steuerplanung auf Grund des Maßgeblichkeitsprinzips der Handelsbilanz für die Steuerbilanz nicht denkbar.[17]

In allen anderen Fällen ist festzustellen, daß steuerliche Zielsetzungen den ursprünglichen Zweck der Handelsbilanz, der in der Informationsvermittlung - primär über die Gewinnsituation - besteht, dominieren, und zwar mit steigender Ertragsteuerbelastung

Steuerkapitalwertminimierung, vgl. Abschn. 4.3.2.2 und die dort angegebene Literatur.

[12] Vgl. im einzelnen Selchert, Besteuerung, S. 570 ff.

[13] Vgl. Börner/Krawitz, Steuerbilanzpolitik, S. 60 f. und Rückle, Normative Theorie, S. 191 f.

[14] Rückle, Normative Theorie, S. 194.

[15] Selchert, Unternehmenspolitik, S. 572.

[16] In diesen Fällen muß das Subziel der Steuerplanung des Mitunternehmers Steuerkapitalwertminimierung lauten. Vgl. Abschn. 4.3.2.

[17] Vgl. im Ergebnis ebenso Rückle, Normative Theorie, S. 199 f.

in zunehmendem Maß.[18] Dies ist neben der Möglichkeit der Kosteneinsparung eine wesentliche Ursache dafür, daß in der Praxis der Rechnungslegung Personenhandelsgesellschaften nahezu ausschließlich eine einzige Bilanz unter Beachtung handels- und steuerrechtlicher Vorschriften, eine sogenannte Einheitsbilanz, erstellen.[19] Diese Einheitsbilanz als "eine nach steuerrechtlichen Vorschriften ermittelte Handelsbilanz"[20] dient dann sowohl steuerlichen als auch handelsrechtlichen Zwecken. Die Einheitsbilanz ist daher sowohl Ausgangspunkt für die gesonderte Gewinnfeststellung gemäß §§ 179, 180 AO und damit der den Mitunternehmern steuerlich zuzurechnenden Gewinnanteile als auch Grundlage für die handelsrechtliche Gewinnermittlung und -verteilung.[21]

Die Gestaltungsmöglichkeiten hinsichtlich des auszuweisenden und zur Verteilung gelangenden Gewinns in der Einheitsbilanz sind auf Grund der Beachtung der im Vergleich zur Handelsbilanz restriktiveren steuerlichen Bilanzierungs- und Bewertungsvorschriften eingeengter als dies im Fall einer gesonderten Handelsbilanz gegeben wäre.[22] Dies ist letztlich ein entscheidender Grund dafür, daß insbesondere bei Gesellschaften mit nicht stark ausgeprägtem Vertrauensverhältnis zwischen den Gesellschaftern, entweder bestimmte konkrete Bilanzierungs- und Bewertungsvorschriften (Bildung stil-

---

[18] Vgl. Selchert, Unternehmenspolitik, S. 571.

[19] Vgl. Woltmann, Bilanz, S. 251, nach dessen empirischer Erhebung 90% aller befragten Personengesellschaften lediglich eine Einheitsbilanz erstellen. Vgl. ferner stellvertretend für viele Autoren Börner/Krawitz, Steuerbilanzpolitik, S. 60 f; Bauer, Rechnungspolitik, S. 98; Kottke, Bilanzstrategie, S. 48 und Sudhoff, Gesellschaftsvertrag, S. 245.

[20] Heigl/Melcher, Ertragsteuerplanung, S. 12.

[21] Vgl. zu den Anforderungen der steuerlichen Anerkennung von Gewinnverteilungsregelungen im einzelnen Sudhoff, Gesellschaftsvertrag, S. 270 f. Probleme tauchen im Fall einer Einheitsbilanz dann auf, wenn im Rahmen einer steuerlichen Betriebsprüfung die Einheitsbilanz geändert wird. Die dadurch abweichend festgestellten Gewinne und Verluste sind auf die Gesellschafter neu zu verteilen. Dies geschieht i.d.R. entsprechend dem im Gesellschaftsvertrag festgelegten Gewinnverteilungsschlüssel, jedoch sind auch abweichende Regelungen denkbar. Vgl. dazu Sudhoff, Gesellschaftsvertrag, S. 270 f. In diesen Fällen hat der BGH entschieden, daß der Gesellschafter nicht unbedingt einen Anspruch auf den durch steuerlich nicht anerkannte Betriebsausgaben erhöhten Gewinn hat. Vgl. BGH v. 11.11.1985 - III ZR 35/85, S. 772.

[22] Vgl. auch Selchert/Jung, Steuerbilanz, S. 1004 ff.

ler Reserven) oder, wie dies sehr viel häufiger der Fall ist, eben die Beachtung der steuerlichen Vorschriften bei der Aufstellung des Jahresabschlusses im Gesellschaftsvertrag vereinbart wird.[23]

Sind die Entnahmemöglichkeiten des Mitunternehmers an den Gewinnausweis der Einheitsbilanz gekoppelt,so führt ein auf Grund des Entnahmestrebens ggf. erwünschter hoher Gewinnausweis [24], bewirkt durch eine entsprechende Inanspruchnahme von Bilanzierungs- und Bewertungswahlrechten, auch zu einem hohen steuerlich zuzurechnenden Gewinnanteil und damit grundsätzlich auch zu einer hohen steuerlichen Belastung. Allerdings wird die individuelle steuerliche Belastung des Mitunternehmers nicht nur durch den ihm zuzurechnenden Gewinnanteil aus der Beteiligung, sondern auch durch dessen sonstige steuerlich relevanten persönlichen Verhältnisse (Familienstand, weitere Einkünfte etc.) determiniert.
Die Steuerplanung des Mitunternehmers kann daher nicht mehr nur eine zielgerechte Gestaltung der steuerlichen Belastung beinhalten, d.h. grundsätzlich auf Steuerkapitalwertminimierung ausgerichtet sein.[25] Vielmehr muß die Formulierung des Subziels der Steuerplanung und damit die Festlegung der Manövriermasseneinsatzstrategien sowohl die oberzielkonforme Gestaltung der Entnahmemöglichkeiten als auch - unter Berücksichtigung der persönlichen Verhältnisse - die dadurch über den erforderlichen Gewinnausweis in der Einheitsbilanz induzierte steuerliche Belastung berücksichtigen.
Die Steuerplanung des Mitunternehmers nimmt daher im Fall der Bindung der Entnahmemöglichkeiten an den Gewinnausweis der Einheitsbilanz bei den genannten gewinnorientierten Oberzielen den Charakter einer Gewinnplanung unter der Berücksichtigung von Steuern an. Dies bedeutet, daß der Mitunternehmer, entsprechend seiner gewünschten Entnahmestruktur, eine bestimmte zeitlich und betragsmäßig festgelegte Gewinnausweisstruktur in der Einheitsbilanz anstreben muß.

[23] Vgl. Kaiser, Gesellschaftsvertrag, S. 266.
[24] Das Entnahmestreben kann im Einzelfall bereits durch die dem Mitunternehmer zustehenden Sondervergütungen befriedigt werden. In diesen Fällen ist der Mitunternehmer an einem hohen Gewinnausweis nur insoweit interessiert, als diese Sondervergütungen in Abhängigkeit von der Gewinnhöhe geleistet werden.
[25] Vgl. zu den Vertretern dieser Auffassung Siegel, Zielfunktion, S. 265 ff.

Da der Mitunternehmer letztlich nur an Nettoentnahmen, d.h. Entnahmen nach Steuern interessiert ist, sind bei der Planung der Gewinnausweisstruktur die durch den Gewinnausweis bewirkten Konsequenzen für die individuelle steuerliche Belastung des Mitunternehmers zu berücksichtigen. Diese Sichtweise beinhaltet zwei Annahmen:

1. Für den Mitunternehmer sind die individuellen Bedürfnisse (Entnahmestreben) und Verhältnisse (weitere Einkünfte, Familienstand, etc.) Daten, d.h. für die Steuerplanung jeweils fixe Größen. Ausgehend von diesen Determinanten ist lediglich der durch das Mitunternehmerverhältnis gegebene Bereich Planungsgegenstand des Mitunternehmers.

2. Konkretisiert wird dieser Planungsgegenstand durch die (steuerliche) Gesamthandsbilanz einschließlich Ergänzungsbilanz und die Sonderbetriebsbilanz des Mitunternehmers, genauer durch den jeweiligen Gewinnausweis und die daran anknüpfenden steuerlichen und nichtsteuerlichen Konsequenzen. Damit sind Sachverhaltsgestaltungen, d.h. "sämtliche Aktivitäten, der bzw. in der Unternehmung, die mit ihrem Ergebnis die Grundlage für die Besteuerung mit den diversen Steuerarten schaffen",[26] nicht Gegenstand der Steuerplanung in dem hier verwendeten Sinn. Dies ist insbesondere insoweit vertretbar, als der einzelne Mitunternehmer nur in Ausnahmefällen Zugriff auf Sachverhaltsgestaltungen hat und diese damit nicht ein typisches Gestaltungselement der individuellen Steuerplanung darstellen.

Auch in den Fällen, in denen die Entnahmemöglichkeiten nicht an den Gewinnausweis einer Einheitsbilanz, sondern an den einer gesonderten Handelsbilanz gebunden sind, muß die Steuerplanung diese Regelung berücksichtigen. So kann zwar die gesonderte Steuerbilanz überwiegend in den Dienst einer zielorientierten Gestaltung der steuerlichen Belastung gestellt werden. Die Wahl des Subziels dieser Steuerplanung muß jedoch auf Grund der Maßgeblichkeit der Handelsbilanz für die Steuerbilanz unter Berücksichtigung des erforderlichen Gewinnausweises in der Handelsbilanz erfolgen.[27]

[26] Selchert, Unternehmenspolitik, S. 455.
[27] Vgl. im Ergebnis ebenso Rückle, Normative Theorie, S. 199 f. und 227 ff.

Ein Mindestgewinnausweis in der Handelsbilanz ist mit einer absoluten Steuerlastminimierung in der Steuerbilanz nicht kompatibel.[28]

Die Annahme einer Bindung der Entnahmen an einen Gewinnausweis ist in der Literatur verschiedentlich kritisiert worden.[29] So argumentiert etwa Siegel, daß die Gesellschafter auf die Gestaltung der Entnahmeregelungen ebenso Einfluß nehmen können wie auf die Höhe des Gewinnausweises.[30] Dieser normativ geprägten Kritik muß in dieser Form zunächst insoweit gefolgt werden, als aus der Sicht der Gesamtheit der Gesellschafter - als ein einheitlicher Unternehmensträger - argumentiert wird.
Aus der Sicht eines einzelnen Gesellschafters, der auf die Gestaltung der Entnahmeregelungen grundsätzlich keinen Einfluß hat, ist der vorgebrachte Einwand jedoch nicht mehr einschlägig. Dies gilt darüber hinaus auch für die Fälle, bei denen zwischen den Gesellschaftern kein ausgeprägtes Vertrauensverhältnis besteht und daher strenge und an objektivierbaren Größen orientierte Entnahmeregelungen notwendig sind, so daß auch aus dieser eher empirisch geprägten Sichtweise die dargestellte normative Kritik entkräftet wird.

4.3.1.2 Die in die Steuerplanung einzubeziehenden Steuerarten und die zu berücksichtigenden individuellen Daten des Mitunternehmers

Die Steuerplanung des Mitunternehmers kann nur dann zu oberzielkonformen Strategieempfehlungen hinsichtlich des Manövriermasseneinsatzes führen, wenn sämtliche für die Ableitung der Subziele und damit der Manövriermasseneinsatzstrategien relevanten Daten in die Planung eingehen. Denn nur wenn die personenspezifischen Daten als Determinanten der Planung Berücksichtigung finden, ist es mög-

[28] Das Subziel der Steuerplanung könnte in diesen Fällen etwa lauten: Steuerkapitalwertminierung unter Nebenbedingungen. Vgl. dazu die Ausführungen unter Abschn. 4.3.2.

[29] Vgl. Siegel, Zielfunktion, S. 271 f. und Marettek, Bemerkungen, S. 126 f. Zu den Befürwortern vgl. Heigl/Melcher, Ertragsteuerplanung, S. 44 f. und S. 111 f. sowie implizit auch Börner/Krawitz, Steuerbilanzpolitik, S. 60 f.

[30] Vgl. Siegel, Zielfunktion, S. 272.

lich, Einsatzstrategien der Manövriermasse als Ergebnisse der individuellen Steuerplanung zu erhalten, die auf die persönlichen Konstellationen zugeschnitten sind.
Aus der Gesamtheit der persönlichen Verhältnisse bzw. Daten des Mitunternehmers sind zunächst alle diejenigen auszugrenzen, die bereits bei der Formulierung der Oberziele der Steuerplanung Berücksichtigung gefunden haben. Im weiteren sind daher nur die persönlichen Daten des Mitunternehmers zu berücksichtigen, die einen spezifischen Einfluß auf die individuelle Steuerbelastung, als negative Komponente des allgemeinen Gewinnziels, ausüben (durchgriffsspezifische Daten). Diese Daten sind aus der Sicht des einzelnen Mitunternehmers vor allem deshalb von Interesse, weil deren Kenntnis Ursache für abweichende Manövriermasseneinsatzstrategien der einzelnen Gesellschafter sein können.

Die Auswahl der zu berücksichtigenden steuerlich relevanten Daten ist abhängig von den in der individuellen Steuerplanung zu betrachtenden Steuerarten. Die Entscheidung über die einzubeziehenden Steuerarten hängt ihrerseits vom Zweck und Ziel der Steuerplanung ab. Aus der Sicht des einzelnen Mitunternehmers sind zugunsten einer realitätsisomorphen Steuerplanung grundsätzlich alle Steuerarten zu berücksichtigen, die der Mitunternehmer direkt oder indirekt wirtschaftlich tragen muß. Aus einer solchen Betrachtungsweise würde allerdings eine Vielzahl von zu berücksichtigenden Steuern und ebensovielen Bemessungsgrundlagen resultieren, da letztlich alle auf Gesellschafts- bzw. Gesellschafterebene zu zahlenden Steuern den Gesellschafter direkt oder indirekt wirtschaftlich belasten. Da die simultane Planung der bei einer Totalbetrachtung zu berücksichtigenden Steuerarten einen äußerst komplexen Planungsansatz erfordern würde, ist es im Interesse der Wirtschaftlichkeit der Planung[31] notwendig, anhand geeigneter Kriterien die Anzahl der zu berücksichtigenden Steuerarten zu reduzieren.
Aus der Sicht des einzelnen Mitunternehmers kann die Auswahl der zu berücksichtigenden Steuerarten anhand folgender Kriterien vorgenommen werden:

[31] Vgl. Hahn, PuK, S. 58 f.

1) Gestaltungsmöglichkeit der Bemessungsgrundlagen,
2) Relation zur Mitunternehmerstellung,
3) Wesentlichkeit und Häufigkeit.

Zu 1) In der Steuerplanung des Mitunternehmers sind nur solche Steuerarten zu berücksichtigen, die generell durch unternehmerische, d.h. hier speziell mitunternehmerische Entscheidungen in ihrer zeitlichen und/oder betragsmäßigen Struktur beeinflußbar sind. Alle Steuerarten, die sich grundsätzlich einer unternehmerischen Einflußnahme entziehen, d.h. zwangsläufig mit der Aufnahme der wirtschaftlichen Betätigung anfallen und nur durch die Aufgabe der unternehmerischen Betätigung beeinflußt werden können, sind bei der Steuerplanung zu vernachlässigen.
Durch unternehmerische Entscheidungen grundsätzlich beeinflußbar sind innerhalb der handels- bzw. steuerrechtlich gezogenen Grenzen die Steuern vom Einkommen, vom Ertrag und vom Vermögen.[32] Dagegen entziehen sich die Steuern auf Verbrauch (z.B. Mineralöl-, Kfz-Steuer), die Zölle grundsätzlich und die Umsatzsteuer weitgehend[33] unternehmerischer Einflußnahme.[34]
Darüber hinaus würde eine "separate Erfassung der Verkehrs- und Verbrauchssteuern ... zusätzlichen Planungsaufwand verursachen und zu keiner Verbesserung des Planungsergebnisses führen."[35]

Zu 2) In der Steuerplanung des Mitunternehmers sind ferner nur die Steuerarten zu berücksichtigen, die in einer direkten oder indirekten Beziehung zu dessen Mitunternehmerschaft stehen. Eine direkte Beziehung einer Steuerart zur Mitunternehmerschaft ist gegeben, wenn durch die Beteiligung, d.h. durch das "Mitunternehmen" Tatbestände verwirklicht werden, an die das Steuerrecht eine Leistungspflicht knüpft. Dies gilt z.B. für die GewSt, deren Steuersubjekt die Mitunternehmergemeinschaft ist und die somit anteilig dem einzelnen Mitunternehmer zurechenbar ist. Dies gilt ferner für die ESt und die VSt.

[32] Vgl. auch Kaefer, Modelle, S. 19. Vgl. im Ergebnis ebenso Rückle, Normative Theorie, S. 110.
[33] Bei der USt bestehen verschiedene Options- und Gestaltungsmöglichkeiten. Vgl. im einzelnen Sauerland/Schmidt, Umsatzsteuer, S. 240 ff.
[34] Vgl. Kaefer, Modelle, S. 19.
[35] Lauf, Liquiditätssicherung, S. 81.

Eine indirekte Beziehung einer Steuerart ist darüber hinaus dann gegeben, wenn die durch die Mitunternehmerstellung verursachten und dem Mitunternehmer steuerlich zuzurechnenden Bemessungsgrundlagenteile auf Grund eines progressiv ausgestalteten Steuertarifs eine überproportionale Erhöhung der Gesamtsteuerschuld bewirken (einkommensteuerliche Progressionswirkung). Sämtliche Steuerarten, die danach der privaten, d.h. nichtmitunternehmerschaftlichen Sphäre zuzuordnen sind (z.B. Erschaft-, Schenkungsteuer,[36] nicht durch die Mitunternehmerschaft induzierte GewSt oder VSt), sind somit im folgenden zu vernachlässigen.

Zu 3) Der Forderung nach einer wirtschaftlichen Steuerplanung kann nur dann entsprochen werden, wenn ein vertretbares Verhältnis von Nutzen und Kosten der Steuerplanung erreicht wird. Daher sind bei der Steuerplanung zum einen nur solche Steuerarten zu berücksichtigen, die aus der Sicht des Mitunternehmers grundsätzlich betragsmäßig als wesentlich einzustufen sind. Dabei handelt es sich regelmäßig um die ESt, anteilige GewSt und VSt.
Dagegen sind Bagatellsteuern sowie einmalig oder nur zu bestimmten Zeitpunkten (Erfüllung der entsprechenden Tatbestände) anfallende Steuerarten (z.B. Kapitalverkehrsteuern, Schenkungsteuern) sowie die in einer proportionalen Beziehung zur ESt stehende und damit nicht originär planbare KiSt bei der Steuerplanung zu vernachlässigen.

Im Ergebnis verbleiben somit als in der Steuerplanung des Mitunternehmers grundsätzlich zu berücksichtigende Steuerarten:

- ESt, GewESt → Ertragsteuern
- VSt, GewKapSt → Substanzsteuern

[36] Zwar wären solche Steuern, die bei Erbschaft bzw. Schenkung von Mitunternehmeranteilen anfallen grundsätzlich der Sphäre der Mitunternehmerschaft zuzurechnen und damit bei der Steuerplanung zu berücksichtigen, jedoch erscheint deren Ausgrenzung mit Hilfe des Auswahlkriteriums der Wesentlichkeit und Häufigkeit der Besteuerung als zulässig. Darüber hinaus sind Erbschaft bzw. Schenkung nicht Gegenstand einer laufenden Steuerplanung.

Die GewSt ist in der Steuerplanung des Mitunternehmers nur insoweit zu berücksichtigen, wie diese dem Mitunternehmer anteilig zuzurechnen ist. Analog ist die VSt nur insoweit für die Steuerplanung von Bedeutung, wie sie auf das anteilige Betriebsvermögen des Gesellschafters entfällt.
Die Berücksichtigung der Substanzsteuern muß aus der Sicht des Mitunternehmers deshalb gefordert werden, weil diese auch dann anfallen, wenn die Gesellschaft mehrere Verlustperioden zu verzeichnen hat oder die übrigen Gesellschafter einen möglichst niedrigen Gewinnausweis durchsetzen und daher dem Mitunternehmer aus der Gesellschaft keine bzw. keine ausreichenden liquiden Mittel zur Deckung der auf ihn entfallenden Substanzsteuern zufließen. Auch das "Argument der geringeren Gestaltungsmöglichkeiten bei den Substanzsteuern"[37] rechtfertigt daher nicht eine a priori Vernachlässigung der Substanzsteuern in der individuellen Steuerplanung.

Auf der Basis der getroffenen Auswahl der in der Steuerplanung des Mitunternehmers zu berücksichtigenden Steuerarten sind nun die steuerlich relevanten Daten zu konkretisieren. Die in die individuelle Steuerplanung einzubeziehenden Daten bestehen zum einen aus den grundsätzlich nicht gestaltbaren Daten, die somit als Determinanten der persönlichen Steuerplanung zu qualifizieren sind.
Unter die originär-persönlichen Daten sind zu fassen:
- Familienstand,
- Anzahl der Kinder,
- weitere steuerlich relevante persönliche Merkmale (z.B. beschränkte oder unbeschränkte Steuerpflicht, Vertriebenenstatus, Schwerbeschädigtenstatus),
- weitere Einkünfte (incl. Verlustvorträge).

Der Datenkranz der individuellen Steuerplanung enthält zum anderen die aus dem Blickwinkel der individuellen Planung grundsätzlich als gestaltbar zu qualifizierenden und aus dem Beteiligungsverhältnis, d.h. der Mitunternehmerstellung resultierenden Daten. Die derivativ-persönlichen Daten stellen die Ausgangsgrößen für die Ermittlung der den oben ausgewählten Steuerarten zugrunde zu legenden Bemessungsgrundlagen dar. Da diese Daten die Objekte der

[37] Rückle, Normative Theorie, S. 110.

individuellen Steuerplanung sind, ist es notwendig, eine Segmentierung dieser Daten hinsichtlich ihrer Gestaltbarkeit durch den Planungsträger vorzunehmen. Die Gestaltbarkeit der Daten hängt aber grundsätzlich davon ab, ob diese Daten dem kollektiven Gesamthandsbereich oder dem individuellen Sonderbetriebsbereich zuzurechnen sind. Danach ergibt sich folgende Strukturierung der zu berücksichtigenden derivativ-persönlichen Daten:

a) dem Gesamthandsbereich zuzurechnende Daten:
   - Gewinnanteil (vor anteiliger GewSt),
   - anteiliges Gesamthandsvermögen;

b) dem Sonderbetriebsbereich zuzurechnende Daten:
   - Sonderbetriebsergebnis (vor zuzurechnender GewSt),
   - Sondervergütungen,
   - Sonderbetriebsvermögen.

4.3.2 Ableitung der Subziele der Steuerplanung aus dem jeweiligen Oberziel

Aus den genannten Oberzielen der Steuerplanung des Mitunternehmers sind im folgenden die Subziele der individuellen Steuerplanung abzuleiten. Diese Subziele dienen der Bestimmung des optimalen oberzielkonformen Manövriermasseneinsatzes, d.h. von Manövriermasseneinsatz- und damit Gewinnausweisstrategien. Die angestrebte Optimierung der Manövriermasseneinsatzentscheidungen erfordert die Formulierung von Zielfunktionen. In diesen Zielfunktionen ist das Subziel der individuellen Steuerplanung als eine zu optimierende Zielgröße in Abhängigkeit von den verschiedenen Einflußgrößen darzustellen.

Bei der Ableitung der Subziele wird auf Fragen des Informationsstands, der Informationsbeschaffungsmöglichkeiten sowie der Risikoeinstellung und deren Konsequenzen für die Ableitung der Subziele zunächst nicht eingegangen.[38] Vielmehr wird zunächst angenommen, daß der Mitunternehmer die für die Modellrechnungen erforderlichen Daten ermitteln kann, und sei es auch nur auf dem Wege einer sachgerechten Schätzung.

---

[38] Vgl. dazu Abschn. 4.5.

Ferner wird die Ableitung der Subziele unter den nachstehend aufgeführten Prämissen vorgenommen, die - soweit noch nicht geschehen - im weiteren im Sachzusammenhang zu diskutieren sind:

(1) die Gesellschaft erstellt lediglich eine Einheitsbilanz,[39]

(2) Gewinnentnahmen des einzelnen Mitunternehmers sind an den Gewinnausweis der Einheitsbilanz gebunden,

(3) es besteht zunächst keine zeitliche Diskrepanz zwischen Steuerschuldentstehung und Steuerzahlung.

4.3.2.1 Die Problematik der Berücksichtigung der Substanzsteuern bei der Subzielplanung

In Abschn. 4.3.1.2 wurde festgestellt, daß in die Steuerplanung des Mitunternehmers grundsätzlich die ESt, GewESt, VST und GewkapSt einzubeziehen sind. Problematisch ist allerdings die Frage, ob und ggf. inwieweit die Substanzsteuern in einem einheitlichen Planungsansatz, d.h. in einem Planungsansatz der alle relevanten Steuerarten simultan berücksichtigt, praktikabel erfaßt werden können.

Im Interesse der Praktikabilität sollte sich der Planungsansatz auf die Planung möglichst eines signifikanten Objekts bzw. einer signifikanten Größe beschränken, welche(s) steuersystembedingt in unmittelbarem oder mittelbarem Zusammenhang mit den zu planenden Steuerarten steht. Die Erfüllbarkeit dieses Postulats hängt entscheidend davon ab, ob und inwieweit Interdependenzen zwischen den Steuerarten, d.h. letztlich funktionale Zusammenhänge zwischen den Bemessungsgrundlagen der einzelnen Steuerarten bestehen.

Ausgangsgröße für die Ermittlung der Bemessungsgrundlagen der ESt und GewESt sind die aus der Steuerbilanz zu ermittelnden Einkünfte aus Gewerbebetrieb. Damit besteht die Möglichkeit, ESt und GewESt in einem einheitlichen Planungsansatz zu erfassen, wobei Planungsobjekt die Einheitsbilanz, genauer interperiodische Gewinnverlagerungen und damit der Gewinnausweis der einzelnen Einheitsbilanzen des Planungszeitraums ist.[40] Ausgangsgröße für die Ermittlung der

[39] Vgl. dazu die Ausführungen in Abschn. 4.3.1.1.
[40] Vgl. mit etwas anderer Begründung ebenso Marettek, Steuerplanung, S. 379.

Bemessungsgrundlagen der GewKapSt und der VSt ist der für gewerblich tätige Unternehmen festzustellende Einheitswert des Betriebsvermögens. "Zur Ermittlung des Einheitswerts des Betriebsvermögens für die Zwecke der Substanzbesteuerung haben Gewerbetreibende ... eine Aufstellung über die am Bewertungsstichtag vorhandenen Vermögens- und Schuldposten (Vermögensaufstellung) anzufertigen."[41] Damit besteht auch im Rahmen der Substanzbesteuerung grundsätzlich die Möglichkeit, VSt und GewKapSt in einem einheitlichen Planungsansatz zu erfassen, wobei Planungsobjekt die jährliche Vermögensaufstellung, präziser das jeweilige mengen- und wertmäßig erfaßte Betriebsvermögen ist.

Zwischen Steuerbilanz und Vermögensaufstellung besteht kein unmittelbarer gesetzlich kodifizierter Zusammenhang.[42] Vielmehr bestehen zwischen der mengenmäßigen bzw. wertmäßigen Erfasssung des Betriebsvermögens in der Vermögensaufstellung und der Bilanzierung bzw. Bewertung in der Steuerbilanz systematische Unterschiede,[43] vor allem hinsichtlich der Wertansätze. "Das Wertgerüst müßte streng genommen einer völligen Umbewertung unterworfen werden. Die Praxis beschränkt sich meist in nicht ganz zulässiger Weise auf eine Umbewertung der Grundstücke, der geringwertigen Wirtschaftsgüter und der Vorräte."[44] Die in der Praxis regelmäßig vorzufindende Ableitung der Vermögensaufstellung aus der Steuerbilanz erfordert daher grundsätzlich Modifikationen hinsichtlich der Übernahme der mengen- und wertmäßigen Erfassung des Betriebsvermögens aus der Steuerbilanz in die Vermögensaufstellung.[45] Danach kann die Ableitung der Vermögensaufstellung aus der Steuerbilanz schematisch wie in Abb. 3 dargestellt, erfolgen.[46]

Das in der Vermögensaufstellung erfaßte Betriebsvermögen steht offensichtlich in keiner festen, funktionalen Relation zu dem in der

[41] Selchert/Jung, Ableitung, S. 2223.
[42] Vgl. Schult, Vermögensaufstellungspolitik, S. 44.
[43] Vgl. ebenda, Selchert/Jung, Ableitung, S. 2223 und Wacker, Lexikon, S. 818.
[44] Wacker, Lexikon, S. 818. Vgl. zur Frage der Übernahme von Steuerbilanzwerten in die Vermögensaufstellung auch Steuerfachausschuß des IdW, Übernahme, S. 202 f.
[45] Vgl. Selchert/Jung, Ableitung, S. 2223 und die dort aufgeführte Checkliste der "für die Ableitung einer normgerechten Vermögensaufstellung aus einer normgerechten Steuerbilanz wichtigsten Fragestellungen", ebenda.
[46] Vgl. auch die schematische Darstellung bei Schult, Vermögenaufstellungspolitik, S. 45.

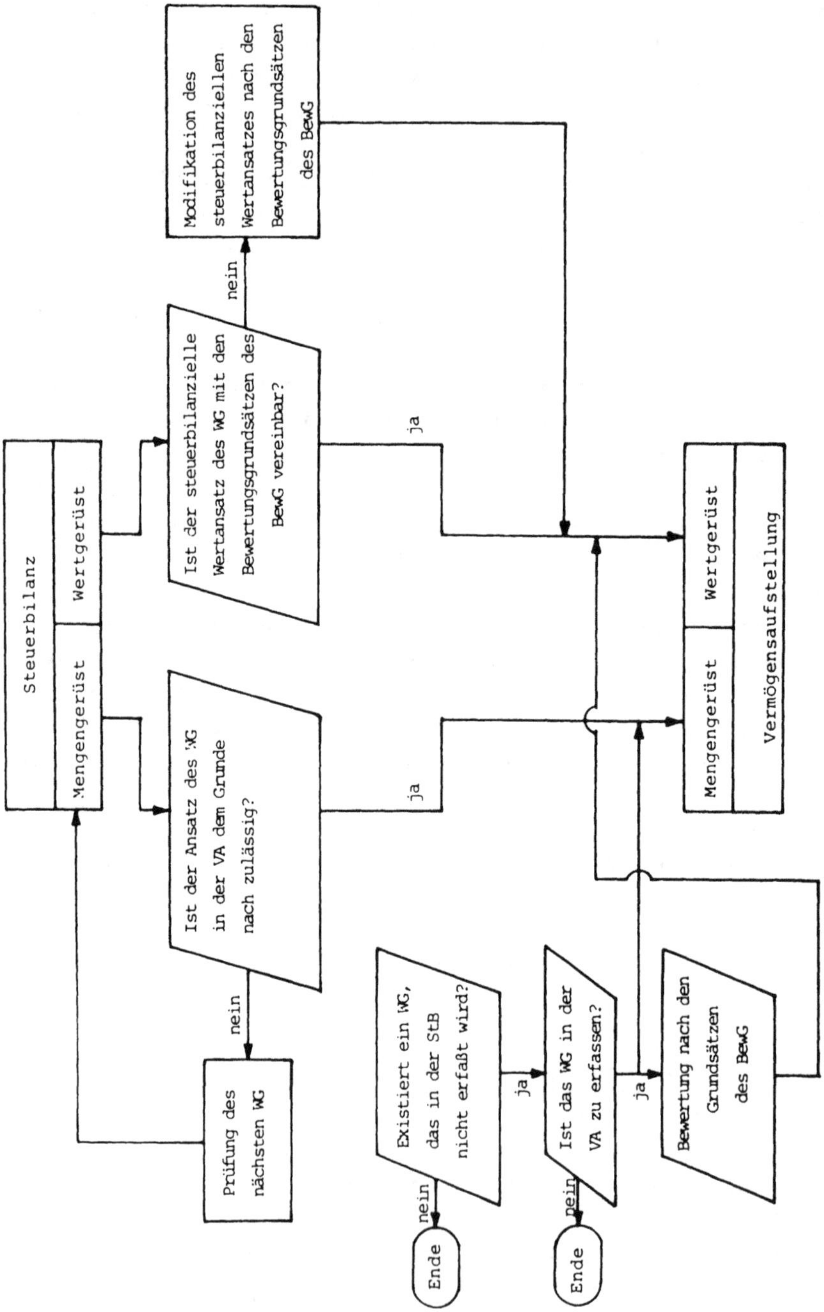

Abb. 3: Ableitung der Vermögensaufstellung aus der Steuerbilanz

Steuerbilanz erfaßten Betriebsvermögen. Vielmehr kann das für substanzsteuerliche Zwecke benötigte Betriebsvermögen nur einzelfallbezogen unter Berücksichtigung einer Vielzahl von Modifikationen des Mengen- und Wertgerüsts aus dem für ertragsteuerliche Zwecke benötigten Betriebsvermögen abgeleitet werden. Es ist daher auch nicht praktikabel in einem einheitlichen Planungsansatz eine simultane Planung von Ertrag- und Substanzsteuern durchzuführen. Es bleibt allerdings zu prüfen, ob und ggf. in welcher Form eine sukzessive Planung von Ertrag- und Substanzsteuern möglich ist.
Es sind grundsätzlich zwei Formen der sukzessiven Planung der Steuerarten denkbar:

(1) Originäre Ertragsteuerplanung mit derivativer Substanzsteuerplanung;
(2) Originäre Substanzsteuerplanung mit derivativer Ertragsteuerplanung.

Im Fall (1) führt der Mitunternehmer zunächst eine Ertragsteuerplanung, d.h. genauer eine Planung des in den einzelnen Planungsperioden auszuweisenden Gewinns in der Einheitsbilanz und des dazu notwendigen Manövriermasseneinsatzes durch. Auf der Basis des danach in der Steuerbilanz zu erfassenden Betriebsvermögens werden dann nach Ableitung der Vermögensaufstellung, die aus dem Manövriermasseneinsatz resultierenden substanzsteuerlichen Wirkungen bestimmt. Substanzsteuerliche Wirkungen treten zwischen den Hauptfeststellungszeitpunkten grundsätzlich nur dann auf, wenn die Wertfortschreibungsgrenzen der Einheitswerte gemäß § 22 BewG erreicht bzw. überschritten werden. Wegen der strengen Bindung des Gewerbekapitals an den Einheitswert des gewerblichen Betriebs[47] resultiert aus einer Änderung des Einheitswerts im Zuge einer Hauptfeststellung oder einer Wertfortschreibung in der Regel auch eine Änderung in der Höhe des Gewerbekapitals.[48]
Dagegen resultiert aus einer Änderung des Einheitswerts des gewerblichen Betriebs eine Änderung der VSt grundsätzlich nur dann, wenn neben den Fortschreibungsgrenzen des § 22 BewG auch die von diesen Grenzen abweichenden Neuveranlagungsgrenzen des § 16 VStG berührt werden.

[47] Vgl. Abschn. 73 GewStR.
[48] Vgl. Rose, Substanzsteuern, S. 148.

Für Zwecke der derivativen Substanzsteuerplanung wäre somit festzustellen, ob und in welchem Maß der aus der ertragsteuerlichen Planung resultierende Manövriermasseneinsatz die substanzsteuerlichen Wertfortschreibungs- und Neuveranlagungsgrenzen berührt.[49] Es ist daher erforderlich, die für die Ertragsteuerplanung zur Verfügung stehende Manövriermasse u.a. danach zu strukturieren, ob diese im Fall ihres Einsatzes den Einheitswert des Betriebsvermögens erhöht oder reduziert. Bestehen im Rahmen der Ertragsteuerplanung mehrere im Hinblick auf die Zielfunktion gleichwertige Alternativen des Manövriermasseneinsatzes, so muß der Mitunternehmer offensichtlich diejenige auswählen, welche ein Erreichen bzw. Überschreiten der substanzsteuerlichen Fortschreibungsgrenzen vermeidet.

Verfügt der Mitunternehmer dagegen im Rahmen der Ertragsteuerplanung nicht über gleichwertige Alternativen des Manövriermasseneinsatzes, und führt die ertragsteuerlich optimale Alternative zu einem Überschreiten der Fortschreibungsgrenzen, so ist zu prüfen, ob durch eine andere suboptimale Manövriermasseneinsatzstrategie im Rahmen der Ertragsteuerplanung der dadurch bewirkte Nachteil geringer ist, als der durch diese Strategie bewirkte Vorteil infolge der Vermeidung der erhöhten Substanzsteuern.

Die (Hilfs-)Zielfunktion für den Manövriermasseneinsatz im Rahmen der derivativen Substanzsteuerplanung muß daher formuliert werden als Vermeiden der Erreichung der substanzsteuerlichen Fortschreibungsgrenzen, unter der Nebenbedingung der bestmöglichen Realisierung der Zielsetzung der Ertragsteuerplanung. Die Zielsetzung der derivativen Substanzsteuerplanung besteht demnach nicht in der Erzielung eines möglichst niedrigen Betriebsvermögens. Vielmehr kann es in Einzelfällen in einzelnen Planungsperioden durchaus sinnvoll sein, eine Erhöhung der substanzsteuerlichen Bemessungsgrundlagen herbeizuführen, um auf diese Weise ein Überschreiten der vermögensteuerlichen Fortschreibungsgrenzen in Folgeperioden zu vermei-

[49] Damit werden im Rahmen der derivativen Substanzsteuerplanung nur die substanzsteuerlichen Konsequenzen berücksichtigt, die aus dem ertragsteuerlichen Manövriermasseneinsatz resultieren. Dagegen werden substanzsteuerliche Folgen, die zwar mittelbar in Beziehung zur Steuerplanung stehen (z.B. Erwerb einer Beteiligung mit einem Teilbetrag des einbehaltenen Gewinns), die aber nicht aus dem Manövriermasseneinsatz resultieren, im folgenden ausgegrenzt.

den.[50] Dieser Vorgehensweise entspricht eine Verteilung der einheitswerterhöhenden Manövriermasse über den Planungszeitraum. Ausgehend von der mit Priorität verfolgten Ertragsteuerplanung erscheint es für die praktische Steuerplanung sinnvoll, im Rahmen der derivativen Substanzsteuerplanung auf eine strenge Extremierung zu verzichten. Es sind damit nicht alle denkbaren Handlungsalternativen auf ihren Zielerreichungsgrad zu untersuchen, sondern vielmehr ist die beste aller bekannten Handlungsalternativen zu bestimmen. Die daraus resultierende Zielfunktion kann als komparative Einheitswertreduktion bezeichnet werden.[51]

Im Fall (2) führt der Mitunternehmer mit Priorität eine Substanzsteuerplanung und auf der Basis der dazu notwendigen Vermögensaufstellung eine Ertragsteuerplanung durch. Das Aktionsfeld der Ertragsteuerplanung wäre somit durch die Substanzsteuerplanung eingeengt.

Die theoretische und praktische Relevanz einer eigenständigen bzw. originär und mit Priorität verfolgten Substanzsteuerplanung ist allerdings fraglich.[52] Dies ist begründet in der im Vergleich zur Ertragsteuerbelastung geringeren Substanzsteuerbelastung und der dadurch bewirkten geringeren Effektivität der Substanzsteuerplanung, die den hohen Planungsaufwand nicht rechtfertigt. "Die Effektivität der Steuerbilanzpolitik ist ... vergleichsweise um so größer, je höher die ErSt-Belastung (gegenüber der SubSt-Belastung) ist und je größer die steuerbilanzpolitische Manövriermasse ist."[53]

Daraus ist allerdings umgekehrt zu folgern, daß in ertragschwachen Perioden die Relevanz einer eigenständigen Substanzsteuerplanung zunimmt.[54] Allerdings wird diesem Aspekt auch der unter (1) ge-

[50] Vgl. zutreffend Koschmieder, Mehrzweckbilanz, S. 159.

[51] Vgl. dazu auch, allerdings mit einer anderen Begriffsverwendung, Schult, Vermögensaufstellungspolitik, S. 45.

[52] "Eine eigenständig formulierbare Zielfunktion für die Beeinflussung der substanzsteuerlichen Belastung erscheint nicht aufstellbar." Marettek, Steuerplanung, S. 380 und ebenso Wacker, Lexikon, S. 818. Anderer Auffassung ist Schult, Vermögensaufstellungspolitik, S. 43 ff.

[53] Schult, Vermögensaufstellungspolitik, S. 45.

[54] Vgl. zu denkbaren Zielfunktionen einer eigenständigen Substanzsteuerplanung Schult, Vermögensaufstellungspolitik, S. 45 ff. Schult behandelt dort im wesentlichen die Minimierung der Vermögensteuerzahlungen als Zielfunktion.

nannte Planungsansatz gerecht, da in ertragschwachen Perioden die substanzsteuerlichen Konsequenzen einer Manövriermasseneinsatzstrategie die ertragsteuerlichen Konsequenzen tendenziell dominieren. Die Berücksichtigung der substanzsteuerlichen Konsequenzen führt dann zwangsläufig zu einer angemessenen Gewichtung der Substanzsteuerplanung und einem entsprechenden Manövriermasseneinsatz in dem einheitlichen Steuerplanungsansatz (1).

Es ist somit zulässig und zweckmäßig, im folgenden nur noch auf der Basis des Planungsansatzes (1) zu argumentieren. Damit sind die Ertragsteuern des Mitunternehmers, genauer die zu verfolgende Einsatzstrategie der ertragsteuerlichen Manövriermasse in den Ertragsteuerbilanzen, originäre Objekte der Steuerplanung. Etwaige substanzsteuerliche Konsequenzen, im Rahmen der Fortschreibungs- bzw. Neuveranlagungsgrenzen, des ertragsteuerlichen Manövriermasseneinsatzes werden derivativ in einem zweiten Schritt erfaßt und führen nur dann zu einer Modifikation der Strategie des Manövriermasseneinsatzes, wenn die durch eine Variation des Manövriermasseneinsatzes induzierten (positiven) Zielwirkungen der Substanzsteuern die (negativen) Zielwirkungen der Ertragsteuern überkompensieren. Dabei wird lediglich ein Vergleich der bekannten Alternativen des Manövriermasseneinsatzes durchgeführt.

4.3.2.2 Subziel der Steuerplanung bei Vermögensmaximierung unter Nebendingungen

Das Ziel der Vermögensmaximierung bzw. genauer der Endvermögensmaximierung i.e.S. ist formuliert als das Streben nach einem maximalen Vermögen am Ende des Planungszeitraums unter den Nebenbedingungen einer zeitlich und betragsmäßig festgelegten Entnahmestruktur, den notwendigen Maßnahmen der Substanz- bzw. Kapitalerhaltung und Maßnahmen zur Liquiditätssicherung.[55]
Auf Grund der internen Verzinsung der im Unternehmen investierten bzw. belassenen Beträge muß der Mitunternehmer im Interesse eines maximalen Endvermögens dafür Sorge tragen, daß etwaige Abflüsse von finanziellen Mitteln tendenziell so spät und so niedrig wie möglich anfallen. Dies gilt zum einen für die finanziellen Ab-

[55] Vgl. Abschn. 4.2.2.

flüsse in Form von Entnahmen, die der Mitunternehmer bei dieser Zielfunktion auf die für die persönliche Lebensführung notwendigen und fest vorgegebenen Mindestbeträge beschränkt. Zum anderen stellen auch Steuerzahlungen Abflüsse von liquiden Mitteln dar, die es zu vermeiden gilt.

Unabhängig von den tatsächlich vorgenommenen Entnahmen des Mitunternehmers unterliegt der ihm im Rahmen der gesonderten und einheitlichen Gewinnfeststellung zuzurechnende Gewinn aus der Mitunternehmergemeinschaft (Einkünfte aus Gewerbebetrieb i.S.d. § 15 Abs. 1 Nr. 2 EStG) der ESt.[56] Die damit verbundenen Steuerzahlungen mindern die dem Mitunternehmer für Investitionszwecke zur Verfügung stehenden finanziellen Mittel. Dies gilt in gleichem Maß für die auf das im Rahmen der einheitlichen und gesonderten Einheitswertfeststellung zu ermittelnde anteilige Betriebsvermögen des Gesellschafters (= Anteil am Gesamthandsvermögen + Sonderbetriebsvermögen des Gesellschafters) entfallende VSt.

Die Abflüsse an liquiden Mitteln in Form der Steuerzahlungen reduzieren grundsätzlich den Vermögensendwert um so weniger, je weiter sie in die Zukunft verlagert werden können. Der durch die Verschiebung der Steuerzahlungen (zinsloser Steuerkredit) auf Grund der zwischenzeitlichen Anlagemöglichkeiten entstehende Zinseffekt ist um so größer, je höher der angesetzte Kalkulationszinsfuß ist.[57] Eine isolierte Betrachtung des Zinseffekts erfordert seitens des Mitunternehmers einen Einsatz der verfügbaren Manövriermasse in der Weise, daß die Steuerbemessungsgrundlagen möglichst frühzeitig gemindert, d.h. so weit wie möglich in die Zukunft nachverlagert werden. Dies erfordert eine Nachverlagerung von bemessungsgrundlagenerhöhender Manövriermasse und eine Vorverlagerung von bemessungsgrundlagenreduzierender Manövriermasse. Mit der Nachverlagerung von Steuerbemessungsgrundlagen können im Fall eines progressiv ausgestalteten Steuertarifs - dies trifft bei den hier zu betrachtenden Steuerarten nur für die ESt zu - allerdings auch Steuersatzeffekte verbunden sein, wenn die Gewinnverlagerung zu einer Variation des zu versteuernden Einkommens im Progressionsbereich des ESt-Tarifs führt.[58] Der Änderung der individuel-

[56] Vgl. Mittelbach, Personengesellschaft, S. 41 Rdz 60.
[57] Vgl. Heigl/Melcher, Ertragsteuerplanung, S. 84.
[58] Vgl. ebenda, S. 85.

len Bemessungsgrundlage entspricht dann eine gleichgerichtete, aber überproportionale Änderung der Steuerschuld. Eine isolierte Betrachtung dieses Steuersatzeffekts verlangt daher seitens des Mitunternehmers einen Einsatz der verfügbaren Manövriermasse in der Weise, daß das zu versteuernde Einkommen des Mitunternehmers in Perioden höchster ESt-Sätze reduziert wird.[59] Dies erfordert in diesen Perioden einen Einsatz der bemessungsgrundlagenreduzierender Manövriermasse, während der Einsatz von bemessungsgrundlagenerhöhender Manövriermasse zu vermeiden ist. Der Steuersatzeffekt verdeutlicht, in welchem Maß die Entscheidungen bzgl. des Manövriermasseneinsatzes von den persönlichen steuerlich relevanten Verhältnissen (z.B. weitere Einkünfte) des einzelnen Mitunternehmers bestimmt sind.

Die Entscheidung des Mitunternehmers bzgl. des Einsatzes der Manövriermasse ist unter Abwägung der jeweiligen Stärke und Richtung von Zins- und Steuersatzeffekt durchzuführen.[60] "Der dazu notwendige Vergleich erfolgt auf der Basis von Barwerten der Steuerzahlungen, wobei die zeitlichen Unterschiede zwischen den Steuerzahlungen (der einzelnen Planungsperioden, d.A.) durch Abzinsung zum Ausdruck gebracht werden."[61] Die aus diesem Prinzip resultierende Zielfunktion der Steuerbarwertminimierung[62] gibt an, wie weit Verschiebungen der Steuerbemessungsgrundlagen erfolgen sollen.[63]
Für das Oberziel der Vermögensmaximierung unter Nebenbedingungen ist die Handlungsmaxime des Mitunternehmers somit als Minimierung des Kapitalwerts der Steuerzahlungen (kurz als Steuerbarwertminimierung bzw. Steuerkapitalwertminimierung bezeichnet) unter Beachtung der Nebebendingungen zu beschreiben.[64]

---

[59] Vgl. ebenda.
[60] Vgl. Siegel, Probleme und Verfahren, S. 223 f.
[61] Selchert, Besteuerung, S. 442 f.
[62] Zu dem Konzept der Steuerbarwertminimierung vgl. stellvertretend Siegel, Zielfunktion, S. 265 ff. und Heigl/Melcher, Ertragsteuerplanung, S. 80 ff.
[63] Vgl. Selchert, Besteuerung, S. 443.
[64] Vgl. im Ergebnis ebenso Siegel, Probleme und Verfahren, S. 227.

Unter Verwendung von Symbolen lautet die Zielfunktion:[65]

$$K_o^{St} = \sum_{t=1}^{n} St_t * (1+i)^{-t} \rightarrow \text{Min !}$$

Die Minimierung des Kapitalwerts der Steuerzahlungen ist unter Berücksichtigung der in Abschn. 4.2.2 genannten Nebenbedingungen der Substanz- bzw. Kapitalerhaltung, der Liquiditätssicherung sowie der Vornahme notwendiger Entnahmen des Mitunternehmers für konsumtive Zwecke durchzuführen.[66] Die Nebenbedingung der Mindestentnahmen verlangt unter der Annahme der Bindung der Entnahmen an den Gewinnausweis der Einheitsbilanz einen entsprechenden Mindestgewinnausweis. Dadurch kann die für die Verschiebung der ESt-Zahlungen notwendige Verlagerung der ESt-Bemessungsgrundlagen beschränkt werden, so daß letztlich nicht das absolute Minimum, sondern nur ein relatives Minimum der Steuerzahlungen realisiert werden kann bzw. muß.

Die Nebenbedingung der Substanz- bzw. Kapitalerhaltung ist in bezug auf die Zielfunktion der Steuerbarwertminimierung als grundsätzlich nicht bindende Restriktion einzustufen, d.h. diese Nebenbedingung ist für die Optimierung unbeachtlich. Für die Zielfunktion der Steuerbarwertminimierung folgt aus dieser Nebenbedingung grundsätzlich nur die Forderung nach Einbehaltung von für die Substanz- bzw. Kapitalerhaltung notwendiger finanzieller Mittel. Die Zielfunktion der Steuerbarwertminimierung erfaßt explizit lediglich die Steuerzahlungen als Finanzmittelabflüsse. Die angestrebte Minimierung des Steuerbarwerts ist offensichtlich insoweit aber

[65] Vgl. das Symbolverzeichnis im Anhang A.
Die Steuerbarwertminimierung ist das am häufigsten diskutierte Subziel der Steuerplanung. Dies ist im wesentlichen dadurch begründet, daß diese Zielfunktion in den Fällen Anwendung findet, in denen unabhängig von dem jeweiligen Oberziel der Steuerplanung die Entnahmehöhe unabhängig von einem bestimmten Ergebnisausweis der Steuer- bzw. Einheitsbilanz ist. Vgl. dazu Heigl/Melcher, Ertragsteuerplanung, S. 44 ff.

[66] Auf die Probleme der Ermittlung der für die Kapital- bzw. Substanzerhaltung und der Liquiditätssicherung notwendigen Maßnahmen und Beträge wird im folgenden nicht eingegangen, da diese im Rahmen der Steuerplanung des Mitunternehmers als vorgegebene Determinanten anzusehen sind, soweit der Mitunternehmer diese Daten überhaupt in der individuellen Planung berücksichtigt. Vgl. zu Fragen der Kapital- bzw. Substanzerhaltung und der Liquidität sowie der Liquiditätssicherung Schneider, Investition, S. 206 ff, S. 376 ff. und Lauf, Liquiditätssicherung.

ohnehin komplementär zu der Nebenbedingung der Substanz- bzw. Kapitalerhaltung.[67]

Die Nebenbedingung der Liquiditätssicherung ist bzgl. zweier Aspekte zu konkretisieren, und zwar zum einen hinsichtlich der Art der Liquiditätssituation, zum anderen hinsichtlich der Bezugsebene, d.h. der Frage, ob die Liquidität der Gesellschaft oder die individuelle Liquidität des Mitunternehmers angesprochen ist. Die Liquidität der Gesellschaft ist für den einzelnen Mitunternehmer nur soweit von Interesse - und dies gilt in gleichem Maß für die Kapital- bzw. Substanzerhaltung als Maßnahme der Unternehmenssicherung -, als dadurch Bestand und Ertragsfähigkeit der Gesellschaft für die Dauer des Beteiligungsengagements gesichert werden. Soweit der Gesellschafter auf Grund eines geplanten längerfristigen Beteiligungsengagements die Liquiditätssituation der Gesellschaft in seiner Steuerplanung berücksichtigt, ergeben sich daraus für die individuelle Steuerplanung die gleichen Konsequenzen wie im Fall der Berücksichtigung der persönlichen Liquiditätssituation. Folgende Liquiditätssituationen lassen sich unterscheiden:[68]

[67] Vgl. im Ergebnis ebenso Börner/Krawitz, Steuerbilanzpolitik, S. 98. Im Fall der Bindung der Entnahmen an den Ergebnisausweis der Einheitsbilanz werden durch die Zielfunktion der Steuerbarwertminimierung und die dadurch induzierte tendenzielle Nachverlagerung des Gewinnausweises auch die Abflüsse von finanziellen Mitteln in Form von Entnahmen reduziert.

[68] Vgl. Selchert, Besteuerung, S. 442.

1. Vorübergehende Illiquidität

Der Mitunternehmer verfügt kurzfristig nicht über die finanziellen Mittel, um die Steuerzahlungen zu leisten.[69] In diesem Fall entspricht die Zielfunktion der Steuerbarwertminimierung auf Grund der mit den Steuerverschiebungen verbundenen Liquiditätseffekten tendenziell den aus der vorübergehenden Illiquidität resultierenden Anforderungen an die Steuerplanung. Die in dieser Situation notwendige Vermeidung von Steuerzahlungen ist allerdings unabhängig von der gewählten Zielfunktion auch dann zu verfolgen, "wenn sich in der Zukunft daraus steuerliche und liquiditätsmäßige Mehrbelastungen ergeben sollten."[70] Darüber hinaus kann der Mitunternehmer bei Liquiditätsengpässen allerdings dazu gezwungen sein, in der betreffenden Periode alle zur Verfügung stehenden Mittel zur Steuerminderung einzusetzen und damit ggf. über die Handlungsmaxime der Steuerbarwertminimierung hinauszugehen. Die Handlungsmaxime würde in diesem Fall (periodische) Steueraufwandmininierung lauten.

2. Begrenzte Liquidität

Der Mitunternehmer verfügt zwar kurzfristig, d.h. in der aktuellen Planungsperiode über ausreichende finanzielle Mittel zur Leistung von Steuerzahlungen, er muß aber damit rechnen, die höheren Steuerzahlungen einer späteren Periode, einschließlich etwaiger steuerlicher Mehrbelastungen auf Grund von Steuersatzeffekten, nicht begleichen zu können. In diesem Fall wird die Nebenbedingung der Liquidität für die Zielfunktion der Steuerbarwertminimierung zu einer den Lösungsraum begrenzenden Größe. Da es aus Sicht des Mitunternehmers sinnvoll bzw. notwendig ist, in Abhängigkeit von dem Betrag der liquiden Mittel Steuerzahlungen vorzuverlagern, kommt eine absolute Steuerbarwertminimierung grundsätzlich nicht in Betracht. Vielmehr kann der Mitunternehmer auf Grund der notwendigen Steuervorverlagerung nur noch ein relatives Minimum des Barwerts der Steuerzahlungen anstreben, indem nur die über den Betrag der aktuellen liquiden Mittel hinausgehenden Steuerzahlungen nachverlagert werden.

[69] Zu dem Problem des zeitlichen Auseinanderfallens von Steuerschuldentstehung (Steueraufwand) und Steuerzahlung vgl. Abschn. 4.4. Zu der Frage, in welchem Umfang der Mitunternehmer berechtigt ist, Entnahmen zur Leistung der persönlichen Steuern zu tätigen, vgl. Abschn. 5.2.

[70] Selchert, Besteuerung, S. 442.

3. Relative Liquidität
Verfügt der Mitunternehmer bis zum Planungshorizont über ausreichende liquide Mittel, so ist diese Liquiditätssituation für die individuelle Steuerplanung unbeachtlich, so daß die absolute Steuerbarwertminimierung angestrebt wird, d.h. ausschließlich der Rentabilitätsaspekt Entscheidungskriterium ist.

Im Rahmen der Steuerbarwertminimierung sind somit die Nebenbedingungen der Kapital- bzw. Substanzerhaltung und der Liquiditätssicherung, sowohl aus Unternehmens- als auch aus Mitunternehmersicht im Interesse der Begrenzung der Steuerzahlungen im Form von Bemessungsgrundlagenobergrenzen bzw. -untergrenzen respektive Gewinnobergrenzen bzw. -untergrenzen zu erfassen. Soweit der Mitunternehmer im Interesse der Unternehmenssicherung in einzelnen Perioden ein Abweichen von seiner optimalen Strategie des Manövriermasseneinsatzes akzeptiert bzw. akzeptieren muß, stellt sich aus dessen Sicht die Frage, welche Strategie in den übrigen Perioden des Planungszeitraums zu verfolgen ist, um die Reduzierung des individuellen Zielerreichungsgrads möglichst zu minimieren.[71]

[71] Vgl. dazu Abschn. 4.4.2.

4.3.2.3 Subziel der Steuerplanung bei Einkommensmaximierung unter Nebenbedingungen

Das Ziel der Einkommensmaximierung besteht in dem Streben nach Erzielung möglichst hoher finanzieller Nettozuflüsse (Zuflüsse nach Besteuerung) aus der Mitunternehmergemeinschaft.[72] Diese Zielsetzung erfordert auf Grund der bereits angesprochenen Zinswirkung, daß die Nettozuflüsse innerhalb des Planungszeitraums so früh und so hoch wie möglich anfallen müssen und die auf den Zuflüssen lastenden Steuerzahlungen zu minimieren sind.[73]

Sind die Entnahmemöglichkeiten des Mitunternehmers, als wesentlicher Teil der finanziellen Zuflüsse, an die Höhe des ihm zuzurechnenden Anteils am Gesellschaftsgewinn geknüpft und somit abhängig von der Höhe des Ergbnisausweises[74] der Einheitsbilanz, so führt die Zielfunktion der Steuerbarwertminimierung alleine nicht zum Ziel der Einkommensmaximierung.[75] Der nach dem Konzept der Steuerbarwertminimierung vorzunehmende Einsatz der Manövriermasse führt vielmehr tendenziell zu einer Ergebnisausweisminderung bzw. zu einer Ergebnisausweisnachverlagerung und damit zu einer Minderung bzw. Nachverlagerung der Entnahmemöglichkeiten.

Das Ziel der Einkommensmaximierung verlangt dagegen auf Grund des Zinseffekts einen Manövriermasseneinsatz, der eine Vorverlagerung des Gewinnausweises und damit der finanziellen Zuflüsse induziert. Diese Vorverlagerung wird u.U. von einem aus der Vorverlagerung

---

[72] Vgl. Abschn. 4.2.1 und Heinhold, Steuerplanung, S. 40.

[73] Vgl. ebenso Börner/Krawitz, Steuerbilanzpolitik, S. 87 f.

[74] Dabei ist jedoch zu berücksichtigen, daß der Gesellschafter grundsätzlich die Möglichkeit hat, finanzielle Beträge zu Lasten seines Kapitalkontos, ungeachtet des ihm zuzurechnenden Gewinnanteils, vorzunehmen, sofern nicht der Gesellschaftsvertrag diese Möglichkeit ausschließt oder infolge der Anwendung der gesetzlichen Gewinnverteilungsregelungen die in den Vorjahren nicht entnommenen und dem Kapitalkonto zugeschriebenen Beträge vor Liquidation der Gesellschaft nicht mehr entnommen werden dürfen. Vgl. Gratz, Grundprobleme, S. 119. Soweit der Gesellschaftsvertrag die Entnahmemöglichkeiten an die Höhe des Kapitals knüpft, bewirken Entnahmen zu Lasten des Kapitalkontos allerdings grundsätzlich eine Minderung der Entnahmemöglichkeiten in den Folgeperioden. Vgl. zur Analyse der individuellen Entnahmemöglichkeiten Abschn. 5.2.

[75] Dies gilt allerdings offensichtlich nicht für die Fälle, in denen die Nettozuflüsse des Gesellschafters ausschließlich oder überwiegend aus Sondervergütungen bestehen.

von Bemessungsgrundlagenteilen resultierenden Steuersatzeffekt restringiert.[76]

Die Entscheidung über den Einsatz der Manövriermasse im Rahmen der Steuerplanung ist daher unter Abwägung von Stärke und Richtung von Zins- und Steuersatzeffekten durchzuführen, wobei jeweils zwischen gewinnausweiserhöhender und gewinnausweisreduzierender Manövriermasse zu differenzieren ist. Zu diesem Zweck werden die Barwerte der Nettozuflüsse ermittelt. Dabei wird durch die Diskontierung die Vergleichbarkeit der zu unterschiedlichen Zeitpunkten anfallenden Nettozuflüsse erreicht.

Die nach dieser Konzeption aufgestellte Zielfunktion der Nettokapitalwertmaximierung[77] gibt an, wieweit eine Vorverlagerung der Nettozuflüsse unter Berücksichtigung der Steuerbelastung sinnvoll ist. Aus dem Oberziel der Einkommensmaximierung unter Nebenbedingungen ist für den Fall der Bindung der Entnahmemöglichkeiten an den Ergebnisausweis der Einheitsbilanz somit die Maximierung des Kapitalwerts der Nettozuflüsse aus dem Unternehmen an den Mitunternehmer als Subziel der Steuerplanung abzuleiten.[78]
Die Zielfunktion der Nettokapitalwertmaximierung kann formal vorläufig formuliert werden als:[79]

$$K_o^N = \sum_{t=1}^{n} (Z_t - St_t)(1+i)^{-t} \rightarrow \text{Max !}$$

Danach ergibt sich der Kapitalwert der Nettozuflüsse K_o^N als Summe der diskontierten Zuflüsse (Z) nach Abzug der Steuern (St) der einzelnen Planungsperioden (t).

Für die Zielfunktion der Nettokapitalwertmaximierung ist weiter zu untersuchen, wie und in welchem Maß die Nebenbedingungen der Kapital- bzw. Substanzerhaltung und der Liquiditätssicherung den für die Optimierung zulässigen Lösungsraum begrenzen.

---

[76] Vgl. Rückle, Normative Theorie, S. 259.
[77] Vgl. zu dieser Zielfunktion insbesondere Heigl/Melcher, Ertragsteuerplanung, S. 36 und Börner/Krawitz, Steuerbilanzpolitik, S. 87 ff.
[78] Vgl. z.B. Heigl/Melcher, Ertragsteuerplanung, S. 90 ff.
[79] Zu den verwendeten Symbolen vgl. das Symbolverzeichnis im Anhang A.

Was zunächst die Kapital- bzw. Substanzerhaltung anbelangt, so ist offensichtlich, daß durch die angestrebte Maximierung der Nettozuflüsse seitens des Mitunternehmers die Unternehmenserhaltung grundsätzlich gefährdet werden kann.[80] Im Interesse der Unternehmenssicherung, zumindest für die Dauer des Beteiligungsengagements, ist bei der individuellen Steuerplanung daher für die Zielfunktion der Nettokapitalwertmaximierung die Nebenbedingung der Unternehmenserhaltung in Form einer Obergrenze der individuellen Nettozuflüsse zu berücksichtigen.

Dieses Ergebnis gilt grundsätzlich analog für die Nebenbedingung der unternehmensbezogenen Liquiditätssicherung. Soweit bei der Gesellschaft eine vorübergehende Illiquidität[81] gegeben ist, muß der Mitunternehmer ggf. eine Minderung oder einen vollständigen Ausfall der Nettozuflüsse für die Dauer des Liquiditätsengpasses akzeptieren. Dies gilt sowohl für die gewinnausweisabhängigen Entnahmen als auch für die Entnahmen zu Lasten des Kapitalkontos. Letztlich kann der Liquiditätsaspekt den Rentabilitätsaspekt der individuellen Steuerplanung dominieren, wenn und insoweit dies im Interesse der Unternehmenssicherung aus der Sicht des Gesllschafters geboten erscheint. Dies bedeutet für die Subzielplanung, daß der Mitunternehmer als Handlungsmaxime nicht mehr die (absolute oder relative) Nettokapitalwertmaximierung, sondern die Steuerbarwertminimierung, ggf. sogar die periodische Steueraufwandsminimierung wählen muß.

Im Fall einer begrenzten Liquidität der Gesellschaft wird die Maximierung der Nettozuflüsse seitens des Mitunternehmers durch die verfügbaren, d.h. für Abflüsse aus dem Unternehmen zur Disposition stehenden finanziellen Mittel der Gesellschaft ebenfalls beschränkt, so daß im Ergebnis nur eine relative Nettokapitalwertmaximierung Subziel der individuellen Steuerplanung sein kann.

Lediglich im Fall der relativen Unternehmensliquidität kommt daher eine nur an Rentabilitätsaspekten orientierte Zielfunktion der Nettokapitalwertmaximierung in Betracht. Für den Fall der vorübergehenden Illiquidität des Unternehmens und den Fall der relativen Unternehmensliquidität sind hingegen im Interesse der Begrenzung der finanziellen Abflüsse aus dem Unternehmen Nebenbedingungen in

[80] Vgl. Rückle, Normative Theorie, S. 259.

[81] Vgl. zu den verschiedenen Liquiditätssituationen Abschn. 4.3.2.2.

Form von individuellen Nettozuflußobergrenzen in der individuellen Steuerplanung zu berücksichtigen.[82]

Grundsätzlich andere Überlegungen gelten jedoch z.T., wenn bei der Subzielableitung auf die individuelle Liquidität des Mitunternehmers als Determinante abgestellt wird. Muß der Mitunternehmer für einzelne Planungsperioden mit einer vorübergehenden Illiquidität rechnen, d.h. besteht ein erhöhter Bedarf an finanziellen Mitteln zur Begleichung von laufenden Zahlungsverpflichtungen, so wird diesem Bedarf durch die Zielfunktion der Nettokapitalwertmaximierung tendenziell Genüge getan. Allerdings werden nur in Ausnahmefällen die aus der Subzielwahl resultierenden Nettozuflüsse hinsichtlich Betrag und Zeitpunkt ihres Zuflusses mit dem individuellen Liquiditätsbedarf übereinstimmen.
Ist der Bedarf an finanziellen Mitteln einer Periode größer als der aus der Handlungsmaxime der Nettokapitalwertmaximierung resultierende Nettozufluß, so muß der Mitunternehmer im Rahmen seiner Steuerplanung, entgegen der ursprünglichen unter Rentabilitätsaspekten optimalen Strategie der tendenziellen Vorverlagerung der Nettozuflüsse, für den Fall gewinnausweisabhängiger Entnahmemöglichkeiten einen Manövriermasseneinsatz verfolgen, der einen ausreichenden Nettozufluß in der Periode des Liquiditätsengpasses induziert. Soweit mit einer solchen Vorgehensweise keine ausreichenden Nettozuflüsse verbunden sind, ist ein verbleibender Liquiditätsbedarf ggf. über zusätzliche Entnahmen zu Lasten des Eigenkapitalkontos zu decken, auch wenn damit eine Minderung zukünftiger Entnahmemöglichkeiten verbunden ist. Für die individuelle Steuerplanung muß die individuelle Liquidität somit in Form eines, ggf. periodenbezogen festzulegenden, Mindestbetrags an Nettozuflüssen berücksichtigt werden.
Der Fall der begrenzten individuellen Liquidität führt hingegen nur unter Umständen zu einer modifizierten Form der Nettokapitalwertmaximierung. Verfügt der Mitunternehmer zwar kurzfristig über ausreichende finanzielle Mittel, muß er jedoch mit zukünftigen Liquiditätsengpässen rechnen, so ist es aus individueller Sicht zunächst sinnvoll, für eine Verlagerung von Teilen der Nettozuflüsse aus der Periode mit begrenzter individueller Liquidität in die Periode des Liquiditätsengpasses zu sorgen. Damit würde die

[82] Vgl. analog Abschn. 4.3.2.2.

der Nettokapitalwertmaximierung immanente tendenzielle Vorverlagerung der Nettozuflüsse abgeschwächt, ggf. wäre sogar eine periodenbezogene schwerpunktmäßige Nachverlagerung anzustreben. Diese sich aus der Dominanz der Nebenbedingungen ergebende Handlungsmaxime der individuellen Steuerplanung ist nicht mehr eindeutig der Nettokapitalwertmaximierung subsumierbar. Vielmehr muß eine solche Handlungsmaxime auf der Subzielebene zwischen Nettokapitalwertmaximierung und Steuerbarwertminimierung und das korrespondierende Oberziel zwischen Einkommensmaximierung und Vermögensmaximierung eingeordnet werden.
Soweit der Unternehmer allerdings keine ausreichenden Möglichkeiten der freien Gestaltung der Nettozuflüsse hat, ist eine insoweit der Nettokapitalwertmaximierung entsprechende Vorverlagerung der Nettozuflüsse anzustreben. Diese Nettozuflüsse sind dann nicht vollständig konsumtiver Verwendung zuzuführen, wie dies dem Oberziel der Einkommensmaximierung entspräche, vielmehr sind die zur Deckung des zukünftigen Liquiditätsbedarfs benötigten Mittel, unter Inkaufnahme damit verbundener Opportunitätskosten, als Liquiditätsreserve zu halten.
Schließlich kann im Fall der relativen individuellen Liquidität die Nettokapitalwertmaximierung grundsätzlich ohne liquiditätsmäßige Restriktionen angestrebt werden.

Es ist somit festzustellen, daß die Liquidität als exogen bestimmte Größe in Abhängigkeit von der jeweiligen Liquiditätssituation und -ebene (Liquidität der Gesellschaft/ des Gesellschafters) die Wahl des zu verfolgenden Subziels der Steuerplanung (Nettokapitalwertmaximierung) insoweit determiniert, als der Einsatz der Manövriermasse nur noch in dem Rahmen erfolgen kann, wie dies die Liquidität erlaubt. Im Fall der vorübergehenden Illiquidität und der begrenzten Liquidität kann diese Determinierung im Grenzfall so weit gehen, daß faktisch ein Manövriermasseneinsatz entsprechend der Zielfunktion der Steuerbarwertminimierung oder der Steueraufwandsmaximierung erfolgen muß.

Aus der Sicht des Mitunternehmers bestehen im Fall der vorübergehenden Illiquidität und im Fall der begrenzten Liquidität unterschiedliche Handlungsmaximen, d.h. Subziele der Steuerplanung, in Abhängigkeit von der betrachteten Liquiditätsebene (Liquidität der Gesellschaft/Liquidität des Gesellschafters). Der daraus resultierende intrapersonelle Zielkonflikt ist letztlich nur auf Grund einer intersubjektiv nicht allgemeingültig ableitbaren Gewichtung lösbar.

Neben der Liquidität als Determinante der Subzielwahl können weitere Nebenbedingungen der Einkommensmaximierung zu berücksichtigen sein, die ebenfalls die Ausprägung des abzuleitenden Subziels der Steuerplanung beeinflussen. In dem Fall der Einkommensmaximierung unter dominanten Nebenbedingungen[83] besteht das Ziel der Steuerplanung, in der Erzielung einer zeitlich und betragsmäßig determinierten Struktur an Nettozuflüssen aus der Gesellschaft. Die angestrebte Struktur der Nettozuflüsse - vgl. das Beispiel einer möglichen angestrebten Nettozuflußstruktur und des dazu erforderlichen Manövriermasseneinsatzes in Abb. 4 - ist den individuellen finanziellen Verhältnissen und Bedürfnissen des Mitunternehmers angepaßt; ein im Vergleich zur Einkommensmaximierung unter nicht dominanten Nebenbedingungen ggf. verminderter Kapitalwert wird in Kauf genommen.

Der gewünschte erhöhte Nettozufluß in t_3 kann zum einen auf entsprechenden Konsumwünschen und dadurch benötigten Finanzmitteln basieren. Im Fall der Bindung der Entnahmen an den Ergebnisausweis der Einheitsbilanz können ferner der mit den Entnahmemöglichkeiten (potentielle Zuflüsse) korrespondierende Gewinnanteil und die daraus ggf. resultierenden steuerlichen Verlustverrechnungsmöglichkeiten Ursache einer bestimmten Nettozufluß- und damit Gewinnanteilstruktur sein.

Soweit der Mitunternehmer im Fall der vorübergehenden Illiquidität und im Fall der begrenzten Liquidität im Interesse der Erhaltung der Unternehmensliquidität einen periodenbezogenen Höchstbetrag der Nettozuflüsse und im Interesse der individuellen Liquiditätssituation einen periodenbezogenen Mindestbetrag der Nettozuflüsse anstreben muß, wird die Liquiditätssituation selbst zu einer dominierenden Determinante der Nettozuflußstruktur. Soweit der Liquiditätsaspekt Rentabilitätsüberlegungen dominiert, verliert die Liquidität den Charakter einer bloßen Nebenbedingung der Subzielplanung und wird selbst initiierender Faktor (Determinante) einer be-

[83] Vgl. Abschn. 4.2.1.2.

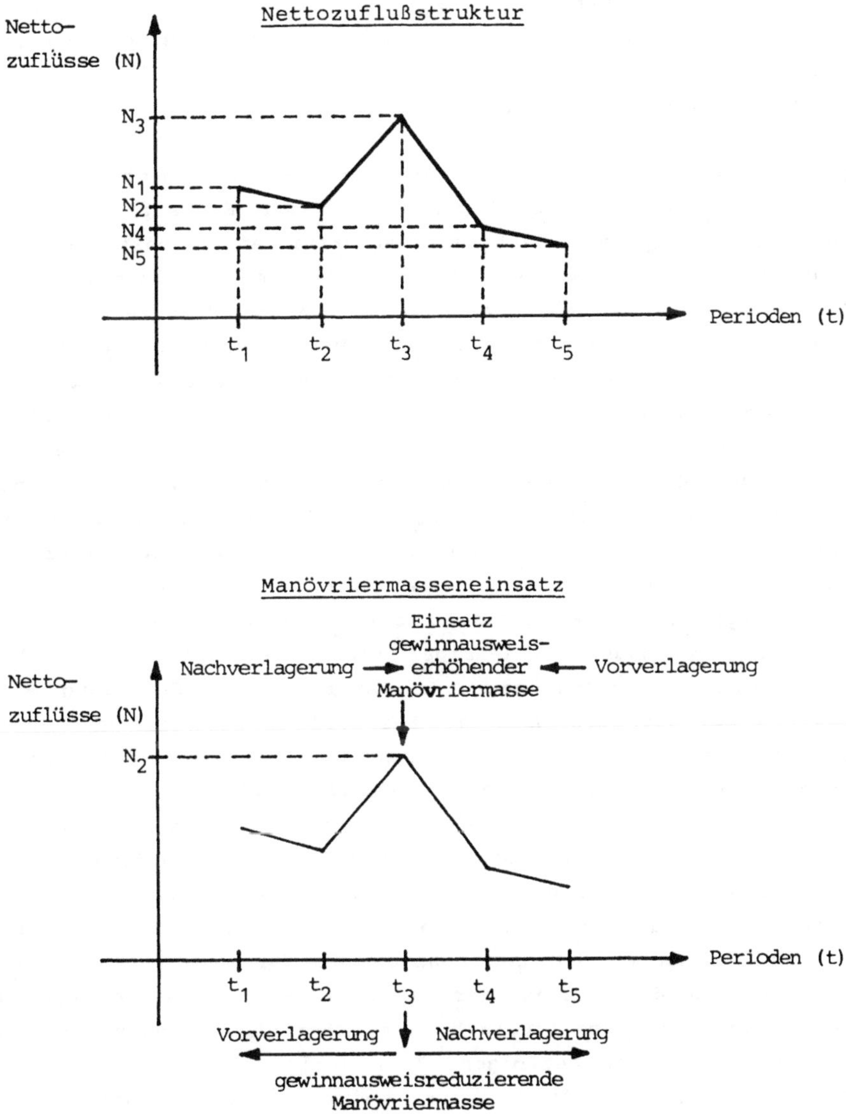

Abb. 4 : Beispiel einer möglichen angestrebten Nettozufluß-struktur und des dazu erforderlichen Manövriermassen-einsatzes

stimmten Nettozuflußstruktur. Faktisch hat dann ein solcher dominierender Faktor nicht mehr den Stellenwert einer Nebenbedingung. Eine dominierende Nebenbedingung ist vielmehr direkt in der jeweiligen Zielfunktion zu berücksichtigen.

Ausgehend von der Prämisse der Bindung der Entnahmemöglichkeiten des Mitunternehmers an den Gewinnausweis der Einheitsbilanz, erfordert eine bestimmte Nettozuflußstruktur einen bestimmten Gewinnausweis. Dieser Gewinnausweis muß für die einzelnen Planungsperioden zum einen so beschaffen sein, daß der Mitunternehmer die erforderlichen Beträge entnehmen kann. Dies erfordert z.B. für die in Abb. 4 dargestellte Nettozuflußstruktur tendenziell einen vergleichsweise hohen Gewinnausweis in Periode t_3. Mit einem solchen Gewinnausweis in t_3 sind im Vergleich zur Nettokapitalwertmaximierung als Subziel der Steuerplanung bei Einkommensmaximierung unter nicht dominierenden Nebenbedingungen, u.U. nachteilige Zins- und Steuersatzeffekte verbunden wodurch ein geringerer Kapitalwert der Nettozuflüsse bewirkt wird. Dies ist offensichtlich dann der Fall, wenn der auf Grund des Subziels der Nettokapitalwertmaximierung angestrebte Gewinnausweis niedriger ist als der für die Entnahmen in t_3 benötigte Gewinnausweis. Im Interesse der Erzielung eines bestimmten periodenbezogenen (im Beispiel Periode t_3) nominellen Nettozuflusses muß der Mitunternehmer eine Minderung des Kapitalwerts der Nettozuflüsse jedoch hinnehmen.
Zins- und Steuersatzeffekte sind dennoch nicht gänzlich vernachlässigbar. Soweit der Mitunternehmer in den der Periode t_3 vor- und nachgelagerten Perioden nicht auf Entnahmen in bestimmter Höhe angewiesen ist oder evtl. benötigte Mindestentnahmen nur in Form von nicht dominanten Nebenbedingungen des Subziels zu berücksichtigen sind, muß der Einsatz der Manövriermasse in diesen Perioden unter Rentabilitätsaspekten, d.h. unter Berücksichtigung von Zins- und Steuersatzeffekten erfolgen. Zwar verfolgt der Mitunternehmer eine bestimmte Nettozuflußstruktur, wodurch eine absolute Maximierung der Nettozuflüsse im Sinne der Nettokapitalwertmaximierung unter nicht dominanten Nebenbedingungen ggf. unmöglich wird. Dennoch strebt der Mitunternehmer nach einer Optimierung der Nettozuflüsse und insoweit nach einer relativen Maximierung, als er aus mehreren alternativen Manövriermasseneinsatzstrategien diejenige auswählt, die zu dem höchsten Kapitalwert der Nettozuflüsse führt.

Das Subziel der Steuerplanung des Mitunternehmers im Fall der Einkommensmaximierung unter dominanten Nebenbedingungen muß daher so beschaffen sein, daß die daraus abzuleitende Manövriermasseneinsatzstrategie zu der gewünschten Nettozuflußstruktur, d.h. zu bestimmten Nettozuflüssen in einzelnen Perioden, bei (relativ) optimalen Zins- und Steuersatzeffekten führt, so daß ein optimaler Kapitalwert der Nettozuflüsse erreicht wird. Dieses Subziel verlangt daher grundsätzlich einen periodenbezogenen schwerpunktmäßigen Einsatz der Manövriermasse. Eine vollständige Vorverlagerung der Manövriermasse wie im Fall der Steuerbarwertminimierung oder eine vollständige Nachverlagerung wie im Fall der Nettokapitalwertmaximierung bei gewinnausweisabhängigen Nettozuflüssen wird dagegen diesem Erfordernis grundsätzlich nicht gerecht.
In dem in Abb. 4 dargestellten Beispiel wäre etwa die gewinnausweisreduzierende Manövriermasse nach t_1 und t_2 vor- bzw. nach t_4 und t_5 nachzuverlagern. Dagegen wäre die gewinnausweiserhöhende Manövriermasse schwerpunktmäßig in t_3 einzusetzen, d.h. aus t_1 und t_2 nach- bzw. von t_4 nach t_5 vorzuverlagern. Während sich die periodenweise Manövriermassenschwerpunktbildung nach der Höhe der gewünschten Nettozuflüsse und damit nach der Höhe des notwendigen Ergebnisausweises richtet, muß der Einsatz der vor- bzw. nachverlagerten Manövriermasse unter Beachtung der Zins- und Steuersatzeffekte erfolgen.

Mit einer zunehmenden Determinierung der Nettozuflußstruktur nimmt allerdings die Notwendigkeit der Steuerplanung ab. Strebt der Mitunternehmer in jeder Planungsperiode nach einem vorgegebenen Betrag an Nettozuflüssen, so nehmen Rentabilitätsüberlegungen aus seiner Sicht nur noch eine untergeordnete Stellung ein. Rentabilitäts- und Zinseffekte werden dann nur noch insoweit berücksichtigt, als ein aus der Optimierung dieser Effekte resultierender Gewinnausweis den angestrebten Nettozufluss, d.h. die erforderlichen Entnahmen, ermöglicht. Im übrigen muß sich die Steuerplanung darauf beschränken, geeignete Manövriermassen hinsichtlich Wirkung, Betrag und Einsatzzeitpunkt zu ermitteln.

4.4 Bestimmung der optimalen Gewinnausweis- und Manövriermasseneinsatzreihe auf der Basis der Ermittlung von Grenzsteuerzuwachsraten

4.4.1 Kennzeichnung des Verfahrens

Die im vorangehenden Abschnitt dargestellten Zielfunktionen der Steuerplanung sind abgeleitet worden, um auf deren Basis Handlungsanweisungen für den Einsatz der Manövriermasse des Mitunternehmers und damit eine optimale Gewinnausweisreihe im Planungszeitraum zu entwickeln. Dabei besteht das Problem der Optimierung der z.T. gegenläufigen Zins- und Steuersatz- bzw. Progressionseffekte, die aus möglichen Gewinnverlagerungen auf Grund des Manövriermasseneinsatzes resultieren.[1] Zur Lösung dieses Optimierungsproblems und damit zur Bestimmung von optimalen Gewinnausweisreihen sind in der Literatur mehrere Verfahren entwickelt worden, die allerdings im wesentlichen ausschließlich auf die Zielfunktion der Steuerbarwertminimierung abstellen.

Diese Verfahren basieren auf Erkenntnissen der Marginalanalyse, wonach das Nutzen-Maximum einer Gütermenge dann realisiert wird, wenn der zusätzliche Nutzen (Grenznutzen) einer zusätzlichen Einheit eines jeden Guts gleich groß ist.[2] Diese Marginalbedingung und die darauf basierenden Verfahren werden in der Literatur im wesentlichen auf die Zielfunktion der Steuerbarwertminimierung angewandt.[3] Übertragen auf diese Zielfunktion lautet das marginalanalytische Optimalitätskriterium der mehrperiodischen Steuerplanung:

Der Kapitalwert der Steuerzahlungen eines mehrperiodischen Planungszeitraums ist dann minimal, wenn "die auf den Planungszeit-

---

[1] Vgl. Selchert, Besteuerung, S. 442 und Scherrer, Ermittlung, S. 225.

[2] Vgl. zu dem sog. 2. Gossen'schen Gesetz und der entsprechenden Beweisführung etwa Schumann, Grundzüge, S. 22 ff.

[3] Vgl. Siegel, Verfahren, S. 66 ff; ders., Zielfunktion, S. 274 ff; ders., Probleme und Verfahren, S. 231 ff; Okraß, Praktikabilität, S. 496 ff; Kaefer, Modelle, S. 329 ff; Günther, Ermittlung, S. 35 ff; Wagner/Dirrigl, Steuerplanung, S. 288 ff.

punkt $t_0=0$ diskontierten Grenzsteuersätze (und damit die diskontierten Grenzsteuerzahlungen, d.A.) für die auszuweisenden optimalen Steuerbilanzgewinne in jeder Planungsperiode gleich"[4] sind. Während der bei der Optimierung zu berücksichtigende Steuersatzeffekt durch das Abstellen auf die Grenzsteuersätze als Ableitung des Steuerbetrags bzw. der Steuertariffunktion nach der Variablen Gewinn erfaßt wird, findet der Zinseffekt in der Diskontierung der Grenzsteuersätze seinen Niederschlag.

Zur Bestimmung der optimalen Gewinnausweisreihe sind in der Literatur verschiedene Verfahren entwickelt worden:

- Verfahren der Reihung von Hilfsvariablen,[5]
- Verfahren der Angleichung der Grenzsteuerbarwerte,[6]
- Verfahren der Angleichung der Grenzsteuerzahlungskapitalwerte,[7]
- Verfahren der Ermittlung der Grenzsteuersatzzuwachsraten.[8]

Das Verfahren der Reihung von Hilfsvariablen basiert auf einer Linearisierung der zugrunde liegenden Zielfunktion. Dabei werden die in den einzelnen Planungsperioden auszuweisenden Gewinne jeweils in mehrere Hilfsvariable aufgeteilt.[9] Die Bereiche zwischen diesen Hilfsvariablen haben jeweils die gleiche Breite.[10] Für diese Bereiche werden die zusätzlichen absoluten Steuerbeträge ermittelt und diskontiert.[11] Diese Barwerte der Grenzbelastungen werden anschließend tabelliert; aus diesen Tabellen sind dann die niedrigsten Barwerte solange auszuwählen, "bis die Anzahl der ausgewählten Posten dem Gesamteinkommen... (des Planungszeitraums, d.A.), entspricht"[12], d.h. die in den einzelnen Planungsperioden auszu-

[4] Günther, Ermittlung, S. 35. Auf die Darstellung der mathematischen Beweisführung m.H. der Multiplikatorenmethode von Lagrange wird verzichtet. Vgl. dazu Kaefer, Modelle, S. 330 f.
[5] Vgl. Siegel, Verfahren, S. 65 ff.
[6] Vgl. Okraß, Praktikabilität, S. 492 ff.
[7] Vgl. Kaefer, Modelle, S. 329 ff.
[8] Vgl. Günther, Ermittlung, S. 32 ff.
[9] Vgl. Siegel, Verfahren, S. 68.
[10] Vgl. ebenda, S. 70.
[11] Vgl. ebenda, S. 70.
[12] Ebenda, S. 71. Vgl. zu dem Verfahren das von Siegel gewählte Beispiel, ebenda, S. 71 ff.

weisenden Gewinne dem zu verteilenden Gesamtgewinn des Planungszeitraums entsprechen. Es erfolgt somit eine schrittweise Annäherung an den optimalen Gewinnausweis, in dem "verlagerbare Gewinnteile in einer bestimmten Reihenfolge so den in Betracht kommenden Jahren zugeordnet werden, daß die Steuerbarwertsumme (gegenüber dem Stand bei bisheriger Zuordnung) am geringsten anwächst".[13] Dem Verfahren der Reihung von Hilfsvariablen sehr ähnlich ist das Verfahren der Angleichung der Grenzsteuerbarwerte von Okraß.[14] Auf die Darstellung dieses Verfahrens kann daher verzichtet werden.[15]

Beiden Verfahren ist insbesondere die Verwendung von tabellierten Grenzsteuerbarwerten für die manuelle Bestimmung der optimalen Gewinnausweisreihe gemeinsam, wobei diese Tabellen jeweils für jede einzelne Planungsperiode, ggf. zusätzlich differenziert nach unterschiedlichen Abzinsungsfaktoren zu erstellen sind, wodurch ein zusätzlicher Rechenaufwand gegeben ist.

Auch das von Kaefer vorgestellte Verfahren der Angleichung der Grenzsteuerzahlungskapitalwerte arbeitet mit Tabellen, wobei allerdings im Unterschied zu den vorgenannten Verfahren diesen Tabellen unmittelbar die optimalen Gewinnausweise zu entnehmen sind. Kaefer entwickelt dazu einen Algorithmus, der ausgehend von der Gewinnivellierung eine Angleichung der Kapitalwerte der Grenzsteuerzahlungen, durch sukzessive Verlagerung von Gewinnteilen aus der Periode mit dem höchsten Kapitalwert in die Periode mit dem niedrigsten Kapitalwert der Grenzsteuerzahlungen, herbeiführt.[16] Der wesentliche Nachteil des von Kaefer entwickelten Verfahrens ist darin zu sehen, daß die für die Optimumbestimmung notwendigen Tabellen hinsichtlich der Planungsdeterminanten (Kalkulationszinsfuß, Planungszeitraum, Restriktionen der Steuerplanung) an die einzelne spezifische Planungssituation angepaßt sein müssen, wo-

[13] Ders., Probleme und Verfahren, S. 238.
[14] Vgl. diese Einschätzung auch bei Siegel, Probleme und Verfahren, S. 238.
[15] Vgl. die Darstellung bei Okraß, Praktikabilität, S. 496 ff.
[16] Vgl. Kaefer, Modelle, S. 332 ff.

durch im Einzelfall eine Vielzahl derartiger Tabellen notwendig ist.

Die genannten Nachteile werden weitestgehend von dem von Günther in den Grundzügen vorgestellten Verfahren der Ermittlung der Grenzsteuerzuwachsraten vermieden.[17] Bei diesem Verfahren ist zur manuellen Ermittlung der optimalen Gewinnausweisreihe lediglich eine Tabelle der Grenzsteuersätze der im Planungszeitraum gültigen Tariffunktion notwendig.[18]
Günther zeigt,[19] daß folgende Beziehung gilt:

$$\frac{\delta S_{j+1}}{\delta G_{j+1}} = \frac{\delta S_j}{\delta G_j} * \left(1 + \frac{P_{j+1}}{100}\right)$$

Grenzsteuersatz der Periode j+1	Grenzsteuersatz der Periode j	Kalkulationsfaktor der Periode j+1

S = ESt-Betrag
G = Nettogewinnvolumen vor Steuern
P = Kalkulationszinssatz nach Steuern

Dies bedeutet: Im "Optimum der Zielfunktion Steuerbarwertminimierung repräsentiert der für eine bestimmte Periode j+1 vorgegebene Kalkulationsfaktor nach Steuern die Zuwachsrate desjenigen Grenzsteuersatzes, die sich aus dem Steigen der auszuweisenden optimalen Steuerbilanzgewinne von Periode j zu Periode j+1 im Planungszeitraum ergibt."[20]
Während bei dem Verfahren der Angleichung der Grenzsteuerbarwerte die angeglichenen Barwerte und die korrespondierenden Gewinnausweise der einzelnen Planungsperioden aus den betreffenden Spalten der Tabellen abzulesen sind (Aufsuchen gleicher bzw. möglichst gleicher diskontierter Grenzsteuersätze in den einzelnen Spalten), wird bei dem Verfahren von Günther, ausgehend von einem geschätz-

---

[17] Vgl. Günther, Ermittlung, S. 38 ff.
[18] Vgl. ebenda, S. 32.
[19] Auf die Darstellung der mathematischen Beweisführung wird an dieser Stelle verzichtet. Vgl. dazu Günther, Ermittlung, S. 38. Vgl. ferner die Beweisführung in Abschn. 4.4.2.
[20] Günther, Ermittlung, S. 38.

ten optimalen Gewinnausweis der ersten Planungsperiode und dem dazu gehörenden Grenzsteuersatz, die optimale Grenzsteuerzuwachsrate m.H. des Kalkulationsfaktors für die übrigen Planungsperioden ermittelt. Statt der Suche nach gleichen diskontierten Grenzsteuersätzen, ermittelt das Verfahren von Günther somit optimale Grenzsteuerzuwachsraten bzgl. der einzelnen Planungsperioden.

Die Summe der optimalen Gewinnausweise muß dem Gesamtgewinn des Planungszeitraums entsprechen. Ist dies nicht der Fall, muß der Prozeß wiederholt werden, solange bis diese Bedingung erfüllt und somit die optimale Gewinnausweisreihe erreicht ist. Für dieses Verfahren genügt somit eine Grundtabelle der Grenzsteuersätze. Das iterative Planungsverfahren läßt sich schematisch wie in Abb. 5 darstellen.

Wie Günther weiter zeigt, ist das Verfahren der Ermittlung der Grenzsteuerzuwachsraten den vorgenannten Verfahren der Bestimmung der optimalen Gewinnausweisreihe überlegen.[21] Es ist daher sinnvoll, für die weiteren Ausführungen zur Steuerplanung des Mitunternehmers ausschließlich auf das Verfahren der Ermittlung der Grenzsteuerzuwachsraten zur Ermittlung optimaler Gewinnausweisreihen abzustellen.
Für diese Zwecke muß das in den Grundzügen dargestellte Verfahren allerdings modifiziert und erweitert werden.[22] Es ist zunächst festzustellen, ob das Verfahren der Ermittlung der Grenzsteuerzuwachsraten neben der Steuerbarwertminimierung auch auf die übrigen in Abschn. 4.3.2 diskutierten Zielfunktionen anwendbar ist. Diese Frage kann ex ante ohne eingehende mathematische Beweisführung[23] bereits auf Grund systematischer Überlegungen bejaht

[21] Vgl. Günther, Ermittlung, S. 40 ff. Im folgenden werden die Begriffe Grenzsteuerzuwachsraten und Grenzsteuersatzzuwachsraten synonym verwendet.

[22] Günther stellt das Verfahren u.a. unter den Prämissen vor, daß nur ESt erhoben wird, das betrachtete Unternehmen nur einen unbeschränkt einkommensteuerpflichtigen Beteiligten hat und der Steuerbilanzgewinn mit dem zu versteuernden Einkommen identisch ist. Vgl. Günther, Ermittlung, S. 32 f.

[23] Die mathematische Beweisführung der Übertragbarkeit dieses Verfahrens auf die übrigen Zielfunktionen wird im Zusammenhang

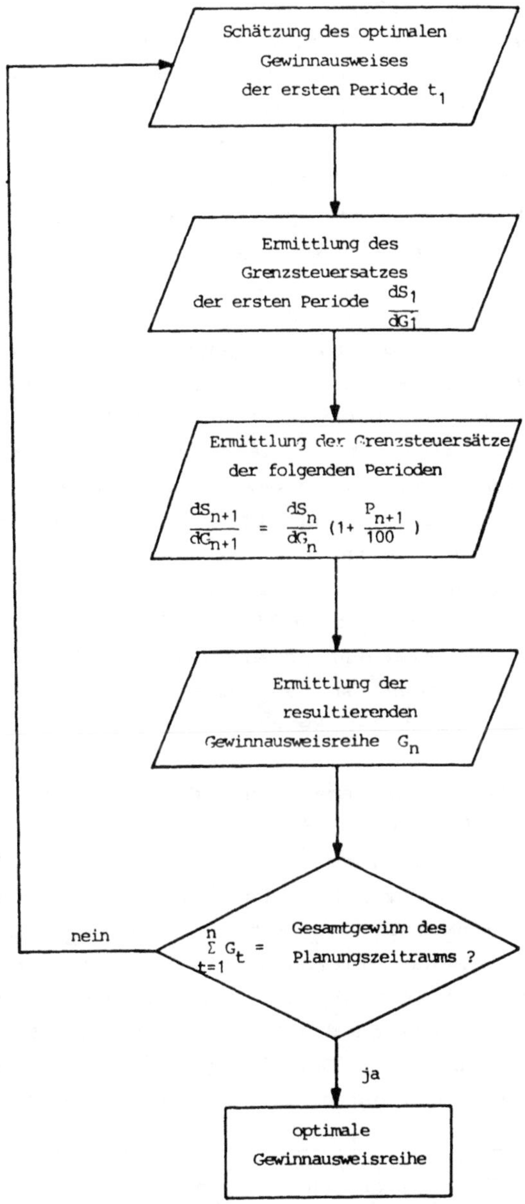

Abb. 5: Ablauf des iterativen Steuerplanungsprozesses

werden. Die in Abschn. 4.3.2 diskutierten Subziele der Steuerplanung und die daraus abgeleiteten Zielfunktionen sind in ihrer Struktur und in ihrem formalen Aufbau sehr ähnlich.[24] Die genannten Zielfunktionen basieren auf Steuersatz- bzw. Progressions- und Zinseffekten. Diese beiden Effekte und das daraus resultierende Optimierungsproblem führen aber zum Konzept der Ermittlung der Grenzsteuerzuwachsraten. Daher muß die Anwendbarkeit dieses Verfahrens, wenn auch in zielfunktionsspezifisch modifizierter Form, gegeben sein.[25]

Eine Modifizierung des Verfahrens der Ermittlung der optimalen Gewinnausweisreihe muß aus der Übertragung dieses Verfahrens auf die spezifische Sichtweise des Mitunternehmers resultieren. Der Mitunternehmer, der außer den Einkünften aus der Mitunternehmergemeinschaft noch weitere Einkünfte erzielt, ist nicht primär an einem per se zu bestimmenden optimalen Gewinnausweis der Personengesellschaft interessiert. Vielmehr erfaßt die Steuerplanung des Mitunternehmers neben dem Gewinnanteil aus der Gesellschaft auch etwaige Sondervergütungen im Sinne von § 15 Abs. 1 Nr. 2 EStG sowie sämtliche weiteren steuerlich relevanten Einkünfte. Die Steuerplanung des Mitunternehmers erstreckt sich daher auf dessen zu versteuerndes Einkommen, so daß der Mitunternehmer im Planungszeitraum nach einer optimalen Reihe der zu versteuernden Einkommen strebt.

Andererseits ist aber annahmegemäß nur der aus der Mitunternehmergemeinschaft resultierende Gewinn Objekt der Steuerplanung des Mitunternehmers. Die übrigen steuerlich relevanten Determinanten sind dagegen als Daten anzusehen. Daher muß die optimale Reihe der zu versteuernden Einkommen des Mitunternehmers m.H. einer durch einen entsprechenden Manövriermasseneinsatz induzierten Verlagerung des Ausweises des Gewinns aus der Mitunternehmergemeinschaft angestrebt werden. Auch wenn das Potential der in der Mitunternehmergemeinschaft ausweisbaren Gewinne oder die zur Verfügung stehende Manövriermasse und damit die verlagerbaren Gewinnteile für

mit der subzielspezifischen Optimumbestimmung anhand der spezifizierten Zielfunktionen in Abschn. 4.4.2 vorgenommen.

[24] Vgl. auch Günther, Ermittlung, S. 40.

[25] Vgl. im einzelnen Abschn. 4.4.2.

eine vollständige Angleichung der Grenzsteuerbarwerte der zu versteuernden Einkommen des Mitunternehmers nicht ausreicht, so erhält der Mitunternehmer aus der genannten Handlungsanweisung doch in jedem Fall Hinweise über den tendenziell zu verfolgenden Manövriermasseneinsatz auf der Ebene der Mitunternehmergemeinschaft. Dieser Aspekt muß aber in einer Diskussion der Steuerplanung des Mitunternehmers eine zentrale Stellung einnehmen, da nicht die theoretische Bestimmung des absolut optimalen Gewinnausweises per se von Interesse sein kann, sondern vielmehr die Gewinnung von Informationen über die optimale Gewinnausweisreihe[26] und damit über den zu verfolgenden Manövriermasseneinsatz.

Verfahrenstechnisch muß aus diesen Überlegungen zum einen eine Modifikation der dem Optimierungsverfahren zugrunde liegenden Zielfunktion erfolgen.[27] Diese Zielfunktion muß neben dem Gewinnanteil aus der Mitunternehmergemeinschaft sämtliche weiteren steuerlich relevanten Größen erfassen, d.h. insbesondere die weiteren Einkünfte sowie neben der ESt etwaige weitere Steuerarten (insbesondere GewSt). Aus der in dieser Form modifizierten Zielfunktion sind dann die relevanten Grenzsteuersätze abzuleiten. Zu diesem Zweck ist die jeweilige spezifische Zielfunktion Z_j nach der Variablen G_{tj} (Gewinn des Gesellschafters j in der Planungsperiode t aus der Beteiligung an der Mitunternehmergemeinschaft) zu differenzieren. Die Optimumbedingung aus der Sicht des Mitunternehmers lautet dann allgemein:

$$\frac{dZ}{dG_{tj}} * \frac{1}{(1+i)^t} = \text{const !}$$

Die diskontierten Grenzsteuersätze der einzelnen Perioden müssen nach dieser Bedingung konstant sein. Mit dieser Optimumbedingung ermittelt der Mitunternehmer die optimale Reihe seines zu versteuernden Einkommens M_{tj}. Die Größe Einkommen umfaßt dabei neben den weiteren Einkünften auch die Gewinnanteile aus der Mitunternehmer-

[26] Vgl. diese Auffassung der Aufgabe der Verfahren zur Ermittlung des optimalen Gewinnausweises auch bei Siegel, Verfahren und Probleme, S. 247.

[27] Vgl. zu den folgenden Ausführungen im einzelnen Abschn. 4.4.2.

gemeinschaft, die auf der Basis der im Planungszeitraum zu erwartenden Bruttoergebnisse, d.h. der Ergebnisse der Gesellschaft vor Einsatz der freien steuerlichen Manövriermasse zu ermitteln sind. Da annahmegemäß nur die Gewinne aus der Mitunternehmergemeinschaft (ohne die als konstante Größen angenommenen Sondervergütungen) planbare Größen sind, während die übrigen Einkünfte einschließlich der gewinnausweisunabhängigen Sondervergütungen als Daten anzusehen sind, ermittelt der Mitunternehmer aus der Gegenüberstellung der optimalen Reihe der Einkommen M_{tj} und der Reihe der fixen weiteren Einkünfte die optimale Reihe der Gewinne aus der Beteiligung G_{tj} als Residualreihe. Die Gewinne aus der Beteiligung bestehen dabei aus dem Gewinnanteil des Mitunternehmers und dessen Sonderbetriebsergebnis. Die Sondervergütungen werden nicht in dem jeweiligen Sonderbetriebsergebnis, sondern annahmegemäß als fixe Bestandteile der weiteren Einkünfte gesondert erfaßt. Die ermittelte optimale Gewinnreihe führt zu der optimalen Zuwachsrate der individuellen Grenzsteuersätze aus dem gesamten zu versteuernden Einkommen. Der Mitunternehmer bestimmt dann zunächst die zur Realisierung der optimalen Gewinnreihe anzustrebende Reihe der Sonderbetriebsergebnisse auf der Basis der maximal verfügbaren individuellen Manövriermasse auf Sonderbetriebsebene.

Aus der Gegenüberstellung der Reihe der erreichbaren Sonderbetriebsergebnisse und der optimalen Gewinnreihe ist wiederum als Residualreihe die Reihe der nunmehr erforderlichen optimalen Gewinnanteile GA_{tj} zu ermitteln. Ausgehend von der optimalen individuellen Gewinnanteilsreihe muß der Mitunternehmer dann durch Rückrechnung (z.B. Hinzurechnung von Sondervergütungen, GewSt, Gewinnanteilen der übrigen Gesellschafter),[28] den auf Gesellschaftsebene anzustrebenden Bruttogewinnausweis der einzelnen Planungsperioden bestimmen. Ausgehend von den erwarteten Bruttoergebnissen der Gesellschaft im Planungszeitraum (Ergebnisse vor Einsatz der freien, d.h. noch disponiblen steuerlichen Manövriermasse) ist dann der erforderliche Manövriermasseneinsatz aus der Sicht des Mitunternehmers zu ermitteln. Angestrebt werden muß ein Manövriermassen-

[28] Die den Gesellschaftern zuzurechnenden Gewinnanteile sind grundsätzlich Gegenstand interpersoneller Verteilungskonflikte. Vgl. zu den Interessengegensätzen der Gesellschafter Abschn. 5.

einsatz, der eine tendenzielle Angleichung der Bruttoergebnisse an den optimalen Bruttogewinnausweis auf der Ebene der Mitunternehmergemeinschaft herbeiführt.

Wie bereits in Abschn. 4.3.2.1 dargestellt, ist die ermittelte optimale Manövriermasseneinsatzreihe im Rahmen der derivativen Substanzsteuerplanung daraufhin zu überprüfen, ob und ggf. welche substanzsteuerlichen Folgen aus dem geplanten ertragsteuerlichen Manövriermasseneinsatz resultieren. Für den Fall erkennbarer negativer substanzsteuerlicher Wirkungen ist zu prüfen, ob auf solche Manövriermassenbestandteile zurückgegriffen werden kann, die keine substanzsteuerlichen Wirkungen induzieren. Ist das nicht der Fall, so ist weiter zu prüfen, ob durch eine auch betragsmäßige Variation des ertragsteuerlichen Manövriermasseneinsatzes die dadurch induzierten Zielwirkungen der Substanzsteuern die negativen Zielwirkungen der Ertragsteuern überkompensieren. Damit erhält die Bestimmung der optimalen Manövriermasseneinsatzreihe neben der quantitativen auch ausdrücklich eine qualitative Dimension.

Das geschilderte Verfahren kann in synoptischer Form wie in Abb. 6 und 7 dargestellt werden. Wie aus der schematischen Darstellung zu entnehmen ist, kann das Verfahren unter Verwendung einer Grundtabelle der Steuersätze auch dann beibehalten werden, wenn infolge der Zusammenveranlagung von Ehegatten gemäß § 26 EStG der Splitting-Tarif zur Anwendung gelangt. In diesen Fällen ist in der Zielfunktion dann die Hälfte des zu versteuernden Einkommens zu optimieren und die daraus resultierenden optimalen individuellen Gewinnanteile sind zu verdoppeln.[29]

Bevor im folgenden das skizzierte Verfahren zur Anwendung gelangen kann, ist es erforderlich, auf die wesentlichen, diesem Verfahren zugrunde zu legenden Prämissen und die daraus resultierenden Konsequenzen für das Planungsverfahren einzugehen. Bei der Diskussion der dem Verfahren zugrunde zu legenden Prämissen ist einerseits darauf zu achten, daß mögliche Schwachstellen des Verfahrens, die

[29] Vgl. analog, Günther, Ermittlung, S. 40.

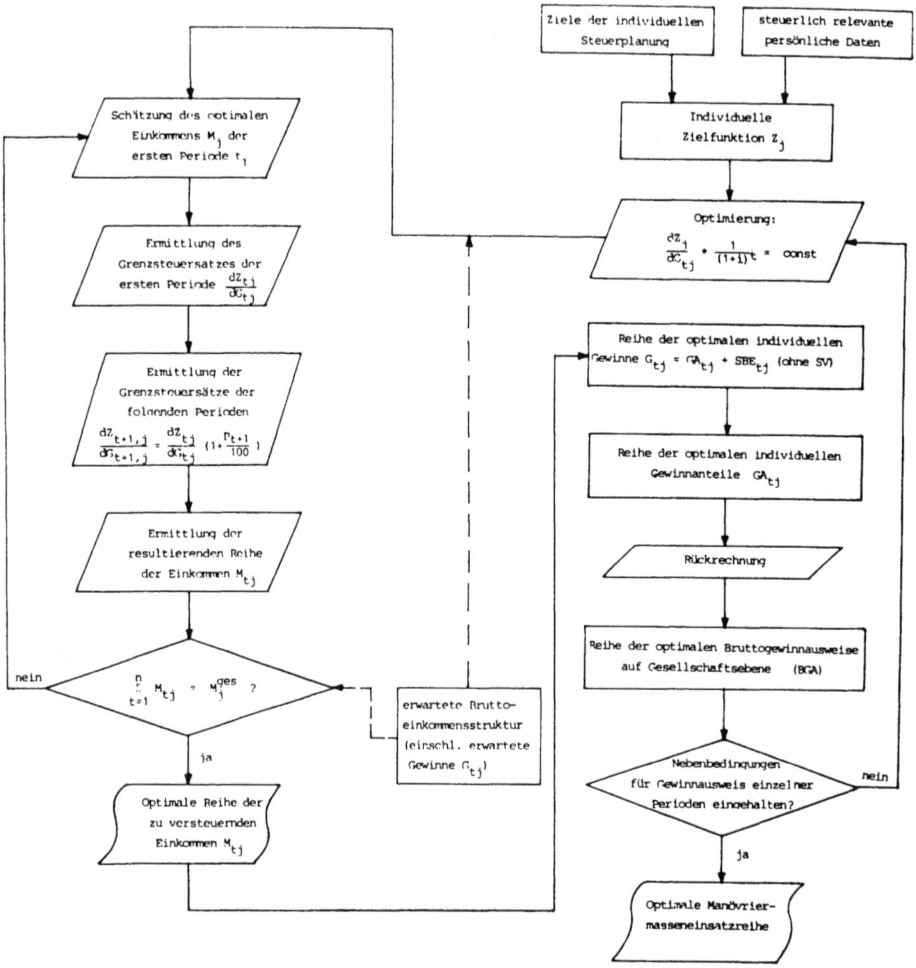

Abb. 6: Formaler Ablauf des Verfahrens zur Ermittlung der optimalen Gewinnausweisreihe bzw. der optimalen Manövriermasseneinsatzstrategie
(zu den verwendeten Symbolen vgl. das Symbolverzeichnis im Anhang A)

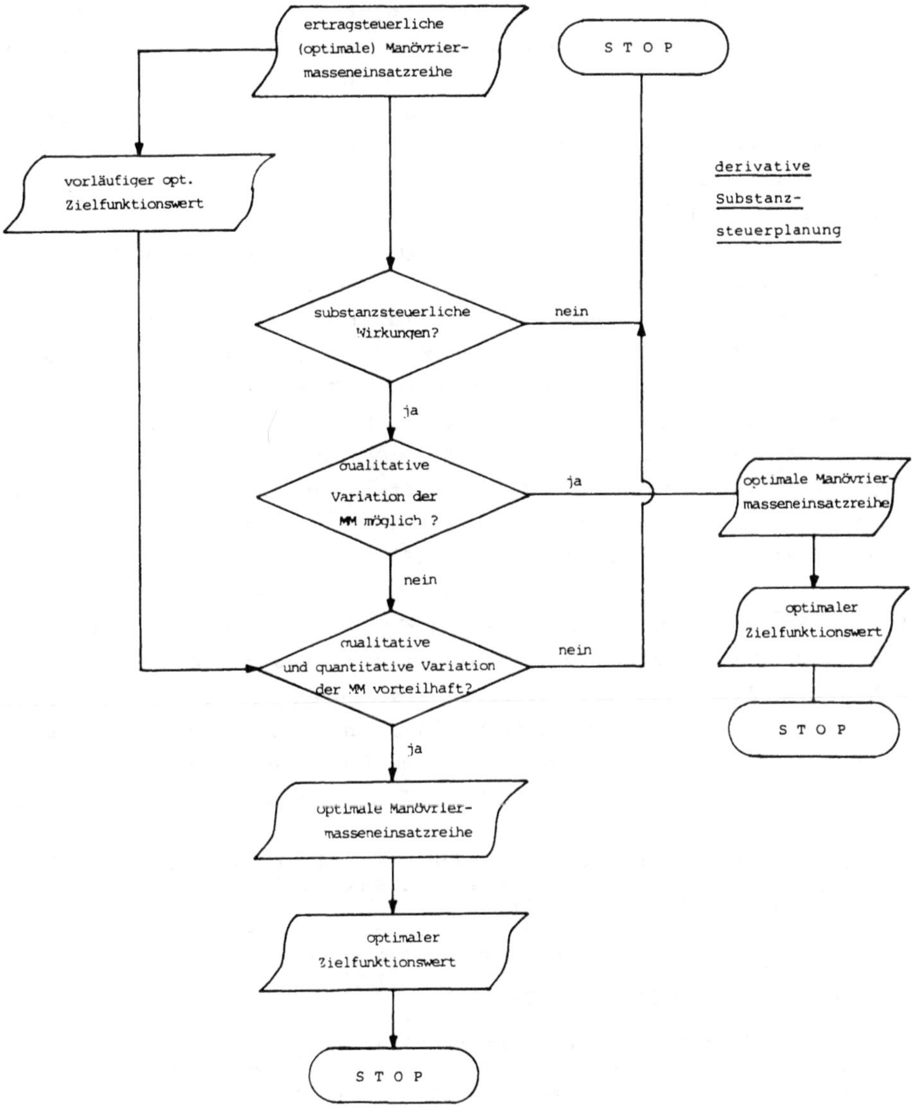

Abb. 7: Modifikation des ertragsteuerlich optimalen Manövriermasseneinsatzes im Rahmen der derivativen Substanzsteuerplanung

letztlich aus der Unmöglichkeit der vollständigen modellmäßigen Abbildung der Realität resultieren, deutlich werden, um auf diese Weise die abzuleitenden Ergebnisse in einen realistischen Bezugsrahmen einordnen und relativieren zu können.
Andererseits ist bei der Wahl der zu treffenden Annahmen im Interesse der Umsetzbarkeit und Anwendbarkeit des Verfahrens auf einen vertretbaren Planungsaufwand zu achten. Darüber hinaus dient das Verfahren für den Mitunternehmer nur als ein Instrument zur Ermittlung des zielführenden Manövriermasseneinsatzes, der auf Gesellschaftsebene nicht unbedingt vollständig durchgesetzt werden kann, vielmehr ggf. nur ein individuelles Verhandlungsziel darstellt. Somit sind Näherungslösungen als Ergebnis des Planungsverfahrens, die auf der Basis vertretbarer Prämissen erzielt werden, den zwar exakteren, jedoch nur auf der Basis modellmäßiger "Ideal"-Prämissen und mit erheblichem Planungsaufwand erzielbaren Ergebnissen vorzuziehen.[30] Diese Auffassung ist vor allem mit der nicht vollkommen lösbaren Problematik der Unsicherheit der in die Planung eingehenden Daten begründet.[31]

Was zunächst Annahmen über das Verhältnis von Steuerschuldentstehung und Steuerzahlung anbelangt, so ist festzustellen, daß zwischen dem Zeitpunkt der Steuerschuldentstehung und dem Zeitpunkt der Steuerzahlung grundsätzlich zeitliche Differenzen bestehen.[32] Dies ist bedingt durch die in den einzelnen Perioden fälligen Steuervorauszahlungen (§ 37 EStG, § 19 GewStG, § 21 VStG), die

---

[30] Vgl. mit etwas anderer Begründung eine ähnliche Auffassung bei Siegel, Probleme und Verfahren, S. 241, und S. 247; ders., Auseinanderfallen, S. 383.

[31] Vgl. ders., Auseinanderfallen, S. 383. Darüberhinausgehend fordert z.B. Schult die Verwendung von Faustregeln in der Steuerbilanzpolitik. Vgl. Schult, Praxisrelevante Steuerbilanzpolitik, S. 72 ff.

[32] Vgl. z.B. Dedner/Günther, Ertragsteuerplanung, S. 853 ff. Auf die Einbeziehung von betragsmäßigen Unterschieden der geplanten Steuerschulden und der tatsächlichen Steuerzahlungen auf Grund der Ergebnisse steuerlicher Betriebsprüfungen wird im folgenden verzichtet. Diese Einschränkung ist insoweit vertretbar, als sich die Steuerplanung auf "legale", d.h. von Gesetz und Verwaltung anzuerkennende Maßnahmen erstreckt. Vgl. zu diesem Problem Rückle, Normative Theorie, S. 290 und S. 301 ff.

grundsätzlich nach der Steuerschuld der letzten Veranlagung bzw. Festsetzung bemessen werden sowie den ggf. anfallenden Abschlußzahlungen oder den Erstattungen von überzahlten Steuerbeträgen. Daher sind i.d.R. die in einer Periode zu zahlenden Steuerbeträge nicht identisch mit den für diese Periode anfallenden Beträgen.[33] Für die Ertragsteuern gilt dabei: "Erstere ergeben sich aus der Summe der für die Periode t und die vorhergehende in t zu leistenden Vorauszahlungen und der für eine frühere Periode (t-z) zu leistenden Abschlußzahlung aufgrund der betreffenden Veranlagung, letztere setzen sich zusammen aus den in der Periode t und (t+1) für diese Periode fälligen Vorauszahlungen und der in einer Folgeperiode (t+z) aufgrund der erfolgten Veranlagung per Steuerbescheid angeforderten Abschlußzahlung für diese Periode t."[34] Für die Steuerplanung resultiert daraus die Frage, ob und inwieweit diese zeitliche Diskrepanz zwischen Steuerschuldentstehung und Steuerzahlung zu berücksichtigen ist. So fordert etwa Müller-Kröncke, daß die Zielfunktion der Steuerbarwertminimierung "deshalb die Steuerschuld einer Periode t aufspalten (muß, d.A.) in die in t zu leistenden Vorauszahlungen für diese Periode und in die in (t+2) fällige Abschlußzahlung (bzw. Erstattung) für die Periode t."[35]

Günther kommt weiterführend zu dem Ergebnis, daß nur bei einem im Zeitablauf konstanten Kalkulationszinsfuß "die Minimierung der Barwertsumme der Steuerschulden stets zur minimalen Barwertsumme der durch sie verursachten Steuerzahlungen führt."[36] Dieses Ergebnis ist unmittelbar plausibel, da im Fall eines im Zeitablauf konstanten Kalkulationszinsfusses eine interperiodische Gewinnver-

---

[33] Vgl. Müller-Kröncke, Entscheidungsmodelle, S. 105.

[34] Ebenda, S. 105 f. "Dabei gibt z die Zahl der Perioden an, um die jede Ertragsteuerveranlagung mit der Erteilung der Steuerbescheide und damit die ... später fälligen Abschlußzahlungen hinter dem Veranlagungszeitraum, den sie betreffen, nachhinkt." Ebenda, S. 106. Die zeitliche Verschiebung zwischen Veranlagung und dem Ende des aktuellen Veranlagungszeitraums kann in praxi durchaus zwei und mehr Perioden betragen.

[35] Ebenda, S. 113.

[36] Günther, Berücksichtigung, S. 308.

lagerung um einen konstanten Zeitraum stets den gleichen Verzinsungseffekt bewirkt, und zwar sowohl für Voraus- als auch für Abschlußzahlungen. Die Nichtberücksichtigung von verschiedenen Zahlungszeitpunkten wirkt sich daher nicht auf die Ermittlung der optimalen Gewinnausweisreihe aus.[37] Nach der Auffassung von Günther kann daher im Fall eines nicht konstanten Kalkulationszinsfusses im Rahmen der Steuerplanung im Interesse der Ermittlung des theoretisch exakten Optimums grundsätzlich nicht von der Annahme einer zeitlichen Identität von Steuerschuldentstehung und Steuerzahlung ausgegangen werden.[38]

Es ist allerdings zu fragen, inwieweit in praxi die Ermittlung eines theoretisch exakten Optimums im Rahmen der Steuerplanung von Interesse ist. Infolge der Unsicherheit der in die Planung eingehenden Größen (Gewinnentwicklung, Kalkulationszinsfuß) wird der Wert eines theoretisch exakten Optimums stark relativiert, so daß es praktisch nicht auf die Feststellung dieses Optimums ankommen kann.[39] Aus der Sicht des Mitunternehmers besteht vielmehr die Notwendigkeit, die Tendenz der individuell optimalen Gewinnausweisreihe zu erkennen,[40] um auf dieser Basis Handlungsanweisungen für den anzustrebenden Manövriermasseneinsatz zu erhalten. Es ist daher zulässig und sinnvoll, bei der Ermittlung der optimalen Gewinnausweisreihe zunächst von der Annahme auszugehen, daß Steuerschuldentstehung und Zahlung zeitgleich am Ende der betreffenden Planungsperiode anfallen, wobei keine Differenzierung in Voraus- und Abschlußzahlungen vorzunehmen ist.[41]
Diese Annahme kann allerdings dann nicht durchgängig beibehalten werden, wenn bei der Optimierung der Zielfunktion Nebenbedingungen in Form von liquiditätsbezogenen Restriktionen zu beachten sind.

[37] Vgl. Siegel, Auseinanderfallen, S. 379.
[38] Vgl. dazu auch Siegel, Auseinanderfallen, S. 380.
[39] Vgl. zu dieser Einschätzung Siegel, Auseinanderfallen, S. 377 und S. 383; ders., Probleme und Verfahren, S. 241 und Schult, Praxisrelevante Steuerbilanzpolitik, S. 72.
[40] Vgl. analog Siegel, Probleme und Verfahren, S. 247.
[41] Vgl. auch Günther, Ermittlung, S. 33 f, der diese Annahme damit begründet, daß die exakte Ermittlung des Kalkulationszinsfußes nicht zufriedenstellend gelöst ist, dieser vielmehr nur im Wege der Schätzung zu ermitteln ist.

In diesen Fällen ist im Rahmen der Steuerplanung die Differenzierung von Steuerschuldentstehung und von Steuerzahlungen als liquiditätswirksame Größen zu berücksichtigen. Soll z.B. der Abfluß von liquiden Mitteln in Form von Steuerzahlungen in der Periode t_n auf einen bestimmten Betrag beschränkt werden, so ist es notwendig, den Gewinnausweis in den Perioden t_{n-a} und die daraus resultierende Steuerschuld entsprechend zu gestalten. Es ist daher notwendig, die liquiditätsbezogene Restriktion in eine gewinnausweisbezogene Restriktion zu transformieren.[42] Durch die Beschränkung des Mittelabflusses und damit des Gewinnausweises in einer Periode sind die Gewinnausweise in den übrigen Perioden entsprechend zu senken bzw. zu erhöhen, so daß ggf. nur noch ein suboptimaler Zielfunktionswert realisiert werden kann.
Das in diesem Abschnitt dargestellte Verfahren der Steuerplanung ist daher im Fall einer liquiditätsbezogenen Restriktion wie folgt zu erweitern: Ausgehend von der optimalen Gewinnausweisreihe, die ohne Beachtung der liquiditätsbezogenen Restriktion zu generieren ist, muß geprüft werden, ob die Restriktion erfüllt wird. Nur wenn dies nicht der Fall ist, wird eine erneute Iteration notwendig, wobei die Ausgangslösung entsprechend zu variieren ist (Erhöhung oder Minderung des Ergebnisausweises der Planungsperiode t_{n-a}). Die danach verbleibenden Gewinnsummen sind dann unter Verwendung der bekannten Optimalitätskriterien auf die restlichen Planungsperioden zu verteilen.[43]

Ein weiteres Problem liegt in der Wahl des im Rahmen der Barwertmethode anzuwendenden Kalkulationszinssatzes. In der Literatur werden unterschiedliche Auffassungen hinsichtlich Aufgabe,[44] Höhe und Ermittlung des in der Steuerplanung anzusetzenden Zinssatzes vertreten.[45] Konsens besteht jedoch hinsichtlich des Ergebnisses,

[42] Vgl. Günther, Berücksichtigung, S. 313.
[43] Vgl. einen ähnlichen Lösungsvorschlag bei Siegel, Auseinanderfallen, S. 382.
[44] Zu den Aufgaben des Kalkulationszinssatzes vgl. Schneider, Investition, S. 228 ff.
[45] Vgl. etwa Marettek, Steuerbilanzplanung, S. 38 ff; Müller-Kröncke, Entscheidungsmodelle, S. 247 ff; Scherrer, Ermittlung, S. 228 f; Siegel, Probleme und Verfahren, S. 226 f.

daß es den allgemein richtigen Kalkulationszinssatz nicht geben kann.[46] Ferner wird überwiegend die Auffassung vertreten, daß ein Nettozinssatz anzusetzen ist. Dieser ist aus einem Bruttozinssatz als Zinssatz vor Steuern abzuleiten,[47] während der Nettozinssatz als Zinssatz nach Steuern zu verstehen ist. Der Bruttozinssatz berücksichtigt den Effekt, daß m.H. eines zinslosen Steuerkredits infolge der Verlagerung von Gewinnteilen, durch dessen Wiederanlage Erträge erwirtschaftet werden, die ihrerseits steuerpflichtig sind. Die Belastung dieser Zinserträge mit Ertragsteuern kann näherungsweise, ggf. im Wege der Schätzung, durch den Ansatz von Nettozinssätzen eliminiert werden.[48] Während die Kalkulationszinsfüße vor Steuern regelmäßig bekannt sein dürften[49] bzw. deren Schätzung problemlos sein dürfte, ist "nach dem jetzigen Erkenntnisstand... die exakte Ermittlung des Nettozinssatzes aus dem Bruttozinssatz nicht zufriedenstellend gelöst. Vielmehr ist die exakte Bestimmung des Ertragsteueranteils an diesen Bruttozinssätzen im Falle progressiver Steuertarife sehr schwierig und bislang (ebenfalls,d.A.) nur im Wege der Schätzung möglich."[50]

Für den Mitunternehmer besteht somit zunächst die Notwendigkeit der Schätzung des im Planungszeitraum gültigen Bruttozinssatzes. Unter der getroffenen Annahme, daß der Mitunternehmer verfügbare finanzielle Mittel wieder im Unternehmen der Mitunternehmergemeinschaft investiert, kann die Bruttoverzinsung aus der i.d.R. bekannten durchschnitlichen unternehmensinternen Verzinsung in der Vergangenheit, unter Einbeziehung absehbarer zukünftiger Entwicklungen prognostiziert werden. Aus diesem Bruttozinssatz kann dann der Nettozinssatz unter Berücksichtigung der individuellen ESt-Sätze abgeschätzt werden. Da die individuellen ESt-Sätze ihrerseits von der Steuerplanung abhängen, wird deutlich, daß auch der

[46] Vgl. Schneider, Investition, S. 228; Müller-Kröncke, Entscheidungsmodelle, S. 249; Dedner/Günther/Rünger, Berücksichtigung, S. 165; Marettek, Steuerbilanzplanung, S. 38.

[47] Ein Verfahren zur Ableitung des Nettozinssatzes aus einem Bruttozinssatz auf der Basis eines Endwertmodells stellt Scherrer vor. Vgl. Scherrer, Ermittlung, S. 229 ff.

[48] Vgl. Müller-Kröncke, Entscheidungsmodelle, S. 252.

[49] Vgl. Schult, Praxisrelevante Steuerbilanzpolitik, S. 72.

[50] Günther, Ermittlung, S. 34.

zu schätzende Nettozinssatz bei progressivem Steuertarif eine steuerplanungsabhängige und somit modellendogene Größe ist. "Wenn aber ein Modellansatz auf Größen aufbaut, die ihrerseits planungsabhängig sind, dann ist das Ergebnis als Näherungslösung zu werten."[51]
Für die praktische Steuerplanung des Mitunternehmers ist eine Näherungslösung jedoch als ausreichend anzusehen,[52] da es hier nur um die Ermittlung vorteilhafter Gewinnausweis- bzw. Manövriermasseneinsatzstrategien geht. Die Vorziehenswürdigkeit alternativer Strategien wird durch einen systematischen Fehler in der Wahl des Kalkulationszinsfußes jedoch nicht berührt. Für die folgenden Ausführungen wird somit die Annahme getroffen, daß der Mitunternehmer seiner Steuerplanung einen konstanten durchschnittlichen Nettozinssatz zugrunde legt.[53]

Als planungsabhängige und somit modellendogene Größe ist grundsätzlich auch der im Planungszeitraum erwartete Verlauf der Bruttoergebnisse der Gesellschaft bzw. der Bruttogewinne G_{tj} der Gesellschafter einzuordnen. Theoretisch exakt ist diese Gewinnsumme nicht als Datum, sondern als Ergebnis der Steuerplanung aufzufassen, da in dieser Gewinnsumme planungsabhängige Zinsbeträge enthalten sind, weil die interperiodischen Gewinnverlagerungen Auswirkungen auf Bestand und Verzinsung der dem Unternehmen zur Ver-

[51] Dedner/Günther/Rünger, Berücksichtigung, S. 180.

[52] Vgl. auch Siegel, Probleme und Verfahren, S. 227, der dieses Problem "praktisch... jedoch wohl nicht als sehr gravierend" ansieht. Vgl. diese Entschätzung auch bei Petzold, Gewinnverlagerungen, S. 54.

[53] Vgl. zur theoretisch motivierten Kritik der Annahme eines konstanten Zinsfußes Günther, Berücksichtigung, S. 307; Siegel, Auseinanderfallen, S. 381. Die Kritik basiert jeweils auf der Planungsabhängigkeit der Nettozinssätze. Müller-Kröncke fordert den Ansatz periodenspezifischer Zinssätze, wobei er allerdings die Existenz eines mehrperiodischen Finanzplans voraussetzt. Vgl. Müller-Kröncke, Entscheidungsmodelle, S. 251 ff. Von der Existenz eines solchen Finanzplans kann im Rahmen der Steuerplanung des Mitunternehmers nicht grundsätzlich ausgegangen werden. Gleichwohl kann das Verfahren der Ermittlung der Grenzsteuerzuwachsraten problemlos mit periodenspezifischen Zinssätzen angewendet werden. Vgl. zur Berechnung des Nettozinssatzes aus dem Bruttozinssatz Scherrer, Ermittlung, S. 228 und Petzold, Gewinnverlagerungen, S. 52 f.

fügung stehenden finanziellen Mittel haben.[54] Dies gilt sowohl in bezug auf die durch die Gewinnverschiebungen induzierten Steuerzahlungen als auch für die durch den Gewinnausweis ermöglichten Entnahmen. Die korrekte Erfassung dieses Sachverhalts im Rahmen der Steuerplanung würde offensichtlich ein dynamisches Lösungsverfahren erfordern.[55] Im Interesse eines vertretbaren Planungsaufwands erscheint es zwecks Auffinden einer Näherungslösung allerdings vertretbar, auf die Einbeziehung dieser Zinserträge aus der Wiederanlage zusätzlich freiwerdender Mittel zu verzichten. Da bereits die Schätzung der zu erwartenden Gewinne bis zum Planungshorizont mit Unsicherheit behaftet ist, wird der Fehler infolge der Nichtberücksichtigung der Wiederanlage akzeptabel. Die voranstehende Argumentation ist allerdings dann nicht mehr haltbar, wenn im Rahmen der Durchsetzung der individuellen Manövriermasseneinsatzstrategie auf Gesellschaftsebene verschiedene gesellschaftsbezogene Strategien zur Diskussion stehen. Bei einem dann anstehenden Vergleich verschiedener Strategien sind die unterschiedlichen rentabilitäts- und liquiditätsmäßigen Folgen zu erfassen.[56]
Für die folgenden Ausführungen wird daher von der Planungsabhängigkeit der Bruttoergebnisse abstrahiert. Die Größe 'Bruttoergebnis' selbst ist definiert als erwartetes Einheitsbilanzergebnis der Gesellschaft vor Steuern und vor Abzug der freien, d.h. interperiodisch verlagerbaren Manövriermasse.[57]

Wenn die Bruttoergebnisse potentiell planungsabhängig sind, muß dies auch für die im Planungszeitraum verfügbare Manövriermasse gelten. Entsprechend der voranstehenden Argumentation wird im folgenden auch von diesem Aspekt abstrahiert.[58] Im Zusammenhang mit der Manövriermasse besteht allerdings ein weiteres Problem. Die

[54] Vgl. etwa Siegel, Zielfunktion, S. 278; Dedner/Günther/Rünger, Berücksichtigung, S. 165; Scherrer, Ermittlung, S. 228. Zu den Problemen des rechnerischen Ansatzes der Verzinsung vgl. Petzold, Gewinnverlagerungen, S. 48 ff.
[55] Vgl. Siegel, Zielfunktion, S. 278.
[56] Vgl. dazu auch Abschn. 5.
[57] Vgl. eine ähnliche Vorgehensweise bei Brenzke, Organisation, S. 19.
[58] Vgl. dazu auch Siegel, Probleme und Verfahren, S. 228 und 232.

einzelnen Elemente der Manövriermasse, d.h. einzelne Bilanzierungs- und Bewertungswahlrechte unterliegen steuerrechtlichen Restriktionen hinsichtlich Betrag und Aufteilbarkeit, so daß "die Variationsmöglichkeiten des Gewinnausweises in der Realität nicht unbegrenzt"[59] sind. Von diesem Sachverhalt kann im Rahmen der Ermittlung der anzustrebenden optimalen Gewinnausweisreihe allerdings zunächst abstrahiert werden. Relevant wird dieses Problem im Rahmen der Konkretisierung des Manövriermasseneinsatzes, wozu eine problemspezifische Strukturierung und Zuordnung der Manövriermasse notwendig ist.[60]

Eine weitere Annahme ist hinsichtlich des Planungszeitraums zu treffen. Bei der Festlegung des Planungszeitraums ist zum einen zu berücksichtigen, daß Konsequenzen des Manövriermasseneinsatzes z.T. weit in die Zukunft hineinreichen.[61] Andererseits wächst mit zunehmendem Planungszeitraum auch die Unsicherheit der in die Planung eingehenden Daten. In praxi wird das Entscheidungsproblem der Wahl des Planungszeitraums allerdings durch eine revolvierende Planung relativiert. "Unter revolvierender Planung wird eine Planung verstanden, die einen mehrjährigen Planungszeitraum umfaßt, dabei jedoch stets vor Ablauf dieses Zeitraums, z.B. jährlich oder alle zwei bis drei Jahre, wiederum um den mehrjährigen Zeitraum überlappend fortgeschrieben wird."[62] Durch das schrittweise Hinausschieben des Planungshorizonts wird zum einen die Ungewißheit der in die Planung eingehenden Größen reduziert, zum anderen kann auf zukünftige Entwicklungen rechtzeitig reagiert werden.[63]
Auf Grund der Bedeutung des Unsicherheitsphänomens und der somit notwendigen Informationsbeschaffung im Rahmen der Steuerplanung des Mitunternehmers einerseits sowie der materiellen Probleme und Konsequenzen einer revolvierenden Planung für die gesamte Pla-

---

59 Ebenda, S. 238. Der Versuch einer vollständigen, allerdings nicht mehr rechenbaren Erfassung dieser Restriktionen findet sich bei Müller-Kröncke, Entscheidungsmodelle, insbesondere S. 131 ff.
60 Vgl. dazu Abschn. 6 und Siegel, Probleme und Verfahren, S. 239 ff.
61 Vgl. Siegel, Probleme und Verfahren, S. 230.
62 Marettek, Steuerbilanzplanung, S. 77.
63 Vgl. ebenda.

nungskonzeption andererseits, bleiben diese Aspekte einer gesonderten Erörterung vorbehalten.[64] Es wird daher zunächst mit den Prämissen der vollkommenen Information sowie der Nicht-Existenz der revolvierenden Planung gearbeitet. Anschließend sind dann die Konsequenzen der Auflösungen dieser Prämissen für die Steuerplanung sowie die Informationsmöglichkeiten des Mitunternehmers zu diskutieren. Als Planungszeitraum wird in Übereinstimmung mit der einschlägigen Literatur ein fünf Perioden umfassender Zeitraum gewählt, wobei eine Periode einem Geschäftsjahr (= Kalenderjahr) entspricht.[65]

Im folgenden ist nun das skizzierte Planungsverfahren auf der Basis der gesetzten Prämissen zur (näherungsweisen) Optimumbestimmung der im vorangehenden Abschnitt abgeleiteten Zielfunktionen anzuwenden.

4.4.2 Ermittlung der optimalen Gewinnausweis- und Manövriermasseneinsatzreihe aus den einzelnen Subzielen

Auf der Basis des im vorangehenden Abschnitts diskutierten Verfahrens ist nun die Optimierung der einzelnen Zielfunktionen der Subziele der Steuerplanung durchzuführen. Dazu sind jeweils subzielspezifisch Zielfunktionen zu erstellen, welche die mitunternehmerspezifischen Sachverhalte berücksichtigen.

4.4.2.1 Zielfunktion der Steuerbarwertminimierung unter Nebenbedingungen

[64] Vgl. Abschn. 4.5.
[65] Vgl. für viele Marettek, Steuerbilanz, S. 170 f.

Die Zielfunktion der Steuerbarwertminimierung wurde in Abschn. 4.3.2.2 in einer relativ allgemeinen Form zunächst dargestellt als

$$(1) \quad K_o^{St} = \sum_{t=1}^{n} St_t * (1+i)^{-t} \rightarrow \text{Min !}$$

Im Rahmen der Steuerplanung des Mitunternehmers ist es nun für Zwecke der Optimierung notwendig, diese allgemeine Zielfunktion (1) zu spezifizieren. Dabei muß eine Systematisierung der Bemessungsgrundlagen der zu erfassenden Ertragsteuern[66] nach deren Abhängigkeit und Unabhängigkeit von dem Gewinnausweis bzw. Manövriermasseneinsatz erfolgen, da nur die gewinnausweisabhängigen und daher gestaltbaren Größen Objekte der Steuerplanung sind.
Durch den Manövriermasseneinsatz gestaltbar sind die Gewinnanteile einschließlich der gewinnabhängigen Sondervergütungen und die Sonderbetriebsergebnisse (ohne Sondervergütungen). Dagegen sind die weiteren Einkünfte des Mitunternehmers und die vorab festgelegten Sondervergütungen unabhängig von dem Manövriermasseneinsatz und sind damit nicht Objekte, sondern Determinanten der Steuerplanung des Mitunternehmers.
Ferner ist auf eine verursachungsgerechte Zurechnung der vom Mitunternehmer anteilig zu tragenden GewESt zu achten. Während der einzelne Mitunternehmer an der GewESt-Belastung, die aus dem Gesamthandsergebnis resultiert, nur anteilig in Höhe seiner Gewinnbeteiligung partizipiert, ist ihm die auf seinen Sondervergütungen und Sonderbetriebsergebnissen lastende GewESt in voller Höhe zuzurechnen. Entsprechend ist der Gesellschafter von der durch die Sondervergütungen und die Sonderbetriebsergebnisse der Mitgesellschafter induzierten GewESt-Belastung der Mitunternehmergemeinschaft zu entlasten. Diese Vorgehensweise ist auch hinsichtlich der einkommensteuerlichen Folgen auf Grund der Abzugsfähigkeit der GewESt bei der Bemessungsgrundlage der ESt beachtlich.

[66] Wie bereits erörtert, werden die substanzsteuerlichen Wirkungen nur im Rahmen einer derivativen Substanzsteuerplanung, auf der Basis einer unter ertragsteuerlichen Gesichtspunkten optimalen (Ausgangs-)Lösung erfaßt.

Danach kann die Zielfunktion der Steuerbarwertminimierung für den Mitunternehmer entwickelt werden. Der Barwert der Steuerzahlungen ist die Summe der diskontierten Steuerzahlungen der einzelnen Planungsperioden. Die von dem einzelnen Gesellschafter zu tragende Steuerbelastung einer Periode besteht aus folgenden Komponenten:

- anteilige GewESt-Belastung des der Gesamthand zuzurechnenden Gewerbeertrags,

$$a_j * ge_t^*(G_t^g - \sum_{j=1}^{k} SV_{tj}) ;$$

- GewESt-Belastung des Sonderbetriebsergebnisses des Mitunternehmers, einschließlich der Sondervergütungen,

$$ge_t^* * \overline{SBE}_{tj} ;$$

- ESt-Belastung des Mitunternehmers, wobei Bemessungsgrundlage der ESt die Summe aus weiteren Einkünften (E_{tj}), Sonderbetriebsergebnis einschließlich Sondervergütungen (SBE_{tj}) sowie Anteil am Bruttoergebnis der Gesamthand ist, jeweils ggf. nach Berücksichtigung der GewESt,

$$e_j \Big[E_{tj} + (\overline{SBE}_{tj} - ge_t^* * \overline{SBE}_{tj}) + a_j \Big\langle G_t^g - \sum_{j=1}^{k} SV_{tj} - ge_t^* (G_t^g - \sum_{j=1}^{k} SV_{tj})\Big\rangle\Big] ;$$

- Substanzsteuerbelastung, die aus dem Einsatz der ertragsteuerlichen Manövriermasse resultiert,

$$VSt_{tj}\left[m_e\right] + GewKapSt_{tj}\left[m_e\right] .$$

Somit ist für die Steuerzahlungen zunächst folgende Beziehung aufzustellen:[67]

$$(2)\quad K_o^{St} = \sum_{t=1}^{n} \{a_j * ge_t^*(G_t^g - \sum_{j=1}^{k} SV_{tj}) + ge_t^* * \overline{SBE}_{tj}$$

$$+ e_j\Big[E_{tj} + (\overline{SBE}_{tj} - ge_t^* * \overline{SBE}_{tj})$$

$$+ a_j\Big\langle G_t^g - \sum_{j=1}^{k} SV_{tj} - ge_t^* \, (G_t^g - \sum_{j=1}^{k} SV_{tj})\Big\rangle\Big]$$

$$+ VSt_{tj}\big[m_e\big] + GewKapSt_{tj}\big[m_e\big] \, \frac{1}{(1+i)^t} \rightarrow Min\ !$$

Bei diesem Ansatz wird von gewerbesteuerlichen Hinzurechnungen und Kürzungen sowie von Freibeträgen der GewSt abstrahiert, da durch deren Einbeziehung keine grundsätzlich anderen Ergebnisse abzuleiten sind. Der Gewinn aus Gewerbebetrieb entspricht somit dem Gewerbeertrag.

Die Zielfunktion (2) kann formal umgeformt werden zu:

$$(3)\quad K_o^{St} = \sum_{t=1}^{n} \{a_j * ge_t^*(G_t^g - \sum_{j=1}^{k} SV_{tj}) + ge_t^* * \overline{SBE}_{tj}$$

$$+ s^{ESt}\big[M_{tj}\big] + VSt_{tj}\big[m_e\big] + GewKapSt_{tj}\big[m_e\big]\}\frac{1}{(1+i)^t} \rightarrow Min\ !$$

$$M_{tj} = E_{tj} + (\overline{SBE}_{tj} - ge_t^* * \overline{SBE}_{tj})$$

$$+ a_j\Big[G_t^g - \sum_{j=1}^{k} SV_{tj} - ge_t^* \, (G_t^g - \sum_{j=1}^{k} SV_{tj})\Big]$$

$$(=) M_{tj} = E_{tj} + (1-ge_t^*) \, \Big[\overline{SBE}_{tj} + a_j(G_t^g - \sum_{j=1}^{k} SV_{tj})\Big]$$

In der Zielfunktion (4) sind nun die von dem zu planenden Manövriermasseneinsatz und damit von dem Gewinnausweis abhängigen

[67] Vgl. die Erklärung der Symbole im Anhang A.

Größen zusammenzufassen. Ferner kann die Zielfunktion strukturell vereinfacht werden, wenn diese nicht mehr explizit den Gewinn der Gesellschaft auf Gesamthandsebene G_t^g erfaßt, sondern stattdessen direkt auf eine vom Mitunternehmer anzustrebende Gewinngröße abgestellt wird. Damit wird die Zielfunktion (3) zu:

$$(4)\quad K_o^{St} = \sum_{t=1}^{n} \{ge_t^* * G_{tj} + ge_t^* * SV_{tj} + S^{ESt}\left[M_{tj}\right]$$

$$+ VSt_{tj}\left[m_e\right] + GewKapSt\left[m_e\right]\}\frac{1}{(1+i)^t} \rightarrow Min\ !$$

$$G_{tj} = a_j(G_t^g - \sum_{j=1}^{k} SV_{tj}) + SBE_{tj}$$

$$M_{tj} = E_{tj} + (1-ge_t^*)\left[G_{tj} + SV_{tj}\right]$$

Die Minimierung dieser Zielfunktion muß formal unter der Nebenbedingung erfolgen

$$\sum_{t=1}^{n} G_{tj} = G_{j,ges} \qquad \text{bzw.} \qquad \sum_{t=1}^{n} M_{tj} = M_{j,ges}\ .$$

Unter Verwendung der Multiplikator-Methode von Lagrange kann die Minimierung durchgeführt werden.[68] Die Lagrange-Funktion hat dann die Form:

$$(5)\quad L(G_j,\lambda) = \sum_{t=1}^{n} \{ge_t^* * G_{tj} + ge_t^* * SV_{tj} + S^{ESt}\left[M_{tj}\right]$$

$$+ VSt_{tj}\left[m_e\right] + GewKapSt_{tj}\left[m_e\right]\}\frac{1}{(1+i)^t}$$

$$- \lambda\ (\sum_{t=1}^{n} G_{tj}-G_{j,ges}) \rightarrow Min\ !$$

[68] Vgl. zur Anwendung, Kaefer, Modelle, S. 330 f. und Günther, Ermittlung, S. 35 f.

Unter der Annahme, daß die ertragsabhängigen Steuern eine differenzierbare Funktion der variablen gewinnausweis- bzw. manövriermasseneinsatzabhängigen Größe G_{tj} sind, folgt als notwendige Bedingung für das Steuerbarwertminimum:[69]

$$(6) \quad \frac{dZ}{dG_{tj}} = \{ge_t^* + \frac{dS^{ESt}[M_{tj}]}{dG_{tj}}(1-ge_t^*)\} \frac{1}{(1+i)^t} = \text{const !}$$

für t = 1, 2, ..., n.

$$\frac{dl}{d\lambda} = G_{1j} + G_{2j} + \ldots G_{nj} = G_{j,ges}$$

Danach realisiert der Mitunternehmer das Minimum des Steuerbarwerts dann, wenn die auf den Planungszeitpunkt t_0 diskontierten steuerlichen Grenzbelastungen der Gewinne G_{tj} für alle Perioden gleich sind.[70]

69 Die Größen VSt_{tj} $[m_e]$ und $GewKapSt_{tj}$ $[m_e]$ sind nicht unmittelbar funktional mit dem Gewinnausweis bzw. der Variablen G_{tj} verknüpft, sondern im Einzelfall ggf. nur mit dem ertragsteuerlichen Manövriermasseneinsatz über dessen Wirkungen auf die SubstSt. Bei den weiteren Erörterungen wird daher auf den Einbezug und die - ohnehin nur einzelfallbezogen mögliche - Quantifizierung dieser Größe verzichtet. Vgl. die für die einzelfallbezogene Feststellung der substanzsteuerlichen Folgen notwendige Strukturierung der ertragsteuerlichen Manövriermasse in Abschn. 6.

70 Vgl. auch Kaefer, Modelle, S. 331. Dieses Ergebnis entspricht dem Inhalt des bereits angesprochenen 2. Gossen'schen Gesetzes.

Aus (6) kann nun folgende Beziehung abgeleitet werden:[71]

$$(7)\quad \{ge_t^* + \frac{dS^{ESt}[M_{tj}]}{dG_{tj}}(1-ge_t^*)\}\frac{1}{(1+i)^t} = \{ge_{t+1}^* + \frac{dS^{ESt}[M_{t+1,j}]}{dG_{t+1,j}} + (1-ge_{t+1}^*)\}\frac{1}{(1+i)^{t+1}}$$

Daraus folgt schließlich nach einigen Umformungen die Bedingung für die optimale Zuwachsrate der Grenzsteuersätze im Planungszeitraum:

$$(8)\quad \frac{dS[M_{t+1,j}]}{dG_{t+1,j}} = \frac{\left[ge_t^* + \frac{dS^{ESt}[M_{tj}]}{dG_{tj}}(1-ge_t^*)\right](1+\frac{P_{t+1}}{100}) - ge_{t+1}^*}{(1-ge_{t+1}^*)}$$

$$G_{tj} = a_j(G_t^g - \sum_{j=1}^{k} SV_{tj}) + SBE_{tj}$$

$$M_{tj} = E_{tj} + (1-ge_t^*)\left[G_{tj} + SV_{tj}\right]$$

Somit gilt, daß im "Optimum der Zielfunktion... der für eine bestimmte Periode j+1 vorgegebene Kalkulationsfaktor nach Steuern die Zuwachsrate desjenigen Grenzsteuersatzes, die sich aus dem Steigen der auszuweisenden optimalen Steuerbilanzgewinne von Periode... (t, d.A.) zu Periode (t+1, d.A.) im Planungszeitraum ergibt",[72] determiniert.

In den Fällen, in denen für die jeweils letzte Planungsperiode abzusehen ist, daß das optimale zu versteuernde Einkommen M_{tj} dieser letzten Planungsperiode in den Bereich der oberen Proportionalzone

[71] Vgl. zur Ableitung analog Günther, Ermittlung, S. 38.
[72] Ebenda.

des ESt-Tarifs fällt und damit dem konstanten Grenzsteuersatz von 0,56 unterliegt, kann das beschriebene Verfahren vereinfacht werden.[73] Es ist dann ausgehend von dem Grenzsteuersatz

$$\frac{dS\left[M_{tj}\right]}{dG_{tj}} = 0{,}56$$

der letzten Periode, durch Rückrechnung der jeweils anzustrebende Grenzsteuersatz der Vorperioden zu bestimmen. Zu diesem Zweck ist die Optimumbedingung (8) nach

$$\frac{dS\left[M_{tj}\right]}{dG_{tj}}$$

aufzulösen:

$$(9) \qquad \frac{dS\left[M_{tj}\right]}{dG_{tj}} = \frac{\frac{dS^{ESt}\left[M_{t+1,j}\right]}{dG_{t+1,j}}(1-ge^*_{t+1}) + ge^*_{t+1} - (1+\frac{P_{t+1}}{100})\, ge^*_t}{(1+\frac{P_{t+1}}{100})\,(1-ge^*_t)}$$

Die nach dieser Optimumbedingung ermittelten Grenzsteuerzuwachsraten führen zu interperiodisch angeglichenen diskontierten Grenzsteuersätzen und erfüllen somit die Optimumbedingung (6). Verbleibt bei der Vorgehensweise nach Optimumbedingung (9) ein zu verteilender Restgewinn, so ist diese Gewinndifferenz in der letzten Planungsperiode auszuweisen.[74] Weitere Iterationsschritte erübrigen sich daher.

Das folgende Beispiel dient der Verdeutlichung der Funktionsweise des vorgestellten Planungsverfahrens. Dabei werden die in Tab. I aufgeführten (geschätzten) Daten des Mitunternehmers den Berechnungen zugrunde gelegt. Die geschätzten G_t^g (Bruttoergebnisse der

[73] Vgl. dazu auch Siegel, Probleme und Verfahren, S. 236 f.
[74] Vgl. ebenda, S. 236.

<u>Daten der Beispielrechnungen:</u> $a_j = 0{,}3$; $i = 0{,}06$

	Tab. I	t_1	t_2	t_3	t_4	t_5	Σ
(1)	G_t^g	218.400,-	138.500,-	126.500,-	174.000,-	200.000,-	857.400,-
(2)	$\sum_{j=1}^{k} SV_{tj}$	48.000,-	48.000,-	30.900,-	27.600,-	46.500,-	201.000,-
(3)	G_t^g - (2)	170.400,-	90.500,-	95.600,-	146.400,-	153.500,-	656.400,-
(4)	$GA_{tj} = a_j * (3)$ $a_j = 0{,}3$	51.120,-	27.150,-	28.680,-	43.920,-	46.050,-	196.920,-
(5)	SBE_{tj}	15.300,-	12.700,-	-	7.600,-	-	35.600,-
(6)	G_{tj} = (4) + (5)	66.420	39.850,-	28.680,-	51.520,-	46.050,-	232.520,-
(7)	SV_{tj}	12.000,-	12.000,-	8.600,-	5.600,-	9.400,-	47.600,-
(8)	E_{tj}	-	-	36.00,-	8.000,-	27.500,-	71.500,-
(9)	M_{tj} = (6)+(7)+(8)	78.420,-	51.850,-	73.280,-	65.120,-	82.950,-	351.620,-
(10)							

Gesamthand) und SBE_{tj} (Sonderbetriebsergebnisse) sind jeweils solche nach Berücksichtigung der fixen, d.h. nicht mehr revidierbaren Manövriermasse und eines tendenziell gleichverteilten Einsatzes der noch freien (flexiblen) Manövriermasse. Aus Gründen der Reduzierung des Rechenaufwands wird in dieser und den folgenden Tabellen jeweils mit Größen nach GewESt gearbeitet. Dies ist bei der späteren Berechnung der Steuerkapitalwerte entsprechend zu berücksichtigen. Ferner erfolgen die Berechnungen auf der Basis des ESt-Tarifs 1986/87 und der daraus abzuleitenden Grenzsteuersätze.[75] Der Nettokalkulationszinssatz p beträgt in allen Fällen 0,06.

Zum Auffinden der Optimallösung, d.h. der optimalen Zuwachsrate der zu versteuernden Einkommen des Mitunternehmers, ist von einer Gleichverteilung der zu versteuernden Einkommen M_{tj} über die fünf Planungsperioden auszugehen (Ausgangslösung).
Daraus folgt:

$$\sum_{t=1}^{5} M_{tj} = 351.620,-$$

$$\rightarrow \bar{M}_{tj} = 351.620,- : 5$$

$$= \underline{\underline{70.324,-}}$$

Die abgeleitete Bedingung (8) für die Optimallösung erfordert offensichtlich eine im Zeitablauf ansteigende Reihe der zu versteuernden Einkommen M_{tj}, so daß bei der 1. Iteration von einem Betrag für M_{1j} auszugehen ist, der unter dem aus der Nivellierung resultierenden Betrag M_{tj} liegt:

[75] Vgl. die im Anhang abgedruckten Tabellen der Grenzsteuersätze für die Tarife 1986/87 und 1988.

Annahme:

$$\frac{dS}{dG_1} = 0{,}4116 \; ; \quad M_1 = 40.013,-$$

$$\Rightarrow \frac{dS}{dG_2} = 0{,}4453 \Rightarrow M_2 = 46.601,-$$

$$\Rightarrow \frac{dS}{dG_3} = 0{,}4810 \Rightarrow M_3 = 56.591,-$$

$$\Rightarrow \frac{dS}{dG_4} = 0{,}5188 \Rightarrow M_4 = 80.999,-$$

$$\Rightarrow \frac{dS}{dG_5} = 0{,}5590 \Rightarrow M_5 = 128.843,-$$

$$\Sigma \; M_{tj} = 353.047,-$$

Der sich nach der 1. Iteration für ΣM_{tj} = 353.047,- ergebende Betrag ist größer als der insgesamt gemäß Tab. I zu verteilende Betrag von 351.620,-. Im zweiten Iterationsschritt ist daher von einem niedrigeren M_1 auszugehen als in der 1. Iteration. Das anzustrebende Iterationsergebnis kann grundsätzlich beliebig genau sein, d.h. letztendlich kann die aus der Iteration resultierende Größe ΣM_{tj} genau dem vorgegebenen Betrag von ΣM_{tj} = 351.620,- entsprechen. Um die Zahl der Iterationsschritte auf ein vertretbares Maß zu reduzieren, ist es jedoch zweckmäßig, die Iterationen bei Erreichen eines vorab festzulegenden Genauigkeitsbereichs abzubrechen. Wie Sensitivitätsrechnungen zeigen, kann eine Abweichung der errechneten Summe der Reihe der optimalen M_{tj} von der Summe der geschätzten M_{tj} von $\Delta M_{tj} = \pm$ 1.000,- akzeptiert werden, da hierdurch keine signifikanten Unterschiede in der Reihe der optimalen M_{tj} bedingt werden. Eine danach verbleibende Differenz $\pm \Delta M_{tj}$ ist dann jeweils der letzten Planungsperiode zuzuordnen.

Somit folgt nach wenigen Iterationen eine Optimallösung:

$$\frac{dS}{dG_1} = 0{,}4110 \; ; \qquad M_1 = 39.905,-$$

$$\Rightarrow \frac{dS}{dG_2} = 0{,}4447 \Rightarrow M_2 = 46.439,-$$

$$\Rightarrow \frac{dS}{dG_3} = 0{,}4804 \Rightarrow M_3 = 56.375,-$$

$$\Rightarrow \frac{dS}{dG_4} = 0{,}5182 \Rightarrow M_4 = 80.351,-$$

$$\Rightarrow \frac{dS}{dG_5} = 0{,}5583 \Rightarrow M_5 = 128.550,-$$

$$\Sigma \quad M_{tj} = 351.620,-$$

Eine Überprüfung der ermittelten Grenzsteuersätze mit der Bedingung (6) führt zu folgenden Grenzsteuerbarwerten (mit i = 0,06)

$$\frac{dS}{dG_1} = 0{,}46019 \; ; \quad \frac{dS}{dG_2} = 0{,}46023 \; ; \quad \frac{dS}{dG_3} = 0{,}46024 \; ;$$

$$\frac{dS}{dG_4} = 0{,}46023 \; ; \quad \frac{dS}{dG_5} = 0{,}46023$$

Das Kriterium der Angleichung der Grenzsteuerbarwerte ist somit näherungsweise erfüllt.

Aus der Reihe der ermittelten optimalen zu versteuernden Einkommen M_{tj} ist durch Rückrechnung die anzustrebende Reihe der optimalen Gewinne G_{tj} als Residualgröße zu bestimmen, da annahmegemäß nur diese G_{tj} als Variablen der individuellen Steuerplanung zur Verfügung stehen, während die übrigen Einkommensbestandteile als Daten anzusehen sind. Aus der Reihe der optimalen Gewinne G_{tj} kann dann die Reihe der anzustrebenden Gewinnanteile GA_{tj} und damit die Reihe der auszuweisenden Brutto-Ergebnisse der Einheitsbilanz der Gesamthand ermittelt werden. Dazu ist es aber zuvor notwendig, die realisierbare Reihe der Sonderbetriebsergebnisse SBE_{tj} zu bestimmen. Dabei sind die Verlagerungsmöglichkeiten der Sonderbetriebsergebnisse so zu nutzen, daß eine Annäherung der geschätzten M_{tj} und der optimalen M_{tj} in den Perioden erfolgt, in denen beide Größen am meisten differieren. Diese Handlungsanweisung ergibt sich aus der direkten Zugriffsmöglichkeit des Mitunternehmers auf die Manövriermasse des Sonderbetriebsbereichs und den damit verbundenen relativ größeren Gestaltungsmöglichkeiten. Mit dieser Vorgehensweise werden somit die notwendigen und vom Mitunternehmer nur bedingt beeinflußbaren Gewinnverlagerungen auf Gesellschaftsebene reduziert. Aus den anzustrebenden Reihen der optimalen Ergebnisse auf Gesamthands- und Sonderbetriebsebene ist dann die zu verfolgende Manövriermasseneinsatzstrategie, d.h. die anzustrebende Verlagerung der freien (flexiblen) Manövriermasse auf Gesamthands- und Sonderbetriebsebene, im Vergleich zur tendenziellen Gleichverteilung dieser Manövriermasse, abzuleiten.

Das allgemeine Berechnungsschema stellt sich somit wie folgt dar:[76]

	M_{tj}^{opt}	(Ergebnis der Iteration)
./.	SV_{tj}	(vorgegeben bzw. geschätzt)
./.	E_{tj}	(vorgegeben bzw. geschätzt)
=	G_{tj}^{opt}	
./.	SBE_{tj}^{opt}	(aus Bestimmung der maximalen bzw. optimalen Verlagerungsmöglichkeiten auf Sonderbetriebsebene)
=	GA_{tj}^{opt}	

$$= \quad G_t^{g,opt} = \frac{1}{a_j} * GA_{tj}^{opt} + \sum_{j=1}^{k} SV_{tj} \quad \text{(Rückrechnung)}$$

$$= \quad \Delta MME_{t,SBE}^{opt} = SBE_{tj}^{opt} \;./.\; SBE_{tj}$$

$$= \quad \Delta MME_{t,GBE}^{opt} = G_t^{g,opt} \;./.\; G_t^{g}$$

Die Ergebnisse der Berechnungen ausgehend von den Daten der Tab. I werden in Tab. II dargestellt.

Aus den Zeilen (8) und (9) der Tab. II ist die anzustrebende Verlagerung der freien Manövriermasse im Vergleich zur Nivellierung dieser Manövriermasse abzulesen. Dabei ist es notwendig, die Manövriermasse in gewinnausweiserhöhende (+) und in gewinnausweisreduzierende (-) Manövriermasse zu differenzieren. Der dargelegten Vorgehensweise liegt die Annahme der freien Verlagerbarkeit der Manövriermasse zugrunde. In der Praxis bestehen diesbezüglich al-

[76] Die formale Struktur dieses Berechnungsschemas erlaubt - ebenso wie die formale Struktur der vorangehenden Iterationen - eine relativ problemlose Umsetzung in ein EDV-Programm. Die notwendigen Iterationen und Berechnungen können allerdings auch praktikabel m.H. eines Tabellenkalkulationsprogramms durchgeführt werden, welches insbesondere mögliche Sensitivitätsberechnungen erleichtert.

Tab. II	t_1	t_2	t_3	t_4	t_5	Σ
(1) M_{tj}^{opt}	39.905,-	46.439,-	56.375,-	80.351,-	128.550,-	351.620,-
(2) SV_{tj}	12.000,-	12.000,-	8.600,-	5.600,-	9.400,-	47.600,-
(3) E_{tj}	-	-	36.000,-	8.000,-	27.500,-	71.500,-
(4) G_{tj}^{opt} = (1)./.(2)./.(3)	27.905,-	34.439,-	11.775,-	66.751,-	91.650,-	232.520,-
(5) SBE_{tj}^{opt} (Anm.über max./opt. Verlagerung)	-	6.000,-	-	12.300,-	17.300,-	35.600,-
(6) GA_{tj}^{opt} = (4)./.(5)	27.905,-	28.439,-	11.775,-	54.451,-	74.350,-	196.920,-
(7) $G_t^{g,opt}$ $= \frac{1}{a_j} * GA_{tj}^{opt} + \sum_{j=1}^{k} SV_{tj}$	141.017,-	142.297,-	70.150,-	209.103,-	294.333,-	857.400,-
(8) $MME_{tjSBE_j}^{opt}$ $= SBE_{tj}^{opt}$ ./. SBE_{tj}	-15.300,-	-6.700,-	-	+4.700,-	+17.300,-	0
(9) $MME_{jeSBE_j}^{opt}$ $= G_t^{g,opt}$ ./. G_t^g	-77.383,-	+4.297,-	-56.350,-	+35.103,-	+94.333,-	0

lerdings Restriktionen.[77] Der abgeleitete Manövriermasseneinsatz bzw. dessen Verlagerung ist daher nur als tendenziell anzustrebende Optimallösung im Sinne eines Planungs- oder Verhandlungsziels anzusehen.

Die nach der Zielfunktion (4) zu ermittelnden Steuerkapitalwerte betragen (für i = 0,06)[78]

- für die Ausgangskonstellation nach Tab. I:

  K_0^{St} = 141.788,28

  ===================

- für die Optimallösung nach Tab. II:

  K_0^{St} = 134.960,68

  ===================

Bei Übergang von der Ausgangskonstellation zur Optimallösung wird der Steuerkapitalwert somit um 6.827,60 (DM) reduziert. Hinsichtlich dieser Differenz und der ermittelten Steuerkapitalwerte ist jedoch zu berücksichtigen, daß deren absolute Größe nicht von primärem Interesse ist, da die Kapitalwerte nur ein Maßstab für die relative Vorteilhaftigkeit einer Manövriermasseneinsatzstrategie sind. Daher ist auch der Einsatz eines Verfahrens zur näherungsweisen Bestimmung des anzustrebenden Manövriermasseneinsatzes im Rahmen der Steuerplanung des Mitunternehmers hilfreich und zweckmäßig.

Das dargestellte Beispiel verdeutlicht die grundsätzliche Funktionsweise des Verfahrens zur Optimierung der Zielfunktion der Steuerbarwertminimierung bzw. zur Bestimmung des dazu erforderlichen Manövriermasseneinsatzes. Zur Verdeutlichung der prinzipiellen Funktionsweise wird dabei sowohl auf eine Quantifizierung mögli-

[77] Vgl. zur Strukturierung der Manövriermasse Abschn. 6 sowie den Ansatz von Müller-Kröncke, Entscheidungsmodelle, S. 131 ff.

[78] Da in den Tabellen mit Größen nach GewESt gearbeitet wurde, sind diese Werte für die Bestimmung der Steuerkapitalwerte in Größen vor GewESt umzuformen.

cher substanzsteuerlicher Folgen verzichtet[79] als auch auf die Berücksichtigung von etwaigen Nebenbedingungen der Optimierung.
Als zu beachtende Nebenbedingungen sind bei dem Konzept der Steuerbarwertminimierung zu nennen:[80]

1. Nebenbedingung der Gewährleistung notwendiger fester Entnahmen des Mitunternehmers;

2. Nebenbedingung der Sicherung der Liquidität des Mitunternehmers, jeweils für den Fall
   a) vorübergehende Illiquidität,
   b) begrenzte Liquidität.

Unter der Prämisse der Bindung der Entnahmen an den Gewinnausweis, ist die Einhaltung aller genannten Nebenbedingungen abhängig von der Höhe des Gewinnausweises. Während die Restriktionen 1.) und 2.b) grundsätzlich einen bestimmten Mindestgewinnausweis erfordern, setzt die Beachtung der Nebenbedingung 2.a) einen bestimmten Höchstgewinnausweis voraus.[81]
Im Fall der liquiditätsbezogenen Restriktionen ist neben der betragsmäßigen Begrenzung des Gewinnausweises die zeitliche Festlegung dieses Gewinnausweises erforderlich. Dies ist primär bedingt durch das zeitliche Auseinanderfallen von Ertragsteuerschuldentstehung und Ertragsteuerzahlung. Während ein Teil der in der betreffenden Planungsperiode verursachten Steuern in Form von Vorauszahlungen[82] während der betreffenden Planungsperiode erhoben wird, erfolgen mögliche Abschlußzahlungen bzw. Erstattungen erst in späteren Planungsperioden.[83] Bei einer empirisch begründbaren

---

[79] Vgl. dazu die Ausführungen über die Strukturierung der Manövriermasse in Abschn. 6.
[80] Vgl. Abschn. 4.3.2.2.
[81] Vgl. ebenda.
[82] Vgl. § 37 EStG, § 19 GewStG.
[83] Abschlußzahlungen können durch steuerverfahrensrechtliche Instrumente, z.B. Stundung, Aussetzung der Vollziehung und Vollstreckungsaufschub zeitlich nachverlagert werden, wodurch der Zahlungstermin und damit der Zeitpunkt der Liquiditätswirksamkeit nicht exakt zu prognostizieren ist. Vgl. Bauer, Rechnungspolitik, S. 135 und Rückle, Normative Theorie, S. 289 ff.

zeitlichen Verzögerung der steuerlichen Veranlagung gegenüber dem Ende der betreffenden Planungsperiode von zwei Jahren[84] hängen die Ertragsteuerzahlungen des Mitunternehmers, die in der Periode t zu leisten sind, somit von dem Gewinnausweis der Periode t-2 ab.[85]
Bei der Transformation der liquiditätsbezogenen Nebenbedingungen in gewinnausweisbezogene Nebenbedingungen muß dieser zeitliche Zusammenhang berücksichtigt werden: Eine aus Liquiditätsgründen resultierende Beschränkung der Steuerzahlungen in der Periode t_n erfordert ein entsprechendes zu versteuerndes Einkommen der Periode t_{n-2}.
Für das dargestellte Steuerplanungsverfahren folgt somit, daß die jeweils gefundene Optimallösung daraufhin zu überprüfen ist, ob diese innerhalb des zulässigen Lösungsraums liegt. Die obere Grenze des zulässigen Lösungsraums wird bestimmt durch den aus der Liquiditätsnebenbedingung, unter Berücksichtigung der zeitlichen Verschiebung der Steuerzahlungen, abzuleitenden Höchstbetrag des zu versteuernden Einkommens M_{tj} und dem aus der Rückrechnung resultierenden Höchstbetrag der Gewinngröße G_{tj}. Die untere Grenze des zulässigen Lösungsraums resultiert direkt aus dem für die Entnahmen erforderlichen Mindestgewinn G_{tj}.

Bei der hier diskutierten Zielfunktion der Steuerbarwertminimierung wirken Restriktionen hinsichtlich eines Mindestgewinnausweises tendenziell nur zu Beginn des Planungszeitraums als bindende Restriktionen. Analog wirken Restriktionen hinsichtlich eines Höchstgewinnausweises tendenziell nur am Ende des Planungszeitraums als bindende Restriktionen.
Für die Fälle, in denen die gefundene Optimallösung entsprechende Nebenbedingungen verletzt, muß daher eine Vorverlagerung von Tei-

[84] Vgl. dazu z.B. auch Müller-Kröncke, Entscheidungsmodelle, S. 109. Vgl. ferner Kloock/Mann, Besteuerungsfolgen, S. 376 f.
[85] Zu der Möglichkeit der Anpassung der Vorauszahlungen vgl. § 37 Abs. 3 Satz 3 EStG. Danach kann das Finanzamt "bis zum Ablauf des auf den Veranlagungszeitraum folgenden Kalenderjahrs die Vorauszahlungen an die Einkommensteuer anpassen, die sich für den Veranlagungszeitraum voraussichtlich ergeben wird." Danach ist aus Sicht des Steuerpflichtigen eine Anpassung der Steuerzahlungen grundsätzlich bei Sinken des voraussichtlichen Gewinns vorteilhaft.

len des zu versteuernden Einkommens M_{tj} bzw. von Teilen des Gewinns G_{tj} aus Perioden am Ende des Planungszeitraums in Perioden zu Beginn des Planungszeitraums durchgeführt werden.[86] Dabei sind ausgehend von der zuvor abgeleiteten Optimallösung, die zur Erfüllung der Restriktionen gerade noch benötigten Teilgrößen (Grenzgrößen) zu verlagern.

Die systematische Lösung dieses Problems der Einhaltung von Nebenbedingungen kann wie folgt vorgenommen werden:

Ausgehend von der Optimallösung ist zu ermitteln, in welchen Perioden die Nebenbedingungen bzgl. eines bestimmten Mindest- oder Höchstgewinnausweises verletzt werden. Der für die Einhaltung dieser Nebenbedingungen erforderliche Gewinnbetrag $G_{tj}{}^*$ wird von der gesamten über die Planungsperioden zu verteilenden Gewinnsumme

$$G_j = \sum_{t=1}^{n} G_{tj}$$

subtrahiert. Die danach verbleibende Gewinnsumme

$$\Delta G_j = \sum_{t=1}^{n} G_{tj} - G_{tj}^*$$

wird dann nach dem Verfahren der Ermittlung der Grenzsteuerzuwachsraten auf die noch verbleibenden Planungsperioden, d.h. auf jene in denen die Nebenbedingungen nicht verletzt sind, verteilt. Für diese Perioden wird damit eine Angleichung der Grenzsteuerbarwerte erreicht.[87]

---

[86] Diese Vorgehensweise bietet sich offensichtlich insbesondere bei unsicheren Erwartungen bzgl. der in den jeweils letzten Planungsperioden zu planenden Größen oder der Planungsdeterminanten (persönliche Verhältnisse) an.

[87] Das Problem der Berücksichtigung von Nebenbedingungen in Form bestimmter Mindest- oder Höchstgewinnausweise kann auch direkt mit dem Verfahren der Angleichung der Grenzsteuerbarwerte gelöst werden. Dabei werden - ausgehend von einer zulässigen, d.h. die Nebenbedingungen nicht verletzenden Ausgangslösung - Teile von M_{tj} bzw. G_{tj} aus Perioden mit höherem Grenzsteuerbarwert in Perioden mit niedrigerem Grenzsteuerbarwert verlagert. Ziel dieser Verlagerungen ist die Angleichung der Grenzsteuerbarwerte, wobei die Beschränkungen

Für die Fälle, in denen die Beachtung der Nebenbedingungen nicht einen bestimmten Gewinnausweis in der ersten oder letzten Planungsperiode, sondern in einer dazwischen liegenden Planungsperiode erfordert, ist die Optimumbedingung (8) allerdings zu modifizieren.
Für diese letztgenannten Fälle muß die Otimumbedingung lauten:

$$(10)\quad \frac{dS\left[M_{t+2,j}\right]}{dG_{t+2,j}} = \frac{\left[ge_t^* + \frac{dS^{ESt}\left[M_{tj}\right]}{dG_{tj}}\,(1-ge_t^*)\right](1+\frac{P_{t+1}}{100})(1+\frac{P_{t+2}}{100}) - ge_{t+2}^*}{(1-ge_{t+2}^*)}$$

Die Ableitung dieser Bedingung erfolgt analog zu der Ableitung der Optimumbedingung (8), wobei hier allerdings nicht die Grenzsteuerbarwerte der Perioden t und t+1, sondern die der Periode t und t+2 gleichgesetzt werden.[88]

4.4.2.2 Zielfunktion der Nettokapitalwertmaximierung unter Nebenbedingungen

Die Ableitung der notwendigen Optimalitätsbedingung für die Optimierung der Zielfunktion der Nettokapitalwertmaximierung unter Nebenbedingungen erfolgt in formaler Analogie zu der Vorgehensweise in Abschnitt 4.4.2.1. Die Ableitung kann daher verkürzt dargestellt werden.

---

der Verlagerungsmöglichkeiten auf Grund der Nebenbedingungen zu beachten sind. Vgl. dazu im einzelnen Kaefer, Modelle, S. 338 ff.

[88] Auf die Darstellung eines Beispiels sei an dieser Stelle verzichtet. Vgl. dazu die Ausführungen und das Beispiel zur Ermittlung des optimalen Gewinnausweises im Fall der Zielfunktion der Nettokapitalwertmaximierung unter dominanten Nebenbedingungen, Abschn. 4.4.2.2.

Die allgemeine Form der Zielfunktion der Nettokapitalwertmaximierung wurde formuliert als[89]

$$(11) \quad K_o^N = \sum_{t=1}^{n} (Z_t - St_t)(1+i)^{-t} \rightarrow \text{Max !}$$

Die daraus zu entwickelnde mitunternehmerspezifische Zielfunktion muß folgende Komponenten enthalten:

- Zuflüsse der Periode, bestehend aus den weiteren Einkünften (E_{tj}), dem Sonderbetriebsergebnis einschließlich der Sondervergütungen ($\overline{SBE}_{tj}$) sowie dem Anteil am Gewinn der Gesamthand nach Abzug der Sondervergütungen sowie der darauf lastenden GewESt

  $$\left[a_j \left\langle G_t^g - \sum_{j=1}^{k} SV_{tj} - ge_t^*(G_t^g - \sum_{j=1}^{k} SV_{tj})\right\rangle\right] \quad ;$$

- GewESt-Belastung des Sonderbetriebsergebnisses einschließlich Sondervergütungen ($ge_t^* * \overline{SBE}_{tj}$);

- ESt-Belastung des zu versteuernden Einkommens M_{tj} ($S_{tj}^{ESt}\left[M_{tj}\right]$). Das zu versteuernde Einkommen M_{tj} setzt sich zusammen aus den weiteren Einkünften (E_{tj}), dem Sonderbetriebsergebnis einschließlich der Sondervergütungen $\overline{SBE}_{tj}$ sowie dem Anteil am Gesamthandsgewinn abzüglich aller Sondervergütungen sowie jeweils abzüglich der GewESt-Belastungen.

---

[89] Vgl. Abschn. 4.3.2.3.

Danach hat die Zielfunktion zunächst folgende Form:

$$(12) \quad K_o^N = \sum_{t=1}^{n} \{E_{tj} + \overline{SBE}_{tj} + a_j \left\langle G_t^g - \sum_{j=1}^{k} SV_{tj} - ge_t^* \, (G_t^g - \sum_{j=1}^{k} SV_{tj}) \right\rangle$$

$$- ge_t^* * \overline{SBE}_{tj} - S_{tj}^{ESt}\left[M_{tj}\right] - VSt_{tj}\left[m_e\right]$$

$$- GewKapSt\left[m_e\right]\} \frac{1}{(1+i)^t} \rightarrow Max\ !$$

$$M_{tj} = E_{tj} + \overline{SBE}_{tj} + a_j \left\langle G_t^g - \sum_{j=1}^{k} SV_{tj} - ge_t^* \, (G_t^g - \sum_{j=1}^{k} SV_{tj}) \right\rangle$$

$$- ge_t^* * \overline{SBE}_{tj}$$

$$(=) \quad M_{tj} = E_{tj} + (1-ge_t^*) \left[\overline{SBE}_{tj} + a_j (G_t^g - \sum_{j=1}^{k} SV_{tj})\right]$$

Die Zielfunktion (12) kann nach Zusammenfassen der relevanten variablen Größen umgeformt werden zu:

$$(13) \quad K_o^N = \sum_{t=1}^{n} \{E_{tj} + SV_{tj} + G_{tj}$$

$$- \left\langle S^{ESt}\left[M_{tj}\right] + ge_t^* * SV_{tj} + ge_t^* * G_{tj} \right\rangle$$

$$- VSt_{tj}\left[m_e\right] - GewKapSt_{tj}\left[m_e\right]\} \frac{1}{(1+i)^t} \rightarrow Max\ !$$

$$G_{tj} = a_j \, (G_t^g - \sum_{j=1}^{k} SV_{tj}) + SBE_{tj}$$

$$M_{tj} = E_{tj} + (1-ge_t^*) \left[G_{tj} + SV_{tj}\right]$$

Nach Anwendung der Multiplikator-Methode von Lagrange folgt die Optimumbedingung für die Zielfunktion der Nettokapitalwertmaximierung mit

$$(14) \quad \frac{dZ}{dG_{tj}} = \{1-\left\langle \frac{dS^{ESt}\left[M_{tj}\right]}{dG_{tj}} (1-ge_t^*) + ge_t^* \right\rangle\} \frac{1}{(1+i)^t} = \text{const !}$$

$$G_{tj} = a_j \, (G_t^g - \sum_{j=1}^{k} SV_{tj}) + SBE_{tj}$$

$$M_{tj} = E_{tj} + (1-ge_t^*) \left[G_{tj} + SV_{tj}\right] .$$

Aus der formal allgemeingültigen Optimumbedingung (6) folgt schließlich nach Umformung die Bedingung für die optimale Zuwachsrate der Grenzsteuersätze im Planungszeitraum[90]

$$(15) \quad \frac{dS\left[M_{t+1,j}\right]}{dG_{t+1,j}} = 1 - \frac{\{1 - \left\langle \frac{dS\left[M_{tj}\right]}{dG_{tj}} (1-ge_t^*) + ge_t^* \right\rangle\} (1+ \frac{P_{t+1}}{100})}{(1-ge_{t+1}^*)}$$

$$G_{tj} = a_j (G_t^g - \sum_{j=1}^{k} SV_{tj}) + SBE_{tj}$$

$$M_{tj} = E_{tj} + (1-ge_t^*) \left[G_{tj} + SV_{tj}\right] .$$

Zur Verdeutlichung der Funktionsweise des vorgestellten Algorithmusses dient das folgende Beispiel, basierend auf den in Tab. I des vorangehenden Abschnitts enthaltenen Planungsdaten.

---

[90] Vgl. die prinzipielle Vorgehensweise in Abschn. 4.4.2.1.

Die Nivellierung des zu versteuernden Einkommens M_{tj} führt zu folgender Ausgangslösung:

$$\sum_{t=1}^{5} M_{tj} = 351.620,-$$

$$= \overline{M_{tj}} = 351.620,- \; : \; 5$$

$$= 70.324,-$$

Die abgeleitete Optimumbedingung (15) erfordert offensichtlich eine im Zeitablauf fallende Reihe des zu versteuernden Einkommens M_{tj}, so daß bei der 1. Iteration von einem Wert für M_{1j} auszugehen ist, der über dem aus der Gleichverteilung resultierenden Betrag liegt.[91] Nach wenigen Iterationen ergibt sich folgende, innerhalb des vorgegebenen Genauigkeitsbereichs von ± 1.000,- liegende Optimallösung.

$$\frac{dS}{dG_1} = 0{,}5474 = M_1 = 115.019,-$$
$$\Rightarrow \frac{dS}{dG_2} = 0{,}5202 \Rightarrow M_2 = 82.673,-$$
$$\Rightarrow \frac{dS}{dG_3} = 0{,}4914 \Rightarrow M_3 = 60.749,-$$
$$\Rightarrow \frac{dS}{dG_4} = 0{,}4609 \Rightarrow M_4 = 50.435,-$$
$$\Rightarrow \frac{dS}{dG_5} = 0{,}4286 \Rightarrow M_5 = 42.744,-$$
$$\Sigma \; M_{tj} = 351.620,-$$

Die Überprüfung der ermittelten Grenzsteuersätze mit der Bedingung (14) führt für alle Perioden näherungsweise zu dem Grenzsteuerbarwert von 0,3713, so daß die Optimallösung das Kriterium der An-

[91] Da das Verfahren analog zu dem in Abschn. 4.4.2.1 für den Fall der Steuerbarwertminimierung dargestellten Verfahren abläuft, kann im folgenden auf eine nochmalige ausführliche Darstellung verzichtet werden.

Tab. III	t_1	t_2	t_3	t_4	t_5	Σ
(1) M_{tj}^{opt}	115.019,-	82.673,-	60.749,-	50.435,-	43.744,-	351.620,-
(2) SV_{tj}	12.000,-	12.000,-	8.600,-	5.600,-	9.400,-	47.600,-
(3) E_{tj}	-	-	36.000,-	8.000,-	27.500,-	71.500,-
(4) G_{tj}^{opt} = (1)./.(2)./.(3)	103.019,-	70.673,-	16.149,-	36.835,-	5.844,-	232.520,-
(5) SBE_{tj}^{opt} (Ann.über max./opt. Verlagerung)	20.300,-	15.300,-	-	-	-	35.600,-
(6) GA_{tj}^{opt} = (4)./.(5)	82.719,-	55.373,-	16.149,-	36.835,-	5.844,-	196.920,-
(7) $G_t^{g,opt}$; $a_j = 0,3$ $= \frac{1}{a_j} * GA_{tj}^{opt} + \sum_{j=1}^{1} SV_{tj}$	323.730,-	232.577,-	84.730,-	150.383,-	65.980,-	857.400,-
(8) $MME_{t,\ SBE_j}^{opt}$ $= SBE_{tj}^{opt}$ ./. SBE_{tj}	+ 5.000,-	+ 2.600,-	-	- 7.600,-	-	0
(9) $MME_{t,\ GHE}^{opt}$ $= G_t^{g,opt}$ ./. G_t^g	+105.330,-	+94.077,-	-41.770,-	-23.617,-	-134.020,-	0

gleichung der Grenzsteuerbarwerte erfüllt. Die aus der Optimallösung resultierenden weiteren Ergebnisse sind in Tab. III abgeleitet und zusammengestellt.
Unter Verwendung der Zielfunktion (13) ergeben sich die Kapitalwerte

- für die Ausgangskonstellation

  $K_0^{N.Ausg}$ = 192.364,97

  ====================

- für die Optimallösung

  $K_0^{N.Opt}$ = 195.688,96

  ====================

Die Optimierung der Zielfunktion der Nettokapitalwertmaximierung ist - wie in Abschn. 4.3.2.3 dargestellt - grundsätzlich unter Nebenbedingungen durchzuführen. Die zu beachtenden Nebenbedingungen der Substanz- bzw. Kapitalerhaltung und die verschiedenen diskutierten Formen der liquiditätsbezogenen Restriktionen erfordern jeweils einen bestimmten Höchst- oder Mindestbetrag an zu versteuerndem Einkommen M_{tj} bzw. an Gewinn G_{tj}.[92] Die abgeleitete Optimallösung ist daher auf die Einhaltung dieser Nebenbedingungen zu untersuchen.
Bei der hier diskutierten Zielfunktion der Nettokapitalwertmaximierung wirken Restriktionen hinsichtlich eines Mindestgewinnausweises tendenziell nur am Ende des Planungszeitraums als bindende Restriktion. Analog wirken Restriktionen hinsichtlich eines Höchstgewinnausweises tendenziell nur zu Beginn des Planungszeitraums als bindende Restriktion.
Für die Fälle, in denen die gefundene Optimallösung entsprechende Nebenbedingungen verletzt, muß daher eine Nachverlagerung entsprechender Teile der Gewinngröße G_{tj} aus Perioden zu Beginn des Planungszeitraums in Perioden am Ende des Planungszeitraums durchgeführt werden. Die systematische Lösung dieses Problems erfolgt analog zu der in Abschn. 4.4.2.1 geschilderten Vorgehensweise.

[92] Auf eine ausführliche Ableitung kann an dieser Stelle verzichtet werden. Vgl. dazu die entsprechenden Ausführungen in Abschn. 4.4.2.1 analog.

Für die Fälle, in denen die Beachtung der Nebenbedingungen nicht einen bestimmten Gewinnausweis in der ersten oder letzten Planungsperiode, sondern in einer dazwischen liegenden Planungsperiode erfordert, lautet die modifizierte Optimumbedingung:[93]

(16)

$$\frac{dS^{ESt}\left[M_{t+2,j}\right]}{dG_{t+2,j}} = 1 - \frac{\left\{1 - \left\langle \frac{dS\left[M_{tj}\right]}{dG_{tj}} (1-ge_t^*) + ge_t^* \right\rangle\right\} (1+\frac{P_{t+1}}{100}) (1+\frac{P_{t+2}}{100})}{(1-ge_{t+1}^*)}$$

Das hier diskutierte Problem der Berücksichtigung von Nebenbedingungen und daraus resultierenden Vorschriften über Höchst- bzw. Mindestgewinnausweise im Rahmen der Steuerplanung entspricht strukturell dem Problem, das bei der Optimierung der Zielfunktion der Nettokapitalwertmaximierung unter dominanten Nebenbedingungen - als Subziel der Einkommensmaximierung unter Nebenbedingungen - zu lösen ist.[94] In beiden Fällen wird in einer Planungsperiode ein bestimmter festgelegter Gewinn G_{tj} vom Mitunternehmer im Rahmen seiner Steuerplanung angestrebt. Dabei ist es unerheblich, ob diese festgelegten und anzustrebenden Größen auf Konsumwünsche, Liquiditätserfordernisse oder andere Determinanten der Steuerplanung des Mitunternehmers zurückzuführen sind.[95]

Das folgende Beispiel dient der Darstellung der Vorgehensweise hinsichtlich der Ermittlung des optimalen Gewinnausweises bzgl. der Zielfunktion der Nettokapitalwertmaximierung unter dominanten Nebenbedingungen.[96]

[93] Vgl. zu dem Verfahren und zur Ableitung der modifizierten Optimumbedingung ebenda.
[94] Vgl. Abschn. 4.3.2.3.
[95] Vgl. im einzelnen ebenda.
[96] Vgl. auch Abschn. 4.4.2.1.

Ausgehend von der Optimallösung der Tab. III wird angenommen, daß die Gewinngröße G_{tj} in Periode t_3 mindestens 30.000,- betragen soll. Durch Rückrechnung resultiert daraus für das zu versteuernde Einkommen M_{tj} der Periode t_3:

	G_{3j}	=	30.000,-
+	E_{3j}	=	36.000,-
+	SV_{3j}	=	8.600,-
=	M_{3j}	=	74.600,-

Daraus ergibt sich für das noch zu verteilende zu versteuernde Einkommen:

	$\sum_{t=1}^{5} M_{tj}$	=	351.620,-
./.	M_{3j}	=	74.600,-
	$\Delta\ M_{tj}$	=	277.020,-

Daraus folgt nach einigen Iterationen unter Verwendung der Optimumbedingungen (15) bzw. (16) das Ergebnis, zusammengestellt in der Tab. IV.[97] Die für die einzelnen M_{tj} ermittelten Grenzsteuerbarwerte erfüllen die Optimumbedingung (14) hinsichtlich der Angleichung der Grenzsteuerbarwerte.

Wie aus Zeile (9) in der Tab. IV ersichtlich wird, erfordert die Einhaltung der Nebenbedingung bzgl. der Mindest-Höhe des zu

[97] Die Iterationen wurden nach Erreichen des vorgegebenen Genauigkeitsgrads von $\Delta\ M_{tj} = \pm\ 1000$ abgebrochen. Der danach verbleibende positive Differenzbetrag wurde dem ermittelten M_{tj} der Periode 1 hinzugerechnet. Von der Möglichkeit des Auseinanderfallens von Steuerschuldentstehung und Steuerzahlung wird in dem Beispiel abstrahiert. Die Berücksichtigung dieses Sachverhalts wäre jedoch unter Inkaufnahme eines erhöhten Iterationsaufwands möglich.

Tab. IV	t_1	t_2	t_3	t_4	t_5	Σ
(1) M_{tj}^{opt}	109.893,-	76.355,-	74.600,-	48.869,-	41.903,-	351.620,-
(2) SV_{tj}	12.000,-	12.000,-	8.600,-	5.600,-	9.400,-	47.600,-
(3) E_{tj}	-	-	36.000,-	8.000,-	27.500,-	71.500,-
(4) G_{tj}^{opt} = (1)./.(2)./.(3)	97.893,-	64.355,-	30.000,-	35.269,-	5.003,-	232.520,-
(5) SBE_{tj}^{opt}	20.300,-	15.300,-	-	-	-	35.600,-
(6) GA_{tj}^{opt} = (4)./.(5)	77.593,-	49.055,-	30.000,-	35.269,-	5.003,-	196.920,-
(7) $G_t^{g,opt}$ $= \frac{1}{g_j} * GA_{tj}^{opt} + \sum_{j=1}^{k} SV_{tj}^{**}$	306.643,-	211.517,-	130.900,-	145.163,-	63.177,-	857.400,-
(8) MME_{t,SBE_j}^{opt} $= SBE_{tj}^{opt}$ ./. SBE_{tj}	+ 5.000,-	+ 2.600,-	-	- 7.600,-	-	0
(9) $MME_{t,GHE}^{opt}$ $= G_t^{g,opt}$ ./. $G_t^{g,opt}$	-17.087,-	-21.060,-	+46.170,-	- 5.220,-	- 2.803,-	0

versteuernden Einkommens in Periode 3 im Vergleich zur Zielfunktion der Nettokapitalwertmaximierung ohne Beachtung von dominanten Nebenbedingungen (Tab. III), einen schwerpunktmäßigen Einsatz gewinnausweiserhöhender Manövriermasse. Der Einsatz gewinnausweisreduzierender Manövriermasse in Periode 3 ist dagegen zu vermeiden.

Wie das skizzierte Verfahren und die Beispiel-Rechnungen zeigen, genügt es im Rahmen der Steuerplanung des einzelnen Mitunternehmers grundsätzlich nicht, nur undifferenziert den Gesamtgewinnausweis der Gesellschaft zu planen. Vielmehr muß die Planung der anzustrebenden Gesamtgewinnreihe der Gesellschaft aus der Sicht des Mitunternehmers als Planungsträger unter möglichst umfassender Beachtung von dessen persönlichen Determinanten der Steuerplanung erfolgen. Die Berücksichtigung der persönlichen Determinanten der Steuerplanung und die damit verbundenen unterschiedlichen Zielwirkungen des Manövriermasseneinsatzes führen - wenn auch ggf. in unterschiedlichem Maß - i.d.R. zu divergierenden gesellschafterindividuellen Steuerplanungskonzepten, da selbst bei übereinstimmenden Subzielen der Steuerplanung für deren Realisierung unterschiedliche Strategien erforderlich sind.

Wie die voranstehenden Ausführungen zum Verfahren der Steuerplanung bzw. zur Ermittlung des optimalen Manövriermasseneinsatzes weiter verdeutlichen, steht dem Mitunternehmer mit dem modifizierten Verfahren der Ermittlung der Grenzsteuerzuwachsraten ein außerordentlich flexibles und leistungsfähiges Instrument zur Verfügung.

Dieses Instrument ermöglicht es dem Mitunternehmer (wenn auch nur in Form von Näherungslösungen),

- den tendenziell anzustrebenden Manövriermasseneinsatz auf Sonderbetriebs- und Gesamthandsebene zu ermitteln,
- persönliche Determinanten der individuellen Steuerplanung, weitere Einkünfte, Verlustsituationen etc. zu berücksichtigen,

- Nebenbedingungen (insbesondere verschiedene Liquiditätssituationen) der Zielerreichung zu erfassen,
- substanzsteuerliche Wirkungen des ertragsteuerlichen Manövriermasseneinsatzes gesondert zu erfassen,
- durch Variation einzelner Zielkomponenten Sensibilitätsberechnungen durchzuführen (z.B. Variation des Zinssatzes).

Damit steht dem Mitunternehmer auch ein Instrument zur Verfügung, um im Rahmen der für die Durchsetzung der individuellen optimalen Manövriermasseneinsatzstrategie ggf. notwendig werdenden Verhandlungen auf Gesellschaftsebene, mögliche Verhandlungsergebnisse bzw. Kompromißlösungen zu simulieren oder insbesondere auch mögliche Gegenstrategien zu entwickeln.[98]

Mit diesem Verfahren kann allerdings nur der quantitativ optimale Manövriermasseneinsatz, d.h. der Betrag der zur Zielerreichung notwendigen Manövriermasse bestimmt werden. Dies entspricht der Ermittlung der optimalen Ergebnisausweisreihe. Diese quantitative Bestimmung des optimalen Manövriermasseneinsatzes ist in einem folgenden Schritt daher um die Ermittlung des qualitativ optimalen Manövriermasseneinsatzes zu ergänzen. Dabei geht es um die Frage, welche Manövriermassen in welcher Reihenfolge und mit welchem Betrag zur Realisierung der vorgegebenen quantitativ bestimmten Manövriermassenreihe eingesetzt werden.[99] Dazu ist allerdings zunächst die Frage zu klären, wie unvollkommene Information des Mitunternehmers auf dessen Steuerplanungskonzeption wirkt, da bisher von der Prämisse vollkommener Information ausgegangen wurde.

---

[98] Vgl. dazu auch Abschn. 5.
[99] Vgl. dazu Abschn. 6.

4.5 Riskikoeinstellung, Informationsstand und Informationsmöglichkeiten des Mitunternehmers und deren Einfluß auf Subzielwahl und Planungsverfahren

4.5.1 Informationsanforderungen der Steuerplanung

Die Durchführung bzw. Anwendung des in den Abschn. 4.4 skizzierten Steuerplanungsverfahrens auf der Basis der Ermittlung der Grenzsteuerzuwachsraten erfordert die Verwendung anforderungsgerechter Daten bzw. anforderungsgerechter Informationen.[1] Die Anforderungen an die der Planung zugrunde zu legenden Daten können in formale und materielle Anforderungen differenziert werden.

a. Formale Anforderungen
Als wesentliche formale Informationsanforderungen gelten:[2]

a.1 Vollständigkeit der Informationen
In die Planung sind alle benötigten und verfügbaren Informationen einzubeziehen. Eine unbegründete Vorabauswahl zu berücksichtigender Daten darf nicht erfolgen.

a.2 Genauigkeit und Operationalität der Informationen
Die in die Planung eingehenden Daten müssen möglichst konkrete Werte annehmen, pauschale und unspezifizierte Informationen sind zu vermeiden. "Vage Aussagen oder gar Leerformeln sowie Begriffe, die sich nicht wenigstens mittelbar auf feststellbare Sachverhalte zurückführen lassen, ... sollen vermieden werden."[3]

a.3 Wahrscheinlichkeit der Informationen
Es geht hierbei um das Problem, "mit welcher Wahrscheinlichkeit... (Sicherheitsgrad, Vertrauenswürdigkeit) eine Information zutreffend (gültig) ist, die noch nicht verifiziert oder falsifiziert wurde"[4]. Dabei ist jedoch zu beachten, daß tendenziell die Wahrscheinlichkeit einer Information mit abnehmendem Informations-

[1] Informationen können generell als zweckorientiertes Wissen interpretiert werden. Vgl. Wittmann, Unternehmung, S. 14.
[2] Vgl. dazu z.T. mit einer anderen Terminologie Wild, Unternehmensplanung, S. 124 ff.
[3] Ebenda, S. 131.
[4] Ebenda, S. 128.

gehalt steigt,[5] so daß die Anforderungen der Wahrscheinlichkeit und des Gehalts von Informationen grundsätzlich in einem konkurrierenden Verhältnis stehen.

a. 4 Aktualität der Informationen

Den Planungen sind jeweils die zuletzt gewonnenen und damit aktuellsten Informationen zugrunde zu legen.[6]

a. 5 Zukunftsbezogenheit der Informationen

Kennzeichnend für die Steuerplanung des Mitunternehmers ist, wie dies grundsätzlich für jede Planung gilt, daß mit den getroffenen Entscheidungen nicht nur die Realisation der finanziellen Ziele des betreffenden Jahres, sondern auch die Realisation der finanziellen Ziele in den Folgejahren beeinflußt wird.[7] Daraus folgt zunächst die selbstverständliche Feststellung, daß der Mitunternehmer für die individuelle Steuerplanung gegenwarts- und zukunftsbezogene Informationen benötigt.[8] Die zukunftsbezogenen Informationen sind zu differenzieren in solche, die sich unter Verwendung von Prognoseverfahren aus gegenwartsbezogenen Informationen ableiten lassen und solche, die als erwartete Umweltbedingungen auf die Prognose der zukünftigen Daten bzw. Informationen einwirken.

Die genannten formalen Informationsanforderungen gelten in dieser Form grundsätzlich für jede Planung. Dagegen werden die materiellen Informationsanforderungen direkt durch das zur Anwendung kommende spezifische Steuerplanungsverfahren des Mitunternehmers und die dazu notwendigen Daten konkretisiert.

b. Materielle Informationsanforderungen

Die Durchführung des skizzierten Steuerplanungsverfahrens auf der Basis der Ermittlung der Grenzsteuerzuwachsraten erfordert Informationen hinsichtlich folgender Bezugsebenen:[9]

---

[5] Vgl. ebenda, S. 129.

[6] Dieser Aspekt gewinnt insbesondere an Bedeutung für den Fall einer rollenden Planung. Vgl. Abschn. 4.5.3.

[7] Vgl. Börner/Krawitz, Steuerbilanzpolitik, S. 101.

[8] Zu einer möglichen Substitution von Information und Risiko vgl. Abschn. 4.5.3.

[9] Vgl. die Ableitung der notwendigen Daten in Abschn. 4.3.1. Vgl. zur Differenzierung der Bezugsebenen analog Rollig, Steuerpolitik, S. 105 ff. Zur Erklärung der verwendeten Symbole

b. 1 Informationen über die bei dem Gesellschafter als Planungsträger realisierten oder noch zu realisierenden planungserheblichen Sachverhalte

- besteuerungsrelevante persönliche Verhältnisse (Familienstand, Anzahl der Kinder, Steuerpflicht etc.);
- zu versteuerndes Einkommen des Gesellschafters j in Periode t (M_{tj});
- weitere Einkünfte des Gesellschafters j in Periode t nach Abzug der gesamten persönlichen Einkommensminderungen wie Freibeträge, Sonderausgaben etc. (E_{tj});
- Liquiditätssituation des Gesellschafters j in Periode t.

b. 2 Informationen über die bei der Gesellschaft realisierten oder noch zu realisierenden planungserheblichen Sachverhalte

- Bruttoergebnis der Einheitsbilanz in Periode t (G_t^g);
- Ergebnisverteilungsregelungen;
- zur Verfügung stehende Manövriermasse auf Gesamthandsebene in Periode t ($MM_{t,GHE}$);
- Beteiligungsquote des Gesellschafters j am Gewinn der Gesellschaft G_t^g (a_j);
- Summe der Sondervergütungen aller Gesellschafter in Periode t ($\sum_{j=1}^{k} SV_{tj}$);
- Sonderbetriebsergebnisse der Mitgesellschafter in Periode t (SBE_{tj});
- Sonderbetriebsergebnis des Gesellschafters j in Periode t ohne Sondervergütungen (SBE_{tj});
- Sondervergütungen des Gesellschafters j in Periode t (nur gewinnausweisunabhängige) (SV_{tj});
- zur Verfügung stehende Manövriermasse auf der Sonderbetriebsebene des Gesellschafters j in Periode t ($MM_{tj,SBE}$);
- Liquiditätssituation der Gesellschaft in Periode t;
- notwendige Maßnahmen zur Unternehmenssicherung in Periode t.

b. 3 Informationen über die in der Umwelt der Gesellschaft und des Gesellschafters als Planungsträger realisierten bzw. noch zu realisierenden planungserheblichen Sachverhalte. Diese Informationen dienen vor allem der Prognose der Ergebnisentwicklung im Pla-

vgl. Abschn. 4.4 sowie das im Anhang A befindliche Symbolverzeichnis.

nungszeitraum sowie der erwarteten Steuerbelastung. Als Beispiele können etwa genannt werden:

- konjunkturelle Entwicklung;
- allgemeine zukünftige Entwicklungen (volkswirtschaftliche Gesamtentwicklung, Nachfrageverhalten der Konsumenten etc.);[10]
- allgemeine Steuerrechtsdaten;
- anzusetzender Kalkulationszinsfuß.

Die vorgenommene Strukturierung ist systembedingt nicht völlig überschneidungsfrei, da die Daten des einzelnen Gesellschafters in seiner Funktion als Mitunternehmer dem Gesellschaftsbereich zuzuordnen sind, während die Daten des einzelnen Gesellschafters in seiner Eigenschaft als "Privatperson" dem individuellen Gesellschafterbereich zuzuordnen sind.

4.5.2 Möglichkeiten und Instrumente der Informationsgewinnung

4.5.2.1 Gewinnung von Informationen aus dem Rechnungswesen einschließlich der Planungsrechnung

Es ist zunächst zu untersuchen, inwieweit das Rechnungswesen einschließlich des daraus abzuleitenden handels- und/oder steuerrechtlichen Jahresabschlusses sowie eine ggf. vorhandene Planungsrechnung der Gesellschaft zur Deckung des spezifischen Informationsbedarfs des Mitunternehmers beitragen können. Diesbezüglich ist zum einen zu untersuchen, über welches Informationspotential beide Instrumente verfügen und zum anderen ist zu klären, ob und ggf. in welchem Ausmaß der einzelne Mitunternehmer Zugang zu diesen Informationen hat.

4.5.2.1.1 Informationspotential des Rechnungswesens

Das Rechnungswesen ist ein sehr komplexes Gebilde, das in der Realität jeweils in sehr unterschiedlicher Ausprägung existiert. Dieses Informationsinstrument ist, abgesehen von den handels- und

---

[10] So sind z.B. Absatz- und Beschaffungspreisentwicklungen relevant für die Inanspruchnahme von Teilwertabschreibungen oder Bildung einer Preissteigerungsrücklage gemäß § 74 EStDV.

steuerrechtlichen Regelungen der Buchführung,[11] nicht gesetzlich kodifiziert. Es sind daher in praxi sowohl Fälle denkbar, in denen ein Rechnungswesen faktisch nicht existiert und damit auch eine Planungsrechnung kaum vorhanden sein dürfte als auch solche Fälle, in denen das Unternehmen über ein den Informationsanforderungen entsprechendes, spezifiziertes Rechnungswesen verfügt. Das Informationspotential des Rechnungswesens hängt offensichtlich von dessen Entwicklungsstand, d.h. dessen unternehmensspezifischer Ausbaustufe ab. Eine empirisch induktive Untersuchung des Informationspotentials ist somit wenig sinnvoll. Im folgenden wird daher ein normativ deduktiver Weg beschritten, indem davon ausgegangen wird, daß das Rechnungswesen grundsätzlich über die notwendige Ausbaustufe verfügt, um den steuerplanungsspezifischen Informationsanforderungen des Mitunternehmers gerecht zu werden.

Der Begriff des Rechnungswesens faßt zum einen "sämtliche Verfahren zusammen, deren Aufgabe es ist, alle im Betrieb auftretenden Geld- und Leistungsströme, die vor allem - aber nicht ausschließlich - durch den Prozeß der betrieblichen Leistungserstellung und -verwertung (betrieblicher Umsatzprozeß) hervorgerufen werden, mengen- und wertmäßig zu erfassen und zu überwachen"[12] (Dokumentations- und Kontrollaufgabe).
Ein weiterer wesentlicher Teilbereich des Rechnungswesens ist die Planungsrechnung. "Sie stellt eine mengen- und wertmäßige Schätzung der erwarteten betrieblichen Entwicklung dar und hat die Aufgabe, die betriebliche Planung in Form von Voranschlägen der zukünftigen Ausgaben und Einnahmen zahlenmäßig zu konkretisieren."[13]
Dem Rechnungswesen wird grundsätzlich eine Rechenschafts- und Informationsaufgabe zugewiesen, d.h. das Rechnungswesen soll die Interessenten des Unternehmens (Gesellschafter, Gläubiger, Lieferanten, Abnehmer etc.) über die Vermögens- und Ertragslage informieren.

Entsprechend der genannten Aufgabenstellungen wird das Rechnungswesen in folgende Teilbereiche gegliedert:[14]

[11] Vgl. u.a. §§ 238 ff. HGB, 140 ff, 158, 162 Abs. 2 AO, 22 UStG, 41 EStG, 7 LStDV.
[12] Wöhe, Einführung, S. 865.
[13] Ebenda, S. 872.
[14] Vgl. ebenda, S. 866 ff.

a) Finanzbuchhaltung und Bilanzen

Die Finanzbuchhaltung hat die Aufgabe "alle in Zahlenwerten festgestellten wirtschaftlich bedeutsamen Vorgänge (Geschäftsvorfälle), die sich im Betrieb ereignen, ... festzuhalten".[15] Komponenten dieses Teilbereichs des Rechnungswesens sind Buchhaltung, Inventar, Jahresabschluß und Sonder- bzw. Zwischenbilanzen.

b) Betriebsbuchhaltung

Die Betriebsbuchhaltung oder auch Kostenrechnung hat die Aufgabe der "Erfassung, Verteilung und Zurechnung der Kosten..., die bei der betrieblichen Leistungserstellung ... entstehen."[16] Die Kostenrechnung wird um die betriebliche Leistungsrechnung ergänzt, "welche den Produktionsausstoß (den Wert (Erlös) der hervorgebrachten und/oder abgesetzten Produkte) rechnerisch abbildet."[17]

c) Betriebswirtschaftliche Statistik und Vergleichsrechnung

In diesem Teil des Rechnungswesens werden Betriebsvergleiche oder allgemeine Soll-Ist-Vergleiche unter Verwendung der Daten aus Finanz- und Betriebsbuchhaltung, zum Zwecke der Wirtschaftlichkeitskontrolle sowie der Gewinnung von Unterlagen und Daten für die betriebliche Planung durchgeführt.

d) Planungsrechnung

In der Planungsrechnung werden die in den übrigen Teilen des Rechnungswesens gewonnenen Informationen verarbeitet. Planung als Führungsprozeß beinhaltet grundsätzlich "das Fällen von Führungsentscheidungen auf der Basis systematischer Entscheidungsvorbereitung zur Bestimmung künftigen Geschehens... Unternehmungsplanung ist hiernach systematische Zukunftsgestaltung der Unternehmung und umfaßt Planaufstellung und Planverabschiedung."[18]

Inhalt der aus der Planung zu entwickelnden Planungs- und Kontrollrechnung ist die "Verarbeitung von quantifizierten Informationen zu Planungs- und Kontrollinformationen",[19] mit deren Hilfe das betriebliche Geschehen quantitativ abgebildet wird. Soweit es diese Planungsrechnung ermöglicht, das gesamte betriebliche Ge-

[15] Ebenda, S. 867.

[16] Ebenda, S. 870.

[17] Hummel/Männel, Kostenrechnung 1, S. 26.

[18] Hahn, PuK, S. 29. Zu dem systemorientierten Ansatz der Planung vgl. ebenda, S. 60 ff.

[19] Ebenda, S. 35.

schehen auf das Ergebnisstreben und die Liquiditätssicherung des Unternehmens auszurichten, wird dieses Zahlenwerk als ergebnis- und liquiditätsorientierte Planungs- und Kontrollrechnung bezeichnet.[20]

Während davon auszugehen ist, daß Finanzbuchhaltung und Bilanzen - schon auf Grund der steuerlichen Mitwirkungspflichten gemäß §§ 140 ff. AO - in der einen oder anderen Form bei jeder Gesellschaft existieren, kann dies hinsichtlich der Betriebsbuchhaltung und insbesondere der Planungsrechnung sicherlich nur in eingeschränktem Maß und ggf. nur für einzelne Komponenten dieser Teilbereiche des Rechnungswesens geschehen. Das Informationspotential und damit die Nutzbarkeit eines vorhandenen Rechnungswesens zur Informationsgewinnung für Zwecke der Steuerplanung des Mitunternehmers ist von mehreren Faktoren abhängig:

1. "Fehlerfreiheit der Erfassung, Sammlung und Verdichtung von Informationen..."[21] durch das Rechnungswesen. Diese Determinante ist entscheidend für die Erfüllung der formalen Informationsanforderungen der Vollständigkeit, Genauigkeit, Wahrscheinlichkeit und Aktualität der Informationen.[22]

2. Zugang des Mitunternehmers als Träger der individuellen Steuerplanung zu dem Rechnungswesen der Gesellschaft.[23]

3. Ausbaustufe des Rechnungswesens
Nur ein ausreichend entwickeltes Rechnungswesen ist in der Lage, die spezifischen Informationsanforderungen des Mitunternehmers zu erfüllen. Dabei kann das Rechnungswesen des Unternehmens wesensgemäß nur solche Informationen liefern, die primär unternehmensbezogen sind, d.h. Informationen über die bei der Gesellschaft realisierten oder noch zu realisierenden planungserheblichen Sachverhalte.[24] Die planungsimmanente Notwendigkeit von Informationen über noch zu realisierende zukünftige Sachverhalte erfordert zwingend die Existenz einer Planungsrechnung als Teilbereich des Rechnungswesens. Da die Planungsrechnung ihrerseits auf Informationen

[20] Vgl. ebenda, S. 35.
[21] Rollig, Steuerpolitik, S. 106 f.
[22] Vgl. die Informationsanforderungen in Abschn. 4.5.1.
[23] Vgl. dazu ausführlich im einzelnen Abschn. 4.5.2.1.2.
[24] Vgl. die Differenzierung und deren Inhalte in Abschn. 4.5.1.

über die in der Umwelt der Gesellschaft realisierten bzw. noch zu realisierenden planungserheblichen Sachverhalte basiert, ist auch dieser Informationskomplex mit einer vorhandenen Planungsrechnung mittelbar für den Mitunternehmer verfügbar.

Das Rechnungswesen als unternehmensbezogenes Informationsinstrument ist grundsätzlich nicht in der Lage, Informationen über die bei dem Gesellschafter als Planungsträger realisierten Sachverhalte (persönliche Verhältnisse, zu versteuerndes Einkommen, Liquiditätssituation des Gesellschafters) zu liefern. Dazu sind andere Informationsinstrumente heranzuziehen.[25] Es bleibt daher zu untersuchen, inwieweit das Rechnungswesen der Gesellschaft für die Gewinnung von gesellschaftsbezogenen Informationen über planungserhebliche Sachverhalte herangezogen werden kann.[26]

Bei der folgenden Untersuchung des Informationspotentials des Rechnungswesens für Zwecke der Steuerplanung des Mitunternehmers ist es auf Grund der Unterschiedlichkeit der benötigten Informationen zweckmäßig, in zwei Schritten vorzugehen:

I. Gewinnung von Informationen über die bei der Gesellschaft be reits realisierten planungserheblichen Sachverhalte,

II. Gewinnung von Informationen über die bei der Gesellschaft und in der Umwelt der Gesellschaft noch zu realisierenden planungserheblichen Sachverhalte.

Zu I: Gewinnung von Informationen über die bei der Gesellschaft bereits realisierten planungserheblichen Sachverhalte

Die Einheitsbilanz der Gesellschaft - als zentrales Gestaltungsobjekt der Steuerplanung des Mitunternehmers - ist aus dem Rechnungswesen der Gesellschaft, genauer aus der Finanzbuchhaltung abzuleiten. Damit kann der Mitunternehmer als Planungsträger grundsätzlich alle für die Konzeption der Steuerplanung im Zeitpunkt t_0 erforderlichen bilanzbezogenen Informationen unmittelbar oder mittelbar aus den einzelnen Abschlußpositionen bzw. den jeweils zugrundeliegenden Konten ableiten.

[25] Vgl. Abschn. 4.5.2.4.
[26] Vgl. die Auflistung der erforderlichen Daten in Abschn. 4.5.1.

1. Ermittlung der zur Verfügung stehenden Manövriermasse auf Gesamthandsebene[27]

Die originäre Ermittlung der auf Gesamthandsebene im Zeitpunkt t_0, d.h. in der ersten Planungsperiode zur Verfügung stehenden Manövriermasse erfordert zunächst das Heranziehen eines Katalogs der durch das Steuerrecht gegenwärtig eingeräumten Bilanzierungs- und Bewertungswahlrechte.[28] Ausgehend von diesen steuerlichen Manövriermassenquellen ist dann zu bestimmen, ob in der Gesellschaft die Sachverhalte gegeben sind, die eine Inanspruchnahme der einzelnen Wahlrechte ermöglichen.[29] Dabei ist für die Durchführung des in Abschn. 4.4.2 skizzierten Planungsverfahrens bereits bei der Ermittlung der Manövriermasse auf die Differenzierung in inflexible bzw. irreversible, d.h. zeit- und/oder betragsmäßig nicht bzw. nicht mehr variierbare und flexible bzw. reversible Manövriermassen zu achten. Die systematische Ermittlung dieser Sachverhalte und damit die Bestimmung der verfügbaren Bilanzierungs- und Bewertungswahlrechte erfolgt zweckmäßigerweise ausgehend von den Abschlußpositionen der Bilanz. Diese systematische retrograde Manövriermassenermittlung kann als Grundlage einer späteren wirkungsbezogenen Strukturierung der Manövriermasse dienen. Darüber hinaus gewährleistet dieses systematische Vorgehen die Vollständigkeit der Manövriermassenermittlung.

a) Ermittlung der aus dem Anlagevermögen resultierenden Manövriermasse

Ausgehend von den für das Anlagevermögen (Sachanlagevermögen, Immaterielle Wirtschaftsgüter, Beteiligungen und Wertpapiere des Anlagevermögens) bestehenden Bilanzierungs- und Bewertungswahlrechten (z.B. Abschreibungswahlrechte, Rücklagenbildung nach § 6 b EStG) sind die Wirtschaftsgüter des Anlagevermögens daraufhin zu untersuchen, ob sie die gesetzlich kodifizierten Voraussetzungen

[27] Eine gesonderte Erörterung der Ermittlung der verfügbaren Manövriermasse des Gesellschafters auf Sonderbetriebsebene erfolgt nicht, da sich dort zwar sachlich-inhaltliche, jedoch keine grundsätzlichen Änderungen im Vergleich zur Ermittlung der gesamthandsbezogenen Manövriermasse ergeben.

[28] Vgl. Abschn. 6 sowie z.B. Packmohr, Bilanzpolitik, S. 145 ff; Michels, Wahlrechte und Bauer, Rechnungspolitik, S. 234 ff.

[29] Fragen der Flexibilität und Reversibilität der Manövriermasse sind an dieser Stelle nicht zu diskutieren. Vgl. dazu Abschn. 6.

der Inanspruchnahme der Wahlrechte erfüllen. Soweit dies der Fall ist, sind die für die Wahlrechtsausübung erforderlichen Daten (z.B. Anschaffungskosten/Herstellungskosten, Zeitpunkt der Anschaffung/Herstellung, Nutzungsdauer, letzter Buchwert) zu erheben.[30]

Die sachlichen Voraussetzungen der Wahlrechtsinanspruchnahme sowie die der Wahlrechtsausübung zugrunde zu legenden Daten sind den betreffenden Sachkonten zu entnehmen. Hinsichtlich des Sachanlagevermögens, der immateriellen Anlagewerte und der Finanzanlagen eignet sich insbesondere das Anlageninventar (Bestandsverzeichnis) zur Informationsgewinnung. In gleicher Weise kann auf eine ggf. vorhandene Anlagenkartei zurückgegriffen werden. In das Bestandsverzeichnis sind nach § 240 HGB, §§ 140 und 141 Abs. 1 AO grundsätzlich sämtliche Gegenstände des Anlagevermögens, mit Ausnahme der geringwertigen Wirtschaftsgüter nach Abschn. 31 Abs. 3 EStR aufzunehmen. Die Anforderungen, die an ein ordnungsmäßiges Bestandsverzeichnis zu stellen sind, erfahren durch die §§ 238, 240, 241 HGB, 141 AO nur eine sehr pauschale Regelung. In der Rechtsprechung werden diese Anforderungen von Branche und Größe des Unternehmens abhängig gemacht.[31] Das Bestandsverzeichnis enthält danach i.d.R. Informationen über:

"1. die genaue Bezeichnung der Vermögensgegenstände,
2. den Zeitpunkt der Anschaffung bzw. Fertigstellung des einzelnen Gegenstandes in der Gesellschaft,
3. die Höhe der Anschaffungs- bzw. Herstellungskosten,
4. die Höhe des Bilanzwertes am Bilanzstichtag."[32]

Aus einem in dieser Weise aufgebauten Bestandsverzeichnis können die für die Bestimmung der Manövriermasse im Bereich des Anlagevermögens erforderlichen Informationen unmittelbar (z.B. Anschaffungszeitpunkt) oder mittelbar (z.B. bisher angewendete Abschreibungsmethode) gewonnen werden. Als weitere Informationsquellen können ggf. vorhandene Auflistungen über Zu- und Abgänge von Gegenständen des Anlagevermögens sowie Bewertungsunterlagen (z.B.

[30] Zu einzelnen Fragen der an dieser Stelle nicht weiter zu diskutierenden Organisation der Manövriermassenermittlung vgl. Brenzke, Organisation, S. 37 ff.
[31] Vgl. BFH v. 25.3.66 VI 313/65, S. 487 f.
[32] Selchert, Aktienrechtliche Jahresabschlußprüfung, S. 155 und vgl. Falterbaum/Beckmann, Buchführung, S. 59 ff.

Ermittlung der Herstellungskosten, Abschreibungslisten) herangezogen werden.

b) Ermittlung der aus dem Umlaufvermögen resultierenden Manövriermasse

Im Rahmen des Umlaufvermögens sind primär die Vorräte hinsichtlich der Manövriermassenermittlung von Bedeutung. Im Bereich des Vorratsvermögens sind dabei insbesondere die Möglichkeiten der Bildung einer Preissteigerungsrücklage gemäß § 74 EStDV, der Vornahme von Importwarenabschlägen gemäß § 80 EStDV sowie der Anwendung von Bewertungsvereinfachungsverfahren[33] (z.B. Verbrauchsfolgeverfahren) zu nennen. Die für die Ermittlung und Inanspruchnahme der einzelnen Wahlrechte erforderlichen Daten können im wesentlichen den Inventurlisten (z.B. Informationen über Anschaffungs-/Herstellungskosten, Bestände) sowie den Bewertungsunterlagen, wie Kalkulationsunterlagen oder Preislisten (z.B. Informationen über Wiederbeschaffungspreise, Verkaufspreise) entnommen werden.[34]

Im Rahmen der Ermittlung der aus den Forderungen resultierenden Manövriermasse ist im wesentlichen auf die Bewertung uneinbringlicher und zweifelhafter sowie auf die Bewertung abzuzinsender Forderungen abzustellen. Die bei uneinbringlichen oder zweifelhaften Forderungen notwendige Einzel- bzw. Pauschalabwertung kann letztlich nur geschätzt werden.[35] Dieser Schätzungsspielraum ist die primäre Ursache für die Existenz von Manövriermasse im Bereich der Bewertung von Forderungen. Bei der Beurteilung von Pauschalwertberichtigungen folgt die Finanzverwaltung "in der Regel den Schätzungen des Betriebs, wenn es sich nicht um eine bewußt falsche Bewertung handelt."[36] Auch bei der Bewertung abzuzinsender Forderungen besteht im Rahmen der Festsetzung des der Abzinsung zugrunde zu legenden Zinssatzes - wenn auch in engen Grenzen[37] - ebenfalls ein Spielraum, der seinerseits die Existenz von Manövriermasse bewirkt.
Die für die Bestimmung der Manövriermasse notwendigen Informationen sind den entsprechenden Sachkonten (Kontokorrentkonten), dem

33 Vgl. dazu etwa Wöhe, Bilanzierung, S. 502 ff.
34 Vgl. auch Selchert, Aktienrechtliche Jahresabschlußprüfung, S. 237.
35 Vgl. Wöhe, Bilanzierung, S. 532 f.
36 Ebenda, S. 533.
37 Vgl. ebenda, S. 534.

Forderungsinventar sowie den Bewertungsunterlagen (z.B. Schätzungsgrundlagen des Betriebs oder des gesamten Wirtschaftszweigs bei der Festsetzung von Pauschalwertberichtigungen) zu entnehmen.

c) Ermittlung der aus den Passiva resultierenden Manövriermasse

Das mit den verschiedenen Möglichkeiten der Bildung und Auflösung von Rückstellungen, vor allem aber das mit der Bewertung von Rückstellungen gegebene Potential an Manövriermasse ist sehr umfangreich. Nach Wöhe ist die Bildung von Rückstellungen in der Steuerbilanz zusammenfassend zulässig, "wenn

(1) eine ihrer Höhe nach ungewisse Schuld gegenüber einem Dritten entweder rechtswirksam besteht oder in der Abrechnungsperiode wirtschaftlich bereits begründet ist;

(2) eine sittliche Verpflichtung zu einer Leistung gegenüber einem Dritten in ungewisser Höhe besteht, die wirtschaftlich in der Abrechnungsperiode begründet ist;

(3) ein drohender Verlust zu einer Vermögensminderung führt;

(4) eine selbständig bewertungsfähige Betriebslast vorliegt."[38]

Für die Manövriermassenermittlung ist wesentlich, daß die Höhe der Rückstellungen nur geschätzt werden kann.[39] "Als Grundlage für die Schätzung dürfen neben den Vergangenheitswerten des Betriebes auch branchenmäßige Erfahrungen herangezogen werden, insbesondere, wenn die Werte des Betriebes keine hinreichende Basis für eine Wahrscheinlichkeitsverteilung sind."[40]

Hinsichtlich des Bestands und der Höhe der bereits gebildeten Rückstellungen kann auf die betreffenden Sachkonten zurückgegriffen werden. Je nach Rückstellungsart (z.B. Pensions-Rückstellungen, Gewährleistungs-Rückstellungen, Rückstellungen für unterlassene Instandhaltung) sind hinsichtlich Auflösung und Bildung verschiedene Unterlagen zur Manövriermassenermittlung heranzuziehen. So sind für die Ermittlung der Zuführungen zu den Pensions-Rückstellungen die zugrunde liegenden Verträge (Pensions-Verträge, Tarifverträge) heranzuziehen. Auch die Notwendigkeit bzw. Möglichkeit der Bildung von Gewährleistungs-Rückstellungen ist ggf. den entsprechenden Verträgen zu entnehmen. Ferner sind Informationen

[38] Ebenda, S. 558 f.
[39] Vgl. ebenda, S. 561.
[40] Ebenda.

hinsichtlich der Bildung oder Auflösung, z.B. von Rückstellungen für unterlassene Instandhaltung u.a., aus dem Inventar, aus Wartungsplänen und -verträgen sowie aus Reparaturaufträgen zu entnehmen.[41]

Hinsichtlich der Bestimmung der aus den Verbindlichkeiten resultierenden Manövriermasse (im wesentlichen Ansatz eines niedrigeren oder höheren Teilwerts bei der Bewertung von Verbindlichkeiten in ausländischer Währung[42]) ist in gleicher Weise vorzugehen. Die zur Ermittlung der Manövriermasse erforderlichen Informationen (z.B. Informationen über Anschaffungskosten bzw. Nennwert, Rückzahlungs- und Ausgabebetrag) können z.B. den Verbindlichkeiten-Sachkonten, Kredit-, Liefer- und Leistungsverträgen, Zahlungsbelegen sowie Bewertungsunterlagen entnommen werden.

2. Ermittlung der Sondervergütungen, Sonderbetriebsergebnisse und der Beteiligungsquoten

Die Realisierung der Steuerplanungskonzeption durch den Mitunternehmer erfordert Informationen sowohl über dessen eigene Sondervergütungen und dessen eigenes Sonderbetriebsergebnis als auch über die entsprechenden Daten der Mitgesellschafter. Was zunächst die Gewinnung von Informationen über die in der 1. Planungsperiode gezahlten bzw. zu zahlenden Sondervergütungen anbelangt, so ist davon auszugehen, daß der Mitunternehmer hinreichende Informationen über die individuellen Sondervergütungen besitzt. Zur Ermittlung der gezahlten bzw. zu zahlenden Sondervergütungen kann der Mitunternehmer im Fall vertraglich fixierter Sondervergütungen die zugrunde liegenden Verträge (z.B. Dienstleistungs-, Anstellungs-, Miet- oder Darlehensverträge) heranziehen. Soweit die Sondervergütungen gewinnabhängig sind, kann deren endgültige Höhe erst nach Ermittlung des erwarteten Gewinns erfolgen.[43] Je nach buchmäßiger Behandlung der Sondervergütungen (geldmäßige Auszahlung der Sondervergütungen und Buchung als Aufwand oder geldmäßige Auszahlung und Buchung als Entnahme oder Bildung eines Passivpostens und Buchung als Aufwand, Gutschrift auf Privatkonto/-

---

[41] Vgl. auch Selchert, Aktienrechtliche Jahresabschlußprüfung, S. 329.
[42] Vgl. im einzelnen Abschn. 37 Abs. 2 EStR und Wöhe, Bilanzierung, S. 541 f.
[43] Vgl. dazu die Ausführungen unter Punkt 3. dieses Abschnitts.

Kapitalkonto und Buchung als Aufwand),[44] kann die Ermittlung bereits gebuchter Sondervergütungen auch anhand der entsprechenden Konten (z.B. Gehaltskonto, Kassekonto, Privatkonto, Kapitalkonto, Verbindlichkeitskonto, Aufwandskonten) erfolgen.

Hinsichtlich der Ermittlung der Sonderbetriebsergebnisse ist die Ermittlung des individuellen Sonderbetriebsergebnisses durch den Mitunternehmer grundsätzlich unproblematisch, da er ausreichende Kenntnisse über Sonderbetriebseinnahmen, -ausgaben, Sondervergütungen sowie über das zu erfassende Sonderbetriebsvermögen hat.[45] Andernfalls wären eigene Aufzeichnungen anzufertigen. Dagegen stößt die Gewinnung von Informationen über die Sonderbetriebsergebnisse der Mitgesellschafter aus dem Rechnungswesen der Gesellschaft u.U. auf Probleme. Zum einen müssen einzelne Vorgänge auf Sonderbetriebsebene (Erträge aus Veräußerungen von Sonderbetriebsvermögen, anfallende Sonderbetriebsausgaben) keineswegs zwingend ihren Niederschlag im Rechnungswesen der Gesellschaft finden, soweit diese Vorgänge nicht auf Gesellschafts-Gesellschafter-Beziehungen (z.B. Veräußerung eines Gegenstands des Sonderbetriebsvermögens durch einen Gesellschafter an die Gesellschaft) basieren. Soweit Sonderbetriebsergebnisse auf Beziehungen zwischen Gesellschaft und Gesellschaftern beruhen, sind diesbezügliche Informationen aus den berührten Konten der Gesellschaft zu gewinnen.[46]

Im übrigen kann der einzelne Gesellschafter in seinem Sonderbetriebsbereich den Aufzeichnungspflichten, die für die Ermittlung des Sonderbetriebsergebnisses (i.d.R. durch Betriebsvermögensvergleich) erforderlich sind, selbst genügen. Hinsichtlich des Sonderbetriebsvermögens bedarf es grundsätzlich "...keiner besonderen Buchführung. Es handelt sich lediglich um eine Nebenrechnung zur gesonderten und einheitlichen Gewinnfeststellung."[47] Die Sonderbetriebsergebnisse sind im Rahmen der gesonderten und einheitlichen Gewinnfeststellung zu erfassen und dem betreffenden Gesellschafter zuzurechnen. Soweit Informationen über die Sonderbetriebsergeb-

[44] Vgl. im einzelnen Falterbaum/Beckmann, Buchführung, S. 734 f.

[45] Zur Ermittlung des Sonderbetriebsergebnisses vgl. auch Abschn. 2.2.

[46] Beispiele für "Geschäftsvorfälle" die nur das Gesellschaftervermögen bzw. die das Gesellschafts- und das Gesellschaftervermögen berühren geben Pankow/Fitzner, Steuerbilanz, Anm. 121, S. 1260 f.

[47] Falterbaum/Beckmann, Buchführung, S. 744.

nisse nicht aus dem Rechnungswesen der Gesellschaft gewonnen werden können, bleibt daher zu untersuchen, inwieweit aus dem Verfahren der gesonderten und einheitlichen Gewinnfeststellung entsprechende Daten gewonnen werden können.[48]

Als relativ unproblematisch erweist sich dagegen die Ermittlung der Beteiligungsquoten der Gesellschafter. Dazu muß ggf. zunächst auf die Kapitalkonten zurückgegriffen werden, auf denen die Kapitalanteile der Gesellschafter verbucht werden. "Die ziffernmäßigen Kapitalanteile der Gesellschafter sind der gesetzliche Maßstab für die Beteiligung am Gesellschaftsvermögen."[49] An diesen Kapitalanteilen orientieren sich z.T. ferner die dispositiven gesetzlichen Gewinnverteilungsregelungen (§§ 121 Abs. 1, 168 Abs. 1 HGB).[50] Werden entsprechend § 120 HGB die anteiligen Gewinne und Verluste sowie die Einlagen und Entnahmen des Gesellschafters einer OHG oder des Komplementärs der KG auf dessen Kapitalkonto erfaßt, so kann die ursprüngliche Relation der Kapitalanteile der Gesellschafter verändert werden. Diese Veränderung der Beteiligungsverhältnisse hätte dann weitreichende Konsequenzen für die daran anknüpfende Gewinnverteilung und weitere Rechte (z.B. Stimmrechte, Kontrollrechte, Aufsichtsrechte).[51] Zur Vermeidung solcher unerwünschten Konsequenzen wird im Gesellschaftsvertrag häufig ein Kontensystem vereinbart, welches für den einzelnen Gesellschafter Konten, wie in Abb. 8 dargestellt, vorsieht.[52]

Aus einem solchen Kontensystem sind unmittelbar die Beteiligungsquoten (Kapitalkonto I) sowie weitere vermögensmäßige Beziehungen des einzelnen Gesellschafters zur Gesellschaft und damit verbundene Informationen (z.B. ein etwaiger Finanzierungsbedarf aus dem Darlehenskonto) zu ermitteln.[53] Ferner können aus dem Privatkonto

[48] Vgl. Abschn. 4.5.2.2

[49] Sudhoff, Gesellschaftsvertrag, S. 272.

[50] Vgl. ebenda, S. 289 und Potthoff, Gesellschaftsverträge, S. 193.

[51] Vgl. auch Potthoff, Gesellschaftsverträge, S. 194 und Sudhoff, Gesellschaftsvertrag, S. 273.

[52] Vgl. im einzelnen dazu Sudhoff, Gesellschaftsvertrag, S. 272 ff. und Potthoff, Gesellschafterverträge, S. 194 ff.

[53] In der Praxis besteht im Fall unzureichender gesellschaftsvertraglicher Regelungen häufig das Problem der materiellen Qualifikation der einzelnen Konten. "Die aufgezeigte Frage ist ihrem Wesen nach eine Kapital- und eine Haftungsfrage; es ist die, welche Konten haftendes Kapital ausweisen und welche Konten Darlehenskonten sind, also

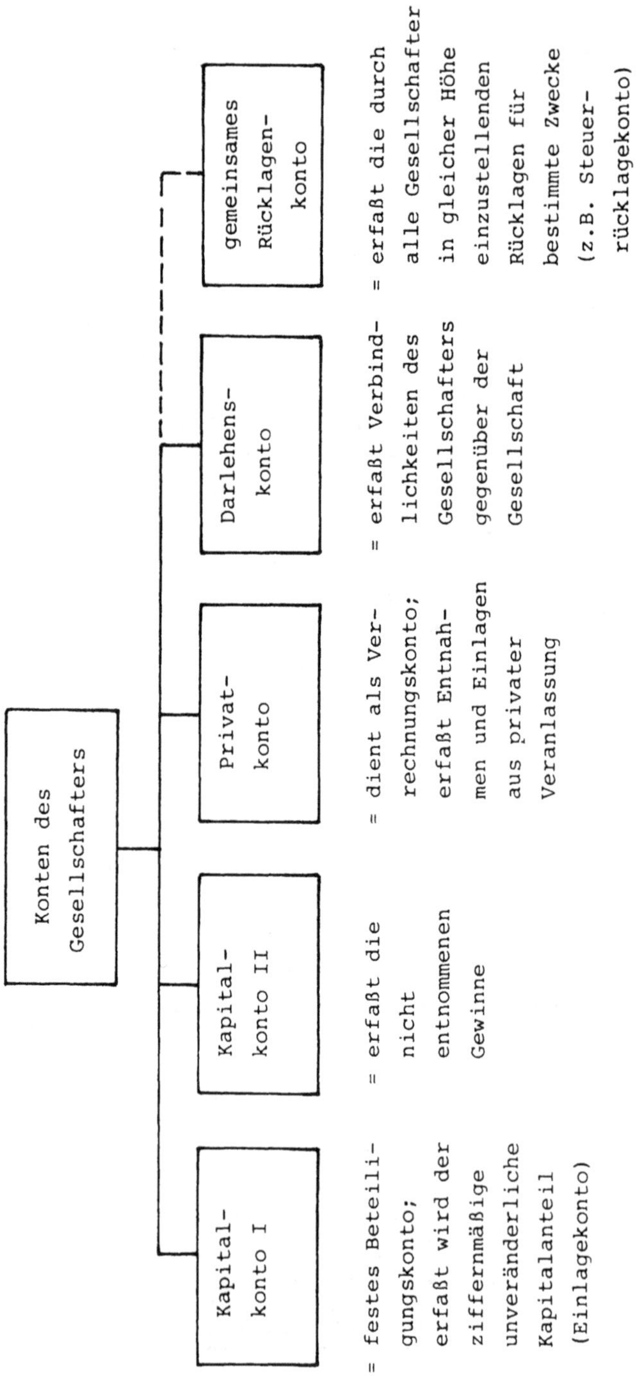

Abb. 8: Konten des Gesellschafters

Informationen über das Entnahmeverhalten und damit den tendenziellen finanziellen Bedarf des einzelnen Gesellschafters gewonnen werden.

3. Ermittlung des voraussichtlichen Bruttoergebnisses der Gesellschaft sowie der Ergebnisverteilungsregelungen

Informationen über die in der Gesellschaft geltenden Ergebnisverteilungsregelungen stehen jedem Gesellschafter mit der Abschrift des Gesellschaftsvertrags zur Verfügung. Im Gesellschaftsvertrag wird entweder auf die dispositiven Ergebnisverteilungsregelungen des HGB verwiesen, oder es werden - was häufiger der Fall ist - im Gesellschaftsvertrag ausdrücklich andere Formen der Ergebnisverteilung vereinbart.[54]

Auch die Ermittlung des voraussichtlichen Bruttoergebnisses der Gesellschaft erfolgt unmittelbar aus dem Rechnungswesen. Da der Zeitpunkt der Informationsgewinnung bzgl. der steuerplanerischen Gestaltung des Jahresabschlusses in der 1. Planungsperiode frühestens kurz vor oder bereits nach Abschluß des betreffenden Veranlagungszeitraums erfolgt,[55] ist i.d.R. davon auszugehen, daß die Buchführung für die Erstellung des Jahresabschlusses vorbereitet oder bereits abgeschlossen ist. Ist der Kontenabschluß noch nicht vorgenommen, so sind die erforderlichen Abschlußbuchungen von dem Mitunternehmer vorweg durchzuführen,[56] um die gewünschten Informa-

Fremdgeld ausweisen, das die Gesellschafter... zur Verfügung stellen wie Dritte." Schopp, Kapitalkonten, S. 582. Diese Probleme sind im Wege der Auslegung, unter Berücksichtigung der durch die Beteiligten angestrebten Konsequenzen zu lösen.

[54] Zu den Formen der Ergebnisverteilung in Personengesellschaften vgl. Sudhoff, Gesellschaftsvertrag, S. 252 ff.

[55] Müller-Kröncke geht in seinen Modellkonzeptionen unter Berufung auf die Verfahrensweise in der Praxis z.B. davon aus, daß die Bilanz bzw. Steuererklärung der Periode t_n erst in der Periode t_{n+2} vorliegt. Vgl. Müller-Kröncke, Entscheidungsmodelle, S. 109 f.

[56] Auf eine ausführliche Darstellung dieser Maßnahmen kann an dieser Stelle verzichtet werden. Vgl. dazu Eisele, Technik, S. 168 ff.

tionen aus den Konten gewinnen zu können. Zu den erforderlichen Abschlußarbeiten gehören z.B.:

- Erfolgskontenkorrektur zur Abgrenzung von Privat- und Betriebssphäre,
- Ermittlung und buchmäßige Erfassung von Mengen- und Wertdifferenzen zwischen Inventurergebnis und Buchbeständen,
- Bildung von Rechnungsabgrenzungsposten,
- Erfassung von bestimmten zukünftigen Inanspruchnahmen durch Bildung von Rückstellungen,
- Ermittlung der Abschreibungen.

Es kann dann aus dem Kontenabschluß der Buchführung der Jahresabschluß durch Saldenbildung entwickelt werden.[57] Die unter Beachtung der steuerlichen Buchführungs-, Bilanzierungs- und Bewertungsvorschriften erstellte Einheitsbilanz stellt dann die Ergebnisermittlung dar.[58] Das Ergebnis wird durch Betriebsvermögensvergleich nach § 5 EStG,[59] unter Berücksichtigung der von den Gesellschaftern vorgenommenen Entnahmen und Einlagen, ermittelt.[60] Diese Vorgehensweise setzt allerdings seitens des Mitunternehmers als Planungsträger voraus, daß dieser Annahmen über die in der Einheitsbilanz notwendigerweise für alle Gesellschafter einheitlich vorzunehmende Bilanzierung und Bewertung des Gesellschaftsvermögens trifft. Diesbezügliche Informationen über die voraussichtlich angestrebte Nutzung bestehender Wahlrechte durch einzelne Gesellschafter sind u.a. aus den von den einzelnen Gesellschaftern in den vergangenen Perioden verfolgten Strategien hinsichtlich des Einsatzes der steuerlichen Manövriermasse zu gewinnen. Somit kann auf die Bilanzen der vergangenen Perioden als Informationsquellen zurückgegriffen werden. Dies gilt in gleichem Maß für Bewertungs-

[57] Vgl. ebenda, S. 128.
[58] Vgl. dazu Abschn. 2.2.
[59] Die Personenhandelsgesellschaften sind bereits durch § 238 HGB verpflichtet, Bücher zu führen, § 242 HGB regelt die Pflicht zur Aufstellung von Bilanzen.
[60] Zur Ermittlung der Entnahmen und Einlagen vgl. die Ausführungen dieses Abschnitts bzgl. des Informationsgehalts der Gesellschafterkonten. Zur Zurechnung von Entnahmen auf die betreffenden Gesellschafter im Rahmen der Ergebnisverteilung vgl. Knobbe-Keuk, Bilanz- und Unternehmenssteuerrecht, S. 289 ff. und Abschn. 5.3.3.2.

freiheiten (z.B. § 7 e EStG), die an persönliche Eigenschaften einzelner Gesellschafter anknüpfen.[61]

Zu II. Gewinnung von Informationen über die bei der Gesellschaft und in der Umwelt der Gesellschaft noch zu realisierenden planungserheblichen Sachverhalte

Eine sachlich-inhaltlich begrenzte Quelle der Gewinnung von zukunftsbezogenen Informationen steht mit der jeweils zuletzt erstellten Bilanz zur Verfügung. So können aus der Bilanz z.B. Informationen über zukünftiges Abschreibungspotential aus dem vorhandenen Anlagevermögen ebenso gewonnen werden, wie etwa über erwartete und insoweit bereits vorweggenommene Risiken bzw. zukünftige Belastungen durch Rückgriff auf die Position Rückstellungen.[62] Die Möglichkeiten der Informationsgewinnung sind allerdings auf solche Sachverhalte beschränkt, die bereits realisiert oder zumindest verursacht sind bzw. erwartet werden. Die damit zur Verfügung stehenden Informationen sind für die Durchführung der vorgestellten Steuerplanungskonzeption allerdings nicht ausreichend.

Die Möglichkeit der Erfüllung der materiellen Informationsanforderungen m.H. der Beschaffung von Informationen aus dem Rechnungswesen ist von der Ausbaustufe dieses Rechnungswesens abhängig. Nur wenn das Rechnungswesen um eine Planungsrechnung ergänzt ist, besteht die Möglichkeit der Gewinnung von anforderungsgerechten zukunftsbezogenen Informationen. Das Informationspotential der Planungsrechnung wird determiniert durch das realisierte System der Planungsrechnung.

Auf Grund der Vielzahl denkbarer Ausprägungen von Planungsrechnungen ist es notwendig, im folgenden eine Beschränkung auf eine anforderungsgerechte Planungsrechnung vorzunehmen, und darzustellen, welche zukunftsbezogenen Informationen im Fall einer vorhandenen Planungsrechnung daraus für die Steuerplanung des Mitunternehmers gewonnen werden können. Als ein den Anforderungen einer Unternehmensplanung gerecht werdendes Planungsrechnungssystem gilt

[61] Vgl. zur bilanziellen Behandlung solcher Bewertungsfreiheiten Knobbe-Keuk, Bilanz- und Unternehmenssteuerrecht, S. 281 f.

[62] Dies entspricht Schmalenbachs Verständnis einer dynamischen Bilanz als "Darstellung des Kräftespeichers der Unternehmung". Schmalenbach, Dynamische Bilanz, S. 74.

die liquiditäts- und ergebnisorientierte Planungs- und Kontrollrechnung (PuK) von Hahn.[63] [64]

Inhalt der PuK ist die Verarbeitung von quantifizierten Informationen als Ergebnisse von Planung und Kontrolle.[65] "Gestattet ein monetäres Planungs- und Kontrollzahlenwerk, das gesamte Geschehen in der Unternehmung auf ihre monetären oberen Ziele, insbesondere das Ergebnisstreben und die Liquiditätssicherung, auszurichten, wird es als ergebnis- und liquiditätsorientierte Planungs- und Kontrollrechnung bezeichnet."[66] Informationelle Basis der PuK sind die Daten des Rechnungs- und Finanzwesens des Unternehmens; Ergebnis der PuK ist die kalkulatorische und bilanzielle Ergebnisplanung sowie Finanzplanung des Unternehmens.[67]

Aufgabe des Zahlenwerks des Rechnungs- und Finanzwesens ist es in diesem Zusammenhang daher, ausgehend "von dem ökonomischen Hauptziel Ergebnisstreben und dem unabdingbaren Nebenziel Liquiditätssicherung... eine erfolgs- und liquiditätsrechnerische D a r s t e l l u n g des betrieblichen Geschehens und seiner Verbindung zum Markt ex ante und ex post und dessen zielorientierte G e s t a l t u n g durch eine ergebnis- und liquiditätsorientierte Planungs- und Kontrollrechnung"[68] zu ermöglichen.

Die PuK nach Hahn ist im wesentlichen ein "erweitertes ROJ-/Cash-flow-Kennzahlensystem",[69] welches auf folgenden Zielgrößen aufbaut:[70]

a) Ergebnisorientierte Zielgrößen, u.a.
   - Kalkulatorischer Gewinn,
   - Bilanzieller Gewinn einschließlich der einzelnen Positionen von Bilanz und GuV,

b) Ergebnis- und liquiditätsorientierte Zielgrößen
   - Cash-flow, mit den Komponenten Ein- und Auszahlungen,

[63] Vgl. zu dieser Einschätzung z.B. Klausmann, Entwicklung.
[64] Vgl. Hahn, PuK, S. 117 ff.
[65] Vgl. ebenda, S. 35.
[66] Ebenda.
[67] Vgl. ebenda.
[68] Ebenda, S. 83.
[69] Ebenda, S. 117.
[70] Vgl. ebenda, S. 118.

c) Liquiditätsorientierte Zielgrößen
   - Liquiditätsreserve,
   - Finanzierungsbedarf, mit den Komponenten Ein- und Auszahlungen.

Das Grundschema der PuK verdeutlicht Abb. 9, entnommen aus Hahn, PuK, S. 122a.

Ausgehend von den einzelnen betrieblichen Teilplänen werden Umsätze, Kosten, Ein- und Auszahlungen geplant. Diese Daten werden zu Deckungsbeiträgen verdichtet und führen zum kalkulatorischen Ergebnis. "Ausgehend vom geplanten kalkulatorischen Ergebnis läßt sich über die Planung der Gewinn- und Verlustrechnung - insbesondere die Planung des neutralen Ergebnisses - und über die Planung der Bilanz die bilanzielle Gewinnplanung... durchführen"[71]. Die dazu notwendigen Informationen sind aus den einzelnen Teilplänen (Funktionsbereichspläne, Investitions- und Desinvestitionspläne, Finanzierungs- und Definanzierungspläne sowie Ausschüttungs- und Abschreibungspläne) zu entnehmen.[72]

Die PuK ist in dieser Form in erster Linie für Industrieunternehmen konzipiert.[73] Dennoch ist offensichtlich, daß die Grundprinzipien und -zusammenhänge ohne Probleme auch auf Unternehmen anderer Bereiche übertragen werden können. Zwar ist die skizzierte PuK grundsätzlich auch rechtsformunabhängig konzipiert, jedoch erscheint es hinsichtlich der Anwendung der PuK auf Unternehmen in der Rechtsform der Personenhandelsgesellschaften, speziell für Zwecke der Steuerplanung angebracht, das PuK-Schema zu modifizieren. So sollten zum einen die Sonderbetriebsverhältnisse der einzelnen Gesellschafter in Form von Plan-Sonderbilanzen und Plan-Ergänzungsbilanzen berücksichtigt werden; zum anderen wären die Plan-Ausschüttungen gesellschafterbezogen zu differenzieren in Plan-Ergebnisanteile sowie Plan-Entnahmen. Die Summe aller Plan-Entnahmen der Gesellschafter je Periode sind dann für die Liquiditätsplanung heranzuziehen. Durch diese Modifikationen bzw. Differenzierungen wird die Funktionsweise und der Aufbau der PuK aller-

---

[71] Ebenda, S. 120.
[72] Zur detaillierten Darstellung von Aufbau, Funktion und Ausgestaltungsmöglichkeiten der PuK vgl. Hahn, PuK, S. 137 ff.
[73] Vgl. Hahn, PuK, S. VII des Vorworts.

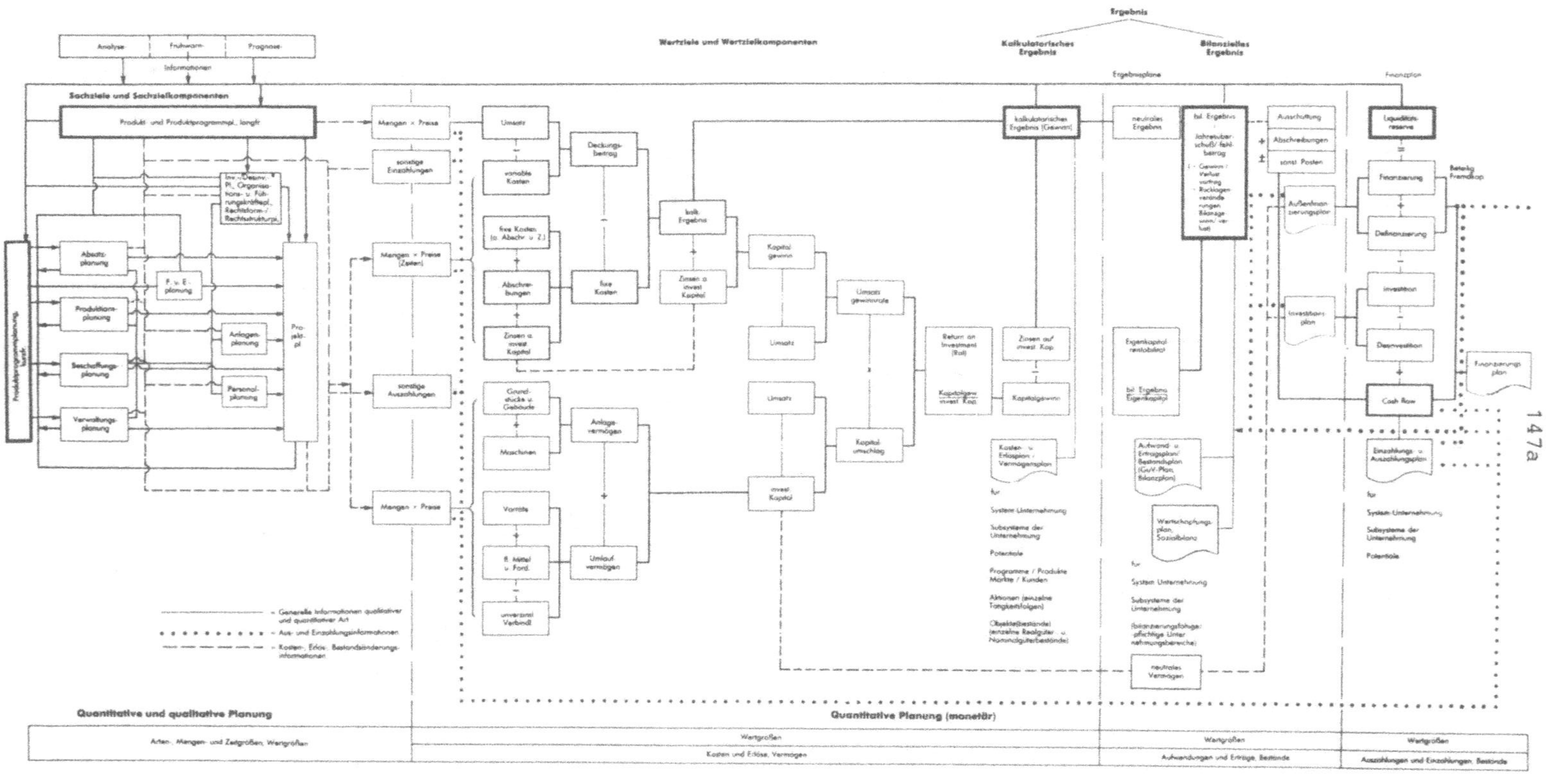

Abb. 9: Grundschema der PuK - Grundschema des absoluten und relativen Soll-/Ist-Zahlenwerkes der ergebnis- und liquiditätsorientierten Planungs- und Kontrollrechnung im Planungs- und Kontrollsystem der Unternehmung

dings nicht verändert. Auf eine eingehende Erörterung der Modfikationen kann daher verzichtet werden.

Steht dem Mitunternehmer als Planungsträger eine solche oder ähnlich konzipierte PuK zur Verfügung, so erfolgt - wie die Skizzierung von Aufbau und Funktionsweise der PuK bereits verdeutlicht - die Gewinnung von Informationen über zukünftige planungserhebliche Sachverhalte materiell grundsätzlich analog zu der beschriebenen Vorgehensweise bei der Ermittlung von Informationen über bereits realisierte Sachverhalte. Ein Unterschied ist lediglich darin zu sehen, daß sich der Mitunternehmer bei der Ermittlung zukunftsbezogener Informationen aus dem Rechnungswesen auf Pläne, d.h. auf geplante Maßnahmen, Werte etc. stützt und daraus die in der Zukunft zu erwartenden Sachverhalte konstruiert. Es genügt daher, im folgenden die einzelnen Informationsobjekte und mögliche Informationsquellen einander zuzuordnen:[74]

a) Informationsobjekt: Erwartetes Bruttoergebnis der Einheitsbilanz
Informationsquelle: Ausgehend von den einzelnen betrieblichen Teilplänen wird im Rahmen einer progressiven Gewinnplanung der Plangewinn unter Beachtung der gesetzlichen Bilanzierungs- und Bewertungsvorschriften ermittelt.[75]

b) Informationsobjekt: Erwartete Manövriermasse auf Gesamthands- und Sonderbetriebsebene
Informationsquelle: Ausgehend von den einzelnen Funktionsbereichsplänen, Investitions- und Desinvestitionsplänen, Finanzierungs- und Definanzierungsplänen und Bilanzplänen wird unter Beachtung der in Zukunft zu erwartenden handels- und steuerrechtlichen Rege-

[74] Zu den Ausgestaltungen der einzelnen Teilpläne, deren Vernetzung sowie Verarbeitung vgl. Hahn, PuK, S. 137 ff.

[75] Vgl. auch Brenzke, Organisation, S. 84. Zur methodischen Vorgehensweise schlägt Rückle vor, bei der Ermittlung von Bruttoergebnissen im Rahmen der Steuerbilanzpolitik von sog. 'Basiserfolgen' auszugehen. Bei der Ermittlung dieser Basiserfolge sollen zum einen keine 'Steuerbegünstigungen' verrechnet werden (z.B. vorzeitige Abschreibungen, Übertragung stiller Rücklagen), zum anderen wird für alle Bilanzpositionen eine 'Basisbewertung' definiert. Als mögliche Basisbewertung wird etwa vorgeschlagen, "bei den Aktiva immer vom höchstzulässigen und bei den Passiva immer von den niedrigstzulässigen Werten auszugehen". Rückle, Normative Theorie, S. 346 f.

lungen[76] die Manövriermasse abgeleitet. Insbesondere aus dem Investitionsplan sowie aus dem Beschaffungsplan können sichere Daten, wie etwa Anschaffungspreise, Nutzungsdauern etc. gewonnen werden.[77]

c) Informationsobjekt: Erwartete Sonderbetriebsergebnisse einschließlich Sondervergütungen der Gesellschafter
Informationsquelle: Die Daten können unmittelbar den Plan-Sonderbilanzen der Gesellschafter entnommen werden.

d) Informationsobjekt: Erwartete Liquiditätssituation der Gesellschaft sowie notwendige Maßnahmen der Unternehmenssicherung
Informationsquelle: Die notwendigen Informationen können direkt aus dem Finanzplan mit den Komponenten Finanzierung, Definanzierung, Investition, Desinvestition und Cash flow, basierend auf den Ein- und Auszahlungsplänen gewonnen werden.

Die Durchführung der PuK und damit auch die Durchführung der Steuerplanung basieren als zukunftsbezogene Aktionen und Maßnahmen auf zukunftsbezogenen Informationen. Ausgangspunkt solcher Prognoseinformationen sind stets Beobachtungen bzw. Analysen von Umwelt und Unternehmen. "Das Wesen von Umwelt- und Unternehmungsanalysen besteht in einer systematischen Untersuchung und Beurteilung von beeinflußbaren und nicht beeinflußbaren Variablen (Objekten/Erscheinungen) im Zusammenhang mit der Unternehmung."[78] Ausgehend von den Ergebnissen der Unternehmens- und Umweltanalysen sind dann Umweltprognosen zu erstellen. Ziel der Prognoseerstellung ist die Gewinnung von Prognoseinformationen "über die künftige Entwicklung von bestimmten Variablen in einem sachlich und zeitlich abgegrenzten Untersuchungsfeld... unter Angabe der Wahrscheinlichkeit... des Eintreffens des Voraussageinhaltes."[79] Auf diese Weise wird die Grundlage für die Planung als Informationsverarbeitungsprozeß

[76] Vgl. dazu Abschn. 4.5.2.3.

[77] Zur Organisation der Manövriermassenermittlung aus den einzelnen Teilplänen vgl. Brenzke, Organisation, S. 27 ff.

[78] Hahn, PuK, S. 165. Zu den verschiedenen objektbezogenen Strukturierungsmöglichkeiten von Unternehmens- und Umweltanalysen vgl. ebenda, S. 166 f. Zentrales Analyseinstrument ist die Wertanalyse mit deren Hilfe ein optimales Kosten-Leistungs-Verhältnis angestrebt wird. Vgl. ebenda, S. 167.

[79] Hahn, PuK, S. 167 f.

geschaffen. Nach der Art des Prognoseprozesses lassen sich die einzelnen Prognosemethoden wie folgt gliedern:[80]

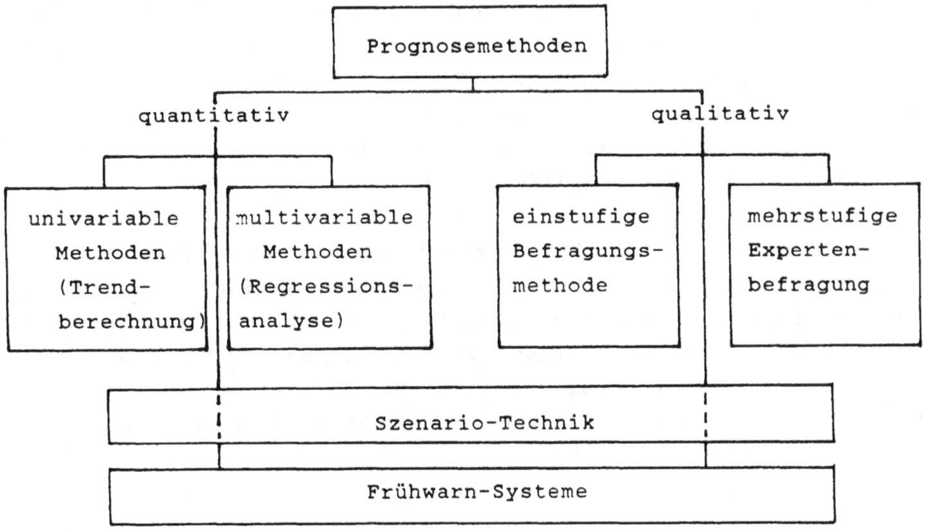

Abb. 10: Strukturierung von Prognosemethoden

Während sich qualitative Prognosemethoden eher für die Prognose von gesellschafts- und wirtschaftspolitischen Entwicklungen (z.B. Entwicklung im Steuerrecht) eignen, "gestatten quantitative Prognoseverfahren nur quantitative Aussagen bzw. Prognoseinformationen über quantitativ charakterisierbare bzw. meßbare Objekte."[81] Quantitative Prognoseverfahren beziehen sich daher z.B. auf Bruttosozialprodukt oder Inflationsrate etc.
Die Ergebnisse dieser Prognosemethoden sollten in die PuK eingehen und stehen dann dem Mitunternehmer als Planungsträger auch für dessen spezielle Zwecke der Steuerplanung zur Verfügung.

Hinsichtlich der Nutzung der PuK als Informationsinstrument für die Steuerplanung des Mitunternehmers ist allerdings zu berück-

---

[80] Vgl. ebenda, S. 169. Auf eine Erörterung dieser Prognosemethoden wird verzichtet. Vgl. dazu Hahn, PuK, S. 170 ff. und die dort angegebene Literatur. Zur Anwendung der Prognoseverfahren im Rahmen der Steuerplanung vgl. Rollig, Steuerpolitik, S. 166 ff.

[81] Hahn, PuK, S. 171.

sichtigen, daß insbesondere bei mittelständischen Unternehmen häufig keine der PuK entsprechend ausgebaute Planungskonzeption vorhanden ist.[82] Auch die Fixierung längerfristiger Planziele wird stark vernachlässigt. Mit wachsender Unternehmensgröße nimmt der Stellenwert der Planung jedoch zu.[83] Der Finanzplanung wird allerdings auch von mittelständischen Unternehmen ein größerer Stellenwert als den übrigen Planungskomponenten eingeräumt;[84] ansonsten wird stärker mit "Fingerspitzengefühl" als mit einem anforderungsgerechten Planungssystem gearbeitet.[85]

Das Rechnungswesen einschließlich einer ggf. vorhandenen PuK, ist somit grundsätzlich ein sehr vielseitiges Informationsinstrument. Der Mitunternehmer als Planungsträger kann dieses Informationsinstrument allerdings nur nutzen, wenn er auf das Rechnungswesen und die darin enthaltenen Informationen Zugriff nehmen kann. Es ist daher im folgenden zu untersuchen, wodurch der Zugang zu dem Rechnungswesen determiniert wird.

4.5.2.1.2 Zugang zu den Informationen des Rechnungswesens

Grundsätzlich hat der einzelne Gesellschafter immer dann Zugang zu dem Rechnungswesen der Gesellschaft, wenn er Geschäftführungsbefugnis hat, da unter die Geschäftsführungsbefugnis entsprechend § 116 Abs. 1 HGB auch die Befugnis zur Buchführung und Bilanzerstellung fallen.[86] Somit haben die besonderen gesetzlich verankerten Informations- und Kontrollrechte der §§ 118, 166 HGB primär für den nicht zur Geschäftsführung berechtigten Gesellschafter Relevanz.[87] Diese gesetzlichen Informationsrechte dienen der persönlichen Informationsgewinnung des Gesellschafters über Angelegenheiten der Gesellschaft, insbesondere hinsichtlich seiner Mitwirkungspflichten (Beschlußfassungen gemäß §§ 116 Abs. 2, 119

[82] Vgl. Naujoks/Kayser, Mittelstand, S. 39. Es handelt sich dabei um die Ergebnisse einer Untersuchung, die 1983 bundesweit mit insgesamt knapp 800 Unternehmen mit jeweils nicht mehr als 500 Beschäftigten durchgeführt wurde.
[83] Vgl. ebenda, S. 51.
[84] Vgl. ebenda, S. 101.
[85] Vgl. ebenda, S. 55.
[86] Vgl. Sudhoff, Gesellschaftsvertrag, S. 168, Potthoff, Gesellschaftsverträge, S. 195 und Hofbauer, Regelung, S. 217.
[87] Vgl. Westermann, Handbuch, Anm. 248, S. I 181.

HGB). Gegenstand der Informationsrechte sind somit "die bilanzierungspflichtigen Daten, aber auch Geschäftsverbindungen, Planungen, Kostenanschläge, Lizenzen, Ergebnisse von Begutachtungen, von finanzbehördlichen Außenprüfungen etc."[88] Diese Informationsrechte können gegen die Gesellschaft auf dem Klageweg durchgesetzt werden, wobei die Erzwingung durch "Leistungsklage und Handlungsvollstreckung, ggf. im Wege der einstweiligen Verfügung"[89] erfolgt.

Da die Informations- und Kontrollrechte der §§ 118 (OHG-Gesellschafter) und 166 (Kommanditist) faktisch im wesentlichen übereinstimmen,[90] können Inhalt und Tragweite beider Normen im Zusammenhang erörtert werden:[91]
Nach § 118 Abs. 1 HGB kann ein Gesellschafter "sich von den Angelegenheiten der Gesellschaft persönlich unterrichten, die Handelsbücher und die Papiere der Gesellschaft einsehen und sich aus ihnen eine Bilanz und einen Jahresabschluß anfertigen." Das Informationsrecht erstreckt sich auf alle Angelegenheiten der Gesellschaft, insbesondere auch auf außergewöhnliche Geschäfte und sonstige Angelegenheiten der Gesellschaft (z.B. Vermögensanlagen).[92] Zur Realisierung dieses Rechts kann der Gesellschafter sämtliche Unterlagen einsehen, die mit den Angelegenheiten der Gesellschaft

---

[88] Schmidt, Informationsrechte, S. 33.
[89] Ebenda, S. 44.
[90] Vgl. Schilling, in: Staub, HGB-Großkommentar, Anm. 1 zu § 166, S. 164.
[91] Die Informations- und Kontrollrechte im Fall der stillen Gesellschaft und der Unterbeteiligung sind denen des Kommanditisten im wesentlichen nachgebildet und bedürfen daher keiner besonderen Erörterung. Vgl. dazu Schmidt, Informationsrechte, S. 78 ff.
[92] Fischer, in: Staub, HGB-Großkommentar, Anm. 6 zu § 118, S. 187.

in Verbindung stehen. Dazu zählen z.B.[93]
- Einheitsbilanz einschl. GuV,
- Steuerbilanzen,[94]
- Buchführung,
- Privatbücher, auch wenn sie andere Eintragungen enthalten, (dies dürfte im Einzelfall ggf. insbesondere auch für Sonderbilanzen bzw. Ergänzungsbilanzen einzelner Gesellschafter gelten),
- Geheimbuchführungen,
- Geschäftspapiere,
- Verträge,
- Planungen und Planungsunterlagen.

Die ursprünglich nur als Einsichtsrechte konzipierten Befugnisse des Gesellschafters sind mittlerweile durch die Rechtsprechung zu einem allgemeinen Informationsrecht erweitert worden, welches nicht nur Einsichtsrechte, sondern auch ein Auskunftsrecht (z.B. hinsichtlich Planungen der Gesellschaft) umfaßt.[95]
Auch für den Kommanditisten besteht dieses Auskunftsrecht. So bestimmt der BGH, daß dem Kommanditisten ein Auskunftsrecht immer dann zusteht, "wenn die erforderlichen Angaben nicht aus den Büchern und Papieren der Gesellschaft ersichtlich sind und sich demgemäß der Berechtigte ohne die Auskunft keine Klarheit über die Angelegenheit der Gesellschaft verschaffen kann."[96] Allerdings findet das Auskunftsrecht dort seine Grenzen, wo bei einer ordnungsmäßigen Buchführung Bücher und Unterlagen den notwendigen Aufschluß über die Angelegenheiten der Gesellschaft geben. Nur im Fall einer nicht ordnungsmäßigen Buchführung bzw. eines nicht funktionsfähigen Rechnungswesens wird daher das Einsichtsrecht des Gesellschafters durch ein Auskunftsrecht ergänzt.[97] Ferner wird das allgemeine Informationsrecht des Gesellschafters durch die gesellschaftsrechtliche Treuepflicht eingeschränkt und ist insoweit

[93] Vgl. Sudhoff, Gesellschaftsvertrag, S. 202; Westermann, Handbuch, Anm. 250, S. I 182 f; Fischer, in: Staub, HGB-Großkommentar, Anm. 7, 9 zu § 118, S. 187 f.
[94] Die Relevanz der Steuerbilanz im Rahmen der Informationsausübung hebt besonders hervor Martens, in: Schlegelberger, HGB-Kommentar, Anm. 6 zu § 166, S. 147.
[95] Vgl. Schmidt, Informationsrechte, S. 63 f.
[96] BGH v. 20.6.1983 II ZR 85/82, S. 1864; vgl. auch Bay OLG Beschluß v. 20.11.1986 BReg. 3Z 107/86, S. 711 ff.
[97] Vgl. Schmidt, Informationsrechte, S. 64.

gegen berechtigte Geheimhaltungsinteressen der Gesellschaft abzuwägen.[98]
Das Informationsrecht des Gesellschafters richtet sich zwar gegen die Gesellschaft als solche, jedoch ist aus Praktikabilitätsgründen die Durchsetzung des Informationsrechts stets auf die geschäftsführenden Gesellschafter gerichtet.

Die Vorschriften der §§ 118 und 166 HGB sind dispositiver Natur und mit Ausnahme des § 118 Abs. 2 HGB für den Fall der unredlichen Geschäftsführung sowie des § 166 Abs. 3 HGB, durch gesellschaftsvertragliche Regelungen abdingbar.[99] Die allgemeinen Informations- und Kontrollrechte können daher sowohl erweitert als auch eingeschränkt oder sogar entzogen werden. Der Gesellschaftsvertrag kann z.B. vorsehen, daß

- regelmäßige Berichterstattungen an alle oder einzelne Gesellschafter erfolgen,
- einzelne Gesellschafter Prüfungen durch Sachverständige veranlassen können,[100]
- die Informationsrechte nur bestimmten Gesellschaftern zustehen,
- die Informationsrechte auf bestimmte Sachverhalte beschränkt werden.

Soweit der Gesellschaftsvertrag keine Einschränkungen vorsieht, hat der Mitunternehmer als Planungsträger durch die gesetzlich fixierten Informations- und Kontrollrechte somit einen direkten und umfassenden Zugang zu dem Rechnungswesen der Gesellschaft und den dort dokumentierten steuerplanungserheblichen Informationen. Das Informationspotential des Rechnungswesens steht dem Mitunternehmer daher aus rechtlicher Sicht grundsätzlich für dessen Steuerplanung zur Informationsgewinnung zur Verfügung. Ohne Rückgriff auf die Informationsrechte des Gesellschafters kann dieser allerdings auch aus anderen Gründen Zugang zu dem Rechnungswesen der Gesellschaft haben. Dies ist etwa dann der Fall, wenn der Gesellschafter, der nicht bereits geschäftsführender Gesellschafter ist, per Gesellschafterbeschluß verpflichtet ist, die Buchführungsobliegenheiten der Gesellschaft zu erfüllen. Faktischen Zugang zu dem Rechnungs-

[98] Vgl. Westermann, Handbuch, Anm. 250, S. I 182 f.
[99] Vgl. Fischer, in: Staub, HGB-Großkommentar, Anm. 14 ff. zu § 118, S. 189 f. und Schilling, ebenda, Anm. 13 ff. zu § 166, S. 171 f.
[100] Vgl. dazu auch Hirte, Informationsrechte, S. 2208 ff.

wesen muß ein nicht zur Geschäftsführung berechtigter Gesellschafter auch in den folgenden Fällen haben:[101]

- der Gesellschafter ist als Controller eingesetzt,[102]
- der Gesellschafter ist für die Unternehmensplanung verantwortlich,
- der Gesellschafter ist für Verhandlungen mit Kreditgebern zuständig,
- dem Gesellschafter obliegt die Datenverarbeitung (EDV).

Die genannten Tätigkeiten sind mit einem Zugang zum Rechnungswesen unmittelbar und zwangsläufig verbunden, so daß der Mitunternehmer als Planungsträger ggf. auch auf Grund dieser faktischen Regelungen Informationen für die individuelle Steuerplanung aus dem Rechnungswesen der Gesellschaft gewinnen kann.

4.5.2.2 Gewinnung von Informationen aus dem Verfahren der gesonderten und einheitlichen Gewinnfeststellung

Auf Grund der mit der gesonderten und einheitlichen Gewinnfeststellung[103] bezweckten Feststellung der gewerblichen Einkünfte der Mitunternehmer, werden in diesem Verfahren "auch Vorgänge, die nur den einzelnen Gesellschafter berühren, einbezogen."[104] So muß der einzelne Gesellschafter z.B. Sonderbetriebsausgaben selbst dann bei der Gewinnfeststellung geltend machen, "wenn die Aufwendungen vor der Personengesellschaft geheimgehalten werden sollen... Die Möglichkeit, daß die Mitgesellschafter Kenntnis von persönlichen Betriebsausgaben erlangen, gehört zu dem Risiko, das ein Gesellschafter mit seiner Beteiligung an einer solchen Personengesellschaft eingeht."[105] Auch Sonderbetriebseinnahmen sind in dem Verfahren der Gewinnfeststellung in gleicher Weise zu erfassen.[106] Das Verfahren der einheitlichen und gesonderten Gewinnfeststellung

---

[101] Neben diesen formalen Möglichkeiten kann ein Gesellschafter sich ggf. auch auf illegalem bzw. informalem Wege Zugang zu dem Rechnungswesen verschaffen. Diese Möglichkeit wird allerdings nicht weiter berücksichtigt.

[102] Zum Controlling-Konzept vgl. Hahn, Konzepte, S. 4 ff.

[103] Vgl. im einzelnen zu dem Verfahren der gesonderten und einheitlichen Gewinnfeststellung Abschn. 2.2.1.

[104] Knobbe-Keuk, Bilanz- und Unternehmenssteuerrecht, S. 376.

[105] Falterbaum/Beckmann, Buchführung, S. 726.

[106] Vgl. ebenda, S. 725 f.

eignet sich daher für den Mitunternehmer als Planungsträger in besonderer Weise zur Gewinnung von planungserheblichen Informationen über bei den Mitgesellschaftern realisierte Sachverhalte.

So können unmittelbar aus dem Verfahren der einheitlichen und gesonderten Gewinnfeststellung u.a. folgende, auf das abgelaufene Geschäftsjahr bezogene Daten gewonnen werden:[107]
- Gewinn der Gesellschaft,
- Gewinnanteile der Gesellschafter,
- Beteiligungsquoten der Gesellschafter,
- Sondervergütungen der Gesellschafter,
- Sonderbetriebseinnahmen, -ausgaben bzw. -ergebnisse der Gesellschafter.

Aus dem Verfahren können aber auch mittelbar Informationen über die einzelnen Gesellschafter gewonnen werden. Hat etwa ein Gesellschafter Sonderbetriebsausgaben in Form von Zinszahlungen für ein Darlehen, welches zum Erwerb der Beteiligung an der Mitunternehmergemeinschaft dient, so können daraus im Einzelfall konkrete Rückschlüsse auf den Finanzbedarf und ggf. auf die Liquiditätssituation des betreffenden Gesellschafters gezogen werden. Dies gilt in gleicher Weise für eine typische Unterbeteiligung an dem Anteil eines Gesellschafters, welche ebenfalls in dem Feststellungsverfahren zu erfassen ist.[108]
Die Durchführung des Feststellungsverfahrens durch das Betriebsfinanzamt und insoweit auch die Informationsgewinnung durch den Mitunternehmer setzt allerdings voraus, daß die Steuerpflichtigen, d.h. die Gesellschafter, ihren Steuererklärungspflichten,[109] d.h. ihrer Pflicht zur Abgabe der Feststellungserklärung nachgekommen

---

107 Vgl. auch Knobbe-Keuk, Bilanz- und Unternehmenssteuerrecht, S. 375 ff. und Tipke-Kruse, AO, Tz 35, 38 zu § 180 AO, S. 36 ff.

108 Vgl. Knobbe-Keuk, Bilanz- und Unternehmenssteuerrecht, S. 378 f.

109 Vgl. dazu im einzelnen Tipke-Kruse, AO, Tz 1 ff. zu § 150 AO, S. 13 ff.

sind.[110] Gemäß § 60 EStDV sind als Unterlagen die Bilanz und die GuV beizufügen.[111]
Damit muß die Bilanz als Gestaltungsobjekt der Steuerplanung zum Zeitpunkt der Informationsgewinnung, die der Gestaltung eben dieser Bilanz durch den einzelnen Mitunternehmer dienen soll, bereits vorliegen. Dies spricht insoweit gegen das Verfahren der Gewinnfeststellung als Informationsinstrument. Dennoch eignet sich das Feststellungsverfahren für den Mitunternehmer als Planungsträger aus zwei Gründen für die Informationsgewinnung:

1. Der Mitunternehmer kann aus dem Feststellungsverfahren für den letzten Veranlagungszeitraum Informationen erhalten, die für die Steuerplanung der zukünftigen Perioden von Bedeutung sind. Zu nennen sind Informationen über persönliche Verhältnisse von Mitgesellschaftern, über Entnahmeverhalten sowie über Vorgänge im Sonderbetriebsbereich (Aufnahme von Darlehen etc.).

2. Solange der Feststellungsbescheid noch nicht rechtskräftig geworden ist und ein Tatbestand der §§ 172 ff. AO erfüllt ist, kann der Feststellungsbescheid für den abgelaufenen Veranlagungszeitraum grundsätzlich auf Antrag geändert oder aufgehoben werden.[112] Somit besteht für den Mitunternehmer als Planungsträger grundsätzlich die Möglichkeit, dann eine Berichtigung oder Aufhebung des Feststellungsbescheids anzustreben, wenn er im Verlauf des Feststellungsverfahrens planungserhebliche Informationen gewinnt und darüber hinaus ein Tatbestand der §§ 172 ff. AO erfüllt ist. Eingeschränkt wird diese Möglichkeit allerdings dadurch, daß die betroffenen Steuerpflichtigen der Berichtigung oder Aufhebung zustimmen müssen.[113]

Der Zugang zu den Informationen der Gewinnfeststellung ist abhängig von der Stellung des einzelnen Gesellschafters. "Zur Abgabe der Erklärung für die gesonderte Gewinnfeststellung sind die zur

---

[110] Vgl. ebenda, Tz 1 ff. zu § 181 AO, S. 42 ff.

[111] Vgl. ebenda, Tz 6 zu § 150 AO, S. 18a. Vgl. ferner Schick, Aspekte, S. 134, der die Bilanz nicht nur als Anlage zu der Erklärung, sondern als Teil dieser sieht, unter Berufung auf § 60 Abs. 2 EStDV i.V.m. § 150 Abs. 4 AO und § 51 Abs. 1 Nr. 1 EStG.

[112] Vgl. im einzelnen zu den Voraussetzungen und Rechtsfolgen die Kommentierungen zu §§ 172 AO ff. bei Tipke-Kruse, S. 1 ff.

[113] Vgl. dazu Tipke-Kruse, AO, Tz 9 zu § 172, S. 17 f.

Geschäftsführung oder Vertretung der Gesellschaft berechtigten Personen verpflichtet (§ 58 EStDV)."[114] Die Bekanntgabe des Bescheids muß zwar grundsätzlich gegenüber allen Betroffenen erfolgen,[115] jedoch sind i.d.R. die zur Geschäftsführung berechtigten Personen auch Empfangsbevollmächtigte gemäß § 183 AO.[116] Der Zugang zu den Informationen steht somit i.d.R. nur den Geschäftsführern der Gesellschaft offen, es sei denn, die Aufgaben von Abgabe der Erklärung und Empfang des Bescheids werden von anderen Feststellungsbeteiligten wahrgenommen.

4.5.2.3 Gewinnung von Informationen aus anderen steuerlichen Informationsquellen

Die Durchführung jeder Steuerplanung setzt Informationen über gegenwärtige und zukünftige Steuergesetze, Rechtsprechungen und Steuerverwaltungsauffassungen und -anweisungen voraus. Nach diesen Determinanten der Steuerbelastung ist die Steuerplanungskonzeption auszurichten.
Zur diesbezüglichen Informationsgewinnung stehen dem Mitunternehmer - wie jedem anderen Steuerpflichtigen - folgende steuerliche Quellen zur Verfügung:[117]

a) Informationsquellen bzgl. aktueller Steuerrechtsdaten
- Bundessteuerblatt, als Publikationsorgan von Gesetzgeber, Verwaltung und Rechtsprechung,[118]
- Auskünfte und Zusagen der Finanzverwaltung,
- Kommentare, Fachliteratur und -zeitschriften,
- Externe Berater (Steuerberater, Fachanwälte für Steuerrecht, Wirtschaftsprüfer),
- Steuerrechtsdatenbanken (z.B. DATEV-Datenbank).[119]

---

[114] Knobbe-Keuk, Bilanz- und Unternehmenssteuerrecht, S. 377.
[115] Vgl. Tipke-Kruse, AO, Tz 5 zu § 179 AO, S. 6.
[116] Vgl. ebenso Tipke-Kruse, AO, Tz 1a zu § 181 AO, S. 45.
[117] Vgl. auch Paulus, Ziele, S. 166 f.
[118] Vgl. auch List, Rechtsquellen, S. 139 ff.
[119] Die Datenbank der DATEV speichert "etwa 20.000 Entscheidungen zum Steuerrecht, 20.000 Verwaltungsanweisungen und 10.000 Zeitschriftenbeiträge." Wacker, Lexikon, S. 159. Die Datenabfrage erfolgt in der Weise, daß der Anwender seine Anfrage "formuliert und reformuliert..., bis ihn der Relevanzgrad der gefundenen Information zurfriedenstellt".

Insbesondere externe Berater und Steuerrechtsdatenbanken ermöglichen nicht nur eine reine Informationsvermittlung, sondern darüber hinaus auch ggf. eine zielorientierte Informationsauswahl und Informationsaufbereitung.

b) Informationsquellen bzgl. zukünftiger Steuerrechtsdaten
- Auswertungen von Berichten der Medien hinsichtlich Regierungserklärungen bzgl. der staatlichen Steuerpolitik und der steuerlichen Konjunkturpolitik (z.B. relevant für erwartete Abschreibungsmöglichkeiten),
- EG-Richtlinien hinsichtlich der Bestrebungen zur Harmonisierung des Steuerrechts im Bereich der EG,
- Seminare, Kongresse, Fortbildungsveranstaltungen,
- Tests bzgl. des Verhaltens der Finanzverwaltung in Ermessensfragen,[120]
- Externe Berater (Steuerberater, Fachanwälte für Steuerrecht, Wirtschaftsprüfer),
- Steuerrechtsdatenbanken (z.B. DATEV-Datenbank).

Es ist im Rahmen der Informationsverarbeitung allerdings zu beachten, daß insbesondere die Prognosen hinsichtlich zukünftiger materieller Steuerrechtsänderungen mit einer großen Unsicherheit behaftet sind und häufig bloße Vermutungen bleiben müssen.[121] Dies gilt etwa für mögliche Steuertarifverläufe ebenso wie für Freibetragsregelungen. Daher sind speziell im Zusammenhang mit Prognosen von Steuerrechtsdaten die Kosten-Nutzen-Relationen der Informationsbeschaffung zu beachten.[122]

4.5.2.4 Gewinnung von Informationen auf Grund faktischer Gegebenheiten und durch Schätzung

Soweit dem Mitunternehmer die oben genannten Informationsquellen nicht oder nur unvollständig zur Verfügung stehen oder die gewon-

Ebenda, S. 159. Hinzuweisen ist auch auf das im Aufbau begriffene juristische Informationssystem (JURIS).

[120] Vgl. Paulus, Ziele, S. 172.

[121] Vgl. Brenzke, Organisation, S. 91.

[122] Zu den noch ungelösten Problemen der Quantifizierung von Kosten und Nutzen der Informationsbeschaffung vgl. z.B. Kappler, Informationskosten, S. 95 ff; Bamberg/Coenenberg/Klein-Doepke, Informationen, S. 30 ff.

nenen Informationen den an sie zu stellenden Anforderungen[123] nicht genügen, ist der Planungsträger auf Annahmen und Schätzungen angewiesen. So muß der Mitunternehmer für Zwecke der individuellen Steuerplanung etwa im Fall einer fehlenden oder ungenügenden Gewinnplanung der Gesellschaft die zu erwartenden Bruttoergebnisse schätzen. Die Schätzung kann selbstverständlich auch ein mit den spezifischen Verhältnissen des Unternehmens vertrauter externer Berater (z.B. Steuerberater) durchführen. In jedem Fall hängt die Qualität der Schätzung, d.h. die Festlegung von Schätzungsgrößen, Schwankungsbreiten und Wahrscheinlichkeiten, ab von "der Intuition und intimen Kenntnis des Unternehmens, seiner Branche und seines Marktes, wie sie Unternehmensleiter, langjährige Mitarbeiter und betreuende Berater haben...".[124] Die Methode der Schätzung muß sich nach dem verfügbaren Datenmaterial richten. Sie kann daher in einer bloßen Annahme oder Vermutung ebenso bestehen, wie in einer Extrapolation der in der Vergangenheit beobachteten Gewinnentwicklung oder auch in einer an den erwarteten Umsätzen orientierten Ergebnisschätzung.[125]

Auch bzgl. der Gewinnung von Informationen über planungserhebliche Sachverhalte der Mitgesellschafter (z.B. Sachverhalte im Bereich der Sonderbetriebsebene, Entnahmeverhalten, angestrebter Manövriermasseneinsatz sowie persönliche Verhältnisse der Mitgesellschafter) ist der Mitunternehmer ggf. auf Annahmen angewiesen. Hinsichtlich dieser notwendigen Annahmen kommt dem Mitunternehmer als Planungsträger allerdings die durch die Kriterien der Mitunternehmerschaft dokumentierte Personenbezogenheit seiner Mitunternehmerstellung zugute. So hat der einzelne Mitunternehmer im allgemeinen recht gute personenbezogene Informationen über seine Mitgesellschafter. Diese Informationen beruhen zum einen auf dem z.T. notwendigerweise engen Kontakt auf Grund des Gesellschafterverhältnisses. Zum anderen resultieren diese Informationen aus den in der Vergangenheit beobachtbaren Verhaltensweisen der Mitgesellschafter. So ist z.B. hinsichtlich der verfolgten Strategie des Manövriermasseneinsatzes der Mitgesellschafter möglicherweise zum einen eine vergleichsweise hohe "Trägheit" bzgl. der Strategien-

---

[123] Zu den Informationsanforderungen vgl. Abschn. 4.5.1.
[124] Brenzke, Organisation, S. 88.
[125] Zur Methode der umsatzorientierten Schätzung vgl. ebenda, S. 88.

wahl bzw. des -wechsels festzustellen, zum anderen beschränken sich diese "Strategien" ggf. auf die Ausnutzung von solchen steuerlichen Vergünstigungen am Jahresende, welche eine Steuernachverlagerung induzieren. Beide Verhaltensweisen sind mehr oder minder unmotiviert bzw. unreflektiert und auf Grund ihrer hohen Remanenz für eine Extrapolation in die Zukunft - zumindest was Tendenzaussagen betrifft - geeignet. "Dazu kommt, daß die Anpassung an Prognosedaten sehr schwerfällig erfolgt und eine vergangenheitsorientierte Planung dominiert."[126]
Auch mit informalen Kontakten, d.h. z.B. Gesprächen und Zusammenkünften aus privatem Anlaß, sind Informationen über planungserhebliche Sachverhalte der Mitgesellschafter (steuerlich relevante persönliche Verhältnisse, wie etwa Familienstand, Zahl der Kinder oder Lebensstandard, weitere Einkunftsquellen und daraus resultierender Finanzbedarf etc.) automatisch verbunden.[127]

Schließlich ist auch die Gewinnung von Informationen über die eigenen individuellen persönlichen Verhältnisse des Planungsträgers unter die Gewinnung von Informationen aus faktischen Gegebenheiten zu subsumieren. Die bei dem Mitunternehmer realisierten oder noch zu realisierenden planungserheblichen Sachverhalte sind diesem de facto bekannt, zumindest hat der Mitunternehmer eine bestimmte Vorstellung über deren zukünftige Entwicklungen. Im wesentlichen zeichnen sich die persönlichen Sachverhalte durch eine sehr niedrige Variabilität aus (z.B. Familienstand, Anzahl der Kinder, ggf. auch Höhe der weiteren Einkünfte). Daher "erscheint der Aufwand eines... Prognoseverfahrens nicht lohnend, so daß die Träger der... (Steuerplanung, d.A.) sich Vorstellungen durch Nachdenken bilden müssen."[128]

Wie die Ausführungen in Abschn. 4.5.2 verdeutlichen, verfügt der Mitunternehmer als Träger seiner individuellen Steuerplanung über eine Vielzahl an Informationsquellen und -instrumenten mit jeweils unterschiedlichem Informationspotential. Trotz dieser Vielfalt an Informationsmöglichkeiten kann von einer vollkommenen Information des Mitunternehmers allerdings nicht ausgegangen werden, da zum

126 Brenzke, Organisation, S. 16.
127 Diese Informationsquellen entziehen sich naturgemäß einer systematischen Analyse.
128 Rollig, Steuerpolitik, S. 184.

einen die Qualität der Informationen sehr unterschiedlich ist und zum anderen zukunftsbezogene Informationen in aller Regel mit prognosebedingten Unsicherheiten behaftet sind. Die qualitativen und/oder quantitativen Informationslücken und damit der Informationsstand des Mitunternehmers können somit im Einzelfall sehr unterschiedlich ausgeprägt sein. Im folgenden ist daher zu untersuchen, welchen Einfluß der (unvollkommene) Informationsstand des Mitunternehmers auf dessen Planungskonzeption haben kann.

4.5.3 Einfluß von Informationsstand und Riskikoeinstellung auf Subzielwahl und Planungsverfahren

Für die Steuerplanung gilt grundsätzlich, "daß wegen der Zukunftsbezogenheit der Planung im Normalfall nicht alle erforderlichen Informationen zum Planungszeitpunkt feststehen."[129] Der Informationsstand[130] des Planungsträgers, d.h. das verfügbare Potential des Mitunternehmers an entscheidungsrelevantem Wissen, ist in praxi zwischen zwei Extremen einzuordnen:

1. Extrem der vollkommenen Information
Die Prämisse der vollkommenen Information des Planungsträgers im Rahmen deterministischer Modelle beinhaltet, daß Entscheidungen unter Sicherheit über zukünftige (Umwelt-) Entwicklungen erfolgen. Es bestehen einwertige Erwartungen hinsichtlich der angenommenen Zukunftsentwicklung.[131] Die Prämisse der vollkommenen Information ist unter theoretischen, aber insbesondere unter empirischen Aspekten zu kritisieren.[132] Die Annahme eines vollkommenen Informationsstands bildet vielmehr einen Grenzfall denkbarer Ausprägungen des Informationsstands.

2. Extrem der vollkommenen Ignoranz

---

129 Dedner/Günther/Rünger, Ertragsteuerplanung, S. B239.

130 Paulus definiert mit gleichem materiellen Gehalt formal: "Die Schnittmenge von Informationsbedarf, -nachfrage und -angebot bildet den (vergangenheits- und zukunftsbezogenen) Informationsstand des Entscheidungsträgers." Paulus, Ziele, S. 185.

131 Vgl. auch Hahn, PuK, S. 41 und Müller-Kröncke, Entscheidungsmodelle, S. 125.

132 Vgl. die Argumentation bei Rollig, Steuerpolitik, S. 59.

"Vollkommene Ignoranz ist zu kennzeichnen als ein Zustand, in dem die Entscheidungsträger überhaupt kein Wissen über die möglichen Zustände der Umwelt haben."[133] Auch diese extreme Ausprägung ist empirisch irrelevant, da der Planungsträger üblicherweise über einzelne planungserhebliche Sachverhalte informiert ist und sei es auch nur, daß die Informationen aus Annahmen über zukünftige Entwicklungen resultieren.

Von empirischer Relevanz für die Steuerplanung ist somit nur ein Informationsstand, der zwischen den beiden genannten extremen Ausprägungen liegt. Es handelt sich dabei um den Fall der unvollkommenen Information.[134] "Hierbei versetzt das bei den Entscheidungsträgern vorhandene Wissen diese in die Lage, eine Anzahl hypothetischer Umweltzustände als für die Entscheidung irrelevant auszuschließen, reicht jedoch nicht aus, mit Sicherheit einen einzigen als zutreffend zu erkennen."[135] Es besteht somit Ungewißheit über die zukünftigen Entwicklungen, d.h. es liegen mehrwertige Erwartungen hinsichtlich alternativer Zukunftsentwicklungen vor.[136] Soweit hinsichtlich der alternativen zukünftigen Umweltsituationen objektive Eintrittswahrscheinlichkeiten formuliert werden können, erfolgen Entscheidungen unter Risiko, sind keine oder nur subjektive Eintrittswahrscheinlichkeiten zu ermitteln, ist der Fall der Unsicherheit gegeben.[137]
Da der Mitunternehmer als Träger seiner individuellen Steuerplanung grundsätzlich auch auf eine individuelle und das bedeutet häufig auch eine isolierte Informationsbeschaffung angewiesen ist, gewinnen in diesem Bereich subjektive Eintrittswahrscheinlichkeiten besonderes Gewicht. Von Unsicherheit muß insbesondere hin-

---

[133] Ebenda, S. 60.
[134] "Bei einer realitätsnahen Planung sind also Entscheidungen bei unvollkommener Information zu fällen." Dedner/Günther/Rünger, Ertragsteuerplanung, S. B239.
[135] Rollig, Steuerpolitik, S. 60.
[136] Vgl. Hahn, PuK, S. 45 und Müller-Kröncke, Entscheidungsmodelle, S. 125.
[137] Vgl. Paulus, Ziele, S. 174 f; Hahn, PuK, S. 45 ff. und Laux, Entscheidungstheorie, S. 23 f.

sichtlich folgender Daten ausgegangen werden:
- erwartete Bruttoergebnisentwicklung,
- erwartete Manövriermassenentwicklung,
- erwartete individuelle Liquiditätssituation,
- erwartete Steuerrechtsdaten,
- anzusetzender Kalkulationszinsfuß.

Im Ergebnis ist es für das Planungsverfahren allerdings unerheblich, ob subjektive oder objektive Eintrittswahrscheinlichkeiten formuliert werden können, weshalb im folgenden nur noch der übergreifende Fall der unvollkommenen Information behandelt wird.

Zur Berücksichtigung der Probleme unvollkommener Information stehen im Rahmen der Steuerplanung grundsätzlich folgende Möglichkeiten zur Verfügung, differenziert nach der Einflußnahme des Unsicherheitsphänomens auf das Planungsverfahren:

1. Reduktion der Unsicherheit bei unverändertem Planungsverfahren durch Verbesserung des Informationsstands,

2. Berücksichtigung der Unsicherheit durch Modifikation des Planungsverfahrens.

Zu 1: Reduktion der Unsicherheit bei unverändertem Planungsverfahren durch Verbesserung des Informationsstands

Eine erste Möglichkeit zur Berücksichtigung des Problems unvollkommener Information ist in der Reduktion der Unsicherheit durch optimierte Informationsbeschaffung zu sehen. In diesem Fall nutzt der Mitunternehmer alle ihm zur Verfügung stehenden Informationsquellen und Verfahren der Informationsgewinnung (z.B. Prognoseverfahren),[138] mit dem Ziel der Verbesserung des individuellen unvollkommenen Informationsstands. Für den Mitunternehmer als Planungsträger besteht neben der Unsicherheit hinsichtlich zukünftiger Daten vor allem auch Unsicherheit bzgl. der von den Mitgesellschaftern verfolgten Ergebnisausweis- bzw. Manövriermasseneinsatzstrategien. Speziell hinsichtlich dieser Ausprägung des Unsicherheitsphänomens eignet sich die Vorgehensweise der Reduktion der Unsicherheit durch verbesserte, im Grenzfall optimierte Informationsbeschaffung.

[138] Vgl. dazu Abschn. 4.5.2.1.1.

Zu diesem Zweck ist es ggf. notwendig, die erforderlichen Informationsquellen zu schaffen bzw. bereits vorhandene Quellen anforderungsgerecht[139] auszubauen. Wie bereits oben dargestellt, kann insbesondere die Errichtung bzw. der Ausbau eines leistungsfähigen Rechnungswesens einschließlich Planungsrechnung wesentlich zur quantitativen und qualitativen Verbesserung des Informationsstands und damit zur Reduktion der Unsicherheit über zukünftige Entwicklungen beitragen.

Der durch den Mitunternehmer letztlich anzustrebende Informationsstand hängt zum einen von den anfallenden Kosten der Informationsbeschaffung ab. Die Informationsbeschaffungskosten werden ihrerseits durch die Informationsquelle (z.B. hohe Informationsbeschaffungskosten im Fall des Einschaltens externer Berater) determiniert. Der angestrebte Informationsstand und damit der Zeitpunkt des Abbruchs der Informationsbeschaffung ist zum anderen bestimmt durch die Risikopräferenz des Planungsträgers. Ein risikoscheuer Planungsträger wird den für eine zu treffende Entscheidung subjektiv für notwendig erachteten Informationsstand naturgemäß höher ansetzen als ein risikofreudiger Planungsträger, dessen Satisfizierungsniveau schon bei einer weniger fundierten informationellen Basis erreicht ist.[140]
Auf der Basis des realisierten und subjektiv für angemessen erachteten Informationsstands wird dann nach der somit realisierten Reduktion der Unsicherheit die Steuerplanung konzipiert, ohne daß eine weitere Berücksichtigung des Unsicherheitsphänomens im Rahmen des Planungsverfahrens erfolgt. Der Planungsträger geht somit implizit von einem quasi-vollkommenen Informationsstand aus.

---

139 Vgl. zu den formellen und materiellen Informationsanforderungen Abschn. 4.5.1.

140 Wenn das Risiko einer Maßnahme durch die Standardabweichung (vom Erwartungswert) der Zielgröße erfaßt wird, ist ein Entscheider als risikoscheu (risikofreudig) zu bezeichnen, "sofern es von zwei beliebigen Alternativen mit demselben Erwartungswert der Zielgröße jene mit der kleineren (größeren) Standardabweichung der Zielgröße vorzieht." Laux, Entscheidungstheorie, S. 154. Ein risikoscheuer Planungsträger schätzt daher die Gefahr einer negativen Abweichung vom Erwartungswert subjektiv höher ein als die Möglichkeit einer positiven Abweichung, d.h. er strebt bei gegebenem Erwartungswert nach einer möglichst kleinen Streuung der Zielgröße. Dagegen gewichtet ein "risikofreudiger Entscheider die Chance einer positiven Abweichung höher als die Gefahr einer negativen." Ebenda, S. 159.

Auch wenn durch eine optimierte Informationsbeschaffung eine Reduktion der Unsicherheit über zukünftige Entwicklungen erreicht wird, so bleibt doch festzustellen, daß eine vollständige Beseitigung der Unsicherheit durch diese Vorgehensweise grundsätzlich nicht möglich ist. Der Informationsstand ist zwar ggf. verbessert worden, dennoch verfügt der Planungsträger letztlich über einen unvollkommenen Informationsstand.
Es ist daher naheliegend und konsequent, das Unsicherheitsphänomen systematisch im Rahmen des Planungsverfahrens zu berücksichtigen.

Zu 2: Berücksichtigung der Unsicherheit durch Modifikation des Planungsverfahrens

Die oben unter 1. beschriebene Alternative der Unsicherheitsreduktion kommt insbesondere für die Fälle zum Tragen, in denen keine objektiven oder fundierten subjektiven Wahrscheinlichkeiten für den Eintritt alternativer zukünftiger Entwicklungen angegeben werden können. Eine quantifizierte Entscheidungsfundierung bei Unsicherheit ist daher nicht durchführbar.[141] Soweit der Planungsträger allerdings in der Lage ist, (subjektive) Wahrscheinlichkeiten für den Eintritt zukünftiger Entwicklungen zu bestimmen, kann eine Entscheidung unter Ungewißheit, z.B. auf der Basis des Erwartungswerts getroffen werden.[142]

Die Berücksichtigung der unvollkommenen Information im Rahmen des Planungsverfahrens ist dadurch gekennzeichnet, daß die Auswirkungen zu treffender Entscheidungen (z.B. Entscheidungen über den zu wählenden Manövriermasseneinsatz) auf zukünftige planungserhebliche Sachverhalte (z.B. Höhe der Gewinnanteile des Mitunternehmers) unter den subjektiv für wahrscheinlich erachteten Umweltzuständen ermittelt werden. Als formale Instrumente der Entscheidungsfindung

[141] Vgl. diese Einschätzung auch bei Börner/Krawitz, Steuerbilanzpolitik, S. 104.

[142] "Der Erwartungswert des Zielbeitrages... der Handlungsalternative... ergibt sich aus der Summe der einzelnen Erfolgsbeiträge... multipliziert mit der Eintrittswahrscheinlichkeit... der jeweiligen Datensituationen...". Ebenda, S. 105. Eine Entscheidungsfindung allein auf der Basis des Erwartungswerts wird als risikoneutrales Verhalten bezeichnet, da der Planungsträger Risiken und Chancen in gleicher Weise berücksichtigt.

stehen das Entscheidungsbaumverfahren (mit Voll- oder Teilenumeration) sowie das Verfahren der Entscheidungsmatrix zur Verfügung.[143] Die Entscheidung über die letztendlich zu verfolgenden Strategien erfolgt unter Verwendung quantitativ-orientierter Entscheidungsregeln (z.B. Erwartungswert-Kriterium, Bayes-Kriterium, Bernoulli-Kriterium, Maximax-Regel, Maximin-Regel, Laplace-Regel, Hurwicz-Regel).[144] Ein konkreter Vorschlag zur Konzeption der Steuerplanung bei unvollkommener Information findet sich bei Dedner/Günther/Rünger.[145] Der vorgestellte Lösungsansatz berücksichtigt explizit die unvollkommene Information des Planungsträgers in einer zweistufigen Modellkonzeption:
Zunächst werden auf der Basis subjektiver Wahrscheinlichkeiten mögliche zukünftige Bruttoergebnisse ermittelt und daraus unter Verwendung eines Zufallsmechanismus mögliche Ausprägungen simuliert. Unter der Prämisse des sicheren Eintretens der jeweiligen Ausprägung der Größe Bruttoergebnis erfolgt die Bestimmung der optimalen Gewinnausweisreihe.[146] Die Ergebnisse werden in einer Ergebnismatrix zusammengefaßt; die Entscheidung über die zu planende Gewinnsumme erfolgt unter Heranziehung der Bayes-Entscheidungsregel.

Die praktische Relevanz der formalen Berücksichtigung der unvollkommenen Information im Rahmen des Planungsverfahrens für den Mitunternehmer als Planungsträger muß allerdings als begrenzt bezeichnet werden. Diese Einschätzung ist zum einen begründet mit der Komplexität der Verfahrensweisen trotz zahlreicher vereinfachender Annahmen, dem erforderlichen Rechenaufwand und der notwendigen Kenntnis mathematisch-statistischer Verfahren.[147] Zum anderen hängt die Qualität der auf diese Weise ableitbaren Ergebnisse

[143] Auf eine Darstellung dieser Instrumente kann verzichtet werden. Vgl. dazu grundsätzlich Hahn, PuK, S. 218 ff. und S. 245 ff. Den Einsatz dieser Instrumente im Rahmen der Steuerpolitik stellt dar Rollig, Steuerpolitik, S. 199 ff.
[144] Inhalt und konkrete Anwendung der Kriterien sind an dieser Stelle nicht zu erörtern. Vgl. dazu Laux, Entscheidungstheorie, S. 114 ff. und S. 149 ff; Böcker, Entscheidungssituation, S. 979 ff. und Kruschwitz, Entscheidungsregeln, S. 81 ff.
[145] Vgl. Dedner/Günther/Rünger, Ertragsteuerplanung, S. B239 ff.
[146] Dazu können die bekannten Verfahren der Ertragsteuerplanung, insbesondere auch das in Abschn. 4.4 vorgestellte Verfahren Anwendung finden.
[147] Vgl. dazu den Modellaufbau und das Berechnungsbeispiel bei Dedner/Günther/Rünger, Ertragsteuerplanung, S. B241.

wesentlich von der Möglichkeit der Bestimmung fundierter subjektiver Wahrscheinlichkeiten ab. Zwar wird der Planungsträger i.d.R. über subjektive Einschätzungen i.S.d. "vernünftigen persönlichen Für-Wahr-Haltens"[148] einer Aussage verfügen, jedoch wird er "kaum in der Lage sein, Glaubwürdigkeitseinschätzungen in quantitativen Wahrscheinlichkeiten zu messen."[149]

Doch selbst bei Anwendung der Modelle ist festzustellen, "daß diese Bestrebungen nie zu einer vollkommenen Eliminierung der Problematik des unvollkommenen Informationsstands im Rahmen der... (Steuerplanung, d.A.) führen können."[150] Folgerichtig findet sich daher in der praktischen Steuerplanung nach wie vor die materielle Modifikation des Planungsverfahrens zur Berücksichtigung der unvollkommenen Information: "In der Unternehmungspraxis begegnet man dem Ungewißheitsphänomen abgesehen von der Anwendung von Wahrscheinlichkeitsziffern... auch durch den Einsatz von Sicherheitsfaktoren (und, d.A.) Alternativplanungen...".[151] Während die Berücksichtigung der Unsicherheit mit Hilfe von Sicherheitsfaktoren durch Zu- bzw. Abschläge bei planungsrelevanten Größen (z.B. zukünftige Bruttoergebnisse oder Potential an Manövriermasse) erfolgt, werden bei Alternativplanungen für die erwarteten Umweltsituationen jeweils Planungsrechnungen durchgeführt.[152] Beide Konzepte sind ohne Probleme auf die im Rahmen dieser Arbeit vertretenen Steuerplanung des Mitunternehmers übertragbar, da die prinzipielle Vorgehensweise nicht berührt wird.

Aus der unvollkommenen Information der Planungsträger und der daraus resultierenden Forderung nach einer flexiblen Planung zur Berücksichtigung der Ungewißheit[153] wird eine weitere wesentliche Modifikation des Planungsverfahrens abgeleitet. Danach soll die

[148] Schneider, Investition, S. 69.
[149] Ebenda, S. 80. Schneider begründet diese Auffassung zutreffend mit dem Problem mangelnder Meßbarkeit der Glaubwürdigkeitseinschätzungen. Vgl. ebenda, S. 71 und S. 74 ff.
[150] Rollig, Steuerpolitik, S. 319.
[151] Hahn, PuK, S. 48.
[152] Vgl. ebenda, S. 48 f.
[153] Vgl. Börner/Krawitz, Steuerbilanzpolitik, S. 106. Zur Kritik an dem Begriff der flexiblen Planung vgl. Schneider, Investition, S. 114 ff.

Planung als rollende Planung konzipiert werden.[154] Es handelt sich dabei um eine Planung, "die einen mehrjährigen Planungszeitraum umfaßt, dabei jedoch stets vor Ablauf dieses Zeitraums, z.B. jährlich oder alle zwei bis drei Jahre, wiederum um den mehrjährigen Zeitraum überlappend fortgeschrieben wird."[155] Durch das sukzessive Nachverlagern des Planungshorizonts wird eine zunehmende Konkretisierung der in die Planung eingehenden Daten innerhalb des Planungszeitraums und damit eine Reduktion der Unsicherheit realisiert.[156] Darüber hinaus gestattet die rollende Steuerplanung im Vergleich zur Anschlußplanung eine größere Kontinuität der Plandaten (z.B. kontinuierlicher Gewinnausweis). Marettek geht ausführlich auf Ausgestaltung und Funktionsweise der rollenden Planung ein,[157] so daß im folgenden nur noch zu untersuchen ist, in welcher Form dieses Konzept auf die Steuerplanung des Mitunternehmers auf der Basis der Ermittlung der Grenzsteuerzuwachsraten übertragbar ist und welche Konsequenzen daraus ggf. resultieren.

Die Übertragung des Konzepts der rollenden Planung auf das hier vertretene Steuerplanungsverfahren des Mitunternehmers führt unmittelbar zu folgender Vorgehensweise:

I. Der Mitunternehmer plant zunächst in einer ersten Stufe die vorläufige optimale Gewinnausweisreihe der ersten 5 Planungsperioden,[158] entsprechend dem beschriebenen Verfahren der Ermittlung der Grenzsteuerzuwachsraten.

II. Nach Ablauf der 1. Planungsperiode wird bei angenommener einperiodischer Überlappung unter Hinzuziehung von Bruttoergebnis und Manövriermasse der neuen 6. Planungsperiode die optimale Ergebnisausweisreihe erneut ermittelt. Entsprechend dieser ermittelten Ergebnisausweisreihe ist der Planergebnisausweis der 1. Periode aus-

---

154 Vgl. Hahn, PuK, S. 56 und 78 f; Marettek verwendet das Synonym 'revolvierende Planung', vgl. Marettek, Steuerbilanzplanung, S. 77 ff.

155 Marettek, Steuerbilanzplanung, S. 77.

156 Vgl. ebenda.

157 Vgl. ebenda, S. 77 ff. sowie das Zahlenbeispiel, S. 79 ff.

158 Durch die anzuwendende rollende Planung verliert die Problematik der Festlegung des Planungshorizonts im Vergleich zur Anschlußplanung naturgemäß an Bedeutung. Vgl. auch Müller-Kröncke, Entscheidungsmodelle, S. 269 ff.

zurichten, zu realisieren und der Veranlagung zuzuführen. Dies bedeutet faktisch, daß der Ergebnisausweis der vorangehenden und bereits abgeschlossenen Periode unter Berücksichtigung der folgenden 5 Perioden 'geplant' wird.[159]

III. Nach Ablauf der 2. Planungsperiode wird die optimale Ergebnisausweisreihe unter Hinzuziehung der 7. Planungsperiode ermittelt. Es ist nun zu prüfen, inwieweit diese Strategie realisiert werden kann, da auf Grund der in Periode 2 bereits erfolgten Veranlagung des Planergebnisses aus Periode 1 ggf. langfristig wirksame und nicht mehr zu revidierende Manövriermasseneinsatzentscheidungen getroffen wurden. Daraus ergibt sich die Notwendigkeit einer die Reversibilität und Flexibilität berücksichtigenden Strukturierung der Manövriermasse.[160] Ferner ist es notwendig, zwischen ergebnisausweiserhöhenden und -reduzierenden Manövriermassen zu unterscheiden,[161] um durch den Einsatz von einzelnen Manövrierteilmassen die Wirkungen früherer Manövriermasseneinsatzentscheidungen zu kompensieren.

In der praktischen Anwendung werden die optimalen Ergebnisausweisreihen aus der rollenden Planung auf Grund der steuerrechtlichen Restriktionen des Manövriermasseneinsatzes nicht vollständig realisiert werden können.[162] Der Mitunternehmer als Planungsträger kann in praxi daher nur eine möglichst weitgehende Annäherung an die Optimalstrategie verfolgen.
Die Vorgehensweise in den folgenden Perioden verläuft analog zu der unter III dargestellten Vorgehensweise.[163]

159 Die Nutzung von steuerverfahrenstechnischen Möglichkeiten der Aufschiebung von Bilanzerstellung und Abgabe der Steuererklärung würde ggf. zu einer noch stärkeren Nachverlagerung der Veranlagung führen. Vgl. dazu Börner/Krawitz, Steuerbilanzpolitik, S. 110 f. und Müller-Kröncke, Entscheidungsmodelle, S. 127 ff.

160 Vgl. dazu Abschn. 6 und Börner/Krawitz, Steuerbilanzpolitik, S. 106 ff.

161 Vgl. im einzelnen dazu ebenfalls die in Abschn. 6 zu erörternden Alternativen der Strukturierung der Manövriermassen.

162 Vgl. diese Einschätzung auch bei Marettek, Steuerbilanzplanung, S. 78.

163 Da die Anwendung einer rollenden Planung keine materiellen Änderungen des Verfahrens der Steuerplanung auf der Basis der Ermittlung von Grenzsteuerzuwachsraten erfordert, kann auf die Durchrechnung eines Zahlenbeispiels verzichtet werden. Ein Zahlenbeispiel findet sich bei Marettek, Steuerbilanzplanung,

Im Ergebnis bewirkt die rollende Planung, daß ein kontinuierlicher, in Abhängigkeit von der Zielfunktion langfristig steigender bzw. fallender Ergebnisausweis realisiert wird. Dagegen würde der Ergebnisausweis im Fall einer Anschlußplanung zwischen der letzten Periode des vorangehenden und der ersten Periode des folgenden Planungszeitraums stark differieren. Abb. 11 zeigt vereinfacht diesen Aspekt für den Fall der Zielfunktion der Steuerbarwertminimierung und eines 5-periodischen Planungszeitraums im Fall der Anschlußplanung.
Ferner wird durch das stetige Hinausschieben des Planungshorizonts im Rahmen der rollenden Planung offensichtlich, im Vergleich zur Anschlußplanung, die Problematik der Festlegung des Planungshorizonts weitestgehend beseitigt.

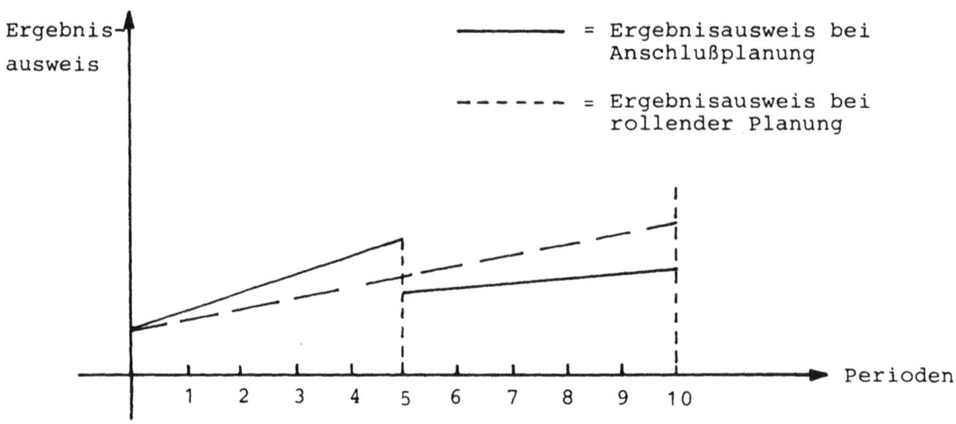

Abb. 11: Verlauf des Ergebnisausweises für die Fälle Anschlußplanung und rollende Planung

Die bisher aufgezeigten Möglichkeiten einer Bewältigung der Unsicherheit lassen erkennen, daß zwar eine Reduktion, jedoch keine Beseitigung der Unsicherheit möglich ist. Es ist daher zu fragen, welche Konsequenzen der Planungsträger aus dieser Einsicht ggf.

S. 79 ff, der aus diesem die Vorteilhaftigkeit der rollenden Planung gegenüber der Anschlußplanung ableitet.

für seine individuelle Steuerplanung zieht. So könnte der Planungsträger in Abhängigkeit von seiner individuellen Risikoeinstellung eine Modifikation der aus einem formalen Planungsverfahren abgeleiteten optimalen Ergebnisausweisstrategie vornehmen. Ein risikoscheuer Planungsträger wird z.B. im Fall der Zielfunktion der Steuerbarwertminimierung die Optimalstrategie durch eine noch stärkere Nachverlagerung des Gewinnausweises modifizieren. Dies folgt aus der Überlegung, daß dem dadurch in der laufenden bzw. abgeschlossenen Periode realisierbaren und relativ sicheren Steuersatzeffekt ein größeres Gewicht beigemessen wird, als zukünftigen und relativ unsicheren Steuersatz- und Zinseffekten.[164] Für den Fall der Zielfunktion der Nettokapitalwertmaximierung gelten analoge Überlegungen. In der folgenden Übersicht (Abb. 12) sind die möglichen Modifikationen der Optimalstrategie in Abhängigkeit von der Risikoeinstellung des Planungsträgers zusammengefaßt.

Werden diese Überlegungen konsequent fortgeführt, so ist zu fragen, ob der Informationsstand des Mitunternehmers nicht bereits bei der Wahl der Zielfunktion der Steuerplanung zu berücksichtigen ist. Soweit der Mitunternehmer etwa keinen Zugang zum Rechnungswesen und insbesondere zur Planungsrechnung der Gesellschaft hat und ihm auch keine anderen Informationsmöglichkeiten (z.B. Erfahrungswerte und darauf aufbauende Prognosen) zur Verfügung stehen, fehlt ihm die informationelle Basis (z.B. Informationen über erwartete Bruttoergebnisse und erwartete Manövriermassen) für eine differenzierte individuelle Steuerplanung.

Die praktische Unmöglichkeit der Durchführung eines differenzierten Planungsverfahrens muß aber zwingend die Wahl einer mehrere zukünftige Perioden umfassenden Zielfunktion der Steuerplanung ausschließen. Ist dem Mitunternehmer der Zugang zu gesellschaftsbezogenen Informationen verwehrt, so bedeutet dies konkret, daß er seine Steuer-"Planung" nicht mehrperiodisch ausrichten kann, d.h. die Zielfunktionen der Steuerbarwertminimierung und Nettokapitalwertmaximierung faktisch nicht wählen kann.[165]

[164] Vgl. ebenso Börner/Krawitz, Steuerbilanzpolitik, S. 106 und Paulus, Ziele, S. 184.

[165] Auch eine Vorgehensweise entsprechend dem 'Gesetz der Normallinie'ist nicht möglich, da auch diese Konzeption mehrperiodisch ausgerichtet ist. Vgl. dazu Vogt, Bilanztaktik, S. 14 ff.

Zielfunktion des Planungsträgers / Risikoeinstellung des Planungsträgers	Steuerbarwertminimierung	Nettokapitalwertmaximierung
risikoscheu	verstärkte Nachverlagerung von Gewinnen, verstärkte Vorverlagerung von Verlusten ggü. Optimalstrategie	verstärkte Vorverlagerung von Gewinnen, verstärkte Nachverlagerung von Verlusten ggü. Optimalstrategie
risikoneutral oder risikofreudig	Optimalstrategie wird ohne Modifikation verfolgt	Optimalstrategie wird ohne Modifikation verfolgt

Abb. 12: Modifikation der optimalen Strategie des Ergebnisausweises in Abhängigkeit von der Risikoeinstellung des Planungsträgers

Dem Mitunternehmer steht in diesem Fall als Handlungsmaxime für Manövriermasseneinsatzentscheidungen letztlich nur noch eine periodenbezogene Konzeption zur Verfügung. So müßte der Mitunternehmer etwa anstatt der Steuerbarwertminimierung eine periodenbezogene Maximierung des steuerlich abzugsfähigen Aufwands,[166] d.h. letztlich eine Gewinnausweisminimierung verfolgen. Für den anzustrebenden Manövriermasseneinsatz bedeutet dies: Einsatz sämtlicher gewinnausweisreduzierender Manövriermasse und Vermeidung des Einsatzes gewinnausweiserhöhender Manövriermasse. Analog müßte der Mitunternehmer anstatt Nettokapitalwertmaximierung für den Fall der Bindung der Entnahmen an den Ergebnisausweis der Einheitsbilanz eine periodenbezogene Minimierung des steuerlich abzugsfähigen Aufwands verfolgen.

Diese Überlegungen sind allerdings in zwei Punkten zu modifizieren. Zum einen ist der Fall, daß der Mitunternehmer vom Zugang zu jeglichen Informationsquellen ausgeschlossen ist, als theoretischer Grenzfall einzustufen. Wie die Analyse der zur Verfügung stehenden Informationsquellen und der verschiedenen Zugangsregelungen zeigt,[167] verfügt der Planungsträger auf Grund seiner Mitunternehmereigenschaft und auf Grund seiner Gesellschafterstellung über spezifische Informationsmöglichkeiten. Der Mitunternehmer hat daher in aller Regel (zumindest) unvollkommene Informationen über planungserhebliche zukünftige Sachverhalte. Zum anderen kann ein für eine fundierte Planung nicht ausreichender Informationsstand durch eine erhöhte Risikobereitschaft des Planungsträgers kompensiert werden, soweit der Planungsträger den erwarteten unsicheren Nutzen der Steuerplanung subjektiv höher einschätzt als den relativ sicheren Nutzen aus einer periodenbezogenen Steuergestaltung. Im Grenzfall ist es denkbar, daß der Planungsträger über keinerlei Informationen verfügt und dennoch auf Grund einer extremen Risikopräferenz eine Steuerplanung konzipiert, die dann allerdings auf bloßen subjektiven Vermutungen basiert.

---

166 Vgl. dazu Scherrer, Gewinnausweisstrategien, S. 77 ff. Möglicherweise ist aus der unvollkommenen Information auch die Präferenz der betrieblichen Praxis für die Konzeption der Steueraufwandsmaximierung zu erklären. Vgl. in diesem Sinne Rudel, Praxis, S. 181 ff.

167 Vgl. Abschn. 4.5.2.

Wenn auch der genannte Grenzfall vollkommener Ignoranz verbunden mit extremer Risikopräferenz von keiner praktischen Relevanz sein dürfte, so muß im Ergebnis doch festgestellt werden, daß bei Aufhebung der Prämisse der vollkommenen Information, der Informationsstand und die Risikoeinstellung des Mitunternehmers als Determinanten der Wahl der Zielfunktion der Steuerplanung zu beachten sind.[168] Im folgenden sind die aus dem Zusammenwirken beider Determinanten resultierenden Konsequenzen für die Subzielwahl zusammengestellt:

[168] Zu den Determinanten der Subzielwahl unter der Prämisse vollkommener Information vgl. Abschn. 4.3.

		Informationsstand		
		vollkommene Information	unvollkommene Information	vollkommene Ignoranz
Risikoeinstellung	risikoscheu	X	O	O
	risikoneutral	X	Ⓧ	O
	risikofreudig	X	X	Ⓧ

X = Wahl einer mehrperiodischen Zielfunktion ist möglich

O = Wahl einer einperiodischen Zielfunktion ist erforderlich

Ⓧ = Es ist sowohl die Wahl einer mehrperiodischen als auch die Wahl einer einperiodischen Zielfunktion angemessen (Grenzfall)

<u>Abb. 13:</u> Konstellationen der Determinanten Informationsstand und Risikoeinstellung, die die Wahl einer mehrperiodischen Zielfunktion (Steuerbarwertminimierung, Nettokapitalwertmaximierung) zulassen bzw. die Wahl einer einperiodischen Zielfunktion (Steueraufwandmaximierung, Steueraufwandminimierung) erfordern

5. Die Realisation der gesellschafterindividuellen Steuerplanung bei interpersonellen Zielkonflikten

Die von dem Mitunternehmer individuell ermittelte Gewinnausweis- bzw. Manövriermasseneinsatzstrategie stellt zunächst nur ein vorläufiges Planoptimum dar, da die auf Gesellschaftsebene letztendlich zu realisierende Strategie grundsätzlich Ergebnis eines Abstimmungsprozesses zwischen allen Gesellschaftern ist.[1] Aus diesem Abstimmungsprozeß resultieren ggf. Änderungen der für den einzelnen Mitunternehmer als Planungsträger optimalen Strategie. Die Durchführung eines solchen Abstimmungsprozesses ist allerdings nicht zwingend. Es ist ebenso möglich, daß die Gewinnausweisstrategie der Personengesellschaft "nicht das Ergebnis von fair in der Gesellschafterversammlung durchargumentierten Überlegungen ist und zu einer von allen Gesellschaftern überwiegend bejahten Art der Bilanzaufstellung führt, sondern daß der geschäftsführende Gesellschafter geflissentlich, aber möglichst 'still' und unauffällig, eine Bewertungspolitik in den Jahresabschlüssen durchführt, die für ihn günstig ist und vielleicht eindeutig einen Akt negativer Bilanzmoral darstellt."[2]

Da der einzelne Gesellschafter grundsätzlich bestrebt ist, sein Planoptimum zu realisieren und im allgemeinen nicht bereit sein dürfte, Nachteile gegenüber anderen Gesellschaftern hinzunehmen, ist daher im folgenden zu untersuchen, ob und ggf. in welcher Art und Weise der Mitunternehmer als Planungsträger in der Lage ist, seine individuelle Steuerplanungskonzeption auf Gesellschaftsebene durchzusetzen.

Die Frage der Möglichkeit der Durchsetzung der individuellen Planungskonzeption ist naturgemäß nur für den Fall interpersoneller Ziel-Konflikte,[3] d.h. interpersonell differierender Vorstellungen über die zu verfolgende Strategie des Manövriermasseneinsatzes für den Planungsträger von Interesse. Durchsetzbarkeit sowie Art und Weise der Durchsetzung der individuellen Planungskonzeption hängen

[1] Vgl. Brenzke, Ertragsteuerplanung, S. 106.
[2] Hasenack, Rechnungswesen, Sp. 1321.
[3] Eine konfliktäre Zielbeziehung ist gegeben, wenn die Fixierung eines Ziels die gleichzeitige Berücksichtigung anderer Ziele beschränkt oder ausschließt. Vgl. Bidlingmaier, Zielfkonflikte, S. 47.

wesentlich davon ab, ob die Beteiligten trotz konfliktärer Absichten grundsätzliche Einigungs- bzw. Kompromißbereitschaft zeigen oder ob davon nicht auszugehen ist.

5.1 Determinanten der Durchsetzbarkeit individueller Zielvorstellungen der Steuerplanung bei interpersonellen Zielkonflikten

Die Existenz interpersoneller Zielkonflikte ist an folgende Voraussetzungen geknüpft:[4]

1) Es sind mindestens zwei Entscheidungseinheiten (Gruppen bzw. Koalitionen oder Individuen) an der Entscheidungsfindung beteiligt.

2) Die Entscheidungseinheiten schätzen ihre individuellen Ziele (subjektiv) jeweils sehr hoch ein, die präferierten Ziele schließen sich bei gegebener Mittelausstattung gegenseitig aus oder konkurrieren zumindest. Nach dem Postulat der Wertschätzung der angestrebten Ziele[5] treten interpersonelle Zielkonflikte somit nicht auf, wenn eine Entscheidungseinheit die individuellen Ziele subjektiv niedrig einschätzt und daher nicht an einer Durchsetzung interessiert ist.

3) Die Entscheidungseinheiten sind sich der bestehenden Zielkonkurrenz bewußt. "Die Entstehung von Konflikten setzt also einen relativ hohen Informationsgrad der Parteien voraus"[6].

4) Die Entscheidungsträger sind bestrebt, ihre Zielvorstellungen gegeneinander durchzusetzen.

Zusammenfassend liegen demnach interpersonelle Zielkonflikte vor, "wenn die Entscheidungssubjekte die aus einer bestimmten Situation erzielbaren Handlungsergebnisse annähernd gleich hoch bewerten und trotz des Wissens, daß ihre Ansprüche miteinander konkurrieren

[4] Vgl. Bidlingmaier, Zielkonflikte, S. 64 ff. und Kirsch, Entscheidungsprozesse, S. 70 ff.

[5] Bidlingmaier bezeichnet dies als Werthaltigkeitspostulat. Vgl. ebenda, S. 66.

[6] Ebenda, S. 67.

oder sich sogar gegenseitig ausschließen, bestrebt sind, ihre Zielvorstellungen möglichst weitgehend durchzusetzen."[7]

Demnach ist das bewußte Streben nach der Durchsetzung der individuellen Zielvorstellungen ein konstitutives Merkmal von interpersonellen Zielkonflikten. Damit ist allerdings noch nicht geklärt, in welchem Maß und mit welcher Konsequenz der einzelne Mitunternehmer nach der Durchsetzung der individuellen Zielvorstellungen strebt, d.h. ob er bei der Festlegung der Steuerplanung der Gesellschaft grundsätzlich Einigungsbereitschaft zeigt oder nicht. Zur Beantwortung dieser Frage sind die Determinanten der Durchsetzungsbestrebungen näher zu untersuchen. In Erweiterung eines Ansatzes von Kirsch[8] kommen als Determinanten grundsätzlich in Frage:

1. Sozio-emotionale Determinanten,
2. Risikoeinstellung und Informationsstand des Mitunternehmers,
3. Relative Machtstellung des Mitunternehmers im Gesellschaftsgefüge.

Zu 1.: Sozio-emotionale Determinanten

Das Ausmaß des Strebens nach Durchsetzung der individuellen Zielvorstellungen seitens des einzelnen Mitunternehmers ist zum einen abhängig von der subjektiven Einschätzung der persönlichen Beziehungen zu den Mitgesellschaftern. Soweit der Mitunternehmer den Mitgesellschaftern aus persönlichen Motiven ablehnend gegenübersteht, wird er verstärkt nach einer Durchsetzung der individuellen Zielvorstellungen der Steuerplanung streben. Abweichungen von diesen individuellen Zielvorstellungen, d.h. interpersonelle Kompromißlösungen hinsichtlich der zu verfolgenden kollektiven Steuerplanung wird der Mitunternehmer nur in Ausnahmefällen und nur widerstrebend akzeptieren.

Steht der Mitunternehmer den Mitgesellschaftern dagegen positiv gegenüber, so wird er grundsätzlich eher geneigt sein, interpersonelle Kompromißlösungen und damit Abweichungen von den individuellen Zielvorstellungen zu akzeptieren. Als in diesem Sinne wirkende

[7] Ebenda, S. 67.
[8] Vgl. Kirsch, Entscheidungsprozesse, S. 57 ff. und 183 ff.

sozio-emotionale Determinanten des Entscheidungsprozesses kommen z.B. in Frage[9]:

- gegenseitige Sympathie/Antipathie,
- gegenseitiges Vertrauen/Mißtrauen,
- gegenseitiges Akzeptieren/Nicht-Akzeptieren als legitimer Beteiligter am Entscheidungsprozess,
- gegenseitige Wertschätzung/Geringschätzung der Persönlichkeit.

Die sozio-emotionalen Determinanten entziehen sich weitestgehend einer intersubjektiven Nachprüfbarkeit, so daß deren Einfluß auf das Streben nach Durchsetzung der individuellen Zielvorstellungen nicht quantifiziert werden kann. Dennoch ist die Relevanz dieser Determinanten für den Entscheidungsprozess des Mitunternehmers offensichtlich. Dokumentiert wird diese Relevanz insbesondere auch durch die Existenz des Rechtsinstituts des sog. 'Lästigen Gesellschafters'. Zum Begriff der Lästigkeit führt der BFH aus, daß als wichtiger Grund i.S.d. § 140 HGB "nicht nur eine schwerwiegende Gefährdung des Unternehmens in seiner wirtschaftlichen Ertragsfähigkeit, sondern auch eine entscheidende Zerstörung der persönlichen Vertrauensgrundlage unter den Gesellschaftern zu betrachten" ist, weil "bei einem gemeinsam betriebenen Unternehmen ... die gebotene persönliche Rücksichtnahme und persönliche Achtung vor dem anderen eine gewiß ... entscheidende Rolle"[10] spielen. Wenn auch das Vorhandensein der 'Lästigkeit' eines Gesellschafters objektiv gegeben, d.h. von Außenstehenden feststellbar sein muß[11] so ist doch davon auszugehen, daß die Ursache der Lästigkeit in vielen Fällen auf persönliche, d.h. sozio-emotionale Ursachen zurückzuführen ist.

Zu 2.: Risikoeinstellung und Informationsstand des Mitunternehmers
Informationsstand und Risikoeinstellung des Mitunternehmers determinieren nicht nur dessen individuell optimale Steuerplanungskonzeption,[12] sondern auch das Streben des Mitunternehmers nach deren Durchsetzung auf Gesellschaftsebene. Begründet ist die Relevanz dieser Determinanten durch die auf Grund der Mitunternehmerschaft und deren steuerlicher Behandlung bestehenden Interdependenzen der

[9] Vgl. dazu auch ebenda, S. 59.
[10] BFH v. 30.11.51 II ZR 109/51, S. 108.
[11] Vgl. Herrmann-Heuer, Kommentar, Anm. 336 zu § 16 EStG, S. E202.
[12] Vgl. Abschn. 4.5.

gesellschafterindividuellen Entscheidungen im Rahmen der individuell optimalen Steuerplanungen.[13] Der einzelne Mitunternehmer muß daher seine Steuerplanung mit oder ohne Antizipation der steuerplanerischen Entscheidungen der Mitgesellschafter konzipieren und diese Pläne ggf. auf Grund von Rückkopplungsinformationen revidieren.[14] Zu den angesprochenen individuellen steuerplanerischen Entscheidungen gehören Entscheidungen über das Ausmaß des Manövriermasseneinsatzes sowie die Art und Weise ihrer Durchsetzung auf Gesellschaftsebene. Inwieweit der einzelne Mitunternehmer diesbezügliche Entscheidungen bzw. Bestrebungen der Mitgesellschafter bei seiner eigenen Entscheidung über die anzustrebende Durchsetzung berücksichtigt, ist zunächst abhängig von den dem Mitunternehmer zur Verfügung stehenden Informationen. Soweit der Mitunternehmer davon ausgehen kann, daß seinen Durchsetzungsbestrebungen nur wenig Widerstand seitens der Mitgesellschafter entgegengebracht wird, kann er ggf. eine andere Verhaltensweise wählen, als er wählen müßte, wenn mit heftigem Widerstand der Mitgesellschafter zu rechnen wäre.

Über die zu erwartenden Verhaltensweisen, d.h. individuellen Durchsetzungsbestrebungen der Mitgesellschafter hat der Mitunternehmer im allgemeinen ausreichende Informationen. Durch die Möglichkeiten zur Gewinnung personenbezogener Informationen[15] sowie ggf. auf Grund von notwendigen Verhandlungs- und Abstimmungsprozessen früherer Perioden kann der Mitunternehmer "Ziel und Risikoeinstellung (der, d.A.) Mitgesellschafter und damit deren mögliche Reaktionen oder besser deren 'Reaktionsmuster' relativ genau einschätzen."[16]

Ob und ggf. inwieweit der Mitunternehmer die möglichen Durchsetzungsbestrebungen der Mitgesellschafter bei seinen individuellen

---

[13] Vgl. im einzelnen zu den Interdependenzen Abschn. 5.2 und 5.3.

[14] Kirsch spricht in diesem Zusammenhang allgemein von asymetrischer bzw. reaktiver Kontingenz. Vgl. Kirsch, Entscheidungsprozesse, S. 67. Dabei sind Kontingenzen aufzufassen als "nicht oder sehr beschränkt vorhersehbare Störungen der Realisation und des Erfolges der eigenen Entscheidungen, die sich ergeben, weil sich das Individuum in einer Entscheidungsinterdependenz zu anderen Entscheidungsträgern befindet." Kirsch, Entscheidungsprozesse, S. 66.

[15] Vgl. Abschn. 4.5.2.

[16] Heigl/Melcher, Ertragsteuerplanung, S. 129.

Entscheidungen berücksichtigt, wird ferner durch die Risikoeinstellung des Mitunternehmers determiniert.[17] Zum einen kann mangelnde Information durch verstärkte Risikobereitschaft kompensiert werden. Zum anderen strebt ein risikofreudiger Gesellschafter grundsätzlich in stärkerem Maß nach einer größtmöglichen Durchsetzung der individuellen Zielvorstellungen, als ein risikoscheuer Gesellschafter. Die mit den zunehmenden individuellen Durchsetzungsbestrebungen wachsende Gefahr einer Koalitionsbildung durch Mitgesellschafter schätzt der risikofreudige Gesellschafter ebenfalls geringer ein als der risikoscheue Gesellschafter.[18] Im Ergebnis ist somit festzustellen, daß der Mitunternehmer mit zunehmender Information und/oder Risikopräferenz in steigendem Maß nach einer Durchsetzung der individuellen Zielvorstellungen auf Gesellschaftsebene strebt und die Kompromiß- bzw. Einigungsbereitschaft abnimmt.

Zu 3.: Relative Machtstellung des Mitunternehmers im Gesellschaftsgefüge

Die bedeutsamste Determinante des Ausmaßes der Durchsetzungsbestrebungen des Mitunternehmers ist dessen Einschätzung der Machtverhältnisse in der Gesellschaft.[19] Von der Einschätzung der Machtverhältnisse in der Gesellschaft, d.h. der Einschätzung der individuellen Machtstellung des Mitunternehmers in Relation zu den Mitgesellschaftern wird die Einschätzung der Durchsetzbarkeit der individuellen Zielvorstellungen determiniert. Von der Einschätzung der Durchsetzbarkeit wird letztlich das angestrebte Ausmaß der Durchsetzung der individuellen Zielvorstellungen auf Gesellschaftsebene bestimmt.

Die relative Machtstellung des Gesellschafters im Gesellschaftsgefüge wird ihrerseits zum einen determiniert durch die zur Verfügung stehenden Machtgrundlagen. Zum anderen muß der Mitunternehmer willens und in der Lage sein, die ihm potentiell zur Verfügung

---

[17] Vgl. ebenda, S. 130 f.

[18] Vgl. zu diesen Überlegungen auch ebenda, S. 131.

[19] Nach Kirsch liegt Macht vor, "wenn ein System durch sein tatsächliches oder zu erwartendes Verhalten ein anderes System zu einem Verhalten veranlaßt, das dieses sonst nicht durchführen würde." Kirsch, Entscheidungsprozesse, S. 184. Im Rahmen der hier vorzunehmenden Untersuchung ist Macht daher stets als Macht über Mitgesellschafter zu interpretieren. Vgl. ebenso Heigl/Melcher, Steuerplanung, S. 185.

stehenden Machtgrundlagen zu nutzen, d.h. er muß zur Machtausübung bzw. zur Manipulation der Mitgesellschafter befähigt sein. "Manipulation charakterisiert den Prozess der Machtausübung."[20] Im folgenden ist daher sowohl einzugehen auf potentielle Machtgrundlagen des Mitunternehmers als auch auf dessen Möglichkeiten der Machtausübung (Manipulationsmöglichkeiten).

Die Machtgrundlagen des Mitunternehmers sind hinsichtlich ihrer Quellen in institutionelle, d.h. formale und in faktische Machtgrundlagen auf Grund realer Sachverhalte der Gesellschaft zu differenzieren. Quellen der institutionellen Machtgrundlagen des Gesellschafters sind allgemein gesetzliche Vorschriften sowie gesellschaftsvertragliche Vereinbarungen. Insbesondere Vorschriften bzw. Vereinbarungen über die Geschäftsführung der Gesellschaft sind für die relative Machtstellung des Gesellschafters hinsichtlich der Durchsetzung individueller Zielvorstellungen von Bedeutung.

Im Fall der OHG sind gemäß § 114 HGB grundsätzlich alle Gesellschafter zur Geschäftsführung berechtigt und verpflichtet, allerdings kann per gesellschaftsvertraglicher Vereinbarung die Geschäftsführung auf einen oder mehrere Gesellschafter beschränkt werden. Ist die Geschäftsführung mehreren Gesellschaftern übertragen, so bestimmt § 115 Abs. 1 HGB, daß ein geschäftsführender Gesellschafter der Vornahme einer Handlung durch einen anderen geschäftsführenden Gesellschafter widersprechen kann. Auch § 115 HGB ist allerdings eine dispositive Norm, so daß der Gesellschaftsvertrag abweichende Regelungen enthalten darf. So kann der Gesellschaftsvertrag bestimmen, "daß ein Widerspruch gegen die Geschäftsführung eines bestimmten Gesellschafters oder gegenüber allen Gesellschaftern überhaupt unzulässig sein soll."[21]
Im Fall der KG obliegt die Geschäftsführung gemäß § 164 HGB grundsätzlich den Komplementären der Gesellschaft. Die Kommanditisten sind von der Geschäftsführung ausgeschlossen, ihnen steht gemäß § 164 HGB grundsätzlich auch kein Widerspruchsrecht gegen Maßnahmen der vollhaftenden Geschäftsführer im Sinne des § 115 HGB zu.[22] Allerdings handelt es sich auch bei diesen Vorschriften um dispo-

[20] Kirsch, Entscheidungsprozesse, S. 196.
[21] Sudhoff, Gesellschaftsvertrag, S. 177.
[22] Vgl. ebenda, S. 190 f.

sitive Normen, so daß der Gesellschaftsvertrag abweichende Regelungen vorsehen kann. So ist es möglich, sämtliche Komplementäre von der Geschäftsführung auszuschließen und dafür die Geschäftsführung einem oder mehreren Kommanditisten zu übertragen.[23]

Soweit der Gesellschaftsvertrag keine abweichende Vereinbarung enthält, umfaßt die Geschäftsführung bei OHG und KG auch die Buchführung und die Bilanzerstellung.[24] Das Recht bzw. die Pflicht zur Buchführung und Bilanzerstellung ist für die Durchsetzung der individuellen Steuerplanungskonzeption des Mitunternehmers offensichtlich von primärer Bedeutung, da die zu erstellende Einheitsbilanz letztlich Gestaltungsobjekt der individuellen Steuerplanung ist. Hinsichtlich der Erstellung dieser Bilanz ist allerdings streng zwischen der von den geschäftsführenden Gesellschaftern durchzuführenden Aufstellung der Bilanz und der von allen Gesellschaftern (Fall der OHG) bzw. von allen Komplementären (Fall der KG) vorzunehmenden Feststellung der Bilanz zu differenzieren.[25] Die Feststellung der Bilanz durch die Gesamtheit der Gesellschafter hat den Charakter eines Anerkenntnisvertrags und ist mit der Unterzeichnung der Bilanz durch die Gesellschafter verbunden.[26]

Für die Durchsetzbarkeit individueller Zielvorstellungen im Rahmen der Bilanzaufstellung durch den geschäftsführenden Gesellschafter ist es daher bedeutsam, inwieweit die übrigen Gesellschafter zur Anerkennung und Unterzeichnung der Bilanz verpflichtet sind. Die Gesellschafter haben grundsätzlich einen Anspruch darauf, "daß die 'wirklichen Werte' in die Bilanz aufgenommen werden."[27] Soweit dieser Anspruch erfüllt ist, muß die Feststellung und Unterzeichnung der Bilanz erfolgen, um der per Gesetz auferlegten öffentlich-rechtlichen Pflicht zu genügen.

---

[23] Vgl. ebenda, S. 191.

[24] Vgl. ebenda, S. 168.

[25] Vgl. BGH v. 27.9.1979 II ZR 31/78, S. 2480 sowie Sudhoff, Gesellschaftsvertrag, S. 249 f. Der Gesellschaftsvertrag kann unterschiedliche Beschlußverfahren (Mehrheitsbeschluß, stillschweigende Genehmigung) vorsehen. "Im Nichteinigungsfalle ... muß Klage erhoben werden." Sudhoff, Gesellschaftsvertrag, S. 249.

[26] Vgl. Schlegelberger, HGB-Kommentar, Anm. 3 zu § 120 HGB, S. 1084. Kommanditisten sind grundsätzlich an Feststellung und Unterzeichnung nicht beteiligt. Im Gesellschaftsvertrag sind allerdings abweichende Vereinbarungen möglich. Vgl. Sudhoff, Gesellschaftsvertrag, S. 250.

[27] Westermann, Handbuch, Rn 303, S. I 215.

Das zentrale Problem im Rahmen der Feststellung der Bilanz besteht somit offensichtlich in der Ermittlung der 'wirklichen Werte'. Da für die Bestimmung von objektiv richtigen Werten der Bilanz kein geeigneter Maßstab existiert, ist davon auszugehen, daß die Gesellschafter jede Bilanzierung und Bewertung akzeptieren müssen, die sich innerhalb der GoB, den gesellschaftsvertraglichen Vereinbarungen und der gesetzlichen Bilanzierungs- und Bewertungsvorschriften bewegen.[28] Anfechtbarkeit bzw. Nichtigkeit der Bilanzfeststellung liegt nur vor, wenn die vorgenommene Bilanzierung oder Bewertung "eine willkürliche, kaufmännisch unvertretbare Maßnahme" darstellt bzw. "wenn es sich um erhebliche, willkürliche bzw. offenbar irrtümliche Bewertungen"[29] handelt. Im Ergebnis verfügt der geschäftsführende bzw. der mit der Bilanzaufstellung beauftragte Gesellschafter - auf Grund der erheblichen Ermessensspielräume hinsichtlich der Bestimmung der 'wirklichen Werte' - somit über eine wesentliche institutionelle Machtgrundlage zur Durchsetzung seiner individuellen Zielvorstellungen der Steuerplanung.[30]

Neben den aus gesetzlichen Regelungen und/oder gesellschaftsvertraglichen Vereinbarungen resultierenden institutionellen Machtgrundlagen, sind die faktischen Machtgrundlagen des Gesellschafters für dessen relative Machtstellung relevant. Die faktischen

[28] Vgl. Ulmer, Mitwirkung, S. 219 f. und zustimmend Schulze zur Wiesch, Stille Reserven, S. 224. Eine Ausnahme stellt der Fall dar, in dem der Gesellschaftsvertrag eindeutige Vereinbarungen hinsichtlich der vorzunehmenden Bilanzierung und Bewertung enthält. Die Gesellschafter können dann die Berücksichtigung dieser Vereinbarungen bei der Bilanzaufstellung verlangen. Vgl. Sudhoff, Gesellschaftsvertrag, S. 249 f. und Schulze zur Wiesch, Stille Reserven, S. 223 f.

[29] Sudhoff, Gesellschaftsvertrag, S. 249. Eine ähnliche Auffassung findet sich bei Schulze zur Wiesch, der den Spielraum des Bilanzierenden durch das Gebot der Willkürfreiheit und das Gebot der gesellschaftlichen Treuepflicht eingrenzt. Vgl. Schulze zur Wiesch, Stille Reserven, S. 224.

[30] Zu einem ähnlichen Ergebnis gelangt Rückle: "Abgesehen von den Möglichkeiten der Täuschung und Verschleierung kann der Bilanzaufsteller jedenfalls alle gesetzlichen und nicht vertraglich ausgeschlossenen Wahlrechte weitgehend nach Belieben nutzen. Die Freiheit des geschäftsführenden Gesellschafters bei der Bewertung wird mangels anderer Vereinbarungen nur durch die ... GoB beschränkt." Rückle, Normative Theorie, S. 466. Vgl. ferner Großfeld, Minderheitenschutz, S. 698 ff.

Machtgrundlagen resultieren aus der qualitativen oder quantitativen Ausprägung der Beiträge des Gesellschafters an die Gesellschaft, in Relation zu den Beiträgen der übrigen Gesellschafter, sowie aus den ggf. begrenzten Möglichkeiten der übrigen Gesellschafter, die Beiträge des betrachteten Gesellschafters durch eigene zu ersetzen. Bei diesen Beiträgen handelt es sich im wesentlichen um die Haftung, den Kapitalanteil sowie die persönlichen und fachlichen Eigenschaften des Gesellschafters.

Durch § 128 HGB wird bestimmt, daß die Gesellschafter der OHG persönlich und unbeschränkt mit ihrem gesamten Vermögen als Gesamtschuldner haften. In der gleichen Weise haften gemäß § 161 Abs. 1 HGB die Komplementäre der KG, während die Kommanditisten der KG nur beschränkt in Höhe des Betrags ihrer Einlage haften.[31,32] Danach gelten die Gesellschafter zunächst formal grundsätzlich als Voll- bzw. Teilhafter, die jeweils in der gleichen Art und Weise haften. Materiell ist das persönliche Haftungsrisiko der einzelnen Gesellschafter allerdings u.U. sehr verschieden. Im Fall der Kommanditisten variiert deren Haftungsrisiko mit der vereinbarten Hafteinlage bzw. der eingetragenen Haftsumme, so daß die an einer KG beteiligten Kommanditisten höchst unterschiedliche Vermögensrisiken tragen können.

Das Haftungsrisiko der Vollhafter (OHG- Gesellschafter, Komplementäre der KG) wird determiniert durch deren Haftungspotential, d.h. letztlich durch die Höhe ihres haftenden persönlichen Vermögens. Offensichtlich kann daher auch das Haftungsrisiko der beteiligten Vollhafter sehr unterschiedlich ausgeprägt sein. Während ein Vollhafter, der über kein nennenswertes Vermögen verfügt, faktisch wie ein Kommanditist haftet, trägt ein Vollhafter mit umfangreichem Vermögen ein erhebliches Vermögensrisiko. Ein Gesellschafter mit einem relativ hohen Vermögensrisiko leistet im Vergleich zu einem

---

31 Für die Höhe der Haftung des Kommanditisten ist die konstitutiv wirkende Eintragung der Haftsumme (Hafteinlage) im Handelsregister maßgebend entsprechend §§ 162, 172 HGB.

32 Die genannten Regelungen beziehen sich sämtlich auf das Außenverhältnis zwischen Gesellschaft bzw. Gesellschafter und Gläubigern. Im Innenverhältnis können - ohne Wirkung für außenstehende Gläubiger - davon abweichende Haftungsregelungen, ggf. verbunden mit Ausgleichsansprüchen, zwischen den Gesellschaftern vereinbart werden. Vgl. Sudhoff, Gesellschaftsvertrag, S. 27.

Mitgesellschafter mit einem relativ niedrigerem Vermögensrisiko unzweifelhaft einen höheren Beitrag an die Gesellschaft. Stellt der betreffende Gesellschafter in vollem oder überwiegendem Maß das gesamte Haftungspotential der Gesellschaft, so wäre eine Reduktion dieses Haftungspotentials oder ein völliger Wegfall für die übrigen Gesellschafter von erheblichem Nachteil, soweit der Wegfall dieses Haftungspotentials nicht kompensiert werden kann. So könnten für die Gesellschaft Probleme bei der Kreditbeschaffung oder auch bei Zulieferern und Abnehmern auf Grund eines erhöhten Ausfallrisikos entstehen. Der dominant haftende Gesellschafter verfügt somit offensichtlich auf Grund des Haftungspotentials auch über ein erhebliches Machtpotential.

Eine ähnliche Bedeutung wie der Haftung kann dem Kapitalanteil des Mitunternehmers als potentieller Machtgrundlage zugeordnet werden. Der Kapitalanteil des Gesellschafters gemäß §§ 120 Abs. 2, 121, 122, 167 HGB dokumentiert den ziffernmäßigen Betrag der Beteiligung am Gesellschaftsvermögen.[33] In der Praxis richten sich nach der Höhe des in der jeweils letzten Bilanz ausgewiesenen Kapitalanteils neben Gewinn- und Verlustverteilung und Entnahmerechte im allgemeinen auch die Stimmrechte eines Gesellschafters.[34] Auf Grund des weitestgehend dispositiven Gesellschaftsrechts können die Gesellschafter "im Beschlußwege über jede Gesellschaftsangelegenheit entscheiden, auch soweit es sich um Maßnahmen handelt, die an sich zur Zuständigkeit der geschäftsführenden Gesellschafter gehören."[35] Ein Gesellschafter, der über die für die Beschlußfassung erforderliche Majorität der Stimmen verfügt, ist daher grundsätzlich in der Lage, eigene Zielvorstellungen im Beschlußwege durchzusetzen. Wann die dafür erforderliche Majorität der Stimmen gegeben ist, wird im wesentlichen durch die Beteiligungsverhältnisse bestimmt. Je größer die Zahl der Gesellschafter ist und je weniger sich die übrigen Gesellschafter auf ein einheitliches Abstimmungsverhalten einigen können, desto geringer ist die erfor-

[33] Vgl. Brandmüller, Bonner Handbuch, Abschn. 3 Anm. 6, S. 1.
[34] Vgl. ebenda, Anm. 10, S. 2 und Sudhoff, Gesellschaftsvertrag, S. 272 f.
[35] Sudhoff, Gesellschaftsvertrag, S. 219.

derliche relative Stimmenmehrheit des betrachteten Gesellschafters.[36]
Ein auf Grund seiner relativen oder absoluten Stimmenmehrheit dominierender Gesellschafter verfügt damit über eine effiziente potentielle Machtgrundlage[37] und kann

a) unmittelbar Einfluss nehmen auf die von der Gesellschaft zu verfolgende Steuerplanung, soweit diese per Gesellschaftsvertrag der Beschlußfassung unterliegt;

b) Änderungen des Gesellschaftsvertrags dahingehend durchsetzen, daß bestimmte Maßnahmen in Zukunft der Beschlußfassung unterliegen;

c) mittelbar Einfluß nehmen auf die von der Gesellschaft zu verfolgende Steuerplanung durch Determinierung solcher bereits der Beschlußfassung unterliegenden Maßnahmen, die nur in einer indirekten bzw. mittelbaren Beziehung zur Steuerplanung stehen.
Dazu können gehören:[38]

1. Maßnahmen der Geschäftsführung
   - Organisationsbeschlüsse,
   - Beschlüsse über die Geschäftsverteilung (z.B. Bestimmung des für die Bilanzaufstellung verantwortlichen Gesellschafters),
   - Beschlüsse über den Jahresabschluß (Bilanzfeststellung),
   - Beschlüsse über Entnahmen und Einlagen,
   - Beschlüsse über Bestellung von Geschäftsführern;

[36] Der Gesellschaftsvertrag kann allerdings für bestimmte Beschlüsse auch eine qualifizierte Mehrheit bzw. eine andere bestimmte Stimmenanzahl vorschreiben oder auch in Ausnahmefällen Einstimmigkeit verlangen. Vgl. Sudhoff, Gesellschaftsvertrag, S. 227.

[37] Daher kann die Schaffung eines möglichst hohen Kapitalanteils durch Erzielung hoher buchmäßiger Gewinne (z.B. Auflösen stiller Reserven) und Vermeidung von Entnahmen sowohl originäres Ziel der Steuerplanung des Mitunternehmers als auch ein Instrument zur Realisierung der individuellen Zielvorstellungen der Steuerplanung sein.

[38] Vgl. zu der Aufzählung im folgenden Sudhoff, Gesellschaftsvertrag, S. 219 ff.

2. Geschäftsführungsfremde Maßnahmen
   - Beschlüsse über die Ausschließung von Gesellschaftern,
   - Beschlüsse über Änderungen des Gesellschaftsvertrags,
   - Beschlüsse über die Vergabe von Mehrfachstimmrechten,
   - Beschlüsse über Stimmrechtsbindungen.

Schließlich können auch persönliche und fachliche Eigenschaften des Gesellschafters in vielfältiger Weise faktische Machtgrundlagen darstellen. In diesem Zusammenhang sind zu nennen:[39]
- der "gute Name" eines Gesellschafters bei Zulieferern, Abnehmern, Kunden, Kreditgebern, Fiskus etc.,
- Erhaltung bestimmter Geschäftsbeziehungen auf Grund des persönlichen Engagements,
- Gewährung hoher Privatdarlehen,
- Zurverfügungstellung betriebsnotwendiger Anlagen,
- Einbringung erheblicher Arbeitsleistungen,
- Sachkenntnis und persönliche Fähigkeiten.

Ein Entzug bzw. eine Reduktion dieser Beiträge könnte für die Gesellschaft im Einzelfall mit unerwünschten Konsequenzen verbunden sein, so daß der Gesellschafter somit ggf. über potentielle Machtgrundlagen verfügt.

Das alleinige Vorhandensein von Machtgrundlagen des Mitunternehmers sichert noch nicht die Durchsetzung der individuellen Zielvorstellungen. Dazu ist es zum einen notwendig, daß den Mitgesellschaftern die potentiellen Machtgrundlagen des Mitunternehmers bewußt sind. Von dieser Kenntnis kann im allgemeinen allerdings auf Grund der Personenbezogenheit der Mitunternehmergemeinschaft ausgegangen werden.

Zum anderen muß der Mitunternehmer die Machtgrundlagen in glaubwürdiger Weise einsetzen bzw. er muß glaubwürdig deren Einsatz erwarten lassen, um auf diese Weise auf Grund der tatsächlichen bzw. erwarteten positiven oder negativen Sanktionen die Mitgesellschafter zu manipulieren.[40] Diese Überlegungen gelten insbesondere

[39] Vgl. dazu auch Heigl/Melcher, Ertragsteuerplanung, S. 126.

[40] Vgl. dazu Kirsch, Entscheidungsprozesse, S. 207 ff. Soweit der Mitunternehmer den Eindruck erwecken kann über Machtgrundlagen zu verfügen, ist auch eine Manipulation der Mitgesellschafter ohne die tatsächliche Verfügungsgewalt über Machtgrundlagen

für die faktischen Machtgrundlagen des Gesellschafters. Die institutionellen Machtgrundlagen versetzen den Mitunternehmer unmittelbar in die Lage, die potentiell zur Verfügung stehende Macht einzusetzen, d.h. die individuellen Zielvorstellungen unmittelbar bei der Bilanzaufstellung zu berücksichtigen.
Die zuletzt genannten faktischen Machtgrundlagen sind dagegen grundsätzlich erst in geeigneter Weise einzusetzen, um auf diese Weise die zunächst nur potentielle Macht auszuüben. An manipulativen Maßnahmen zur Ausübung der potentiellen Macht stehen dem Mitunternehmer zur Verfügung:[41]

a) Vornahme von Drohungen, d.h. glaubhafte Ankündigung negativer Sanktionen,

b) Abgabe von Versprechungen, d.h. glaubhafte Ankündigung positiver Wirkungen, z.B.
   - Änderungen der Gewinnverteilung,
   - Beschränkungen in der zukünftigen eigenen Zielerreichung,
   - Zusage späterer Unterstützungen in anderen Entscheidungen;

c) Erzeugen und Nutzen einer reziprozitiven Grundhaltung bei den Mitgesellschaftern, d.h. Geltendmachung früher geleisteter Zugeständnisse. Dies beruht auf dem Postulat, "daß man keine Leistung und kein Zugeständnis akzeptieren sollte, ohne sich zu einer 'fairen' Gegenleistung verpflichtet zu fühlen."[42]

d) Schaffung von vollendeten Tatsachen, d.h. Vornahme von Vorwegentscheidungen, z.B. im Rahmen der Bilanzaufstellung;

e) Überzeugen und Überreden, z.B. ermöglicht durch tatsächliche oder von den Mitgesellschaftern vermutete Sachkenntnis des Mitunternehmers.

möglich. Zu denken wäre etwa an den Fall, in dem der Mitunternehmer glaubwürdig mit einem Austritt aus der Gesellschaft droht, obwohl er dadurch selbst geschädigt würde und er diesen Austritt daher nicht ernsthaft in Erwägung zieht.

[41] Vgl. Kirsch, Entscheidungsprozesse, S. 217 ff.

[42] Kirsch, Entscheidungsprozesse, S. 220.

Die genannten Maßnahmen werden in praxi kombiniert zum Einsatz gebracht. In welchem Ausmaß und mit welcher Ausprägung diese Maßnahmen eingesetzt werden, wird determiniert durch die tatsächlich vorhandenen bzw. durch die dem Mitunternehmer von den Mitgesellschaftern zugeschriebenen Machtgrundlagen. Sind die faktischen Machtgrundlagen des Mitunternehmers sehr stark ausgeprägt (z.B. hoher Kapitalanteil, hohes Haftungspotential, maßgebende Bedeutung für die Erhaltung eines Kundenstamms), so reduziert sich die Notwendigkeit des Einsatzes manipulativer Taktiken. Im Grenzfall kann der Mitunternehmer bei entsprechend ausgeprägten Machtgrundlagen seine individuellen Zielvorstellungen der Steuerplanung daher faktisch ungehindert durchsetzen.[43] Der Mitunternehmer nimmt dann eine absolute Machtstellung ein.

Im Ergebnis ist somit festzustellen, daß der Mitunternehmer im Einzelfall über ein erhebliches Machtpotential verfügen kann. Soweit der Mitunternehmer weitgehend ungehindert, d.h. ohne nennenswerten Einsatz manipulativer Taktiken seine individuelle Steuerplanungskonzeption durchsetzen kann, ist aus dessen Sicht die Steuerplanung auf Gesellschaftsebene unproblematisch. Es kann insoweit auf die Darstellung der gesellschafterindividuellen Steuerplanung verwiesen werden. Allerdings ist für die folgenden Überlegungen zur Frage der Durchsetzbarkeit individueller Steuerplanungskonzeptionen in diesem Fall umgekehrt die Frage zu beantworten, welche Möglichkeiten zur Durchsetzung bzw. Anpassung individueller Zielvorstellungen einem Mitunternehmer zur Verfügung stehen, der ohne eigene Machtgrundlagen einem solchen dominierenden Gesellschafter gegenübersteht, der seinerseits seine individuelle Steuerplanung auf Gesellschaftsebene im wesentlichen durchsetzt.

[43] Eine Einschränkung können die Durchsetzungsbestrebungen des Gesellschafters durch die dem Gesellschaftsrecht zugrunde liegende allgemeine Treuepflicht des Gesellschafters gegenüber der Gesellschaft erfahren. Wenn auch die Rechtsprechung zu einzelnen Fragen des Inhalts der Treuepflicht bereits Stellung genommen hat, so muß doch berücksichtigt werden, daß die allgemeine Treuepflicht insgesamt (noch) recht unspezifiziert ist und ferner die gerichtliche Prüfung der etwaigen Verletzung dieser Pflicht durch einen (dominanten) Gesellschafter die Klageerhebung durch einen (dominierten) Mitgesellschafter voraussetzt. Vgl. dazu auch Westermann, Gesellschaftsrecht, Rz 240 ff, S. I 174 ff.

Soweit der Mitunternehmer keine absolute Machtstellung einnimmt, ist er auf den Einsatz manipulativer Taktiken im Rahmen eines Verhandlungs- bzw. Abstimmungsprozesses angewiesen. In Abhängigkeit von der durch die subjektive Einschätzung der Durchsetzbarkeit der individuellen Zielvorstellungen determinierten Einigungsbereitschaft des Mitunternehmers im Rahmen des kollektiven Entscheidungsprozesses, sind unterschiedliche Ausprägungen dieses Verhandlungsprozesses denkbar.

Streben die Gesellschafter nach Durchsetzung der individuellen Zielvorstellungen, liegt ein manipulativer Verhandlungsprozeß vor, bei dem "sich die Beteiligten durch Drohungen oder Versprechungen wechselseitig zur Annahme einer Alternative zu bewegen suchen. Nicht selten wird die Zustimmung durch Ausgleichszahlungen (side payments) 'erkauft'".[44] Stellt der einzelne Gesellschafter fest, daß durch den Einsatz manipulativer Taktiken mit oder ohne Machtgrundlagen keine Durchsetzung zu erreichen ist, bleibt letztlich nur das Eintreten in die Suche nach interpersonell allgemein akzeptablen 'fairen' Lösungen.[45]

Im folgenden sind daher zu untersuchen:
Fall 1:
Der Mitunternehmer als Planungsträger steht einem Gesellschafter mit absoluter Machtstellung gegenüber. Welche Maßnahmen kann der Mitunternehmer hinsichtlich der Durchsetzung bzw. Anpassung der individuellen Steuerplanungskonzeption ergreifen?

Fall 2:
Der Mitunternehmer als Planungsträger verfügt selbst über eine relative Machtstellung und muß zur angestrebten Durchsetzung seiner individuellen Steuerplanungskonzeption in Verhandlungen eintreten. Wie ist der Verhandlungsprozess gekennzeichnet und welche Verhandlungsalternativen bzw. Lösungsmöglichkeiten bestehen?

---
[44] Kirsch, Entscheidungsprozesse, S. 58.
[45] Vgl. dazu auch das Modell von Gratz, Grundprobleme, S. 134 ff.

5.2 Realisation individueller Zielvorstellungen der Steuerplanung außerhalb eines kollektiven Verhandlungsprozesses

5.2.1 Kennzeichnung der Planungssituation

Die Planungssituation der Realisation individueller Zielvorstellungen außerhalb eines kollektiven Verhandlungsprozesses ist zum einen dadurch gekennzeichnet, daß der Mitunternehmer als Planungsträger nicht über die zur Planrealisation erforderlichen Machtgrundlagen verfügt und/oder keine manipulativen Taktiken einsetzen kann. Zum anderen steht dem betrachteten Mitunternehmer ein Mitgesellschafter gegenüber, der eine relative Machtposition innehat und daher seine individuellen Zielvorstellungen weitestgehend durchsetzen kann. Soweit die Steuerplanungskonzeption des dominanten Mitgesellschafters und die des betrachteten Mitunternehmers differieren, ist ein interpersoneller Konflikt gegeben, da die voraussichtliche Durchsetzung der Planungskonzeption des dominanten Gesellschafters den Zielerreichungsgrad des betrachteten Mitunternehmers reduziert.

Die Frage, in welchem Maß die Steuerplanungskonzeptionen differieren müssen, um von dem betrachteten Mitunternehmer als konfliktär eingeschätzt zu werden, ist nicht allgemeingültig zu beantworten. Determinante dieser subjektiven Einschätzung ist neben der Risikoeinstellung des Mitunternehmers die Sicherheit bzw. Unsicherheit der Planungsdaten. Bei unsicheren Planungsdaten und/oder geringer Risikoneigung des Mitunternehmers müssen die Planungskonzeptionen offensichtlich in stärkerem Maß differieren, um als konfliktär eingeschätzt zu werden, als dies bei relativ sicheren Planungsdaten und/oder hoher Risikoneigung des Mitunternehmers der Fall ist.[1]

Die Ursachen möglicher Unterschiede in den verfolgten individuellen Planungskonzeptionen sind vielfältiger Art. Diese Differenzen können zum einen in der Wahl unterschiedlicher steuerlicher Oberziele der Steuerplanung liegen. Allerdings müssen aus der Wahl unterschiedlicher Oberziele nicht zwingend unterschiedliche Steuerplanungskonzeptionen folgen. So findet sowohl bei dem Oberziel der Einkommensmaximierung als auch bei dem Oberziel der Vermögensmaxi-

[1] Vgl. Abschn. 4.5.3 und 5.1.

mierung i.w.S. die Zielfunktion der Nettokapitalwertmaximierung Anwendung.[2] Trotz unterschiedlicher Oberziele der Steuerplanung werden in diesem Fall interpersonell übereinstimmende Zielfunktionen verfolgt.

Dagegen können und werden im allgemeinen selbst bei übereinstimmenden Oberzielen die individuell optimalen Steuerplanungskonzeptionen differieren. Unterschiede in den Steuerplanungskonzeptionen bei identischen Zielvorstellungen resultieren aus unterschiedlichen Zielwirkungen der jeweiligen Manövriermasseneinsatzstrategien.[3] Diese interpersonell unterschiedlichen Zielwirkungen werden verursacht durch interpersonell unterschiedliche Ausprägungen der individuellen Determinanten der Steuerplanung. So führt eine Manövriermasseneinsatzstrategie bei interpersonell unterschiedlichen Ausprägungen der steuerrelevanten persönlichen Verhältnisse (z.B. Familienstand, Anzahl der Kinder, Höhe und erwartete Entwicklung der sonstigen Einkünfte) zu interpersonell unterschiedlichen Steuersatzeffekten. Wie an anderer Stelle bereits erörtert,[4] resultieren auch aus dem individuellen Informationsstand sowie der Risikoeinstellung der Gesellschafter erhebliche Konsequenzen für die zu wählende Steuerplanungskonzeption.

Im Ergebnis ist somit festzustellen, daß auf Grund "der Vielfalt möglicher Ursachen für Abweichungen (der Determinanten der individuellen Steuerplanung, d.A.) die steuerlichen Zielwirkungen für die einzelnen Gesellschafter i.d.R. auch bei identischer Zielvorstellung differieren"[5] werden. Die Determinanten der individuellen Steuerplanung sind definitionsgemäß durchweg nicht oder nur sehr bedingt beeinflußbare Faktoren.[6] Für die weiteren Überlegungen im Rahmen der Durchsetzung individueller Planungskonzeptionen kann daher auch nicht von primärem Interesse sein, warum konfliktäre Konzeptionen bestehen, sondern es ist vielmehr zu fragen, worin die Differenzen bzw. Konflikte bestehen.

---

[2] Vgl. diese Argumentation bei Heigl/Melcher, Ertragsteuerplanung, S. 121 f.
[3] Vgl. Jung, Instrumente, S. 68 und Heigl/Melcher, Ertragsteuerplanung, S. 122.
[4] Vgl. Abschn. 4.5.3.
[5] Jung, Instrumente, S. 68.
[6] Vgl. auch Abschn. 4.3.1.

Unterschiedliche konfliktäre Planungskonzeptionen sind gegeben im Fall interpersonell unterschiedlicher Subziele der Steuerplanung (Steuerbarwertminimierung, Nettokapitalwertmaximierung) und/oder unterschiedlicher Gewinnausweis- bzw. Manövriermasseeinsatzstrategien. Auch bei gleichen Subzielen der Steuerplanung bestehen im allgemeinen unterschiedliche Zielwirkungen des Manövriermasseneinsatzes. Somit existieren bei interpersonell gleichen Subzielen der Steuerplanung zwar formal keine interpersonellen "Subziel"-Konflikte; auf Grund der interpersonell unterschiedlichen Determinanten der Steuerplanung (steuerlich relevante persönliche Verhältnisse der Planungsträger) bestehen aber materiell konfliktäre Zielsetzungen hinsichtlich der zu verfolgenden Gewinnausweis- bzw. Manövriermasseneinsatzstrategie.

Gegenstand möglicher interpersoneller Konflikte im Rahmen einer kollektiven Steuerplanung sind daher letztlich ausschließlich die zu verfolgenden Manövriermasseneinsatzstrategien. Konflikte bestehen immer dann und nur dann, wenn und soweit die individuell optimalen Strategien differieren.[7] Interpersonell differierende Ober- bzw. Subziele der Steuerplanung begründen hingegen noch nicht zwingend interpersonelle Konflikte. Der Terminus 'Zielkonflikt' bezeichnet im folgenden daher ausschließlich solche Fälle, in denen unterschiedliche Ziele und/oder unterschiedliche Zielwirkungen zu interpersonell differierenden Manövriermasseneinsatzstrategien führen.

Nach der Kennzeichnung möglicher Konfliktursachen und -gegenstände bedarf es im weiteren einer eingehenden Erörterung der möglichen Machtverhältnisse in der Gesellschaft. Zwar soll der betrachtete Mitunternehmer annahmegemäß nicht über ausreichende Machtgrundlagen zur Durchsetzung der individuellen Planungskonzeption verfügen, jedoch ist dessen Position in Relation zu dem starken Gesellschafter damit nur ungenügend skizziert. Ausgehend von der Annahme der Existenz eines dominanten Mitgesellschafters ist vielmehr zu untersuchen, inwieweit sich dieser dominante Mitgesellschafter gegenüber dem betrachteten Mitunternehmer durchsetzen kann.

[7] Vgl. ebenso Heigl/Melcher, Ertragsteuerplanung, S. 122: "Ein möglicher Konflikt zwischen den Gesellschaftern ist nur bei Abweichung der individuellen optimalen Strategien denkbar."

Durch gesetzliche und ggf. gesellschaftsvertragliche Regelungen verfügt der einzelne Gesellschafter über eine Rechtsposition, die formal bestimmte Mindest-Rechte beinhaltet. Innerhalb dieser geschützten Rechtsposition kann der betrachtete Mitunternehmer grundsätzlich nicht durch den starken Mitgesellschafter dominiert werden, da auch der Mitgesellschafter an die gesetzlichen und/oder gesellschaftsvertraglichen Regelungen gebunden ist.

Soweit auf Grund der Durchsetzung der individuell optimalen Steuerplanungskonzeption seitens des dominanten Mitgesellschafters die geschützte Rechtsposition des betrachteten schwachen Mitunternehmers verletzt wird (z.B. Kürzung der dem Mitunternehmer zustehenden Mindestentnahmen) und der Mitunternehmer auf der Wahrung seiner Rechte besteht, muß der dominante Mitgesellschafter insoweit grundsätzlich eine Änderung seiner individuell optimalen Steuerplanungskonzeption akzeptieren. Durch die geschützte Rechtsposition des (schwachen) Gesellschafters wird daher der Manövriermasseneinsatz des (starken) Gesellschafters begrenzt. Interpersonelle Konfliktsituationen hinsichtlich der zu verfolgenden Manövriermasseneinsatzstrategie können somit nur bzgl. solcher Entscheidungen gegeben sein, die nicht bzw. nicht mehr die geschützte Rechtsposition des (schwachen) Mitunternehmers berühren.

Die Kennzeichnung der Planungssituation hinsichtlich der Machtrelationen erfordert daher die Bestimmung der "Mindestmacht" des Mitunternehmers, d.h. die Skizzierung der ihm mindestens zur Verfügung stehenden Möglichkeiten zur Einwirkung auf die gesellschaftliche Willensbildung und -durchsetzung, insbesondere in bezug auf die auf Gesellschaftsebene zu verfolgende Steuerplanungskonzeption. Als Quellen dieser Einwirkungsmöglichkeiten kommen ausschließlich Gesetz bzw. Rechtsprechung sowie der Gesellschaftsvertrag in Betracht.

Die Entnahmeorientierung der Steuerplanung des Mitunternehmers, d.h. die Orientierung an dem ergebnisausweisabhängigen Entnahmepotential nach Steuern bedingt, daß zunächst die dem Mitunternehmer grundsätzlich zustehenden Mindestentnahmemöglichkeiten abgesteckt werden. Die Entnahmemöglichkeiten des Mitunternehmers richten sich nach den gesetzlichen und gesellschaftsvertraglichen Regelungen. Für den Gesellschafter einer OHG bzw. den Komplementär der KG regelt § 122 HGB das gesetzliche Entnahmerecht. Danach steht dem Gesellschafter zunächst ein Kapitalentnahmerecht zu, wonach er berechtigt ist, "aus der Gesellschaftskasse Geld bis zum Betrage von vier vom Hundert seines für das letzte Geschäftsjahr festgestellten Kapitalanteils zu seinen Lasten"[8] zu entnehmen. Dieses Entnahmerecht besteht auch dann, wenn die Gesellschaft keinen Gewinn erzielt hat oder bei Überschuldung der Gesellschaft.[9] Selbst wenn die Kapitalentnahme für die Gesellschaft offenbar von Schaden ist, darf der Gesellschafter diese durchführen, lediglich in schwerwiegenden Ausnahmefällen kann aus der Treuepflicht des Gesellschafters eine Beschränkung resultieren.[10]

Ferner regelt § 122 HGB das Gewinnentnahmerecht des Gesellschafters. Danach ist der Gesellschafter berechtigt, unter Anrechnung der Kapitalentnahme, den Gewinnanteil des letzten Geschäftsjahrs zu entnehmen, "soweit es nicht zum offenbaren Schaden der Gesellschaft gereicht."[11] Das Gewinnentnahmerecht wird somit ganz oder z.T. beseitigt, wenn die Entnahme die Gesellschaft offenbar, d.h. von jedem Sachkundigen unmittelbar erkennbar, schädigt.[12] Das gesetzliche Entnahmerecht erlischt mit Feststellung der nächsten Bilanz, "weil mit Feststellung der neuen Bilanz bislang nicht entnommene Beträge verfallen."[13]

Das gesetzliche Entnahmerecht des Kommanditisten einer KG wird von § 169 HGB geregelt. Danach findet § 122 HGB auf den Kommanditisten keine Anwendung. Der Kommanditist hat somit keinen Kapitalentnahmeanspruch sondern grundsätzlich "nur Anspruch auf Auszahlung des ihm zukommenden Gewinns."[14] Der Gewinnentnahmeanspruch kann allerdings insoweit nicht geltend gemacht werden, als der Betrag der vereinbarten Einlage unterschritten ist bzw. durch die Entnahme unterschritten würde.

Die gesetzlichen Entnahmeregelungen sind ausnahmslos dispositive Regelungen.[15] Zur Bestimmung der potentiellen Mindestentnahmemög-

[8] § 122 Abs. 1 HGB.
[9] Vgl. Sudhoff, Gesellschaftsvertrag, S. 290.
[10] Vgl. ebenda.
[11] § 122 Abs. 1 HGB.
[12] Vgl. Sudhoff, Gesellschaftsvertrag, S. 291.
[13] Ebenda, S. 293.
[14] § 169 Abs. 1 HGB.
[15] Vgl. Sudhoff, Gesellschaftsvertrag, S. 294.

lichkeiten sind diese Regelungen daher nur insoweit heranzuziehen, als der Gesellschaftsvertrag keine bzw. keine anderen Regelungen enthält. Durch gesellschaftsvertraglicne Vereinbarungen können die Entnahmerechte des Gesellschafters erweitert, beschränkt oder vollständig beseitigt werden. Die möglichen Modifikationen (Erweiterungen, Einschränkungen und Beseitigungen) der Entnahmemöglichkeiten im Vergleich zur gesetzlichen Regelung können allgemein gelten, oder es werden fallweise vereinbart:[16]

1. Modifikation der gesetzlichen Entnahmeregelungen in zeitlicher Hinsicht, z.B. Untersagung oder Beschränkung von Entnahmen in der Anlaufphase oder in Verlustjahren.

2. Modifikationen der gesetzlichen Entnahmeregelungen in persönlicher Hinsicht, z.B.
- unbeschränktes Entnahmerecht für Seniorpartner;
- unbeschränktes Entnahmerecht für geschäftsführende Gesellschafter;
- beschränktes Entnahmerecht für neu eingetretene Gesellschafter.

3. Modifikationen der gesetzlichen Entnahmeregelungen in sachlicher Hinsicht, z.B. Beschränkung der Entnahmen durch einen absoluten Betrag und/oder einen beweglichen relativen Schlüssel.

Auf Grund der Vielfalt denkbarer gesellschaftsvertraglicher Entnahmeregelungen ist das Mindestentnahmepotential des Gesellschafters letztlich nur im Einzelfall zu ermitteln. Allerdings kann eine allgemeine und daher gezwungenermaßen unscharfe Kennzeichnung der Determinanten einer unteren Grenze des Mindestentnahmepotentials des Mitunternehmers vorgenommen werden.

Diese Grenze ergibt sich zum einen aus der steuerlichen Anerkennung bzw. Nichtanerkennung der gesellschaftsvertraglichen Regelungen. Nicht nur die getroffenen Gewinnverteilungsvereinbarungen bedürfen zur steuerlichen Anerkennung einer angemessenen Ausgestaltung.[17] Vielmehr müssen die Gesellschafter auch "grundsätzlich zu

[16] Vgl. dazu im einzelnen ebenda, S. 294 ff.

[17] Der BFH beurteilt die Angemessenheit der Gewinnverteilung nach Kapital-, Risiko- und Arbeitseinsatz der Gesellschafter. Vgl. BFH v. 15.11.1967 IV R 139/67, S. 152.

Entnahmen und zur Verfügung über den ihnen zustehenden anteiligen Gewinn berechtigt sein."[18] Dieser Voraussetzung der steuerlichen Anerkennung des Gesellschaftsverhältnisses stehen vereinbarte Entnahmebeschränkungen zwar grundsätzlich nicht entgegen, dies gilt allerdings nur, soweit diese Beschränkung "wirtschaftlich vernünftig"[19] ist, d.h. nicht auf betriebsfremden Erwägungen beruht.[20]

Zum anderen kann die Grenze des Mindestentnahmepotentials ggf. aus der gesellschaftlichen Treuepflicht[21] abgeleitet werden. Dieser weitestgehend unbestimmte Rechtsbegriff wird im Einzelfall herangezogen, um Zweifelsfragen zu klären, welche die Pflichten der Gesellschafter zur gegenseitigen Rücksichtnahmne einerseits und die Realisierung der individuellen Interessen des Gesellschafters andererseits berühren.[22] Die gegenseitige Treuepflicht kann ggf. das Mindestentnahmepotential der Gesellschafter determinieren. Die Festlegung des Mindestentnahmepotentials ist in diesem Zusammenhang gleichbedeutend mit der Ermittlung unabdingbar notwendiger Entnahmebeträge der Gesellschafter. Unabdingbar notwendige Entnahmen eines Gesellschafters können nur solche sein, die zur Bestreitung des Lebensunterhalts erforderlich sind und die insoweit dann auch nicht erfolgsabhängig ausgestaltet sein dürfen. Insbesondere dann, wenn der Mitunternehmer auf gesellschaftsrechtlicher Grundlage (als Einlage)[23] seine Arbeitskraft in die Gesellschaft einbringt oder der Gesellschaft ein Darlehen gewährt oder Wirtschaftsgüter überläßt, ist im Einzelfall ggf. davon auszugehen, daß er die dafür gewährten Vergütungen zur Bestreitung eines angemessenen Lebensunterhalts benötigt[24] und daher über diese Vergütungen im Wege der Entnahme frei verfügen können muß. Darüber

[18] Paulick, in: Westermann, Handbuch, Rz 617, S. III 206 c.

[19] Ebenda.

[20] Vgl. auch BFH v. 29.3.1973 IV R 158/68, S. 489 und BFH v. 4.6.1973 IV R 26/68, S. 866.

[21] Vgl. dazu im einzelnen Westermann, Handbuch, Rz 241 ff., S. I 175 ff. sowie die unter Rz 241 zitierte Rechtsprechung und Literatur.

[22] Vgl. ebenda, Rz 241 und 242, S. I 176 f.

[23] Soweit die Einbringung der Arbeitskraft, die Gewährung von Darlehen oder die Überlassung von Wirtschaftsgütern auf schuldrechtlicher Grundlage (Dienst-, Darlehens-, Pacht- oder Mietverträge) beruht, hat der Gesellschafter einen schuldrechtlichen Anspruch auf die vereinbarten Vergütungen. Insoweit bestehen daher grundsätzlich keine Entnahmebeschränkungen.

[24] Die gleiche Auffassung vertritt Steinbach, Entnahmerecht, S. 181 ff.

hinaus kann es auf Grund der gesellschaftlichen Treuepflicht grundsätzlich geboten sein, dringende Entnahmebedürfnisse des Mitunternehmers angemessen zu berücksichtigen, insbesondere dann, wenn diese Bedürfnisse "ohne Gefahr für die Gesellschaft befriedigt werden können."[25]

Ein dringendes Entnahmebedürfnis des Gesellschafters ist in diesem Sinne auch anzunehmen, wenn der Gesellschafter finanzielle Mittel zur Leistung von Steuerzahlungen benötigt.[26] Aus der gesellschaftlichen Treuepflicht kann ein solcher Entnahmeanspruch unmittelbar nur insoweit abgeleitet werden, als sich dieser Anspruch auf Beträge erstreckt, die zur Bezahlung der durch die Beteiligung verursachten Steuern notwendig sind.[27] Allerdings ist das Steuerentnahmerecht, anders als das Recht zur Vornahme sonstiger unabdingbarer Entnahmen, häufig Gegenstand gesellschaftsvertraglicher Vereinbarungen, "weil die Steuer zwangsläufig anfällt."[28] Zur Konkretisierung möglicher Mindest-Steuerentnahmen des Mitunternehmers ist daher auf die diesbezügliche gesellschaftsvertragliche Regelung zurückzugreifen.

Die gesellschaftsvertragliche Ausgestaltung des Steuerentnahmerechts kann in unterschiedlicher Weise erfolgen, je nachdem, für welche Steuerarten und ob für sämtliche anfallenden Steuern des Gesellschafters ein Entnahmerecht eingeräumt wird oder ob das Entnahmerecht nur für beteiligungsinduzierte Steuern bestehen soll.[29] Im letzten Fall ist dann zusätzlich zu klären, welcher Steuersatz unter Berücksichtigung der progressiven Ausgestaltung des ESt-Tarifs Anwendung findet. Darüber hinaus kann bei allen genannten Fällen der Steuerentnahmen zusätzlich danach differenziert werden, ob entsprechend der gesellschaftsvertraglichen Regelungen bei Berechnung des Steuerentnahmeanspruchs die besteuerungsrelevanten persönlichen Verhältnisse des Gesellschafters (Familienstand, Zahl

[25] Westermann, Handbuch, Rz 317, S. I 225.
[26] Vgl. Sudhoff, Gesellschaftsvertrag, S. 297.
[27] Vgl. zu dieser Folgerung auch Ganßmüller, Steuerentnahmerecht, Anm. 20, S. 23 f. und Westermann, Handbuch, Rz 317, S. I 225.
[28] Sudhoff, Gesellschaftsvertrag, S. 297. Vgl. ebenso Ganßmüller, Steuerentnahmerecht, Anm. 16, S. 22.
[29] Vgl. im einzelnen Steinbach, Entnahmerecht, S. 48 ff, Ganßmüller, Steuerentnahmerecht, Anm. 18 ff, S. 23 ff. und Sudhoff, Gesellschaftsvertrag, S. 296 f.

der Kinder, Freibeträge, Sonderausgaben, außergewöhnliche Belastungen etc.) zu berücksichtigen sind oder nicht.

Die Nichtberücksichtigung der persönlichen Besteuerungselemente wird insbesondere in den Fällen vereinbart sein, in denen die persönlichen Besteuerungselemente interpersonell stark differieren und etwa ein verheirateter Gesellschafter nicht bereit ist, einem Mitgesellschafter einen höheren Steuerentnahmeanspruch zuzugestehen, nur weil dieser nicht verheiratet ist. Die Nichtberücksichtigung der persönlichen Verhältnisse qua gesellschaftsvertraglicher Regelung dient insoweit der Gleichbehandlung aller Gesellschafter.[30] Allerdings besteht bei der Vereinbarung solcher gesellschaftsvertraglicher Regelungen das Problem der Festlegung von 'Standard'-Verhältnissen, die der Berechnung des Steuerentnahmeanspruchs aller Gesellschafter zugrunde zu legen sind.[31]

Wenn der Terminus der persönlichen Verhältnisse weit gefaßt wird, können dazu auch die Sonderbetriebsverhältnisse des Gesellschafters gezählt werden. Hinsichtlich der Art und Weise der Berücksichtigung interpersonell unterschiedlich ausgeprägter Sonderbetriebsverhältnisse (Sondervergütungen, Sonderbetriebseinnahmen, Sonderbetriebsausgaben und Sonderbetriebsvermögen) kann das Steuerentnahmerecht ebenfalls differenziert werden. So kann im Gesellschaftsvertrag vereinbart sein, daß die auf die Sonderbetriebsverhältnisse entfallenden Steuern nicht in das Steuerentnahmerecht einbezogen, d.h. dem Privatbereich des Mitunternehmers zugerechnet werden oder aber ebenso wie die aus den anteiligen Gesamthandsverhältnissen resultierenden Steuern berücksichtigt werden.

Neben den genannten Ausprägungen des Steuerentnahmerechts ist des weiteren ein pauschalisiertes Entnahmerecht denkbar. Hinsichtlich der unter das Entnahmerecht fallenden Steuerarten ist davon auszugehen, daß sowohl die ESt als auch die VSt des Mitunternehmers zulässig entnommen werden dürfen, da beide Steuerarten unmittelbar durch die Beteiligung an der Gesellschaft berührt werden.

[30] Vgl. Steinbach, Entnahmerecht, S. 50.
[31] Vgl. dazu auch Abschn. 4.3.1.

Unter Berücksichtigung der genannten Differenzierungen sind daher folgende Ausprägungen des gesellschaftsvertraglichen Steuerentnahmerechts denkbar:

1. Unbeschränktes Steuerentnahmerecht in Höhe sämtlicher bei dem Gesellschafter angefallenen Steuern

Bei dieser Form des Steuerentnahmerechts kann der Gesellschafter Entnahmen in Höhe aller zu zahlenden Personensteuern vornehmen. Diese sind den entsprechenden Steuerbescheiden zu entnehmen. Dabei wirken sich die persönlichen Verhältnisse (Familienstand, Anzahl der Kinder, Freibeträge, Sonderausgaben, außergewöhnliche Belastungen etc.) in voller Höhe auf die Steuerentnahmen aus.

2. Beschränktes Steuerentnahmerecht in Höhe der beteiligungsinduzierten Steuern

Bei dieser Form des Entnahmerechts besteht keine Entnahmemöglichkeit hinsichtlich der nicht durch die Beteiligung induzierten Personensteuern. Die Berechnung der beteiligungsinduzierten Steuern kann auf unterschiedliche Weise und mit unterschiedlichen Konsequenzen erfolgen:

a) Die beteiligungsinduzierten entnahmefähigen Steuern werden durch eine anteilige (prozentuale) Aufschlüsselung (Relation: Beteiligungseinkommen zu sonstigem Einkommen und Beteiligungsvermögen zu sonstigem Vermögen) der insgesamt angefallenen Steuern ermittelt:

aa) Mit Berücksichtigung der persönlichen Verhältnisse bei der Gesamtsteuerbelastung

aaa) Bei der Aufschlüsselung werden die Sonderbetriebsverhältnisse dem Beteiligungseinkommen bzw. -vermögen zugerechnet.

aab) Bei der Aufschlüsselung werden die Sonderbetriebsverhältnisse dem sonstigen Einkommen bzw. sonstigen Vermögen zugerechnet.

ab) Ohne Berücksichtigung der persönlichen Verhältnisse bei der Gesamtsteuerbelastung

aba) Bei der Aufschlüsselung werden die Sonderbetriebsverhältnisse dem Beteiligungseinkommen bzw. -vermögen zugerechnet.

abb) Bei der Aufschlüsselung werden die Sonderbetriebsverhältnisse dem sonstigen Einkommen bzw. sonstigen Vermögen zugerechnet.

Bei den unter a) genannten Ausprägungen des Steuerentnahmerechts wird das ESt-Entnahmerecht durch die auf Grund der weiteren Einkünfte ggf. bedingte Progression der ESt-Belastung anteilig erhöht.

b) Der Berechnung der beteiligungsinduzierten entnahmefähigen Steuern wird der Steuersatz zugrunde gelegt, der sich bei dem Gesellschafter ergeben würde, wenn bei diesem nur Beteiligungseinkünfte bzw. -vermögen der Besteuerung unterliegen würden:

ba) Die persönlichen Verhältnisse werden berücksichtigt
baa) Sonderbetriebsverhältnisse werden erfaßt.
bab) Sonderbetriebsverhältnisse werden nicht erfaßt.

bb) Die persönlichen Verhältnisse werden nicht berücksichtigt
bba) Sonderbetriebsverhältnisse werden erfaßt.
bbb) Sonderbetriebsverhältnisse werden nicht erfaßt.

Bei den unter b) genannten Ausprägungen erstreckt sich das Entnahmerecht nicht auf die durch die sonstigen Einkünfte ggf. bewirkte Progression der ESt-Belastung. Dieser Nachteil infolge der Nichtberücksichtigung der Progression wird ggf. durch Vorteile z.T. kompensiert, die durch die relative Erhöhung des Steuerentnahmeanspruchs infolge einer Nichtberücksichtigung persönlich begründeter Steuervergünstigungen bedingt sind.[32]

c) Der Berechnung der beteiligungsinduzierten entnahmefähigen Steuern wird der Steuersatz zugrunde gelegt, der sich bei dem Gesellschafter ergeben würde, wenn Beteiligungseinkünfte bzw. -vermögen Spitzeneinkommen, bzw. -vermögen wären:

ca) Die persönlichen Verhältnisse werden berücksichtigt.
caa) Sonderbetriebsverhältnisse werden erfaßt.
cab) Sonderbetriebsverhältnisse werden nicht erfaßt.

[32] Vgl. zustimmend Steinbach, Entnahmerecht, S. 51.

cb) Die persönlichen Verhältnisse werden nicht berücksichtigt.
cba) Sonderbetriebsverhältnisse werden erfaßt.
cbb) Sonderbetriebsverhältnisse werden nicht erfaßt.

Bei den unter c) genannten Ausprägungen erstreckt sich das Entnahmerecht auf die Differenz zwischen den tatsächlich angefallenen Steuern und dem Steuerbetrag, der sich ergeben würde, wenn Beteiligungseinkommen bzw. -vermögen nicht vorhanden wären.[33] Die durch die weiteren Einkünfte ggf. bewirkte Progession der ESt-Belastung wird daher von dem Entnahmerecht abgedeckt.

3. Fixiertes Entnahmerecht in Höhe eines gewinnabhängigen Prozentsatzes oder in Höhe eines festen Betrags. Der Festlegung des Prozentsatzes bzw. des Betrags der Entnahmen können ebenfalls folgende Differenzierungen zugrunde liegen:

a) Die persönlichen Verhältnisse werden berücksichtigt.
aa) Sonderbetriebsverhältnisse werden erfaßt.
ab) Sonderbetriebsverhältnisse werden nicht erfaßt.

b) Die persönlichen Verhältnisse werden nicht berücksichtigt.
ba) Sonderbetriebsverhältnisse werden erfaßt.
bb) Sonderbetriebsverhältnisse werden nicht erfaßt.

In Abhängigkeit von den dargestellten möglichen Ausprägungen des Steuerentnahmerechts kann das Potential an Mindestentnahmen des Mitunternehmers somit stark schwanken.

Im Rahmen einer entnahmeorientierten Steuerplanung ist für die Kennzeichnung der geschützten Rechtsposition des Mitunternehmers ferner die Erörterung der von diesem grundsätzlich nutzbaren Rechte zur Einwirkung auf Entscheidungen, die den bilanziellen Ergebnisausweis der Gesellschaft betreffen, erforderlich. Auf der Gesellschaftsebene muß die Bilanzierung und Bewertung des Betriebsvermögens der Gesellschaft formal einheitlich erfolgen, bestehende Bilanzierungs- und Bewertungswahlrechte können nur einheitlich, d.h. im Grenzfall im Interesse des starken Gesellschaf-

[33] Vgl. Ganßmüller, Steuerentnahmerecht, Anm. 21, S. 25 f.

ters, ausgeübt werden.[34] Der einheitliche Gebrauch von Entscheidungsbefugnissen über den Manövriermasseneinsatz liegt formal bei der Geschäftsführung[35] bzw. materiell bei dem starken Gesellschafter. Die Konsequenzen einer Inanspruchnahme bzw. Nichtinanspruchnahme von Bilanzierungs- und Bewertungswahlrechten, d.h. der Einsatz der steuerlichen Manövriermasse, betreffen allerdings unmittelbar den einzelnen (schwachen) Gesellschafter, da diesem entsprechend der vertraglichen Gewinnbeteiligung mögliche steuerliche Vergünstigungen anteilig zugute kommen können.
Seitens des einzelnen Mitunternehmers besteht daher ein schutzwürdiges Interesse daran, von dem geschäftsführenden bzw. dem dominanten Gesellschafter eine ordnungsmäßige Bilanzierung und Bewertung, d.h. den Ansatz der angemessenen "wirklichen Werte"[36] in der Bilanz verlangen zu können. Wie bereits an anderer Stelle[37] abgeleitet, ist im Ergebnis "der Bilanzierende grundsätzlich legitimiert, nach seinem Ermessen und mit bindender Wirkung auch für seine an der Bilanzierung nicht beteiligten Mitgesellschafter (z.B., d.A.) stille Reserven zu bilden, sofern sie sich in dem durch das Gesetz gesteckten Rahmen halten."[38]

Eine bestimmte Bilanzierung und Bewertung kann der einzelne Mitunternehmer daher nur insoweit verlangen, wie der Gesellschaftsvertrag diesbezüglich bindende Regelungen enthält und gesetzliche Ermessensspielräume oder Wahlrechte hinsichtlich der vorzunehmenden Bilanzierung und Bewertung beschränkt. Ansonsten wird die Bilanzierungs- und Bewertungskompetenz des geschäftsführenden Gesellschafters nur durch die gesellschaftliche Treuepflicht eingeengt.[39] Eine "einseitig-egoistisch motivierte" Bilanzierung und Bewertung "zum Schaden anderer Gesellschafter fällt in den Bereich der Willkür und ist deswegen sowie unter dem Gebot der Treuepflicht sicher nicht statthaft."[40]

---

[34] Vgl. BFH v. 21.12.72 IV R 53/72, S. 298 ff; BFH v. 7.6.86 IV R 137/83, S. 910 ff. und Knobbe-Keuk, Bilanz- und Unternehmenssteuerrecht, S. 276.
[35] Vgl. BFH v. 21.12.72 IV R 53/72, S. 300.
[36] Westermann, Handbuch, Rz 303, S. I 215.
[37] Vgl. Abschn. 5.2.1.
[38] Schulze zur Wiesch, Stille Reserven, S. 224.
[39] Vgl. zu den Kompetenzen zur Verfügung über stille Reserven auch Woltmann, Bilanz, S. 275 ff.
[40] Schulze zur Wiesch, Stille Reserven, S. 224.

Auf der Basis der Treuepflicht kann demnach der Mitunternehmer von dem starken bzw. geschäftsführenden Gesellschafter im Rahmen seines allgemeinen Widerspruchsrechts gegen Geschäftsführungsmaßnahmen grundsätzlich nur verlangen, daß seine Individualinteressen, hier insbesondere solche "steuerlicher oder entnahmebezogener Art",[41] in dem aus der Treuepflicht resultierenden Mindestmaß berücksichtigt werden. Allerdings ist die genaue Festlegung dieses Mindestmaßes sowie deren ggf. gerichtliche Nachprüfbarkeit im Rahmen einer Klage gegen oder auf Feststellung der Bilanz[42] auf Grund der bestehenden Auslegungsprobleme des unbestimmten Rechtsbegriffs der Treuepflicht[43] mit erheblichen Unsicherheiten verbunden und nur im Einzelfall möglich.

Während der Mitunternehmer auf Gesellschaftsebene somit lediglich Möglichkeiten zu einer begrenzten und mittelbaren Einwirkung auf die Bilanzierung und Bewertung nehmen kann, stehen ihm auf der individuellen Gesellschafterebene Möglichkeiten zu einer unmittelbaren Einwirkung offen. Im Rahmen seines Sonderbetriebs verfügt der Mitunternehmer grundsätzlich über die gleichen Dispositionsbefugnisse, wie diese auch einem Einzelunternehmer bei Bilanzierung und Bewertung offenstehen.[44] Der Mitunternehmer kann daher grundsätzlich unabhängig von den Mitgesellschaftern, z.B. sowohl über die Vornahme von Teilwertabschreibungen gemäß § 6 EStG auf die der Gesellschaft überlassenen Wirtschaftsgüter als auch über die Vornahme von Sonderabschreibungen entscheiden.[45] Der Mitunternehmer kann auf den Ergebnisausweis seines Sonderbetriebsbereichs ferner durch die zielorientierte Gestaltung von Sonderbetriebsausgaben und Sonderbetriebseinnahmen Einfluß nehmen. Sonderbetriebseinnahmen, als Folge von Gewinnrealisierungen im Sonderbetriebsvermögen durch Veräußerung von Wirtschaftsgütern des Sonderbetriebsvermögens, werden in Höhe des jeweiligen Unterschieds "zwischen dem in der Sonderbilanz ausgewiesenen Buchwert und dem Teilwert des Wirtschaftsguts ... bei dem Gesellschafter als laufender Gewinn er-

[41] Ebenda, S. 224.
[42] Vgl. dazu sowie zu Problemen der gerichtlichen Nachprüfbarkeit Erdtmann, Streitigkeiten, S. 163 ff. und 196 ff.
[43] Vgl. dazu auch Westermann, Handbuch, Rz 241, S. I 176.
[44] Vgl. Thiel, Funktion, S. 334 und Knobbe-Keuk, Bilanz- und Unternehmenssteuerrecht, S. 300.
[45] Vgl. Woerner, Tragweite, S. 304.

faßt."[46] Sonderbetriebseinnahmen erhöhen c.p. somit die potentiellen Entnahmemöglichkeiten des Mitunternehmers.
Sonderbetriebsausgaben mindern dagegen das Sonderbetriebsergebnis und damit c.p. den dem Mitunternehmer steuerlich zuzurechnenden Gewinn aus Gewerbebetrieb. Als Sonderbetriebsausgaben gelten insbesondere auch solche Aufwendungen, die im Zusammenhang mit Wirtschaftsgütern des gewillkürten Sonderbetriebsvermögens stehen. Hinsichtlich der Bildung gewillkürten Sonderbetriebsvermögens verfügt der Mitunternehmer ebenfalls über die gleichen Möglichkeiten wie ein Einzelunternehmer.[47] Der Mitunternehmer kann daher bevorzugt solche Wirtschaftsgüter als gewillkürtes Sonderbetriebsvermögen behandeln, die mit nominell hohen Betriebsausgaben verbunden oder mit einem Verlustrisiko behaftet sind. Durch die Bildung von gewillkürtem Sonderbetriebsvermögen hat der Mitunternehmer somit die Möglichkeit, das Potential der den steuerlichen Gewinn mindernden Sonderbetriebsausgaben zu erhöhen.

Für einen beschränkt haftenden Mitunternehmer (Kommanditist einer KG) ist die Bildung gewillkürten Sonderbetriebsvermögens mit einer weiteren Konsequenz verbunden. § 15 a EStG regelt die Behandlung von Verlusten bei beschränkter Haftung. Danach kann der Kommanditist einer KG einen Verlustanteil, der bei ihm zu einem negativen Kapitalkonto führen oder ein solches erhöhen würde, nur zeitlich unbeschränkt vortragen und nur mit Gewinnanteilen, die aus der gleichen Beteiligung resultieren, verrechnen.[48] Das Kapitalkonto des Kommanditisten i.S.v. § 15 a EStG erfaßt neben dessen Anteil am Gesamthandsvermögen der Gesellschaft auch das Sonderbetriebsvermögen des Kommanditisten.[49] Aus dieser Regelung resultiert für den Mitunternehmer die Möglichkeit, durch Bildung von positivem Sonderbetriebsvermögen das Verlustausgleichspotential zu erhöhen, d.h. die Entstehung eines ansonsten nur verrechenbaren Verlusts

[46] Knobbe-Keuk, Bilanz- und Unternehmenssteuerrecht, S. 307.
[47] Vgl. Kurth, Besteuerung, S. 386. Vgl. zu einer Negativ-Abgrenzung BFH v. 20.6.1985 IV R 36/83, S. 654 f.
[48] Diese Regelung findet keine Anwendung, soweit der Verlustanteil eine im Handelsregister eingetragene, die tatsächlich geleistete Einlage übersteigende Haftungssumme des beschränkt Haftenden nicht übersteigt. Vgl. § 15 a Abs. 1 Sätze 2 und 3 EStG. Die im Handelsregister eingetragene Haftungssumme ist im Außenverhältnis gegenüber den Gläubigern maßgebend.
[49] Vgl. BMF, Schreiben betr. Zweifelsfragen zur Anwendung des § 15 a EStG v. 8.5.1981, S. 308, Tz 2. Vgl. ferner BFH v. 14.11.1985 IV R 63/83, S. 58 ff.

i.S.v. § 15 a EStG ggf. zu vermeiden.[50] Da ferner der Verlustanteil des Gesellschafters i.S.v. § 15 a EStG nur dessen Anteil am Verlust der Gesellschaft, jedoch nicht dessen Sonderbetriebsergebnis erfaßt, fallen Verluste aus dem Sonderbetriebsbereich nicht unter die Begrenzung der Verlustverrechnungsmöglichkeiten des § 15a EStG, so daß mögliche Verluste des Sonderbetriebs stets ausgleichs- bzw. in den Grenzen von § 10 d EStG abzugsfähig sind.[51] Daraus resultiert für den Mitunternehmer grundsätzlich die Möglichkeit, einen im Rahmen von § 15 a EStG ggf. nur verrechenbaren Verlust durch die Verlagerung von der Gesellschaftsebene auf die Sonderbetriebsebene in einen ausgleichs- bzw. abzugsfähigen Verlustanteil umzuwandeln.[52] [53]

Im Ergebnis muß festgestellt werden, daß der schwache Mitunternehmer grundsätzlich nur auf der individuellen Sonderbetriebsebene die Möglichkeiten hat, eine von dem dominanten Mitgesellschafter unabhängige Steuerplanungskonzeption zu verfolgen. Auf Gesellschaftsebene hat der schwache Mitunternehmer dagegen nur dann formale Möglichkeiten bzw. Rechte zur Durchsetzung eigener steuerplanerischer Interessen gegen den dominanten Mitgesellschafter, wenn und insoweit infolge der angestrebten Durchsetzung der Planungskonzeption seitens des Mitgesellschafters die eigene geschützte Rechtsposition verletzt würde.

Inwieweit der Mitunternehmer die dargestellten und ihm grundsätzlich zur Verfügung stehenden Rechte tatsächlich nutzen kann, ist von den Umständen des konkreten Einzelfalls abhängig. Da der Mitunternehmer annahmegemäß einem Gesellschafter mit ausgeprägter Machtstellung gegenübersteht, ist es durchaus denkbar, daß dem Mitunternehmer die dargestellten Minimalrechte lediglich formal zur Verfügung stehen, er sie faktisch jedoch auf Grund der Machtstellung des Mitgesellschafters nicht nutzt bzw. nutzen kann. In

[50] Vgl. ebenso Knobbe-Keuk, Bilanz- und Unternehmenssteuerrecht, S. 346.
[51] Vgl. Gnam, Ergänzungsbilanzen, Rdz 31.
[52] Vgl. dazu auch John/Theisen, Gestaltungsmaßnahmen, S. 1375 ff.
[53] Allerdings setzt die Nutzung der Verlustverlagerungspotentiale stets ein Zusammenwirken von Mitunternehmer und Gesellschaft bzw. den Mitgesellschaftern voraus, so daß die angesprochenen Verlustverlagerungsmöglichkeiten nur im Rahmen eines kollektiven Verhandlungsprozesses realisiert werden können. Vgl. dazu Abschn. 5.3.

formaler Hinsicht ist allerdings beachtenswert, daß bei weitgehender Rechtlosigkeit eines Gesellschafters die Ernsthaftigkeit und somit die steuerliche Anerkennung des Gesellschaftsverhältnisses in Frage steht.[54] Von einer wesentlichen Beschränkung der Gesellschafterrechte kann allerdings dann nicht ausgegangen werden, wenn sich die im Gesellschaftsvertrag getroffenen Vereinbarungen bezüglich Bilanzierung und Bewertung auch auf den Sonderbetriebsbereich des einzelnen Gesellschafters erstrecken.[55] Die wesentliche Ursache für eine gesellschaftsvertragliche Beschränkung des individuellen Manövriermasseneinsatzes auf der Gesellschafterebene liegt in den daraus ggf. resultierenden anteiligen Belastungen mit GewESt, GewKapSt und VSt der Mitgesellschafter.[56]

5.2.2 Anpassung der individuellen Steuerplanungskonzeption an veränderte Plandaten als einseitige Konfliktlösung

Der Mitunternehmer verfügt annahmegemäß nicht über die notwendige Machtstellung, um seine individuelle Steuerplanungskonzeption auf Gesellschaftsebene durchzusetzen. Vielmehr wird der auf Gesellschaftsebene vorzunehmende Manövriermasseneinsatz von dem auf Grund seiner relativen Machtstellung dominierenden Gesellschafter weitestgehend, d.h. unter Wahrung der geschützten Rechtsposition des betrachteten Mitunternehmers determiniert. Somit kann die zunächst bestimmte individuell optimale Steuerplanungskonzeption[57] des Mitunternehmers nicht mehr in dieser Form durchgeführt werden. Die auf der Basis des Verfahrens der Ermittlung von Grenzsteuerzuwachsraten bestimmte individuell optimale Gewinnausweis- bzw. Manövriermasseneinsatzstrategie ist auf Grund der Änderung der Plandaten nicht realisierbar.

---

[54] Vgl. dazu Paulick, in: Westermann, Handbuch, Rz 616 ff, S. III 206 ff.

[55] Vgl. zur Festlegung von Bilanzierungs- und Bewertungsgrundsätzen im Gesellschaftsvertrag Kaiser, Gesellschaftsvertrag, S. 266 ff.

[56] Vgl. dazu im einzelnen Abschn. 5.3.

[57] Vgl. Abschn. 4.4.

Für den Mitunternehmer stellt sich demnach die Frage, in welcher Weise er die ihm ggf. noch verbleibende individuelle Manövriermasse einsetzt, um die individuellen Zielvorstellungen dennoch, wenn auch u.U. nur partiell, zu realisieren.
Bei der Planung des individuell optimalen Manövriermasseneinsatzes ist der Mitunternehmer von der erwarteten Reihe der Bruttoergebnisse ausgegangen und hat danach den auf Gesellschafts- und Gesellschafterebene vorzunehmenden Manövriermasseneinsatz bestimmt. Der Manövriermasseneinsatz auf Gesellschaftsebene wird nun allerdings durch den dominanten Gesellschafter festgelegt. Dies ist für die Steuerplanung des Mitunternehmers mit verschiedenen Konsequenzen verbunden.

Zum einen fällt der Manövriermasseneinsatz auf Gesellschaftsebene als Instrument zur Zielerreichung der Steuerplanung des Mitunternehmers weg. Zum anderen kann der Mitunternehmer seiner Steuerplanung nicht den erwarteten ursprünglichen Bruttoergebnisverlauf der Gesellschaft zugrunde legen. Vielmehr muß der Mitunternehmer die aus dem verfolgten Manövriermasseneinsatz des dominanten Gesellschafters resultierende Ergebnisausweisreihe auf Gesellschaftsebene antizipieren und als weiteres Datum seiner Planung erfassen. Diese Vorgehensweise setzt offensichtlich voraus, daß der Mitunternehmer über die notwendigen Informationen hinsichtlich des von dem dominanten Gesellschafter angestrebten Manövriermasseneinsatzes verfügt oder aber eine ausreichende Risikopräferenz hat.[58] Soweit davon nicht ausgegangen werden kann, muß der Mitunternehmer eine andere Vorgehensweise wählen. Es ist daher notwendig, im folgenden bei der Erörterung der Möglichkeiten der Anpassung der individuellen Steuerplanung nach Informationsstand bzw. Risikopräferenz des Mitunternehmers zu differenzieren.

[58] Vgl. zu dem Zusammenhang zwischen Informationsstand und Risikopräferenz Abschn. 4.5.3.

I. Der Mitunternehmer verfügt über ausreichende Informationen über den angestrebten Manövriermasseneinsatz des dominanten Gesellschafters.[59]

Der Mitunternehmer muß bei seiner individuellen Steuerplanung[60] in diesem Fall von der Reihe der Bruttoergebnisse (G_t^g) ausgehen, die aus dem erwarteten Manövriermasseneinsatz des dominanten Gesellschafters resultiert. Die Zeile (1) der Tabelle I kann als diese Reihe der Bruttoergebnisse (G_t^g) angesehen werden. Auf dieser Basis ist nach der bekannten Vorgehensweise die Reihe der erwarteten zu versteuernden Einkommen des Mitunternehmers M_{tj} (Zeile (9) der Tabelle I) zu ermitteln. Unter Verwendung des Verfahrens der Ermittlung der Grenzsteuerzuwachsraten ist anschließend die Reihe der optimalen zu versteuernden Einkommen M_{tj}^{opt} (Zeile (1) Tabelle II) zu bestimmen.[61] Daraus ergibt sich durch Rückrechnung die Reihe der G_{tj}^{opt} (optimale Summe aus Gewinnanteil GA und Sonderbetriebsergebnis des Gesellschafters; Zeile (4) Tabelle II).

Da nun allerdings die Gewinnanteile des Gesellschafters GA_{tj} durch den Manövriermassseneinsatz des dominierenden Gesellschafters auf Gesellschaftsebene und der daraus resultierenden Ergebnisausweisreihe bereits festgelegt sind, entfällt notwendigerweise die Bestimmung von optimalen Gewinnanteilen des Mitunternehmers (GA_{tj}^{opt}). Vielmehr kann die Realisierung der Reihe der optimalen zu versteuernden Einkommen nur noch mit einer entsprechenden Ausgestaltung der Reihe der Sonderbetriebsergebnisse des Mitunternehmers erreicht werden. Diese Reihe der optimalen Sonderbetriebsergebnisse (SBE_{tj}^{opt}) ist daher als Differenz zwischen der Reihe der G_{tj}^{opt} (optimale Summe aus Sonderbetriebsergebnis und Gewinnanteil) und der nicht veränderbaren Reihe der Gewinnanteile (GA_{tj}) des Mitunternehmers zu ermitteln. Durch den Vergleich der so be-

[59] Bei der Erörterung der Vorgehensweise der Anpassung der individuellen Steuerplanung wird im Interesse einer transparenten Darstellung auf die Daten der Tabellen I und II des Abschn. 4.4 zurückgegriffen. Die Daten der Tabelle II sind für die Zielfunktion der Steuerbarwertminimierung ermittelt. Da die grundsätzliche Vorgehensweise der Anpassung der individuellen Steuerplanungskonzeption nicht zielfunktionsspezifisch ist, kann auf die Erörterung der Anpassung im Fall anderer Zielfunktionen verzichtet werden.

[60] Vgl. im folgenden die in Abschn. 4.4.2 dargestellte Vorgehensweise der individuellen Steuerplanung des Mitunternehmers.

[61] Dabei wird von möglichen steuerlichen Rückwirkungen auf die Planungskonzeption des dominanten Gesellschafters abstrahiert.

stimmten optimalen Reihe der Sonderbetriebsergebnisse (SBE_{tj}^{opt}) mit der Reihe der erwarteten Sonderbetriebsergebnisse (SEB_{tj}, Zeile (5) Tabelle I) ist der erforderliche Manövriermasseneinsatz auf der Sonderbetriebsebene abzuleiten. Die dargestellten Modifikationen der Tabelle II, ausgehend von Zeile (4), stellt Tabelle V nochmals zusammen.

Ein Vergleich von Zeile (8) aus Tabelle II und Zeile (7) aus Tabelle V zeigt, daß nun zur Realisierung der Reihe der optimalen zu versteuernden Einkommen ein sehr viel größeres Potential an Manövriermasse auf der Sonderbetriebsebene erforderlich ist. Während in dem der Tabelle II zugrunde liegenden Fall im Vergleich zur Ausgangslösung (Tabelle I) eine Verlagerung von Manövriermasse in Höhe von 22.000,- erforderlich ist, benötigt der Mitunternehmer jetzt einen Betrag an verlagerbarer Manövriermasse in Höhe von 60.885,- . Steht dem Mitunternehmer auch im Fall der Anpassung der individuellen Steuerplanungskonzeption lediglich ein Manövriermassenpotential in Höhe von 22.000,- auf der Sonderbetriebsebene zur Verfügung, so kann er offensichtlich die Reihe der optimalen zu versteuernden Einkommen nicht realisieren; die Reihe der zu versteuernden Einkommen kann letztlich nur an die Optimalreihe angenähert werden. Da in diesem Fall das Kriterium der Angleichung der Grenzsteuerbarwerte nicht oder nur unzureichend erfüllt wird, kann der Mitunternehmer die individuellen Zielvorstellungen der Steuerplanung allenfalls partiell realisieren.

Der Bedarf an Manövriermasse auf der Sonderbetriebsebene des Mitunternehmers nimmt in dem Maß zu, in dem der Manövriermasseneinsatz des dominanten Gesellschafters und der individuell optimale Manövriermasseneinsatz des betrachteten Mitunternehmers differieren. Verfolgt z.B. der dominierende Gesellschafter die Zielfunktion der Steuerbarwertminimierung, der betrachtete Mitunternehmer hingegen Nettokapitalwertmaximierung, so ist der Bedarf an Manövriermasse auf der Sonderbetriebsebene zur Anpassung der Steuerplanung des Mitunternehmers grundsätzlich größer, als wenn beide die gleiche Zielfunktion verfolgen und lediglich auf Grund unterschiedlicher Zielwirkungen einen differierenden Manövriermasseneinsatz anstreben.

Tab. V	t_1	t_2	t_3	t_4	t_5	Σ
(4) G_{tj}^{opt}	27.905,-	34.439,-	11.721,-	66.589,-	91.866,-	232.520,-
(5) GA_{tj}	51.120,-	27.150,-	28.680,-	43.920,-	46.050,-	196.920,-
(6) SBE_{tj}^{opt} = (4) ./. (5)	-23.215,-	7.289,-	-16.959,-	22.669,-	45.816,-	35.600,-
(7) MME_{t,SBE_j}^{opt} = SBE_{tj}^{opt} ./. SBE_{tj}	-38.515,-	- 5.411,-	-16.959,-	15.069,-	45.816,-	0

Da letztlich die Möglichkeiten zur Bildung von Manövriermasse auf der Sonderbetriebsebene beschränkt sind,[62] dürfte in praxi die Realisation individueller Zielvorstellungen im Rahmen einer Anpassung der individuellen Steuerplanungskonzeption auf der Sonderbetriebsebene die Ausnahme sein.

II. Der Mitunternehmer verfügt nicht über ausreichende Informationen über den angestrebten Manövriermasseneinsatz des dominanten Gesellschafters.

In diesem Fall ist der Mitunternehmer nicht in der Lage, den Manövriermasseneinsatz des dominanten Gesellschafters auf Gesellschaftsebene und damit die zu erwartende Reihe der Bruttoergebnisse (G_t^g) zu antizipieren. Eine längerfristig orientierte individuelle Steuerplanung des Mitunternehmers ist damit faktisch nicht mehr durchführbar. Soweit der Mitunternehmer nicht den unzureichenden Informationsstand durch eine erhöhte Risikopräferenz kompensiert, bleibt nur die Alternative einer kurzfristigen, im Grenzfall einperiodischen Steuertaktik.

Inhalt dieser Steuertaktik kann es dann nur sein, jeweils in der einzelnen Planungsperiode auf den Manövriermasseneinsatz des dominierenden Gesellschafters zu reagieren, um somit evtl. negative Konsequenzen für die individuelle Besteuerung und/oder das Entnahmepotential soweit wie möglich durch den Manövriermasseneinsatz auf der Sonderbetriebsebene zu kompensieren. Diese Vorgehensweise entspricht letztlich allgemeinen Erkenntnissen der Entscheidungstheorie, wonach ein "Individuum, das in einem komplexen Entscheidungssystem zu einer Vielzahl anderer Entscheidungsträger in Kontingenzbeziehungen steht, ... vielfach wenig motiviert (ist, d.A.) sein Verhalten über längere Zeit hinaus zu planen und diese Planungen auf Erwartungen über das Verhalten anderer zu stützen. Es verläßt sich auf seine Fähigkeit, auf Störungen durch kurzfristige 'kompensierende' Entscheidungen zu reagieren."[63]

Eine solche Verhaltensweise erfordert seitens des Mitunternehmers stets eine gewisse "Vorratshaltung" an individueller Manövriermasse, da er ansonsten keine Möglichkeiten mehr hat, zu jeder Zeit einen kompensierenden Manövriermasseneinsatz auf der Sonderbe-

[62] Vgl. auch Abschn. 5.2.1.

[63] Kirsch, Entscheidungsprozesse, S. 67.

triebsebene durchzuführen.[64] Es ist deshalb im Einzelfall abzuwägen, ob im Interesse einer verbesserten kompensativen Wirkung in einer Periode die gesamte individuelle Manövriermasse einzusetzen oder aus Gründen der Vorsicht ein Teil dieser Manövriermasse für kompensierende Maßnahmen späterer Perioden in Reserve zu halten ist. Ferner ist bei dem Einsatz der Manövriermasse darauf zu achten, inwieweit dadurch kompensative Maßnahmen in der Zukunft eingeschränkt werden. Dies bedingt eine anforderungsgerechte Strukturierung der Manövriermasse hinsichtlich Reversibilität und Flexibilität.[65]

Die Effizienz eines kompensierenden Manövriermasseneinsatzes wird letztlich durch das zur Verfügung stehende Potential an Manövriermasse auf der Sonderbetriebsebene bestimmt. Da dieses Potential in praxi eher beschränkt sein dürfte, ist auch die praktische Relevanz kompensierender Maßnahmen im Rahmen einer Anpassung der individuellen Steuerplanungskonzeption außerhalb eines kollektiven Verhandlungsprozesses, von denkbaren Ausnahmefällen abgesehen, als gering einzustufen.
Von weitaus größerer praktischer Relevanz ist dagegen die im Anschluß zu betrachtende Frage, auf welche Art und Weise und in welchem Maß der Mitunternehmer individuelle Zielvorstellungen der Steuerplanung im Rahmen eines kollektiven Abstimmungs- bzw. Verhandlungsprozesses realisieren kann.

[64] Nach Kirsch bewahrt sich ein Entscheidungsträger allgemein in solchen Situationen, "eine gewisse Flexibilität ..., d.h. ... (der Entscheidungsträger, d.A.) versucht solche Aktionen zu vermeiden, die möglicherweise die Lösung der zu erwartenden Nachfolgeprobleme verbauen könnten." Kirsch, Koordination, S. 88.

[65] Vgl. dazu im einzelnen Abschn. 6.

5.3 Realisation individueller Zielvorstellungen der Steuerplanung im Rahmen eines kollektiven Verhandlungsprozesses

5.3.1 Kennzeichnung der Planungssituation

In Abschnitt 5.2 wurde davon ausgegangen, daß der Mitunternehmer als Planungsträger die erwarteten oder tatsächlichen steuerplanerischen Entscheidungen des dominanten Gesellschafters als Datum akzeptiert. Diese Annahme ist jedoch nur für die skizzierten interpersonellen Machtverhältnisse[1] plausibel. Verfügt dagegen kein Gesellschafter über eine ausgeprägte Machtstellung, so wird der Mitunternehmer als Planungsträger die steuerplanerischen Entscheidungen eines Mitgesellschafters nicht als Datum hinnehmen, sondern er wird versuchen, die erwarteten oder tatsächlichen Entscheidungen durch den Einsatz manipulativer Maßnahmen zu beeinflussen.[2] Soweit in einem solchen Fall mehrere Gesellschafter wechselseitig zu manipulativen Maßnahmen greifen, "treten die Beteiligten in Verhandlungen ein."[3] Dies gilt grundsätzlich auch dann, wenn auf Grund gesellschaftsvertraglicher Vereinbarungen ein Gesellschafter für die Erstellung der Einheitsbilanz als Objekt der Steuerplanung zuständig ist. Der Einsatz manipulativer Maßnahmen kann dazu dienen:[4]

1. erwartete und auf Grund der Kontingenzbeziehungen für die eigene Zielerreichung förderliche (komplementäre) Entscheidungen von Mitgesellschaftern zu unterstützen und/oder

2. erwartete und auf Grund der Kontingenzbeziehungen für die eigene Zielerreichung schädliche (konfliktäre) Entscheidungen von Mitgesellschaftern zu verhindern oder zumindest zu modifizieren.

Der Mitunternehmer trifft seine eigenen steuerplanerischen Entscheidungen dann erst nach dem Einsatz der manipulativen Maßnahmen in Abhängigkeit von den damit erzielten Wirkungen.

[1] Vgl. Abschn. 5.1 und 5.2.1.
[2] Vgl. Kirsch, Koordination, S. 89.
[3] Ebenda.
[4] Vgl. ebenda, S. 100 f.

Während die Ausführungen zu den interpersonellen Konfliktursachen und Konfliktgegenständen[5] analog gelten, sind die der hier angenommenen Planungssituation zugrunde liegenden Machtverhältnisse anders zu kennzeichnen. Ein kollektiver Verhandlungsprozeß setzt voraus, daß einerseits kein Gesellschafter seine individuellen Zielvorstellungen der Steuerplanung allein durchsetzen kann, aber andererseits alle Beteiligten nach einer Realisation der individuellen Ziele der Steuerplanung streben.[6] Eine solche Situation ist grundsätzlich nur dann gegeben, wenn kein Gesellschafter über eine ausgeprägte relative Machtstellung verfügt,[7] sondern vielmehr alle Beteiligten eine ungefähr vergleichbare Machtstellung innehaben. Eine solche Situation ist daher auch dann gegeben, wenn eine ursprünglich bestehende relative Machtstellung eines Gesellschafters durch den Zusammenschluß von Mitgesellschaftern (Bildung einer Koalition) weitgehend neutralisiert wird.

5.3.2 Voraussetzungen des kollektiven Verhandlungsprozesses

Die Personengesellschaft ist auf Grund der Unterschiedlichkeit der steuerplanerischen Zielvorstellungen der einzelnen Gesellschafter nicht als ein Gebilde aufzufassen, "in dem es eine einheitliche, von allen Beteiligten geteilte oder zumindest akzeptierte Präferenzordnung gibt."[8] Dies ist letztlich die Ursache für die Notwendigkeit von Verhandlungsprozessen im Rahmen der Steuerplanung. Aus dieser Nicht-Existenz einer kollektiven Präferenzordnung resultiert ferner das Problem der Ermittlung von interpersonell akzeptablen Verhandlungsergebnissen. Der einzelne Gesellschafter ist grundsätzlich nicht bereit, zugunsten von Mitgesellschaftern Nachteile hinsichtlich der Realisation der individuellen Zielvorstellungen der Steuerplanung zu akzeptieren.

Der Mitunternehmer akzeptiert einen verminderten Zielerreichungsgrad im Rahmen seiner Steuerplanung vielmehr nur dann, wenn diese relativen Nachteile durch Kompensationsmaßnahmen (z.B. Ausgleichszahlungen) angemessen berücksichtigt werden. Die angemessene Be-

[5] Vgl. Abschn. 5.2.1.
[6] Vgl. ebenso Heigl/Melcher, Ertragsteuerplanung, S. 127.
[7] Vgl. dazu die Ausführungen des Abschnitts 5.1.
[8] Kirsch, Koordination, S. 92.

rücksichtigung dieser Nachteile setzt jedoch zum einen voraus, daß diese Nachteile quantifiziert werden können[9] und zum anderen, daß sich die Beteiligten darüber einigen können, welche Ausprägung die Kompensationsmaßnahmen mindestens aufweisen müssen bzw. gerade noch aufweisen dürfen, um als 'angemessen' beurteilt werden zu können.

Die Bestimmung der individuellen Nachteile infolge einer möglichen Nicht-Realisation der individuellen Zielvorstellungen der Steuerplanung erfordert zunächst die Bestimmung der Optima der individuellen Steuerplanung.[10] Ausgehend von dem individuellen Optimum der Steuerplanung, d.h. der vollständigen Realisation der individuellen Zielvorstellungen, sind dann die erwarteten oder tatsächlichen steuerplanerischen Entscheidungen der Mitgesellschafter und die auf Grund der Kontingenzbeziehungen resultierende Minderung des individuellen Zielerreichungsgrads zu antizipieren.

Die Minderung des individuellen Zielerreichungsgrads ist durch eine Gegenüberstellung der optimalen Zielerreichung bei Durchsetzung der eigenen Steuerplanungskonzeption und der eigenen noch möglichen Zielerreichung bei angenommener Durchsetzung der Steuerplanungskonzeption der Mitgesellschafter zu ermitteln.[11] Die unspezifizierte 'Minderung des Zielerreichungsgrads' ist bei der entnahmeorientierten Steuerplanung dann durch eine Erhöhung des Kapitalwerts der Steuerzahlungen und/oder eine Reduktion des individuellen Entnahmepotentials[12] konkretisierbar. Die quantitative Ermittlung beider Nachteilsgrößen ist bei Kenntnis der eigenen Optimalstrategie und der von den Mitgesellschaftern verfolgten Strategien m.H. des Verfahrens der Ermittlung von Grenzsteuerzuwachsraten unter Zugrundelegung der neuen geänderten Planungsdaten unproblematisch.[13] Auf eine weitere Erörterung kann daher verzichtet werden.

---

9 Vgl. Heigl/Melcher, Ertragsteuerplanung, S. 123, die die Nachteilsquantifizierung als "Vorstufe für mögliche Verhandlungen" auffassen.

10 Vgl. dazu Abschn. 4.4.

11 Vgl. ähnlich Heigl/Melcher, Ertragsteuerplanung, S. 123 f.

12 Heigl/Melcher sprechen analog von Steuerkosten und Einkommenskosten. Vgl. ebenda, S. 124.

13 Zu Möglichkeiten einer diesbezüglichen Informationsgewinnung vgl. Abschn. 4.5.2.

Die möglichen Nachteile des Gesellschafters in Form einer Erhöhung des Kapitalwerts der Steuerzahlungen und/oder einer Reduktion des individuellen Entnahmepotentials können durch quantifizierbare und nicht oder nur sehr schwer quantifizierbare Ausgleichsmaßnahmen von Mitgesellschaftern kompensiert werden. Als nicht oder nur sehr schwer quantifizierbare Ausgleichsmaßnahmen kommen etwa die Erweiterung des Verantwortungsbereichs des Gesellschafters oder die private Nutzung betrieblicher Einrichtungen oder Leistungen in Frage. Im folgenden werden ausschließlich quantitative Ausgleichsmaßnahmen, d.h. Maßnahmen, die kompensative finanzielle oder finanziell quantifizierbare Zuflüsse bei dem benachteiligten Mitunternehmer induzieren, berücksichtigt.[14] Dies ist insoweit sinnvoll, als sich die nicht quantitativen Ausgleichsmaßnahmen in ihren Wirkungen und Ausprägungen nur sehr unvollständig bzw. willkürlich diskutieren lassen. Ferner stellen die genannten Nachteile einer unvollständigen Realisierung der individuellen Zielvorstellungen ebenfalls quantifizierbare Größen dar, die insoweit zweckmäßig durch quantifizierbare Ausgleichsmaßnahmen kompensiert werden.

Werden die individuellen Nachteile des Mitunternehmers infolge der nur unvollständigen Realisation der individuellen Zielvorstellungen in voller Höhe durch Ausgleichsmaßnahmen der Mitgesellschafter kompensiert (Beispiel: eine Minderung des Entnahmepotentials wird durch eine Erhöhung der Sondervergütungen ausgeglichen), so hat der Mitunternehmer letztlich ein dem individuellen Optimum der Steuerplanung vergleichbares Ergebnis realisiert. Dieser Fall muß allerdings in praxi als Ausnahme eingestuft werden, da ein so weitgehendes Entgegenkommen der Mitgesellschafter grundsätzlich mit einer entsprechenden Reduktion ihrer individuellen Zielerreichungsgrade verbunden ist.

Der Mitunternehmer muß daher bei Eintritt in den kollektiven Verhandlungsprozeß, ausgehend von dem optimalen Zielerreichungs-

[14] Damit wird das Gesamtpotential der zur Verfügung stehenden manipulativen Maßnahmen (quantitative und nicht quantitative Ausgleichsmaßnahmen sowie Täuschungen, Drohungen etc.) auf die quantitativen Ausgleichsmaßnahmen (Ausgleichszahlungen bzw. synonym Kompensationszahlungen) eingegrenzt. Vgl. zu dem Gesamtpotential manipulativer Maßnahmen auch Kirsch, Entscheidungsprozesse, S. 69 f. und 183 ff. sowie Franz, Verhandlung, S. 209 ff.

grad, ein individuelles Satisfizierungsniveau der Zielerreichung festlegen, durch welches die Menge gerade noch akzeptabler Verhandlungsergebnisse repräsentiert wird. Die Festlegung eines Satisfizierungsniveaus ist auch dann notwendig, wenn der Mitunternehmer selbst Ausgleichsmaßnahmen zugunsten der Mitgesellschafter vornimmt, da diese Maßnahmen den individuellen Zielerreichungsgrad grundsätzlich reduzieren. In diesem Fall wird durch das Satisfizierungsniveau des Mitunternehmers bestimmt, zu welchen Zugeständnissen in Form von Ausgleichsmaßnahmen an die Mitgesellschafter er gerade noch im Interesse einer möglichst weitgehenden Realisierung der individuellen Zielvorstellungen der Steuerplanung bereit ist.

In beiden Fällen muß der Mitunternehmer in praxi offensichtlich eine Abweichung von seinem individuellen Optimum der Steuerplanung akzeptieren, sei es bedingt durch die Gewährung von Ausgleichsmaßnahmen, sei es auf Grund der Inanspruchnahme von Ausgleichsmaßnahmen, welche die bestehenden Nachteile der nur partiellen Realisation der Zielvorstellungen nicht vollständig kompensieren. Die Frage, welche Nachteile, d.h. welche Abweichungen vom individuellen Optimum der Steuerplanung als Ergebnis des Verhandlungsprozesses der Mitunternehmer letztlich akzeptiert bzw. akzeptieren muß, ist - wie die Frage nach dem individuellen Satisfizierungsniveau - weder entscheidungslogisch[15] noch intersubjektiv allgemeingültig zu beantworten.

Im folgenden ist daher auch nicht zu untersuchen, welche konkrete quantitative Ausprägung die Ausgleichsmaßnahmen im Einzelfall im Interesse einer angemessenen Zielerreichung annehmen müssen. Es ist vielmehr zu fragen, wodurch Ausgleichserfordernisse verursacht werden, welche verschiedenen Formen von Ausgleichsmaßnahmen in Betracht kommen, durch welche Determinanten deren Ausgestaltung bestimmt wird und welche planungserheblichen Konsequenzen daraus jeweils für den Mitunternehmer resultieren.

---

[15] Vgl. zu dieser Einschätzung auch Gratz, Grundprobleme, S. 139; Wagner/Dirrigl, Steuerplanung, S. 293 sowie Rückle, Normative Theorie, S. 471.

5.3.3 Realisation individueller Zielvorstellungen bei Vornahme von Ausgleichsmaßnahmen

5.3.3.1 Verursachungen und Erfordernisse von Ausgleichsmaßnahmen

Der Mitunternehmer strebt im Rahmen seiner individuellen Steuerplanung nach der Realisierung seiner finanziellen Oberziele, konkretisiert durch das Streben nach einer bestimmten Struktur von Nettoentnahmen unter Beachtung von Nebenbedingungen.[16] Instrument der Zielerreichung ist die nach diesen Zielen ausgerichtete individuell optimale Steuerplanungskonzeption, konkretisiert durch steuerliche Subziele bzw. Zielfunktionen und den danach vorzunehmenden Manövriermasseneinsatz auf Gesamthands- und Sonderbetriebsebene. Soweit der Mitunternehmer die individuell optimale Steuerplanungskonzeption nicht vollständig auf Gesellschaftsebene durchsetzen kann, resultiert daraus grundsätzlich eine verminderte Zielerreichung, d.h. ein niedrigerer Kapitalwert der Nettozuflüsse aus der Beteiligung bzw. ein höherer Steuerkapitalwert als jeweils im Vergleich zu den individuellen Optima bei Realisierung der individuellen Steuerplanungskonzeption.

Verursacht werden diese Nachteile durch den von der individuell optimalen Konzeption abweichenden Manövriermasseneinsatz seitens einzelner oder aller Mitgesellschafter. Dies findet seine Begründung in den interdependenten Wirkungen von steuerplanerischen Maßnahmen. Setzt ein Gesellschafter z.B. den für ihn optimalen Manövriermasseneinsatz auf Gesellschaftsebene durch, so wird dadurch der Ergebnisausweis der Gesellschaft determiniert. Aus dieser Determinierung des Ergebnisausweises resultieren Konsequenzen für die ergebnisausweisabhängigen Entnahmemöglichkeiten und für die Ertrag- und ggf. Substanzsteuerzahlungen der Mitgesellschafter.

Der Mitunternehmer ist grundsätzlich nicht bereit, Nachteile in der Zielerreichung gegenüber Mitgesellschaftern hinzunehmen. Soweit die steuerplanerischen Maßnahmen eines Gesellschafters Kontingenzen,[17] d.h. nachteilige Wirkungen für die Zielerreichung des Mitunternehmers induzieren, besteht daher aus dessen Sicht grundsätzlich die Notwendigkeit von Maßnahmen, welche die Nachteile zu-

[16] Vgl. dazu im einzelnen Abschn. 4.
[17] Vgl. zu dem Begriff Kirsch, Entscheidungsprozesse, S. 66 ff.

mindest teilweise kompensieren.[18] Die Bestimmung der nur einzelfallbezogen betragsmäßig konkretisierbaren[19] und im Rahmen des kollektiven Verhandlungsprozesses auszuhandelnden Kompensationsmaßnahmen setzt die Kenntnis grundsätzlich möglicher Entscheidungs-Interdependenzen bzw. Kontingenzen steuerplanerischer Maßnahmen voraus.

Im Rahmen des kollektiven Verhandlungsprozesses kann der Mitunternehmer grundsätzlich zwei Situationen gegenüberstehen, welche in unterschiedlicher Weise auf die Realisation der individuellen Ziele der Steuerplanung und damit auf die ggf. anzustrebende Ausgestaltung von Ausgleichsmaßnahmen wirken:

I. Ein oder mehrere bzw. alle Mitgesellschafter streben nach Realisierung einer Steuerplanungskonzeption, welche im Vergleich zur Optimalstrategie des Mitunternehmers auf einen nachverlagerten bzw. verminderten Gewinnausweis bzw. auf einen vorverlagerten Verlustausweis abstellt.

Beispiel: Der betrachtete Mitunternehmer B strebt nach Nettokapitalwertmaximierung. Dagegen verfolgt der Mitgesellschafter A das Konzept der Steuerbarwertminimierung.
Soweit A seine Zielkonzeption durchsetzt, folgt daraus grundsätzlich ein vorverlagerter bzw. verstärkter Einsatz gewinnausweisreduzierender Manövriermasse und ein nachverlagerter bzw. verminderter Einsatz gewinnausweiserhöhender Manövriermasse im Planungszeitraum, als dies für die Optimalstrategie des B gilt.

II. Ein oder mehrere bzw. alle Mitgesellschafter streben nach Realisierung einer Steuerplanungskonzeption, welche im Vergleich zur Optimalstrategie des Mitunternehmers auf einen vorverlagerten bzw. verstärkten Gewinnausweis bzw. einen nachverlagerten Verlustausweis abstellt.

Beispiel: Der betrachtete Mitunternehmer B strebt nach Steuerbarwertminimierung. Dagegen verfolgt der Mitgesellschafter A das Konzept der Nettokapitalwertmaximierung.

---

[18] Vgl. dazu die Überlegungen zur Bestimmung des individuellen Satisfizierungsniveaus in Abschn. 5.3.2.

[19] Vgl. die Ausführungen in Abschn. 5.3.2.

Soweit A seine Zielkonzeption durchsetzt, folgt daraus grundsätzlich ein vorverlagerter bzw. verstärkter Einsatz gewinnausweiserhöhender Manövriermasse und ein nachverlagerter bzw. verminderter Einsatz gewinnausweisreduzierender Manövriermasse.

In beiden Fällen (I u. II) besteht aus der Sicht des betrachteten Mitunternehmers B das Erfordernis von Ausgleichsmaßnahmen, wenn und insoweit durch die steuerplanerischen Maßnahmen eines Mitgesellschafters die individuelle Zielerreichung gestört bzw. verhindert wird. Im Rahmen der entnahmeorientierten Steuerplanung ist daher zunächst zu untersuchen, welche Wirkungen von steuerplanerischen Maßnahmen eines Mitgesellschafters auf die Entnahmen bzw. den Kapitalwert der Entnahmen und die Steuerzahlungen bzw. den Kapitalwert der Steuerzahlungen des Mitunternehmers ausgehen können.

a) Wirkungen auf den Kapitalwert der Bruttozuflüsse (Entnahmen)[20]

Fall I:

Es erfolgt eine Nachverlagerung des Gewinnausweises der Gesellschaft im Planungszeitraum. Daraus kann für Mitunternehmer B eine Minderung des Kapitalwerts der Bruttozuflüsse auf Grund der Nachverlagerung des ergebnisausweisabhängigen Entnahmepotentials resultieren. Je größer die negative Abweichung des realisierbaren Nettokapitalwerts von dem ursprünglich angestrebten individuellen Nettokapitalwertmaximum ist, desto größer muß aus der Sicht des Mitunternehmers B die notwendige Ausgleichszahlung sein.

Allerdings ist es grundsätzlich auch denkbar, daß aus der Nachverlagerung des Gewinnausweises eine Erhöhung des Kapitalwerts der Nettozuflüsse des Mitunternehmers resultiert. Durch die Nachverlagerung des Gewinnausweises werden auch die gewinnausweisabhängigen Abflüsse von liquiden Mitteln aus dem Unternehmen in Form von Entnahmen und Steuerzahlungen nachverlagert. Der Gesellschaft stehen damit vorübergehend zusätzliche Mittel für investive Zwecke zur

[20] Zur abschließenden Bestimmung der Wirkungen der steuerplanerischen Maßnahmen auf den Kapitalwert der Nettozuflüsse (Zuflüsse nach Steuern) ist eine Analyse der steuerlichen Wirkungen notwendig. Es werden daher zunächst die Wirkungen auf die Bruttozuflüsse und anschließend die steuerlichen Wirkungen analysiert.

Verfügung. Auf Grund dieser zwischenzeitlichen Anlagemöglichkeiten werden c.p. insgesamt höhere Bruttoergebnisse erzielt, als dies bei der Realisation der Konzeption der Nettokapitalwertmaximierung durch den betrachteten Mitunternehmer der Fall wäre.[21] Die dadurch bewirkten höheren, wenn auch im Vergleich zur ursprünglichen Planungskonzeption später anfallenden anteiligen Nettozuflüsse (Zuflüsse nach Steuern), führen dann ggf. zu einer Erhöhung des Nettokapitalwerts bei dem betrachteten Mitunternehmer, so daß insoweit Ausgleichszahlungen nicht in Frage kommen.

Strebt der Mitunternehmer B allerdings, etwa aus Liquiditätsgründen, nach Entnahmen in einer bestimmten Mindesthöhe zu einem bestimmten Zeitpunkt[22] und kann er diese Mindestentnahmen nicht realisieren, so besteht aus der Sicht des Mitunternehmers B die Notwendigkeit von Ausgleichszahlungen auch dann, wenn und insoweit auf Grund der realisierten Planungskonzeption des A höhere Bruttoergebnisse und damit ein höherer Nettokapitalwert erzielt werden. In diesem Fall ist eine wesentliche Nebenbedingung der Zielerreichung aus der Sicht des B nicht eingehalten. Soweit der Mitunternehmer auf Entnahmen in bestimmter Höhe zur Bestreitung des Lebensunterhalts angewiesen ist, resultiert daraus im Fall der Verletzung dieser wesentlichen Nebenbedingung in besonderem Maß eine subjektive Notwendigkeit von Ausgleichszahlungen, da ansonsten ggf. die wirtschaftliche Existenz des Mitunternehmers gefährdet ist.

Fall II:

Es erfolgt eine Vorverlagerung des Gewinnausweises der Gesellschaft im Planungszeitraum. Daraus kann für den Mitunternehmer B eine - allerdings nicht angestrebte - Erhöhung des Kapitalwerts der Nettozuflüsse[23] auf Grund der Vorverlagerung des ergebnisausweisabhängigen Entnahmepotentials resultieren. Allerdings ist es

[21] Insoweit tritt eine Änderung der ursprünglichen, der individuellen Planung des Mitunternehmers B zugrunde liegenden Daten ein.

[22] Vgl. Abschn. 4.3.2.3.

[23] Zur abschließenden Bestimmung der Wirkungen der steuerplanerischen Maßnahmen auf den Kapitalwert der Nettozuflüsse (Zuflüsse nach Steuern) ist eine Analyse der steuerlichen Wirkungen notwendig. Es werden daher zunächst die Wirkungen auf die Bruttozuflüsse und anschließend die steuerlichen Wirkungen analysiert.

ebenfalls möglich, daß aus der von Mitgesellschafter A durchgesetzten Vorverlagerung des Gewinnausweises eine Reduktion der von Mitunternehmer B angestrebten Entnahmen resultiert. Mitunternehmer B strebt mit der Zielfunktion der Steuerbarwertminimierung nach Vermögensmaximierung, d.h. nach einem optimalen (entnahmefähigen) Kapitalanteil am Ende des Planungszeitraums. Durch die von Mitgesellschafter A durchgesetzte Vorverlagerung des Gewinnausweises werden auch die gewinnausweisabhängigen Abflüsse von liquiden Mitteln aus dem Unternehmen in Form von Entnahmen und Steuerzahlungen vorverlagert. Dadurch werden dem Unternehmen finanzielle Mittel entzogen, die ansonsten im Fall der Realisierung der Steuerplanungskonzeption des B dem Unternehmen für investive Zwecke vorübergehend oder auf Dauer zur Verfügung stehen würden. Auf Grund des Entzugs finanzieller Mittel werden daher c.p. insgesamt niedrigere Bruttoergebnisse erzielt, als dies bei der Realisation der Konzeption der Steuerbarwertminimierung durch den betrachteten Mitunternehmer der Fall wäre.[24]

Aus der individuellen Sicht des Mitunternehmers resultiert daher die Notwendigkeit von Ausgleichszahlungen, wenn und insoweit aus der Vorverlagerung des Gewinnausweises der Bruttoergebnisverlauf und damit die zukünftigen Entnahmen beeinträchtigt werden. Bei Kenntnis der durchschnittlichen Bruttorendite des Unternehmens und des zukünftigen Bruttoergebnisverlaufs können die beschriebenen Wirkungen näherungsweise quantifiziert werden.[25] Soweit der zusätzliche Entzug der finanziellen Mittel nicht durch eine zusätzliche Finanzierung kompensiert wird, kann die Bruttoergebnisminderung durch Multiplikation des Betrags der abgeflossenen Mittel mit der Bruttorendite ermittelt werden.[26] Nach Aufzinsung dieser periodenweise zu ermittelnden Beträge bis zum Planungshorizont und Multiplikation mit der Beteiligungsquote ist die Reduktion des Kapitalanteils am Ende des Planungshorizonts näherungsweise bestimmbar. Wird der zusätzliche Entzug finanzieller Mittel durch eine zusätzliche Finanzierung kompensiert, so sind in analoger Weise

[24] Insoweit tritt eine Änderung der ursprünglichen, der individuellen Planung des Mitunternehmers B zugrunde liegenden Daten ein.

[25] Zu den Informationsquellen und -instrumenten vgl. Abschn. 4.5.2.

[26] Eine andere Möglichkeit der Quantifizierung findet sich bei Brenzke, Ertragsteuerplanung, S. 114 f.

die Wirkungen der Finanzierungskosten auf den Bruttoergebnisverlauf und den Kapitalanteil am Ende des Planungszeitraums zu bestimmen.

b) Wirkungen auf den Kapitalwert der ESt-Zahlungen

Fall I:
Der Mitunternehmer muß der individuellen ESt neben den weiteren Einkünften die Summe aus Sonderbetriebsergebnis und Gewinnanteil unterwerfen. Die Nachverlagerung des Gewinnausweises induziert bei dem Mitunternehmer eine Nachverlagerung der ihm steuerlich zuzurechnenden Gewinnanteile. Die Wirkungen, die von dieser Nachverlagerung auf den Kapitalwert der ESt-Zahlungen ausgehen, werden determiniert durch Stärke und Richtung der aus der Nachverlagerung resultierenden Zins- und Steuersatzeffekte[27] sowie durch die zwischenzeitlichen Anlagemöglichkeiten der auf Grund der Nachverlagerung zur Verfügung stehenden finanziellen Mittel und der daraus ggf. resultierenden Steigerung der zukünftigen Bruttoergebnisse. Da der Mitunternehmer B die individuelle Steuerplanung nicht im Sinne einer Minimierung des Steuerbarwerts konzipiert hat, ist im Vergleich zu der individuellen Planungskonzeption durch die Nachverlagerung des Gewinnausweises daher sowohl eine Erhöhung als auch eine Reduzierung des Barwerts der ESt-Zahlungen möglich. Offensichtlich besteht aus der Sicht des Mitunternehmers bei isolierter Betrachtung der Besteuerungswirkungen nur dann und insoweit die Notwendigkeit von Ausgleichszahlungen, als der Kapitalwert der individuellen ESt-Zahlungen bei Nachverlagerung des Gewinnausweises den Kapitalwert der ESt-Zahlungen bei Realisierung der Nettokapitalwertmaximierung übersteigt.

Fall II:
Die Vorverlagerung des Gewinnausweises induziert bei dem Mitunternehmer eine Vorverlagerung der ihm steuerlich zuzurechnenden Gewinnanteile. Da der Mitunternehmer die individuelle Steuerplanung im Sinne der Steuerbarwertminimierung konzipiert hat, muß jede davon abweichende Steuerplanungskonzeption c.p. zwingend eine Erhöhung des Steuerbarwerts für den Mitunternehmer zur Folge haben.

[27] Zu den Ausprägungen von Zins- und Steuersatzeffekten als Determinanten des Steuerbarwerts vgl. Abschn. 4.4.2.1.

Anders als in Fall I ist damit die Vorverlagerung des Gewinnausweises zwingend mit einer Erhöhung des Barwerts der ESt-Zahlungen des Mitunternehmers verbunden, woraus insoweit aus dessen Sicht die Notwendigkeit von Ausgleichszahlungen resultiert.

Soweit allerdings auf Grund des mit der Gewinnvorverlagerung verbundenen Abflusses an finanziellen Mitteln (Entnahmen, Steuerzahlungen) die Bruttoergebnisentwicklung beeinträchtigt wird - es ist dann eine Änderung der Planungsdaten gegeben - kann für B auch eine Minderung des Kapitalwerts der ESt-Zahlungen entstehen.

c) Wirkungen auf den Kapitalwert der GewESt-Zahlungen

Ausgangsgröße bei der Ermittlung des Gewerbeertrags ist gemäß § 7 GewStG der Gewinn aus Gewerbebetrieb. Der Gewinn aus Gewerbebetrieb umfaßt die Summe der beteiligungsinduzierten gewerblichen Einkünfte der Mitunternehmer, d.h. neben deren Anteile am Gewinn der Gesellschaft auch deren Sonderbetriebsergebnisse.[28] Diese Regelung hat zur Folge, "daß auch Vorgänge und Verhältnisse, die nicht die Gesellschaft, sondern nur den einzelnen Gesellschafter betreffen, auf die Gewerbesteuerschuld der Gesellschaft von Einfluß sind."[29] Bei der Analyse von Kontingenzbeziehungen steuerplanerischer Entscheidungen sind daher sowohl die Wirkungen solcher Maßnahmen, die auf der Gesamthandsebene als auch die Wirkungen von Maßnahmen, die auf der jeweiligen Sonderbetriebsebene der Gesellschafter durchgeführt werden, zu berücksichtigen.

<u>Fall I</u>:
Soweit der Mitgesellschafter A seine Konzeption der Steuerbarwertminimierung durchsetzt, resultiert daraus eine Nachverlagerung des Gewinnausweises auf Gesamthands- und auf dessen Sonderbetriebsebene. Aus einer Nachverlagerung des Gewinnausweises resultiert c.p. eine Nachverlagerung des Gewerbeertrags. Damit wird lediglich ein (positiver) Zinseffekt auf Grund der Nachverlagerung der GewESt-Zahlungen, jedoch kein (negativer) Steuersatzeffekt bewirkt.[30] Daraus resultiert für den Mitunternehmer eine Minderung

[28] Vgl. BFH v. 6.11.1980 IV R 182/77, S. 220.
[29] Knobbe-Keuk, Gewerbesteuerbelastung, S. 382.
[30] Vgl. zur Begründung Abschn. 4.3.

des Kapitalwerts der anteiligen[31] GewESt-Zahlungen. Insoweit besteht aus der Sicht des Mitunternehmers B bei isolierter Betrachtung der GewESt keine Notwendigkeit von Ausgleichszahlungen.

Auf Grund der von Mitgesellschafter A angestrebten Nachverlagerung des Gewinnausweises stehen der Gesellschaft zusätzliche finanzielle Mittel für Investitionen zur Verfügung. Soweit die dadurch bewirkten höheren zukünftigen Bruttoergebnisse höhere zukünftige Gewerbeerträge zur Folge haben - es liegt dann eine Änderung in den Daten der individuellen Steuerplanung des Mitunternehmers vor - steigt der Kapitalwert der anteiligen GewESt-Zahlungen des Mitunternehmers. Aus der Sicht des Mitunternehmers B ist dann insoweit bei isolierter Betrachtung der GewESt die Notwendigkeit von Ausgleichszahlungen gegeben.

Fall II:
Soweit der Mitgesellschafter A seine Konzeption der Nettokapitalwertmaximierung durchsetzt, resultiert daraus eine Vorverlagerung des Gewinnausweises auf der Gesamthands- und auf dessen Sonderbetriebsebene. Aus der Vorverlagerung des Gewinnausweises resultiert c.p. eine Vorverlagerung des Gewerbeertrags. Der aus dieser Vorverlagerung resultierende (negative) Zinseffekt der vorgezogenen GewESt-Zahlungen bewirkt grundsätzlich eine Erhöhung des Barwerts der anteiligen GewESt-Zahlungen. Insoweit ist aus der Sicht des Mitunternehmers B die Notwendigkeit von Ausgleichszahlungen gegeben.

Auf Grund der von Mitgesellschafter A angestrebten Vorverlagerung des Gewinnausweises werden der Gesellschaft vorzeitig finanzielle Mittel entzogen, die ansonsten für investive Zwecke eingesetzt würden. Soweit die dadurch bewirkten niedrigeren zukünftigen Bruttoergebnisse niedrigere zukünftige Gewerbeerträge zur Folge haben - es liegt dann eine Änderung in den Daten der individuellen Steuerplanung des Mitunternehmers vor - sinkt der Kapitalwert der anteiligen GewESt-Zahlungen. Aus der Sicht des Mitunternehmers B ist dann insoweit keine Notwendigkeit von Ausgleichszahlungen gegeben.

[31] Die GewSt mindert als abzugsfähige Betriebsausgabe den verteilungsfähigen Gewinn der Gesellschaft, so daß der einzelne Mitunternehmer entsprechend der Beteiligungsquote anteilig mit GewSt belastet wird.

Soweit der Mitgesellschafter A durch den Manövriermasseneinsatz auf der Sonderbetriebsebene bzw. allgemein durch steuererhebliche Gestaltungen auf Sonderbetriebsebene (Bildung gewillkürten Betriebsvermögens, Erzielung von Veräußerungs- oder Entnahmegewinnen im Sonderbetriebsvermögen) eine anteilige Mehrbelastung an GewESt bzw. eine Erhöhung des Kapitalwerts der anteiligen GewESt-Zahlungen bei dem betrachteten Mitunternehmer B verursacht, ist auch insoweit aus der Sicht des Mitunternehmers B die Notwendigkeit von Ausgleichszahlungen gegeben. Dies kann jedoch nicht für die Fälle gelten, in denen die auf Sonderbetriebsebene bewirkten gewerbesteuerlichen Be- oder Entlastungen direkt dem verursachenden Gesellschafter zugerechnet werden. Dies kann in der Weise geschehen, daß zunächst aus dem Gewinn vor GewSt die Bruttogewinnanteile der Gesellschafter ermittelt werden. Diese Bruttogewinnanteile sind dann jeweils um die dem Sonderbetriebsbereich zuzurechnende GewSt und anschließend anteilig um die verbleibende, aus den Gesamthandsverhältnissen resultierende GewSt zu kürzen.[32]

d) Wirkungen auf den Kapitalwert der GewKapSt-Zahlungen und der VSt-Zahlungen.

Aus dem ertragsteuerlichen Manövriermasseneinsatz können Wirkungen für den Einheitswert des Betriebsvermögens und damit für die VSt und die anteilige GewKapSt der Gesellschafter resultieren.[33]
Im Rahmen der Ermittlung des Einheitswerts des Betriebsvermögens werden das Gesamthandsvermögen und die Sonderbetriebsvermögen der Mitunternehmer erfaßt[34] bzw. gemäß § 12 Abs. 2 Nr. 2 GewStG wird das Sonderbetriebsvermögen dem Einheitswert hinzugerechnet. Somit gilt grundsätzlich auch für die VSt und die GewKapSt, daß Vorgänge und Entscheidungen im Sonderbetriebsvermögen für die Substanzbesteuerung von Bedeutung sind.

---

[32] Vgl. Knobbe-Keuk, Gewerbesteuerbelastung, S. 384.
[33] Vgl. zur Ableitung Abschn. 4.3.2.
[34] Vgl. Knobbe-Keuk, Bilanz- und Unternehmenssteuerrecht, S. 688 f.

Fall I:
Die von Mitgesellschafter A angestrebte Nachverlagerung des Gewinnausweises verlangt einen verstärkten bzw. vorverlagerten Einsatz gewinnausweisreduzierender Manövriermasse. Auf Grund der faktischen Interdependenzen zwischen der Bewertung in der Einkommensteuerbilanz und der Bewertung in der Vermögensaufstellung[35] können aus dem Einsatz gewinnausweisreduzierender Manövriermasse sowohl Erhöhungen als auch Minderungen des Einheitswerts des Betriebsvermögens resultieren. Die Wirkungen auf den Einheitswert sind abhängig von der eingesetzten Manövriermasse.[36] "Besonders zu beachten ist, daß der Einsatz bestimmter ergebnismindernder Manövriermassenteile konträr auf den Ausweis der entsprechenden Positionen in der Vermögensaufstellung wirkt."[37] Die Wirkungen des ertragsteuerlichen Manövriermasseneinsatzes auf den Einheitswert des Betriebsvermögens und damit auf die GewKapSt und die VSt sind daher nur im Einzelfall in Abhängigkeit von der einsetzbaren ertragsteuerlichen Manövriermasse zu bestimmen.

Die Verteilung des Einheitswerts auf die Gesellschafter im Rahmen des Feststellungsverfahrens[38] erfolgt in der Weise, daß zunächst den Mitunternehmern vorab die Wirtschaftsgüter des Sonderbetriebsvermögens zugeordnet werden. Der danach verbleibende Einheitswert des Gesamthandsvermögens wird dann anteilig, d.h. grundsätzlich nach dem Vermögensanteil der Gesellschafter am Gesamthandsvermögen auf die Gesellschafter verteilt.[39] Bei dem einzelnen Gesellschafter sind dann zur Vermögensbesteuerung der Anteil am Einheitswert des Gesamthandsvermögens und der aus dem Sonderbetriebsvermögen resultierende Einheitswert zu der Größe Betriebsvermögen zusammenzufassen.

---

35 Vgl. dazu Abschn. 4.3.2.1 sowie Koschmieder, Mehrzweckbilanz, S. 161.

36 Vgl. dazu im einzelnen die Manövriermassenstrukturierung in Abschn. 6.2.

37 Koschmieder, Mehrzweckbilanz, S. 161.

38 Vgl. § 19 Abs. 3 Nr. 2 BewG i.V.m. § 3 BewG; Abschn. 17 ff. VStR.

39 Abweichend davon ist der Einheitswert des Gesamthandsvermögens nach dem Verhältnis der Unternehmenswertanteile aufzuteilen, soweit die Gesellschafter nicht übereinstimmend einen wirtschaftlich vertretbaren Aufteilungsmaßstab zur Ermittlung der Vermögensanteile vorschlagen. Vgl. Abschn. 18 VStR.

Auf Grund dieser Vorgehensweise ergeben sich grundsätzlich keine vermögensteuerlichen Konsequenzen und damit auch keine Ausgleichserfordernisse bei dem Mitunternehmer, wenn ein Mitgesellschafter steuerplanerische Gestaltungsmaßnahmen auf der Ebene seines Sonderbetriebs (z.B. Bildung gewillkürten Betriebsvermögens) durchführt. Dagegen resultieren Ausgleichserfordernisse aus der Sicht des Mitunternehmers B insoweit, als ein Mitgesellschafter durch den Einsatz von ertragsteuerlicher Manövriermasse auf Gesamthandsebene einen höheren Einheitswert des Gesamthandsvermögens bewirkt und daraus höhere bzw. vorgezogene VSt-Zahlungen für den Mitunternehmer resultieren.

In gleicher Weise besteht hinsichtlich der GewKapSt dann und insoweit ein Ausgleichserfordernis aus der Sicht des Mitunternehmers B, als durch den ertragsteuerlichen Manövriermasseneinsatz eine Erhöhung des auf den Gesamthandsbereich entfallenden Gewerbekapitals und damit eine Erhöhung der anteiligen GewKapSt-Zahlungen induziert werden. Soweit der Mitgesellschafter A durch steuerplanerische Gestaltungen (z.B. Bildung gewillkürten Betriebsvermögens) auf der Sonderbetriebsebene eine anteilige Mehrbelastung bzw. Erhöhung des Kapitalwerts der anteiligen GewKapSt-Zahlungen bei dem Mitunternehmer B verursacht, ist auch insoweit aus dessen Sicht die Notwendigkeit von Ausgleichszahlungen gegeben. Diese Notwendigkeit besteht nur dann nicht, wenn die auf der Sonderbetriebsebene bewirkten Be- oder Entlastungen an GewKapSt direkt dem verursachenden Gesellschafter - analog zu der beschriebenen Verfahrensweise bei der GewESt - zugerechnet werden.

<u>Fall II</u>:
Der auf Grund der angestrebten Vorverlagerung des Gewinnausweises erforderliche Manövriermasseneinsatz kann ebenfalls in Abhängigkeit von der einzusetzenden Manövriermasse eine Erhöhung oder Reduzierung des Einheitswerts bewirken. Die Ausführungen des Falls I gelten daher analog.

In der nachfolgenden Abb. 14 werden die dargestellten Partialwirkungen und die daraus resultierenden partiellen Ausgleichserfordernisse noch einmal zusammengestellt.

Erläuterung: + = Kapitalwert steigt - = Kapitalwert sinkt	Fall I A: StbarWertMin B: NKapWertMax Nachverlagerung des Gewinnausweises durch A		Fall II A: NKapWertMax B: StbarWertMin Vorverlagerung des Gewinnausweises durch A	
Wirkungsobjekt	Ausgleichserfordernis		Ausgleichserfordernis	
	ja	nein	ja	nein
Kapitalwert der Bruttozuflüsse (Brutto-Entnahmen)	-	+	-	+
Kapitalwert der ESt-Zahlungen	+	-	+	-
Kapitalwert der GewESt-Zahlungen	+	-	+	-
Kapitalwert der GewKapSt-Zahlungen	+	-	+	-
Kapitalwert der VSt-Zahlungen	+	-	+	-

Abb. 14: Partialwirkungen der von Mitgesellschafter A angestrebten Steuerplanungskonzeption und daraus resultierende Ausgleichserfordernisse aus der Sicht des Mitunternehmers B

Nach der Ermittlung der einzelnen Kontingenzbeziehungen steuerplanerischer Entscheidungen und der daraus resultierenden partiellen Ausgleichserfordernisse ist es notwendig, diese Partialgrößen zu der aus der Sicht des Mitunternehmers B insgesamt erforderlichen Ausgleichszahlung zusammenzufassen. Bei dieser Zusammenfassung muß jeweils die Abzugsfähigkeit der GewESt und der GewKapSt berücksichtig werden. Die GewSt ist gemäß § 4 Abs. 4 EStG als Betriebsausgabe bei der Ermittlung des Gewinns aus Gewerbebetrieb abzugsfähig. Die Wirkungen höherer/niedrigerer GewSt-Zahlungen werden somit auf Grund der daraus resultierenden höheren/niedrigeren abzugsfähigen Beträge positiv/negativ relativiert.

Bei der Zusammenfassung der Partialwirkungen ist ferner zu berücksichtigen, daß bei isolierter Betrachtung partiell bestehende Ausgleichserfordernisse (z.B. aus der Erhöhung des Kapitalwerts von Steuerzahlungen oder Minderung des Kapitalwerts der Bruttozuflüsse) durch positive andere Partialwirkungen (z.B. Minderung des Kapitalwerts von anderen Steuerzahlungen oder Erhöhung des Kapitalwerts der Bruttozuflüsse) teilweise oder vollständig kompensiert oder sogar überkompensiert werden können. Insoweit wird die Notwendigkeit von Ausgleichsmaßnahmen aus der Sicht des Mitunternehmers B dann in Abhängigkeit von den Daten und Bedingungen des Einzelfalls abgeschwächt bzw. vollständig beseitigt.

Soweit durch die von Mitgesellschafter A angestrebte Steuerplanungskonzeption notwendige Nebenbedingungen der Zielerreichung des Mitunternehmers B verletzt werden, können diese Wirkungen aus der Sicht des B grundsätzlich nicht durch einen erhöhten Kapitalwert der Bruttozuflüsse bzw. einen verminderten Kapitalwert von Steuerzahlungen kompensiert werden. Ist etwa der Mitunternehmer B auf periodische Mindestentnahmen zur Bestreitung des Lebensunterhalts angewiesen, so können diese Mindestentnahmen nicht durch höhere, jedoch erst später anfallende Entnahmemöglichkeiten kompensiert werden.[40] Soweit daher periodenbezogene Liquiditäts- bzw. Mindestentnahmerestriktionen aus der Sicht des Mitunternehmers verletzt werden, besteht aus dessen Sicht grundsätzlich die Notwendigkeit von periodenbezogenen Ausgleichsmaßnahmen.

5.3.3.2 Formen, steuerliche Behandlung und Wirkungen von Ausgleichsmaßnahmen als Determinanten der Ausgestaltung von Ausgleichsmaßnahmen

Die entnahmeorientierte Steuerplanung des Mitunternehmers ist ausgerichtet auf das angestrebte Entnahmepotential des Mitunternehmers nach Steuern. Kann der Mitunternehmer die für die Realisierung der individuellen Zielgröße notwendige Optimalstrategie des Manövriermasseneinsatzes nicht bzw. nicht vollständig durchsetzen, so resultiert für ihn daraus ggf. eine Erhöhung des Barwerts der

[40] Von möglichen Finanzierungsalternativen (Vorfinanzierung) wird dabei abstrahiert.

Steuerzahlungen und/oder eine Reduktion des Barwerts der beteiligungsinduzierten Nettozuflüsse bzw. des Nettoentnahmepotentials. Als mögliche Formen von Ausgleichsmaßnahmen kommen daher alle Maßnahmen in Frage, die finanzielle oder quasi-finanzielle Zuflüsse an den betreffenden Mitunternehmer (Ausgleichszahlungen) bewirken und damit eine vollständige bzw. partielle Kompensation der genannten Nachteile des Mitunternehmers herbeiführen.
Die grundsätzlich in Frage kommenden Ausgleichszahlungen sind hinsichtlich ihrer steuerlichen Behandlung danach zu differenzieren, ob sie im Rahmen des Gesellschaftsverhältnisses oder außerhalb dieses Rahmens zwischen den Privatpersonen stattfinden.
Soweit die Ausgleichszahlungen im Rahmen des Gesellschaftsverhältnisses vorgenommen werden, ist es zur Bestimmung der spezifischen steuerlichen Wirkungen erforderlich, nach den einzelnen Formen der Ausgleichszahlungen zu differenzieren.
Im Rahmen des Gesellschaftsverhältnisses kommen als Grundformen von Ausgleichszahlungen in Betracht:

- Gewährung eines (erhöhten) Gewinnanteils;
- Gewährung eines (erhöhten) Gewinnvoraus;
- Gewährung einer (erhöhten) Sondervergütung;
- Gewährung von (erhöhten) Entnahmen und die Übertragung von Wirtschaftsgütern.

Die Ausgestaltung der Ausgleichszahlungen ist einerseits abhängig von den damit angestrebten Wirkungen. Die anzustrebenden Wirkungen ergeben sich aus den beschriebenen Kontingenzen der steuerplanerischen Entscheidungen.[41] Ob allerdings die ex ante angestrebten Wirkungen mit den ex post feststellbaren Wirkungen der Ausgleichszahlungen übereinstimmen, hängt von weiteren Determinanten ab. So richtet sich zum einen die steuerliche Anerkennung bzw. Behandlung einzelner Ausgleichszahlungen nach mehreren Faktoren. Mit der steuerlichen Anerkennung bzw. Nicht-Anerkennung variieren aber letztlich die erzielbaren (steuerlichen) Wirkungen der Ausgleichsmaßnahmen.
Zum anderen stellen Ausgleichszahlungen an einen Gesellschafter immer einen Abfluß von Mitteln dar, die insoweit nicht mehr für Investitionen in der Gesellschaft zur Verfügung stehen. Die Vornahme einer Ausgleichszahlung ist daher, unter sonst gleichen Be-

[41] Vgl. Abschn. 5.3.3.1.

dingungen, immer mit einer Beeinträchtigung der zukünftigen Bruttoergebnisentwicklung verbunden. Diese nicht erwünschten Wirkungen der Ausgleichszahlung sind bei deren Ausgestaltung grundsätzlich zu berücksichtigen. Die Wirkungen entsprechen denen, die bereits im Zusammenhang mit der Darstellung der Ausgleichserfordernisse auf Grund des Entzugs liquider Mittel in Form von Entnahmen und Steuerzahlungen erörtert wurden.[42]

Bei der Ausgestaltung der Ausgleichszahlungen im Rahmen des weiteren Verhandlungsprozesses ist es im folgenden notwendig, die steuerlichen Wirkungen der Vornahme von Ausgleichszahlungen darzustellen, um diese bereits bei der Ausgestaltung der Ausgleichszahlungen zu berücksichtigen. Dazu ist es erforderlich, eine Analyse der steuerlichen Behandlung bzw. Anerkennung oder Nicht-Anerkennung der einzelnen möglichen Formen von Ausgleichszahlungen vorzunehmen.

Unabhängig von der im Einzelfall gewählten Form der Ausgleichszahlungen unterliegen diese grundsätzlich bei dem empfangenden Mitunternehmer gemäß § 4 VStG der VSt. Dieser VSt-Belastung ist allerdings die VSt-Entlastung gegenüberzustellen, die sich in Abhängigkeit von dem gewählten Verteilungsmaßstab (Abschn. 18 Abs. 3 VStR) ggf. daraus ergibt, daß durch die Vornahme der Ausgleichszahlungen der dem Mitunternehmer zuzurechnende Anteil am Einheitswert des Betriebsvermögens der Gesamthand sinkt. Eine exakte Berücksichtigung dieser vermögensteuerlichen Folgen würde einen umfangreichen Kalkül erfordern,[43] da im einzelnen zu untersuchen wäre, ob und ggf. zu welchem Zeitpunkt die Fortschreibungsgrenzen für den Einheitswert gemäß § 22 BewG bzw. die Neuveranlagungsgrenzen der VSt gemäß § 16 VStG durch die Ausgleichszahlungen berührt werden und welcher Verteilungsmaßstab von den Gesellschaftern gewählt ist, um die korrespondierenden Be- und Entlastungen der VSt zu bestimmen. Da diese Wirkungen per saldo allerdings als relativ gering einzustufen sind bzw. auf Grund der Freibetragsregelungen für natürliche Personen in § 6 VStG in vielen Fällen überhaupt nicht eintreten, erscheint es gerechtfertigt, diese marginalen steuerlichen Wirkungen im folgenden zu vernachlässigen.

---

[42] Vgl. ebenda.
[43] Vgl. zur Substanzsteuerplanung im einzelnen z.B. den Ansatz von Daum, Substanzsteuerplanung.

Wie bereits erörtert, ist eine entscheidungslogisch und intersubjektiv nachprüfbare Quantifizierung der subjektiv für notwendig bzw. angemessen erachteten Ausgleichszahlung nicht möglich. Dies gilt in gleicher Weise für mögliche Ergebnisse des Verhandlungsprozesses über Ausgleichszahlungen.[44]
Im folgenden wird deshalb davon ausgegangen, daß sich die Beteiligten unter Berücksichtigung des jeweiligen individuellen Satisfizierungsniveaus bereits Vorstellungen über nominell angemessene Ausgleichszahlungen gebildet und in einer ersten Phase des Verhandlungsprozesses auf nominell bestimmte Zahlungen als Kompromißlösungen geeinigt haben. In der zweiten Phase des Verhandlungsprozesses ist dann aus der Sicht des betrachteten Mitunternehmers zu analysieren, welche steuerlichen Wirkungen aus den einzelnen Formen von Ausgleichsmaßnahmen resultieren und ob und ggf. wie diese dann retrograd auf die letztendlich festzulegende Form und die Höhe der Ausgleichszahlung wirken.

5.3.3.2.1 Vornahme von Ausgleichszahlungen in Form von veränderten Gewinnanteilen und Gewinnvorab

Die Vornahme von Ausgleichszahlungen kann in der Weise erfolgen, daß dem benachteiligten Gesellschafter, d.h. dem Gesellschafter, der seine individuell optimale Steuerplanungskonzeption nicht oder nur z.T. realisiert,[45] ein erhöhter Anteil am Gewinn der Gesamthand zugewiesen wird. Der auf Gesamthandsebene auszuweisende Gewinn wird nach der individuell optimalen Steuerplanungskonzeption des bevorteilten Gesellschafters, d.h. desjenigen Gesellschafters, dessen Steuerplanungskonzeption realisiert wird,[46] bestimmt.

[44] Etwas anderes würde nur unter der allerdings sehr theoretischen Annahme gelten, daß sich alle Gesellschafter unter Inkaufnahme individueller Nachteile auf einen 'fairen' Ausgleich einigen. Vgl. dazu etwa Gratz, Grundprobleme, S. 134 ff. Dies würde allerdings bei allen Gesellschaftern ein nahezu übereinstimmendes moralisch-ethisches Wertsystem und vor allem ein äußerst stark ausgeprägtes Vertrauensverhältnis voraussetzen. Davon kann allerdings in praxi nur in Ausnahmefällen ausgegangen werden.

[45] Im folgenden wird nur noch der Terminus 'benachteiligter Gesellschafter' verwendet.

[46] Im folgenden wird nur noch der Terminus 'bevorteilter Gesellschafter' verwendet.

So könnte etwa einem Gesellschafter, der vor der Festlegung von Ausgleichszahlungen eine Gewinnbeteiligungsquote von 0,3 hat, als angemessener Ausgleich in einer Periode eine Quote von 0,4 zugewiesen werden. Dies bedeutet zunächst für die übrigen Gesellschafter, daß deren Beteiligungsquoten entsprechend sinken müssen. Es ist zwar grundsätzlich denkbar, daß alle übrigen Gesellschafter anteilig im Verhältnis der Beteiligungsquoten ein Sinken ihrer Gewinnanteile hinnehmen (alle übrigen Gesellschafter werden relativ gleich belastet). Allerdings erfolgt die Vornahme der Ausgleichszahlung allein im Interesse des bevorteilten Gesellschafters. Zweckmäßiger und konsequenter ist es daher, wenn nur dieser bevorteilte Gesellschafter seine Beteiligungsquote in dem vollen Maß reduziert, in dem die Quote des benachteiligten Gesellschafters steigt.

In gleicher Weise kann die Ausgleichszahlung in Form eines veränderten Gewinnvorab oder Gewinnvoraus erfolgen. Es handelt sich dabei um eine im Gesellschaftsvertrag vereinbarte[47] Vergütung für besondere Leistungen des Gesellschafters, z.B. für ein besonderes Haftungsrisiko.[48] Diese Vergütung ist dem Gesellschafter vorab, d.h. vor Verteilung des Gewinns nach dem Gewinnverteilungsschlüssel, zuzurechnen. Die Vorabvergütungen stellen somit im Unterschied zu den Sondervergütungen keine Betriebsausgaben dar und mindern nicht den Gewinn der Gesellschaft.[49] Durch den Gewinnvorab wird lediglich der verteilungsfähige Restgewinn und damit der Gewinnanteil aller Gesellschafter anteilig um den Gewinnvorab gemindert. Der Gewinnvorab zählt zu dem Gewinnanteil des Gesellschafters und wird ebenso wie dieser bei den Einkünften aus Gewerbebetrieb des Gesellschafters erfaßt.[50]
"Mit dem Anteil des einzelnen Gesellschafters an dem - steuerlich maßgeblichen - Gewinn bzw. Verlust der Gesellschaft liegt (eine, d.A.) Größe vor, die für die Ermittlung der Einkünfte des Gesellschafters aus Gewerbebetrieb von Bedeutung"[51] ist und bei diesem der ESt unterliegt. Dies gilt allerdings nur insoweit, wie die von

[47] In Ausnahmefällen kann auch eine stillschweigende Vereinbarung anzuerkennen sein. Vgl. Sudhoff, Gesellschaftsvertrag, S. 171.
[48] Vgl. Schulze zur Wiesche, Gewinnermittlung, S. 123.
[49] Vgl. ebenda.
[50] Vgl. Sudhoff, Gesellschaftsvertrag, S. 254. Im folgenden wird daher nicht mehr zwischen Gewinnvorab und Gewinnanteil differenziert.
[51] Knobbe-Keuk, Bilanz- und Unternehmenssteuerrecht, S. 287.

der Gesellschaft vorgenommene (geänderte) Gewinnverteilung von der Finanzverwaltung anerkannt wird.

Die gesetzliche oder eine andere im Gesellschaftsvertrag vereinbarte und tatsächlich durchgeführte Gewinnverteilungsregelung zwischen den Gesellschaftern ist zwar grundsätzlich auch von der Finanzverwaltung für die steuerliche Gewinnverteilung anzuerkennen.[52] Voraussetzung für die steuerliche Anerkennung ist allerdings, daß die Gewinnverteilung betrieblich veranlaßt und damit angemessen ist. "Eine betriebliche Veranlassung fehlt, wenn betriebsfremde Erwägungen die Gewinnverteilung auf die einzelnen Gesellschafter beeinflußt haben."[53] Angemessenheit der Gewinnverteilung kann aus der Sicht der Finanzverwaltung nur gegeben sein, wenn die Leistungen der einzelnen Gesellschafter (Risiko, Kapitaleinsatz, Arbeitseinsatz) in angemessener Weise berücksichtigt werden.[54]
Darüber hinaus bedarf die Gewinnverteilung zur Anerkennung grundsätzlich klarer schriftlicher Abmachungen, die über mehrere Jahre Bestand haben, d.h. ein "Wechsel in der Gewinnverteilung von Jahr zu Jahr kann nicht auf steuerliche Anerkennung rechnen."[55] Dabei müssen sich diese Abmachungen und Regelungen auf die Zukunft beziehen. Änderungen der Gewinnverteilung mit Rückwirkung für ein vorangegangenes Wirtschaftsjahr werden von Finanzverwaltung und Rechtsprechung grundsätzlich nicht anerkannt.[56]

Die verdeckte Gewährung von Ausgleichszahlungen in Form von veränderten Gewinnanteilen ist zwingend mit einer Änderung der Gewinnverteilung verbunden. Es erscheint nach dem zuvor Gesagten fraglich, ob die Änderung von der Finanzverwaltung in dieser Form anerkannt wird und damit die mit der Gewährung veränderter Gewinnanteile angestrebten Ausgleichswirkungen tatsächlich realisiert werden. Für die Anerkennung der geänderten Gewinnverteilung müßte die Finanzverwaltung zum einen im Rahmen der Angemessenheitsprüfung zu dem Schluß kommen, daß die Regelung "in den betrieblichen Verhält-

[52] Vgl. Schulze zur Wiesche, Gewinnverteilungsvereinbarungen, S. 817 und Söffing, Verlustverteilung, S. 6577 ff.
[53] Ebenda. Vgl. auch Heinlein, Angemessenheit, S. 170.
[54] Vgl. Sudhoff, Gesellschaftsvertrag, S. 270; Heinlein, Angemessenheit, S. 171 f.
[55] Sudhoff, Gesellschaftsvertrag, S. 270.
[56] Vgl. zuletzt BFH v. 17.3.1987 VIII R 293/82, S. 558 ff.

nissen ihren Grund hat und frei ist von außerbetrieblichen Erwägungen...".[57] Außerbetriebliche Erwägungen sind solche, die nicht unmittelbar auf dem Zweck der Gesellschaft, d.h. der gemeinschaftlichen Erzielung eines Gewinns beruhen.[58] Aus der Sicht der Finanzverwaltung basieren die Ausgleichszahlungen vielmehr auf steuerlichen Nachteilen bzw. Vorteilen des einzelnen Gesellschafters, die ihrerseits aus der Nicht-Realisation bzw. Realisation der unter Berücksichtigung der individuellen (privaten) Verhältnisse erstellten optimalen Steuerplanungskonzeption resultieren. Danach sind aus der Sicht der Finanzverwaltung Ausgleichszahlungen grundsätzlich als außerbetrieblich veranlaßt anzusehen, da diese "ausschließlich durch die (privaten) Interessen der Gesellschafter und nicht durch betriebliche Gründe bestimmt sind...".[59]
Allerdings könnte der Verzicht des einzelnen Gesellschafters auf die Realisation der individuell optimalen Besteuerung, gerade unter der dem Steuerrecht gemäß § 42 AO immanenten wirtschaftlichen Betrachtungsweise, als ein Beitrag des Gesellschafters zur Erreichung eines gemeinsamen Zwecks der Gesellschaft gesehen werden. Würde jeder Gesellschafter auf der Durchführung der individuell optimalen Konzeption bestehen, so müßte dies konsequent zur Auflösung der Gesellschaft führen. Wenn aber die Inkaufnahme steuerlicher Nachteile als ein Beitrag - wenn auch in Form einer Unterlassung bzw. eines Verzichts - an die Gesellschaft einzustufen ist, so ist die dafür gewährte Ausgleichszahlung, z.B. in Form eines erhöhten Gewinnanteils, auch grundsätzlich steuerlich anzuerkennen, da diese dann nicht willkürlich und nur zum Zweck der Reduzierung der Steuerbelastung der Gesellschafter erfolgt.[60]

Die Finanzverwaltung kann die außerbetriebliche Veranlassung der Gewinnverteilung lediglich - mangels konkreter Nachweismöglichkeiten - im Rahmen einer Angemessenheitsprüfung vermuten, wenn bei der Gewinnverteilung die betrieblichen Verhältnisse unangemessen berücksichtigt werden. Da es allgemeingültige Angemessenheitsgrenzen nicht geben kann, ist die Angemessenheitsprüfung stets unter

[57] Heinlein, Angemessenheit, S. 170.
[58] Vgl. ebenda.
[59] Kussmann, Beteiligungen, S. 3061.
[60] Für diese Auffassung finden sich in der Literatur und Rechtsprechung soweit erkennbar bisher allerdings keine Anhaltspunkte. Dagegen steht die zivilrechtliche Berechtigung von steuerlichen Ausgleichsansprüchen außer Frage, vgl. z.B. Felix/Streck, Nichtanerkennung, S. 2213 ff.

Berücksichtigung der Umstände des Einzelfalls durchzuführen. Bei der Prüfung der Angemessenheit der Gewinnverteilung sind dann nicht nur der Kapital- oder Arbeitseinsatz oder das übernommene Risiko zu berücksichtigen, sondern darüber hinaus im Einzelfall auch andere Faktoren (z.B. der 'gute Name' eines Gesellschafters oder dessen Seriosität, Kreditwürdigkeit oder persönliche Eigenschaften).[61] Ferner dürfen diese einzelnen Faktoren nicht isoliert und nicht nur für einzelne Veranlagungszeiträume beurteilt werden, sondern es ist zu beurteilen, ob die vereinbarte Gewinnverteilung im Gesamtergebnis für einen längeren Zeitraum die betrieblichen Verhältnisse angemessen berücksichtigt. In welchen Fällen eine angemessene oder unangemessene Berücksichtigung der persönlichen Verhältnisse vorliegt, kann auf Grund der Unbestimmtheit des Rechtsbegriffs der Angemessenheit letztlich nur im Wege einer objektivierten Schätzung im Sinne einer Plausibilitätsbetrachtung - ggf. unter Hinzuziehung eines Fremd- bzw. Drittvergleichs - ermittelt werden. Der bei dieser Beurteilung bestehende Ermessensspielraum ermöglicht es ggf. der Gesellschaft, die von ihr gewählte Gewinnverteilung durch entsprechende Argumentation gegenüber der Finanzverwaltung als angemessen und vertretbar durchzusetzen. Die Gesellschafter müssen dazu bestrebt sein, "die 'individuellen oder besonderen Verhältnisse' eines Betriebs bzw. von wirtschaftlichen Verhältnissen aller Art herauszustellen, die eine von der Norm abweichende steuerliche Behandlung oder Entscheidung rechtfertigen und stützen."[62]

Die Ausgleichszahlungen zwischen den Mitunternehmern sind auf Grund der Variabilität der persönlichen Determinanten der Steuerplanung in den Veranlagungs- bzw. Planungszeiträumen im allgemeinen nicht nur in unterschiedlichen Beträgen, sondern auch an unterschiedliche Adressaten zu leisten. Demgegenüber wird eine Änderung der Gewinnverteilung von der Finanzverwaltung nur anerkannt, wenn die Vereinbarung für die Zukunft über mehrere Jahre Bestand hat. Es ist daher nicht möglich, mit steuerlicher Anerken-

[61] Vgl. Heinlein, Angemessenheit, S. 170 f.
[62] Ebenda, S. 208.

nung eine Änderung der Gewinnverteilung mit Rückwirkung[63] bzw. erst dann zu vereinbaren, wenn nach der Realisation einer Steuerplanungskonzeption Betrag und Adressat der Ausgleichszahlungen feststehen. Allerdings besteht gerade im Rahmen der individuellen Steuerplanung für die Gesellschafter die Möglichkeit, die Ausgleichserfordernisse und die daraus resultierenden Ausgleichszahlungen für einen längeren Zeitraum zu ermitteln und danach eine entsprechend längerfristig gültige Gewinnverteilung zu vereinbaren.[64]

Wie die Ausführungen zeigen, ist es von den Umständen des Einzelfalls abhängig, ob die für Zwecke der Vornahme von Ausgleichszahlungen veränderte Gewinnverteilung von der Finanzverwaltung anerkannt wird oder nicht. Mit der Anerkennung bzw. Nicht-Anerkennung variieren allerdings die steuerlichen Konsequenzen der Gewinnverteilung. Da diese steuerlichen Konsequenzen notwendigerweise bei der Ausgestaltung und Bemessung von Ausgleichszahlungen berücksichtigt werden müssen, sind diese Konsequenzen im Fall der Anerkennung und der Nicht-Anerkennung der Ausgleichszahlungen zu analysieren.

Dieser Vorgehensweise liegt die Annahme zugrunde, daß die Gesellschafter zunächst von der Anerkennung, der auf Grund von Ausgleichszahlungen geänderten Gewinnverteilung seitens der Finanzverwaltung ausgehen. Für den Fall, daß die Gewinnverteilung nach deren Durchführung von der Finanzverwaltung dennoch verworfen wird, ist zu untersuchen, welche steuerlichen Konsequenzen für die vorgenommenen Ausgleichszahlungen dann daraus ggf. resultieren. Die steuerliche Anerkennung bzw. Nicht-Anerkennung der Gewinnverteilung stellen damit aus der Sicht der Gesellschafter nicht zwei nebeneinander stehende Alternativen, sondern zwei ggf. aufeinander folgende Sachverhalte dar.

[63] Eine rückwirkende Änderung der Gewinnverteilung liegt allerdings nicht vor, wenn eine Änderung der Gewinnverteilung zwar nach Ablauf eines Wirtschaftsjahrs und mit Wirkung für dieses Wirtschaftsjahr, aber noch vor der Bilanzaufstellung erfolgt.

[64] Es erscheint allerdings fraglich, ob diese längerfristig gültige Gewinnverteilung so flexibel ausgestaltet werden kann, daß auf deren Grundlage die notwendigen Ausgleichszahlungen vorgenommen werden können. Zur Flexibilität der Gewinnverteilung vgl. Sudhoff, Gesellschaftsvertrag, S. 257 ff.

1. Steuerliche Anerkennung der Gewährung von Ausgleichszahlungen in Form von veränderten Gewinnanteilen

Die steuerliche Anerkennung der veränderten Gewinnanteile führt bei den betroffenen Gesellschaftern zu veränderten Einkünften aus Gewerbebetrieb gemäß § 15 EStG. Während der benachteiligte Gesellschafter durch den erhöhten Gewinnanteil unter sonst gleichen Bedingungen entsprechend erhöhte Einkünfte aus Gewerbebetrieb bezieht, sinken die Einkünfte des bevorteilten Gesellschafters um den reduzierten Gewinnanteil. Dadurch würde bei dem benachteiligten Gesellschafter (B) eine Mehrbelastung an ESt in Höhe von

$(+ \Delta ESt_B) = e_B * (+ \Delta GA_B)$; e_B = ESt-Satz des Gesellschafters B

ΔGA = Veränderung des Gewinnanteils

bewirkt, und zwar in jeder Periode in der Ausgleichszahlungen vorgenommen werden. In analoger Weise realisiert der bevorteilte Gesellschafter (A) eine ESt-Minderung in Höhe von

$(- \Delta ESt_A) = e_A * (- \Delta GA_A)$.[65]

Aus der Sicht des benachteiligten Mitunternehmers B ist es daher konsequent, wenn er zunächst einen um die steuerliche Mehrbelastung (+ Δ ESt) erhöhten Gewinnanteil anstrebt. Dabei muß allerdings beachtet werden, daß ein um diese Größe erhöhter Gewinnanteil (ΔGA*) seinerseits eine Mehrbelastung an ESt* bewirkt:

$(+ \Delta ESt^*_B) = e_B * (+ \Delta GA^*_B)$

Der Mitunternehmer B muß somit nach einem Gewinnanteil GA* streben, der nach Abzug der darauf lastenden ESt dem Betrag der vorläufig vereinbarten (Netto-) Ausgleichszahlung GA entspricht. Es

[65] Nachfolgend wird bei den Berechnungen vereinfachend ein unveränderter ESt-Satz des Gesellschafters verwendet. In praxi ist die Wahl des ESt-Satzes ebenfalls konfliktär. Ferner werden im folgenden die steuerlichen Wirkungen der Vornahme von Ausgleichszahlungen ausführlich nur noch aus der Sicht des die Ausgleichszahlung empfangenden (benachteiligten) Mitunternehmers (B) erörtert. Dies folgt aus der Erkenntnis, daß positiven/negativen Wirkungen bei einem Gesellschafter entsprechende negative/positive Folgen bei einem anderen Gesellschafter in analoger Weise gegenüberstehen müssen. Bei beiden bzw. allen beteiligten Gesellschaftern sind die Wirkungen auf qualitativ gleiche Ursachen und Determinanten rückführbar. Lediglich die Richtung (positiv/negativ) und die quantitativen Ausprägungen der Folgen differieren interpersonell. Vgl. dazu auch die Ausführungen zu den Determinanten von Richtung und Stärke von Zins- und Steuersatzeffekt, in Abschn. 4.3.2.

muß demnach allgemein gelten:

$$(GA) = (GA^*) \;./.\; e_B * (GA^*)$$

$$(=)\ (GA^*) = \frac{(GA)}{(1-e_B)}$$

Wie bei der vorläufigen Bemessung der Ausgleichszahlungen ist es allerdings fraglich, ob und ggf. in welcher Höhe der um die Besteuerungswirkungen erhöhte Betrag im Rahmen des weiteren Verhandlungsprozesses durchgesetzt werden kann. Da jede zusätzliche Erhöhung des Gewinnanteils von Mitunternehmer B eine zusätzliche Reduzierung des Gewinnanteils von Gesellschafter A bewirkt, entsteht bei A unter sonst gleichen Bedingungen eine von dem persönlichen ESt-Satz abhängige Minderung der ESt. Je höher der persönliche ESt-Satz von A ist, desto größer wird dessen Entlastung an ESt. Andererseits fällt die aus der Sicht des Mitunternehmers B auf Grund der Besteuerungswirkungen notwendige Erhöhung des Gewinnanteils um so kleiner aus, je niedriger der persönliche ESt-Satz ist. Daraus folgt, daß Mitunternehmer B einen um die individuellen Besteuerungswirkungen erhöhten Gewinnanteil um so einfacher durchsetzen kann, je niedriger sein eigener ESt-Satz und je höher der ESt-Satz des Mitgesellschafters A ist.
In Abhängigkeit von der Relation der ESt-Sätze kann offensichtlich eine Minderung der Summe der ESt-Belastungen aller Gesellschafter erreicht werden, wenn der Gesellschafter mit dem höheren Steuersatz einen verminderten und der Gesellschafter mit dem niedrigeren Steuersatz einen erhöhten Gewinnanteil bezieht.[66]

Eine solche Veränderung der Gesamtsteuerbelastung durch eine Änderung bzw. Umverteilung von Gewinnanteilen kann bei der GewESt nicht bewirkt werden. Der Betrag der von der Gesellschaft zu zahlenden GewESt bleibt konstant, da durch die Umverteilung der Gewinnanteile die Summe der Einkünfte aus Gewerbebetrieb unter sonst

[66] Das Optimum der ESt-Belastung der Gesellschaft ist offensichtlich dann erreicht, wenn die Grenzsteuersätze der ESt aller Gesellschafter gleich sind. Aus der Sicht des einzelnen Gesellschafters ist dieser Effekt allerdings im Rahmen einer individuellen Steuerplanung nicht von Interesse und daher auch nicht originäres Ziel einer individuellen Steuerplanung.

gleichen Bedingungen unverändert bleibt. Aus der Sicht des einzelnen Gesellschafters ist jedoch im Rahmen der GewSt von Interesse, wie die GewESt auf die Gesellschafter zugerechnet wird, d.h. ob auf Grund des geänderten Gewinnanteils eine veränderte anteilige GewESt-Belastung bewirkt wird. Die Gesellschafter haben "regelmäßig eine ausdrückliche Vereinbarung, die den gewerbesteuerlichen Gegebenheiten Rechnung trägt, nicht getroffen."[67] Es ist daher i.d.R. notwendig, im Wege der ergänzenden Vertragsauslegung eine sachgerechte Schließung dieser Regelungslücke herbeizuführen.

Sachgerecht ist eine Verteilung der GewESt, die dem einzelnen Gesellschafter den Anteil an GewESt zurechnet, der auf seine Einkünfte aus Gewerbebetrieb entfällt, da die Summe der Einkünfte aus Gewerbebetrieb der Gesellschafter Ausgangsgröße für die Ermittlung der Bemessungsgrundlage ist.[68] Aus dieser Überlegung muß eine Verteilung der GewESt resultieren, die dem Gesellschafter zunächst die auf seine Sonderbetriebsverhältnisse entfallende GewESt zurechnet. Die danach verbleibende, auf den Gesamthandsbereich entfallende GewESt ist dann anteilig, im Verhältnis der Gewinnanteile vor Abzug der GewSt auf die Gesellschafter, zuzurechnen.[69] Die Gewinnanteile der Gesellschafter sind danach um die zugerechnete GewESt zu kürzen.

Bei dieser Vorgehensweise ist die Gewährung von Ausgleichszahlungen in Form von erhöhten Gewinnanteilen unter sonst gleichen Bedingungen mit einer Erhöhung der anteiligen GewESt-Belastung des Mitunternehmers verbunden. Der benachteiligte Mitunternehmer B muß daher nach einem Gewinnanteil GA* streben, der um die darauf lastende GewESt erhöht ist.[70] Analog zu der Vorgehensweise bei der

[67] Knobbe-Keuk, Gewerbesteuerbelastung, S. 389.
[68] Vgl. in diesem Sinne auch ebenda, S. 389.
[69] Vgl. diese Form der Zurechnung auch bei Knobbe-Keuk, Gewerbesteuerbelastung, S. 389.
[70] Die Gesellschafter können selbstverständlich auch eine andere Verteilung der GewESt-Belastung vereinbaren. Soweit die Gesellschafter etwa eine Verteilung nach einem festen Maßstab, z.B. nach Köpfen vornehmen, ist ein veränderter Gewinnanteil nicht mit einer veränderten GewESt-Belastung verbunden, so daß insoweit kein erhöhter Gewinnanteil als Ausgleichszahlung in Frage kommt. Im Rahmen der Gewährung von Ausgleichszahlungen eignet sich insbesondere eine Verteilung der GewESt, die sich aus den ursprünglichen Gewinnanteilen der Gesellschafter vor der Modifizierung auf Grund von Ausgleichszahlungen ergibt. In diesem Fall trägt der bevorteilte Gesellschafter A die dem

Berücksichtigung der Wirkungen der ESt ergibt sich der um die Steuerwirkungen erhöhte Gewinnanteil GA* mit

$$GA^* = \frac{GA}{(1-ge^*)},$$

wobei ge* den faktischen GewESt-Satz angibt.
Die Frage, ob und ggf. in welcher Höhe der Mitunternehmer die Erhöhung des Gewinnanteils durchsetzen kann, ist Gegenstand des weiteren Verhandlungsprozesses. Eine Erhöhung des Gewinnanteils des benachteiligten Mitunternehmers B ist mit einer Senkung des Gewinnanteils des bevorteilten Gesellschafters A verbunden. Diese zusätzliche Reduzierung des Gewinnanteils $(-\Delta GA)$ ist mit einer zusätzlichen Reduzierung an GewESt verbunden $(-\Delta GA*ge^*)$, so daß sich die von Gesellschafter A letztlich ggf. zu tragende Reduzierung des Gewinnanteils $(-\Delta GA^*)$ ergibt aus

$$(-\Delta GA^*) = (-\Delta GA)*(1-ge^*).$$

Eine Modifikation der Gewinnverteilung auf Grund der Gewährung von Ausgleichszahlungen kann ferner eine Änderung der anteiligen GewKapSt-Belastung sowie der persönlichen VSt des Gesellschafters bewirken. Für den Fall der unterstellten verursachungsgerechten Zurechnung der GewKapSt knüpft diese wie die VSt an den Anteil des Gesellschafters am Einheitswert des Betriebsvermögens der Gesellschaft an.[71] Aufteilungsmaßstab ist gemäß Abschn. 18 Abs. 1 Satz 3 VStR grundsätzlich der Vermögensanteil der Beteiligten. Als Vermögensanteile sind die Unternehmenswertanteile der Beteiligten anzusetzen.[72] Die Ermittlung der Unternehmenswertanteile hat ausgehend von den Kapitalkonten der Gesellschafter, einschließlich etwaiger Sonderkonten, zu erfolgen. "Diese sind in der Weise zu berichtigen, daß zunächst ins Gewicht fallendes Mehrvermögen, das sich im Fall einer Aufdeckung der im Anlage- und Umlaufvermögen vorhandenen stillen Reserven ergibt, den Kapitalkonten der einzelnen Gesellschafter nach dem Gewinnverteilungsschlüssel zugerechnet wird."[73] Danach kann die für die Gewährung von Ausgleichszahlungen

erhöhten Gewinnanteil GA des Mitunternehmers B zuzurechnende GewESt.

[71] Vgl. Abschn. 5.3.3.1.

[72] Vgl. Abschn. 18 Abs. 4 Satz 1 VStR. Vgl. ferner Wasmer, Zweifelsfragen, S. 2177 ff. sowie Marx, Einheitswert, S. 14 ff.

[73] Abschn. 18 Abs. 4 Satz 3 VStR.

notwendige Änderung der Gewinnverteilung über eine Änderung der Relation der Unternehmenswertanteile und damit des dem einzelnen Gesellschafter zuzurechnenden Einheitswertanteils im Einzelfall auch eine Änderung der anteiligen GewKapSt sowie der persönlichen VSt bewirken.[74]

Die zunächst für die einzelnen Steuerarten isoliert dargestellten steuerlichen Wirkungen der Änderungen der Gewinnanteile sind im folgenden unter Berücksichtigung der Interdependenzen der Steuerarten zusammenzufassen. Der netto nach Steuern angestrebte Gewinnanteil GA ist abzuleiten aus dem anzustrebenden Bruttogewinnanteil GA*, der um die steuerlichen Folgen erhöht ist:[75]

$$GA = GA^* - \Delta GewKapSt - \Delta GewESt - \Delta ESt - \Delta VSt$$

$$(=)\ GA^* = \frac{GA + \Delta VSt}{(1-ge^*)(1-e)} + \Delta GewKapSt$$

Ausgehend von den vorläufig ausgehandelten Netto-Ausgleichszahlungen in Form veränderter Gewinnanteile, muß der Mitunternehmer somit die individuellen steuerlichen Wirkungen bestimmen, um auf diese Weise den Brutto-Gewinnanteil zu ermitteln, der die vereinbarten Nettoausgleichszahlungen bewirkt. Ob und inwieweit dieser Brutto-Gewinnanteil im Rahmen des weiteren Verhandlungsprozesses durchsetzbar ist, kann nur im konkreten Einzelfall bestimmt werden.

2. Steuerliche Nichtanerkennung der Gewährung von verdeckten Ausgleichszahlungen in Form von veränderten Gewinnanteilen

Soweit die Finanzverwaltung - etwa anläßlich einer Betriebsprüfung - im Rahmen einer Angemessenheitsprüfung zu der Auffassung gelangt, daß die von der Gesellschaft vorgenommene Gewinnverteilung nicht den betrieblichen Verhältnissen entspricht, vielmehr außerbetrieblich veranlaßt ist, nimmt die Finanzverwaltung für Zwecke der Besteuerung im Wege einer Umverteilung eine angemessene Gewinnverteilung vor. Im Rahmen dieser angemessenen Gewinnverteilung

[74] Allerdings können die Gesellschafter gemäß Abschn. 18 Abs. 3 VStR auch übereinstimmend einen anderen wirtschaftlich vertretbaren Aufteilungsmaßstab vorschlagen, der dann bei der Verteilung des Einheitswerts zugrunde zu legen ist.

[75] Vgl. die verwendeten Symbole im Anhang A.

werden die auf Grund der Gewährung von Ausgleichszahlungen veränderten Gewinnanteile um die Beträge dieser Ausgleichszahlungen oder um Teile[76] davon korrigiert. Diese korrigierten Gewinnanteile werden dann den Gesellschaftern für deren Besteuerung zugerechnet. Zivilrechtlich steht dem einzelnen Gesellschafter allerdings nach wie vor der Gewinnanteil zu, der sich aus der ursprünglich vereinbarten Regelung der Gewinnverteilung ergibt, auch wenn diese Regelung steuerrechtlich nicht anerkannt wird.[77] Dies führt letztlich dazu, daß zivilrechtlich zustehende und ggf. zugeflossene Gewinnanteile der Gesellschafter einerseits und der Besteuerung unterliegende Gewinnanteile der Gesellschafter andererseits differieren.

Paßt die Gesellschaft die ursprüngliche Gewinnverteilung daraufhin der von der Finanzverwaltung als angemessen erachteten Gewinnverteilung an, so entsprechen die den Gesellschaftern zivilrechtlich zustehenden Beträge den der Besteuerung zugrunde liegenden Gewinnanteilen. Durch die Anpassung der ursprünglichen Gewinnverteilung wird zwar das Auseinanderfallen von zivilrechtlichen und steuerlichen Gewinnanteilen verhindert, allerdings sind dann die beabsichtigten Ausgleichszahlungen nicht bzw. nicht in der vereinbarten Höhe erfolgt.

Nimmt die Gesellschaft keine Anpassung der ursprünglichen Gewinnverteilung vor, so führt dies letztlich dazu, daß ein Gesellschafter einen Gewinnanteil zu versteuern hat, der ihm nicht oder nicht in voller Höhe zugeflossen ist. Dabei wird es sich im allgemeinen um den Gesellschafter (A) handeln, der eine Ausgleichszahlung gewährt und dessen dadurch bewirkter niedrigerer Gewinnanteil steuerlich um den Betrag der Ausgleichszahlung oder um Teile davon erhöht wird. Analog wird der Gewinnanteil des Mitunternehmers (B), dem die Ausgleichszahlung in Form eines erhöhten Gewinnanteils zugeflossen ist, steuerlich um den Betrag oder um einen Teilbetrag der Ausgleichszahlung reduziert. Damit stehen den steuerlichen Nachteilen des Gesellschafters A steuerliche Vorteile des Gesellschafters B gegenüber, die nicht den Vereinbarungen der Gesell-

[76] Auf Grund der Unbestimmtheit des Terminus 'Angemessenheit' ist es durchaus möglich, daß aus Sicht der Gesellschaft die Gewinnanteile nur um Teilbeträge der 'versteckten' Ausgleichszahlungen korrigiert werden.

[77] Vgl. Knobbe-Keuk, Gewerbesteuerbelastung, S. 383.

schafter entsprechen, die vielmehr die mit den vereinbarten Ausgleichszahlungen beabsichtigte Kompensation relativer steuerlicher Vor- und Nachteile stören.

Die steuerliche Nichtanerkennung der ursprünglichen Gewinnverteilung führt somit zu dem Entstehen von Ausgleichserfordernissen.[78] Die Richtung dieser Ausgleichszahlungen II ist der Richtung der mit der ursprünglich geänderten Gewinnverteilung angestrebten Ausgleichszahlungen I entgegengesetzt. Erhält z.B. Mitunternehmer B auf Grund der mit der ursprünglichen Gewinnverteilung angestrebten Ausgleichszahlungen I einen erhöhten und Gesellschafter A einen reduzierten Gewinnanteil, so erfolgt durch die Finanzverwaltung für Zwecke der Besteuerung ggf. eine Erhöhung des Gewinnanteils von A und eine Reduzierung des Gewinnanteils von B. Damit muß Gesellschafter A Beträge versteuern, die Mitunternehmer B zivilrechtlich zustehen. Gesellschafter A hat somit Anspruch auf Ausgleichszahlungen II, die jetzt von Mitunternehmer B an Gesellschafter A zu leisten sind.
Die Höhe der Ausgleichszahlungen II ist nach den jeweiligen steuerlichen Vor- und Nachteilen der Beteiligten auszurichten. Von der Änderung der steuerlichen Gewinnverteilung berührt werden die ESt und ggf. die VSt[79] der Gesellschafter.[80] Dagegen bleiben die GewESt und die GewKapSt sowohl in ihrer Höhe als auch in ihrer verursachungsgerechten internen Zurechnung auf die Gesellschafter unverändert, da es die Gesellschafter intern annahmegemäß grundsätzlich und daher auch hinsichtlich der Zurechnung der anteiligen GewSt auf den einzelnen Gesellschafter bei der ursprünglichen verursachungsgerechten Regelung belassen.

[78] Das Zivilrecht sieht in diesen Fällen Ausgleichsansprüche vor, die auf den Wegfall der Geschäftsgrundlage oder auf ergänzende Vertragsauslegung gestützt werden. Vgl. dazu Felix/Streck, Nichtanerkennung, S. 2213 ff.

[79] Vgl. dazu die voranstehenden Ausführungen dieses Abschnitts.

[80] Mit der Änderung der Gewinnverteilung durch die Finanzverwaltung ist auch eine Korrektur der steuerlichen Kapitalkonten verbunden. Daraus können für den Fall des späteren Ausscheidens eines Gesellschafters bzw. für den Fall der späteren Auflösung der Gesellschaft steuerliche Konsequenzen aus der Zurechnung der anteiligen stillen Reserven resultieren. Diese potentiellen steuerlichen Wirkungen sind im Einzelfall zu berücksichtigen. Vgl. dazu auch Schulze zur Wiesche, Gewinnermittlung, S. 145 ff.

Die Bemessung der Ausgleichszahlungen II ist unproblematisch, soweit die von Gesellschafter A auf Grund der steuerlichen Änderung der Gewinnverteilung zu tragenden Steuern den von Mitunternehmer B eingesparten Steuern entsprechen. Mitunternehmer B hätte in diesem Fall den eingesparten Steuerbetrag an Gesellschafter A zu zahlen. Von einer solchen Übereinstimmung der Steuerbeträge kann im Rahmen der ESt allerdings nur in Ausnahmefällen ausgegangen werden. Die Unterschiedlichkeit der besteuerungsrelevanten persönlichen Verhältnisse führt i.d.R. zu differierenden Steuersätzen bzw. zu differierenden Steuerbeträgen. Der dem Gesellschafter A zugerechnete Gewinnanteil unterliegt bei diesem daher im allgemeinen einer höheren oder niedrigeren ESt, als dies bei Mitunternehmer B der Fall wäre.

Ist der Betrag der von Gesellschafter A zusätzlich zu tragenden Steuer kleiner als der Betrag der bei Mitunternehmer B eingesparten Steuer,[81] so ist auch in diesem Fall die Bemessung der Ausgleichszahlung II unproblematisch. Mitunternehmer B leistet an Gesellschafter A eine Ausgleichszahlung in Höhe seiner steuerlichen Mehrbelastung und realisiert darüber hinaus in Höhe des Differenzbetrags (ESt_A ./. ESt_B) noch eine zusätzliche ESt-Ersparnis. Inwieweit ein Teil dieser zusätzlichen ESt-Ersparnis an den Gesellschafter A weitergegeben wird, ist ggf. im Rahmen des Verhandlungsprozesses zu klären, allerdings besteht ein diesbezüglicher Anspruch von Gesellschafter A nicht.
Ist der Betrag der von Gesellschafter A zusätzlich zu tragenden ESt größer als der Betrag der von Mitunternehmer B eingesparten Steuer, so muß eine Ausgleichszahlung II an Gesellschafter A zunächst in Höhe der Steuerersparnis von Mitunternehmer B angesetzt werden. Problematisch ist die Behandlung des verbleibenden Teils des Steuermehrbetrags bei Gesellschafter A, der auf den höheren ESt-Satz von Gesellschafter A zurückzuführen ist. Dieser Teil des Steuermehrbetrags muß verursachungsgerecht auf die Gesellschafter A und B aufgeteilt werden. Gesellschafter A hat seine individuell optimale Steuerplanungskonzeption durchgesetzt und gewährt Mitunternehmer B dafür eine Ausgleichszahlung I in Form eines erhöhten Gewinnanteils. Die Finanzverwaltung korrigiert diese

[81] Dieser Fall liegt offenbar vor, wenn der ESt-Satz von Gesellschafter A geringer ist als der ESt-Satz von Gesellschafter B.

tatsächlich durchgeführte Gewinnverteilung zu Lasten des Gesellschafters A, woraus diesem seinerseits ein Anspruch auf eine Ausgleichszahlung II gegen Mitunternehmer B erwächst. Die Ausgleichszahlung I liegt im Interesse beider Gesellschafter, so daß auch beide Gesellschafter in gleichem Maß das Risiko der steuerlichen Nichtanerkennung der insoweit vereinbarten und durchgeführten Gewinnverteilung tragen müssen. Danach ist der Teil des Mehrbetrags an ESt des Gesellschafters A, der auf dessen höheren ESt-Satz zurückzuführen ist, nach Köpfen, d.h. zu nominell gleichen Beträgen auf A und B zu verteilen.[82] Mitunternehmer B muß somit Gesellschafter A eine Ausgleichszahlung II gewähren in Höhe der eigenen ESt-Ersparnis und der Hälfte des Teils des Mehrbetrags an ESt von Gesellschafter A, der auf dessen höheren ESt-Satz zurückzuführen ist.

Die Frage, ob und ggf. in welcher Höhe Ausgleichszahlungen II zu leisten sind, kann erst dann beantwortet werden, wenn die steuerliche Anerkennung bzw. Nicht-Anerkennung und Änderung der Gewinnverteilung durch die Finanzverwaltung - etwa im Rahmen einer steuerlichen Betriebsprüfung - feststeht.[83] Auf Grund der Unbestimmtheit des Rechtsbegriffs der 'Angemessenheit'der Gewinnverteilung (und der Ermessensspielräume seitens der Finanzverwaltung[84]) ist eine Berücksichtigung der steuerlichen Behandlung und der daraus ggf. resultierenden Ausgleichszahlungen II ex ante, z.B. bereits bei der Bemessung der Ausgleichszahlungen I, grundsätzlich nicht möglich. Vielmehr sind diese Ausgleichszahlungen II erst nach der Entscheidung der Finanzverwaltung zu ermitteln, wo-

[82] Vgl. in diesem Sinne ebenso, allerdings mit z.T. anderem Bezug Felix/Streck, Nichtanerkennung, S. 2216. Kritisch dazu äußert sich Knobbe-Keuk. Nach der dort vertretenen Auffassung kann es dem von der Steuer verschonten Gesellschafter nicht zugemutet werden, "daß er auch noch Spitzen ausgleicht, die ihre Ursache in den individuellen Gegebenheiten des belasteten Gesellschafters haben." Knobbe-Keuk, Gewerbesteuerbelastung, S. 383.

[83] Die Gesellschaft hat ferner die Möglichkeit, eine Auskunft mit Bindungswirkung nach Treu und Glauben von der Finanzverwaltung bzgl. der voraussichtlichen steuerlichen Behandlung der Gewinnverteilung einzuholen. "Die Finanzämter können nach Maßgabe der einschlägigen Rechtsprechung ... verbindliche Auskünfte über die steuerliche Beurteilung von genau bestimmten Sachverhalten erteilen, wenn daran im Hinblick auf die erheblichen steuerlichen Auswirkungen ein besonderes Interesse besteht." BMF-Schreiben IV A 5 - S 0430 - 9/87, S. 474.

[84] Vgl. ebenso Breidenbach, Gewinnverteilung, S. 2 f.

bei als Form der Ausgleichszahlung II nicht mehr veränderte Gewinnanteile, sondern eine der nachstehend genannten Formen zu wählen ist.

5.3.3.2.2 Vornahme von Ausgleichszahlungen in Form von veränderten Sondervergütungen

Die Gewährung von Ausgleichszahlungen an den benachteiligten Gesellschafter kann anstelle eines (erhöhten) Gewinnanteils bzw. Gewinnvorabs in Form von Sondervergütungen bzw. in Form von erhöhten Sondervergütungen, z.B. durch Gewährung oder Erhöhung von Tätigkeitsvergütungen erfolgen. Soweit die Sondervergütungen den Gewinn der Gesellschaft auf Gesamthandsebene mindern, bewirkt eine Erhöhung von Sondervergütungen an einen Gesellschafter eine Reduzierung der Anteile am Restgewinn aller Gesellschafter[85] im Verhältnis ihrer Gewinnbeteiligung. Konsequent und verursachungsgerecht ist allerdings eine ausschließliche Kürzung des Gewinnanteils des bevorteilten Gesellschafters, d.h. desjenigen Gesellschafters, der seine individuell optimale Steuerplanungskonzeption durchsetzt.

Die Höhe der an die Gesellschafter zu zahlenden Sondervergütungen ist im Gesellschaftsvertrag oder in den zugrunde liegenden schuldrechtlichen Verträgen geregelt.[86] Eine Änderung der Sondervergütungen auf Grund der verdeckten Gewährung von Ausgleichszahlungen erfordert demnach eine Änderung des Gesellschaftsvertrags oder der schuldrechtlichen Verträge. Änderungen der Vertragsgestaltungen werden steuerlich grundsätzlich nur für die Zukunft anerkannt.[87] Wie die Gewinnverteilung werden auch die Sondervergütungen einer Angemessenheitsprüfung durch die Finanzverwaltung unterzogen.[88] Die Sondervergütungen sind als angemessen

[85] Vgl. Knobbe-Keuk, Bilanz- und Unternehmenssteuerrecht, S. 284, S. 297 ff; Döllerer, Bilanzen, S. 261; zu den verschiedenen Möglichkeiten der buchmäßigen Behandlung von Sondervergütungen vgl. Zimmermann/Reyher/Hottmann, Personengesellschaft, S. 173 ff.

[86] Vgl. auch Sudhoff, Gesellschaftsvertrag, S. 253.

[87] Vgl. die Ausführungen zur Änderung der Gewinnverteilung Abschn. 5.3.3.2.1 analog.

[88] Vgl. zur Qualifizierung der Ausgleichszahlungen als durch das Gesellschaftsverhältnis bedingte und den Gesellschaftszweck fördernde Leistungen und damit steuerlich anzuerkennende

zu bezeichnen, wenn die Vergütung und die dafür erbrachte Leistung des Gesellschafters noch in einem vertretbaren Verhältnis stehen.[89] Als Vergleichsmaßstab wird dabei das Verhältnis von Leistung und Gegenleistung bei ähnlich gelagerten Sachverhalten herangezogen. Dieser sog. Fremdvergleich kann dabei sowohl innerbetrieblich als auch zwischenbetrieblich erfolgen.[90] Bei der Prüfung der Angemessenheit sind jedoch in jedem Fall die Umstände des konkreten Einzelfalls sowie die Verkehrsauffassung zu berücksichtigen. Dies bedeutet z.B. für die Prüfung der Angemessenheit von Tätigkeitsvergütungen, daß "nicht nur Alter, Familienstand und Vorbildung für die Bemessung der Vergütungen berücksichtigt werden,... (sondern auch, d.A.) die Ausbildung, Berufserfahrung, Branchenkenntnisse, Fachprüfungen, persönliche Geschicklichkeit, Gewandtheit sowie die Einsatzbereitschaft..."[91] zu berücksichtigen sind.

In welchen Fällen die Sondervergütungen als angemessen bzw. unangemessen zu qualifizieren sind, ist daher auf Grund der Unbestimmtheit des Rechtsbegriffs der 'Angemessenheit' letztlich eine Ermessensentscheidung. Dannach hat die Gesellschaft durchaus die Möglichkeit, eine auf Grund der verdeckten Gewährung von Ausgleichszahlungen veränderte Sondervergütung durch eine entsprechende Argumentation der Finanzverwaltung gegenüber als vertretbar und angemessen durchzusetzen.

Im Einzelfall kann es allerdings durchaus fraglich sein, ob die Finanzverwaltung die veränderten Sondervergütungen als angemessen anerkennt. Aus der Sicht der Gesellschafter ist es daher naheliegend, daß sie zunächst von der steuerlichen Anerkennung ausgehen. Steht zu einem späteren Zeitpunkt definitiv fest, ob und ggf. in welcher Höhe die Sondervergütungen von der Finanzverwaltung als unangemessen qualifiziert werden, sind die daran anknüpfenden steuerlichen Konsequenzen und mögliche neuerliche Ausgleichserfordernisse zu analysieren.

Zahlungen, die diesbezüglichen Ausführungen zur Änderung der Gewinnverteilung in Abschn. 5.3.3.2.1 analog.

[89] Vgl. Heinlein, Angemessenheit, S. 67.

[90] Vgl. ebenda; vgl. auch Knobbe-Keuk, Bilanz- und Unternehmenssteuerrecht, S. 284.

[91] Heinlein, Angemessenheit, S. 66.

1. Steuerliche Anerkennung der Gewährung von verdeckten Ausgleichszahlungen in Form von veränderten Sondervergütungen

Die Sondervergütung (SV) mindert den Gewinn der Gesamthand und damit die Gewinnanteile aller Gesellschafter. Somit wird auch der Gewinnanteil des Mitunternehmers B, der die Sondervergütung erhält, anteilig reduziert.[92] Wird die auf Grund der Gewährung einer Ausgleichszahlung bewirkte Erhöhung der Sondervergütung mit ΔSV bezeichnet, so beträgt die daraus resultierende Reduzierung des Gewinnanteils $\Delta GA_B = b * \Delta SV$, wobei b die Beteiligungsquote darstellt. Durch diese Reduzierung des Gewinnanteils würde ein Teil der vereinbarten Ausgleichszahlung kompensiert, so daß der benachteiligte Mitunternehmer B im Rahmen der Gewinnverteilung einen Anspruch auf eine Erhöhung des Gewinnanteils um die Größe ΔGA_B hat.[93] Diese Erhöhung des Gewinnanteils muß entsprechend der Veranlassung zu Lasten des Gewinnanteils von Gesellschafter A gehen. Dies wird zum einen dadurch erreicht, daß die Größe ΔGA_B direkt von dem Gewinnanteil des Gesellschafters A abgezogen und Mitunternehmer B wie ein Gewinnvorab zugerechnet wird.
Das folgende Beispiel verdeutlicht die genannten Zusammenhänge.

Beispiel I: - Gewinn der Gesamthand $G^g = 1000$;
- Gewinnbeteiligung Gesellschafter A, a = 0,7;
- Gewinnbeteiligung Gesellschafter B, b = 0,3;
- Gesellschafter B soll zusätzlich eine Ausgleichszahlung in Form einer Sondervergütung SV erhalten, und zwar in Höhe von SV = 100.

---

[92] Dies gilt offensichtlich nicht, soweit die Sondervergütung SV_B direkt zu Lasten des Gewinnanteils des Gesellschafters A (GA_A) erfaßt wird.

[93] Soweit die Erhöhung der Sondervergütung Δ SV nur zu Lasten des Gewinnanteils des bevorteilten Gesellschafters A geht, wird der Gewinnanteil von B nicht reduziert und dieser erwirkt dann keinen Anspruch auf eine Erhöhung des Gewinnanteils.

Damit ergibt sich folgende Gewinnverteilung:

Gewinnverteilung		A	B
G^g	= 1000		
./. SV_B	= 100	-	100
	= 900		
GA		900 * 0,7 = 630	900 * 0,3 = 270
ΔGA_B	= 0,3 * 100	- 30	+ 30
Σ		600	400

Soweit die Erhöhung ΔGA_B zu Lasten aller übrigen Gesellschafter gehen soll oder soweit nur die Gesellschafter A und B an der Gesellschaft beteiligt sind, kann eine erhöhte Sondervergütung $SV_B{}^*$ an B geleistet werden, welche die anteilige Reduzierung des Gewinnanteils von Mitunternehmer B unmittelbar kompensiert. Die Größe $SV_B{}^*$ folgt aus

$$SV_B = SV_B^* - \Delta GA_B$$

$$(=)\ SV_B = SV_B^* - b * SV_B^*$$

$$(=)\ SV_B^* = \frac{SV_B}{(1-b)}$$

Dies wird anhand eines Beispiels dargestellt.

<u>Beispiel II</u>: (vgl. die Daten zu Beispiel I)

$$SV_B^* = \frac{100}{1-0,3}$$

$$= 142,86$$

Gewinnverteilung		A	B
G^g	= 1000		
./. SV_B^*	= 142,86	-	142,86
	= 857,14		
GA		857,14 * 0,7 = 600	857,14 * 0,3 = 257,14
		600	400

Entsprechend der allgemeingültigen Konstruktion des Beispiels I folgt für die zusätzliche ESt-Belastung des Mitunternehmers B als Empfänger der Ausgleichszahlung, Δ ESt = $e_B * SV_B$.
Unter Berücksichtigung dieser steuerlichen Wirkungen der Gewährung von Ausgleichszahlungen in Form erhöhter Sondervergütungen muß der Mitunternehmer B somit nach einer Größe SV_B^{**} streben, die nach Abzug der darauf lastenden ESt dem Betrag der vorläufig vereinbarten (Netto-)Ausgleichszahlung entspricht. Daraus folgt:

$$SV_B = SV_B^{**} \;./.\; e_B * SV_B^{**}$$

$$(=)\quad SV_B^{**} = \frac{SV_B}{(1-e_B)}$$

Bezüglich der Frage der Durchsetzbarkeit dieses um die Besteuerungswirkungen erhöhten Betrags SV_B^{**} gelten die Ausführungen zur Gewährung von Ausgleichszahlungen in Form veränderter Gewinnanteile analog.

Die Sondervergütungen der Gesellschafter zählen in voller Höhe zum Gewerbeertrag der Gesellschaft. Wird die GewESt der Gesellschaft intern sachgerecht verteilt, so wird dem einzelnen Gesellschafter der Anteil an GewESt zugerechnet, der auf seine beteiligungsinduzierten Einkünfte aus Gewerbebetrieb entfällt.[94] Eine Erhöhung bzw. die Gewährung von Sondervergütungen an einen Gesellschafter ist dann mit einer Erhöhung der anteilig zu tragenden GewESt verbunden. In diesem Fall muß der benachteiligte Mitunternehmer B nach einer Sondervergütung SV_B^{**} streben, die um die darauf lastende GewESt erhöht ist, d.h. es muß gelten

$$SV_B^{**} = \frac{SV_B}{(1-ge^*)} \quad .$$

Die Erhöhung der Sondervergütungen eines Gesellschafters kann unterschiedliche Wirkungen auf dessen Gewinnbeteiligung haben. Erfolgt die Gewährung von Sondervergütungen entsprechend der Vorgehensweise in Beispiel I, so bleibt der Gewinnanteil des Gesellschafters im Ergebnis unverändert. Erfolgt die Gewährung von Sondervergütungen entsprechend der Vorgehensweise in Beispiel II, so wird der Gewinnanteil des Gesellschafters reduziert. In beiden Fällen bleibt allerdings der Gewinnverteilungsschlüssel unverändert.[95] Damit aber bleibt die Relation der Unternehmenswertanteile ebenfalls unverändert, so daß auch die Zurechnung der Anteile am Einheitswert des Betriebsvermögens unverändert bleibt.[96] Änderungen der anteiligen GewKapSt sowie der persönlichen VSt des Mitunternehmers B als Empfänger der Ausgleichszahlung in Form von Sondervergütungen werden somit nicht bewirkt.

Die zunächst isoliert erörterten Folgen der einzelnen Steuerarten sind im folgenden unter Berücksichtigung der Interdependenzen der Steuerarten zusammenzufassen. Die Größe SV^{**} stellt den Betrag der anzustrebenden Sondervergütung vor Steuern dar. Damit ergibt sich

---

94 Zu der Vorgehensweise der Zurechnung vgl. die Ausführungen zu den Änderungen der Gewinnverteilung in Abschn. 5.3.3.2.1 analog.

95 Dies gilt insoweit nicht, als bei der Vorgehensweise entsprechend Beispiel I die Größe ΔGA_B über einen veränderten Gewinnverteilungsschlüssel dem Mitunternehmer B unmittelbar, d.h. direkt im Wege der Gewinnverteilung zugerechnet wird und nicht über eine entsprechend erhöhte Sondervergütung. Zu den daraus resultierenden Wirkungen für die VSt sowie die anteilige GewKapSt des Gesellschafters vgl. Abschn. 5.3.3.2.1 analog.

96 Vgl. die diesbezüglichen Ausführungen in Abschn. 5.3.3.2.1 zur Änderung der Gewinnverteilung sowie Gürsching/Stenger, Bewertungsgesetz, Anm. 60 ff. zu § 97 BewG, S. 54 ff.

folgender allgemeiner Ansatz für die Ermittlung von SV**:

$$SV \quad = \quad SV^{**} - \Delta GewESt - \Delta ESt$$

$$(=) \quad SV^{**} = \frac{SV}{(1-ge^{*})(1-e_B)}$$

Die Größe SV** repräsentiert damit die anzustrebende Brutto-Sondervergütung, die nach Abzug der individuellen steuerlichen Wirkungen der ausgehandelten Ausgleichszahlung entspricht. Der sich danach ergebende Betrag der steuerlichen Wirkungen $\Delta St_B = SV_B^{**} - SV_B$ ist entsprechend der Vorgehensweise in Beispiel I, so wie die Größe ΔGA_B, vom Gewinnanteil des bevorteilten Gesellschafters A abzuziehen und bei Mitunternehmer B wie ein Gewinnvorab zu erfassen. Diese Vorgehensweise ergibt sich insbesondere für den Mehr-Personen-Fall zwingend aus der Annahme, daß die Ausgleichszahlung und ggf. deren steuerliche Wirkungen verursachungsgemäß ausschließlich den bevorteilten Gesellschafter A, der die Ausgleichszahlung gewährt, belasten sollen.

Die erörterten Zusammenhänge werden im folgenden anhand eines Beispiels verdeutlicht:

Beispiel III: (vgl. die Daten aus Beispiel I)

a) Gewinnanteile der Gesellschafter ohne Gewährung von Sondervergütungen.

G_B^{brutto} : 300 $\qquad$ G_A^{brutto} : 700

Daraus ergibt sich ein Gewinn bei Mitunternehmer B nach Steuern (ESt-Satz $e_B = 0,4$):

$$\begin{aligned} G_B^{netto} &= G_B^{brutto} - GewESt - ESt \\ &= 300 - 0,1304 * 300 - [300 - 300 * 0,1304] * 0,4 \\ &= 156,53 \end{aligned}$$

======

b) Mitunternehmer B soll zusätzlich eine Ausgleichszahlung in Form einer Sondervergütung von netto SV_B = 100 erhalten. Daraus ergibt sich folgende Konstruktion:

$$GA_B = b * SV_B ; \qquad SV_B^{**} = \frac{SV}{(1-ge^*)(1-e_B)}$$

$$GA_B = 30 \qquad SV_B^{**} = 191{,}66$$

Gewinnverteilung	A	B
G^g = 1000		
./. SV_B = 100	-	100
= 900		
GA	900 * 0,7 = 630	900 * 0,3 = 270
$\Delta GA = b * SV_B$	./. 30	+ 30
$\Delta St_B = SV_B^{**}$ ./. SV_B	./. 91,66	+ 91,66
	508,34	491,66

$$G_B^{netto} = G_B^{brutto} - GewESt - ESt$$
$$= 491{,}66 - 0{,}1304 * 491{,}66 - \left[491{,}66 - 491{,}66 * 0{,}1304\right] * 0{,}4$$
$$= 256{,}53$$

Damit wird der Gewinn des Mitunternehmers B nach Steuern um den vereinbarten Betrag der Ausgleichszahlung von 100 erhöht.

Soweit nur zwei Gesellschafter an der Gesellschaft beteiligt sind oder alle übrigen Gesellschafter mit der Ausgleichszahlung und den steuerlichen Wirkungen anteilig belastet werden sollen, kann eine andere Vorgehensweise gewählt werden. In diesem Fall kann an den Mitunternehmer B eine Sondervergütung SV** gezahlt werden, die um die erörterten steuerlichen Folgen erhöht ist. In Analogie zu der beschriebenen Vorgehensweise ergibt sich SV** mit:

$$SV_B^{**} = \frac{SV_B^{*}}{(1-ge^*)(1-e_B)} \; ; \quad \text{wobei}$$

$$SV_B^{*} = \frac{SV_B}{1-b} \quad \text{ist.}$$

Soweit bei dieser Vorgehensweise ferner nur der bevorteilte Gesellschafter A mit den Wirkungen der Ausgleichszahlung belastet werden soll, steht den übrigen Mitgesellschaftern ein Ausgleichsanspruch in Höhe der durch die Sondervergütung jeweils verursachten Minderung des Gewinnanteils zu. Folgendes vereinfachtes Beispiel verdeutlicht dies.

<u>Beispiel IV:</u>
- Gesellschafter: A, B, C
- Gewinnbeteiligungsquoten: a=0,4; b=0,3; c=0,3
- Gewinn der Gesamthand: G^g=1000
- ESt-Satz für B: e_B=0,4

a) Gewinnanteile der Gesellschafter ohne Gewährung von Sondervergütungen

$$G_A^{brutto} = 400 \; ; \qquad G_B^{brutto} = 300 \; ; \qquad G_C^{brutto} = 300 \; .$$

Daraus ergibt sich ein Gewinn bei Mitunternehmer B nach Steuern:

$$\begin{aligned} G_B^{netto} &= G_B^{brutto} - \text{GewESt} - \text{ESt} \\ &= 300 - 0{,}1304 * 300 - [300 - 300 * 0{,}1304] * 0{,}4 \\ &= \underline{\underline{156{,}53}} \end{aligned}$$

b) Mitunternehmer B soll zusätzlich eine Ausgleichszahlung in Form einer Sondervergütung von netto SV_B = 100 erhalten.
Ermittlung der erforderlichen Daten:

$$SV_B^* = \frac{SV_B}{1-b} \Rightarrow SV_B^* = \frac{100}{0,7} = 142,86$$

$$SV_B^{**} = \frac{SV^*}{(1-ge^*)(1-e_B)} \Rightarrow SV_B^{**} = \frac{142,86}{0,8696 * 0,6} = 273,80$$

$$\Delta GA_C = c * SV_B^{**} \Rightarrow \Delta GA_C = 0,3 * 273,80 = 82,14$$

Damit muß Mitunternehmer B auf Gesellschaftsebene eine Sondervergütung SV^{**} in Höhe von 273,80 durchsetzen. Gesellschafter C hat gegen A einen Anspruch auf Ausgleich der Minderung des Gewinnanteils in Höhe von ΔGA_C = 82,14.

Gewinnverteilung		A	B	C
G^g =	1000			
./. SV_B^{**} =	273,80	-	273,80	-
=	726,20			
GA =		290,48	217,86	217,86
GA_C =		./. 82,14		+ 82,14
		208,34	491,66	300,00

Daraus ergibt sich für den Mitunternehmer B ein Gewinn nach Steuern

$$G_B^{netto} = G_B^{brutto} - GewESt - ESt$$
$$= 491,66 - 0,1304*491,66-[491,66-491,66*0,1304]*0,4$$
$$= 256,53$$

Der Gewinn des Mitunternehmers B ist damit nach Steuern um den vereinbarten Betrag der Ausgleichszahlung von 100 gestiegen. Der Bruttogewinnanteil von C ist dagegen unverändert.

Ob und inwieweit die zusätzlichen Ausgleichszahlungen auf Grund der Wirkungen auf den Gewinnanteil und der steuerlichen Wirkungen allerdings im Rahmen der weiteren Verhandlungen durchgesetzt werden können, ist nur im Einzelfall zu ermitteln.[97]

2. Steuerliche Nichtanerkennung der Gewährung von verdeckten Ausgleichszahlungen in Form von (veränderten) Sondervergütungen

Soweit die Finanzverwaltung im Rahmen der Angemessenheitsprüfung zu der Auffassung gelangt, daß die auf Grund der verdeckten Gewährung von Ausgleichszahlungen gewährten bzw. erhöhten Sondervergütungen nicht betrieblich veranlaßt sind,[98] werden diese Sondervergütungen unter dem Gesichtspunkt der verdeckten Entnahme korrigiert.[99] Dies bedeutet, daß je nach dem Ergebnis der Angemessenheitsprüfung der gesamte Betrag oder ein Teilbetrag der Sondervergütung bei der Gewinnermittlung durch Betriebsvermögensvergleich "der Vermögensänderung wieder hinzuzurechnen (ist, d.A.), da die Betriebsvermögensminderung den Gewinn nicht beeinflussen darf."[100] Durch die Hinzurechnung der verdeckten Entnahme wird der steuerlich verteilungsfähige Gewinn der Gesellschaft erhöht.[101] Die damit verbundenen steuerlichen Wirkungen sind davon abhängig, wie die Verteilung bzw. Zurechnung des Mehrgewinns auf die Gesellschafter erfolgt. Der durch die Hinzurechnung der Entnahme bewirkte Mehrgewinn wird grundsätzlich direkt und in voller Höhe dem entnehmenden Gesellschafter als Gewinnvorab zugerechnet.[102] Entnehmender Gesellschafter ist in diesem Fall der benachteiligte Mitunternehmer B, dem die Ausgleichszahlung in Form der Sondervergütung zufließt.

[97] Zu den Determinanten der Durchsetzbarkeit vgl. Abschn. 5.1.

[98] "Eine betriebliche Veranlassung wird insoweit bejaht, als die Bedingungen angemessen sind; soweit jedoch die Bedingungen den angemessenen Rahmen übersteigen, sind sie dem Gesellschafter als Entnahme zuzurechnen." Schulze zur Wiesche, Gesellschafterentnahmen, S. 1524.

[99] Vgl. Knobbe-Keuk, Bilanz- und Unternehmenssteuerrecht, S. 284. Zu den Entnahmen und deren steuerliche Behandlung vgl. auch Abschn. 5.3.3.2.3.

[100] Schulze zur Wiesche, Gesellschafterentnahmen, S. 1523.

[101] Vgl. ebenda, S. 1527.

[102] Diese Vorgehensweise wird von Rechtsprechung und Literatur als Regellösung angesehen. Vgl. Knobbe-Keuk, Bilanz- und Unternehmenssteuerrecht, S. 289 und Schulze zur Wiesche, Gesellschafterentnahmen, S. 1527.

Im Fall der steuerlichen Anerkennung der veränderten Sondervergütungen wären diese im Rahmen der einheitlichen und gesonderten Gewinnfeststellung dem Mitunternehmer zuzurechnen und bei diesem gemäß § 15 Abs. 1 Nr. 2 EStG zusammen mit dem Gewinnanteil als Einkünfte aus Gewerbebetrieb der ESt zu unterwerfen. Wird die Sondervergütung in voller Höhe oder zu einem Teilbetrag als unangemessen qualifiziert, so wird dem Mitunternehmer der entsprechende Betrag als Gewinnvorab zugerechnet. Durch diese Vorgehensweise ändern sich weder die Gewinnanteile der übrigen Gesellschafter noch die Einkünfte aus Gewerbebetrieb des Mitunternehmers B. Damit werden weder die Wirkungen der ESt noch diejenigen aus der verursachungsgerechten Zurechnung der GewESt berührt. Da der Gewinnverteilungsschlüssel, bezogen auf den verteilungsfähigen Gewinn, ebenfalls unverändert bleibt, tritt auch keine Änderung in der Zurechnung der Anteile am Einheitswert der Personengesellschaft ein, so daß auch keine Änderungen in den Substanzsteuern bewirkt werden.
Die Zurechnung der verdeckten Entnahme an den benachteiligten Mitunternehmer B als Gewinnvorab ist damit zweckgerecht, entspricht dem Willen der Beteiligten und induziert grundsätzlich keine weiteren zu berücksichtigenden steuerlichen Folgen.

Soweit allerdings die Finanzverwaltung die veränderte Gewährung von Sondervergütungen als eine verdeckte und unangemessene Änderung der Gewinnverteilung qualifiziert, bestehen ggf. grundsätzlich andere steuerliche Wirkungen. Durch die steuerliche Umverteilung der Gewinnanteile, entsprechend einer von der Finanzverwaltung als angemessen erachteten Gewinnverteilung, fallen die den Gesellschaftern zivilrechtlich zustehenden und bereits zugeflossenen und die der Besteuerung unterliegenden Gewinne der Gesellschafter auseinander. Damit bestehen grundsätzlich die gleichen steuerlichen Folgen wie im Fall der steuerlichen Nichtanerkennung der 'offenen' Änderung der Gewinnverteilung. Die Ausführungen des Abschn. 5.3.3.2.1 gelten daher insoweit analog.

5.3.3.2.3 Vornahme von Ausgleichszahlungen durch Übertragung von Wirtschaftsgütern und in Form von veränderten Entnahmen

Die Vornahme von Ausgleichszahlungen kann ggf. in der Form erfolgen, daß auf einen Mitunternehmer, zum (partiellen) Ausgleich der Nachteile infolge der Nichtrealisation der individuell optimalen Steuerplanungskonzeption, ein Wirtschaftsgut übertragen wird. Dabei kann das Wirtschaftsgut sowohl aus dem Betriebsvermögen der Gesamthand (Übertragung zwischen Gesellschaft und Gesellschafter) als auch aus dem Sonderbetriebsvermögen eines Mitgesellschafters (Übertragung zwischen Gesellschaftern) stammen. Bei dem empfangenden Gesellschafter wird das übertragene Wirtschaftsgut Bestandteil des Privat- oder des Sonderbetriebsvermögens oder Bestandteil des Betriebsvermögens eines eigenen Gewerbebetriebs. Die Übertragung des Wirtschaftsguts kann jeweils angemessen entgeltlich, zum Buchwert bzw. teilweise entgeltlich und teilweise unentgeltlich erfolgen.
Die steuerliche Behandlung der Übertragung von Wirtschaftsgütern und damit die steuerlichen Wirkungen dieser Form von Ausgleichszahlungen sind abhängig von der im Einzelfall vorliegenden Kombination der genannten Alternativen. Dabei ist hinsichtlich der steuerlichen Folgen insbesondere von Interesse, ob durch die Übertragung eine Realisierung von stillen Reserven ausgelöst wird und bei wem diese ggf. steuerlich erfaßt werden.[103]

1. Das Wirtschaftsgut wird gegen ein angemessenes Entgelt übertragen.

Die Übertragung eines Wirtschaftsguts von der Gesellschaft auf einen Gesellschafter gegen ein angemessenes Entgelt wird steuerlich wie ein Veräußerungsgeschäft zwischen der Gesellschaft und einem fremden Dritten behandelt.[104] Dies bedeutet, daß unabhängig davon, ob das übertragene Wirtschaftsgut bei dem empfangenden Gesellschafter Privatvermögen, Sonderbetriebsvermögen oder Betriebsvermögen wird, bei der Ermittlung des Veräußerungsgewinns der Gesellschaft das volle Entgelt des Gesellschafters zugrunde zu legen

[103] Vgl. zur steuerlichen Behandlung der Übertragungssachverhalte im folgenden BMF v. 20.12.1977, Mitunternehmererlaß, Tz 21 ff.
[104] Vgl. Kuhlmann, Beurteilung, S. 71.

ist.[105] Bei der Gesellschaft erfolgt somit eine Realisierung ggf. vorhandener stiller Reserven.

Im Fall der entgeltlichen Übertragung eines Wirtschaftsguts aus dem Sonderbetriebsvermögen eines Gesellschafters auf einen Mitgesellschafter erfolgt eine Gewinnrealisierung bei dem übertragenden Gesellschafter ebenfalls in Höhe der Differenz zwischen dem Buchwert und dem höheren Veräußerungserlös.[106] "Dies gilt auch dann, wenn der Mitgesellschafter das Wirtschaftsgut weiterhin der Gesellschaft zur Nutzung überläßt und es also nunmehr bei ihm Sonderbetriebsvermögen wird."[107]

2. Das Wirtschaftsgut wird zum Buchwert übertragen.

Wird ein Wirtschaftsgut zu einem unter dem Teilwert liegenden Buchwert übertragen, so tritt eine Gewinnrealisierung nicht ein, wenn das übertragene Wirtschaftsgut bei dem empfangenden Gesellschafter im Bereich seines Betriebsvermögens oder Sonderbetriebsvermögens verbleibt und dieser das Wirtschaftsgut mit dem Buchwert fortführt.[108]

Soweit diese Voraussetzung nicht gegeben ist, liegt im Fall der Übertragung eines Wirtschaftsguts von der Gesellschaft auf den Gesellschafter eine verdeckte Entnahme des Gesellschafters vor, die zu einer Gewinnrealisierung führt.[109] Im Fall der Übertragung eines Wirtschaftsguts aus dem Sonderbetriebsvermögen eines Mitgesellschafters wird bei diesem analog ein Entnahmegewinn realisiert, da die Besteuerung der stillen Reserven bei dem empfangenden Gesellschafter nicht gesichert ist.

105 Vgl. Knobbe-Keuk, Bilanz- und Unternehmenssteuerrecht, S. 310. Auf Grund der steuerlichen Behandlung der Übertragung, wie eine Veräußerung an einen fremden Dritten, ist die Vergünstigung des § 6b EStG ggf. auf den gesamten Veräußerungsgewinn anwendbar.
106 Vgl. ebenda, S. 312 f.
107 Ebenda, S. 313.
108 Vgl. ebenda, S. 312.
109 Vgl. zu den Wirkungen auch Abschn. 5.3.3.2.2.

3. Das Wirtschaftsgut wird unentgeltlich übertragen.

Die unentgeltliche Übertragung eines Wirtschaftsguts des Gesamthandsvermögens oder eines Sonderbetriebsvermögens auf einen Gesellschafter wird als zum Teilwert zu bewertende Entnahme des empfangenden oder des übertragenden Gesellschafters behandelt, die zu einer Gewinnrealisierung führt, "wenn das Wirtschaftsgut bei dem (empfangenden, d.A.) Gesellschafter Privatvermögen wird."[110] Wird das Wirtschaftsgut von dem empfangenden Gesellschafter dagegen zum Buchwert in dessen Sonderbetriebsvermögen übernommen, so wird damit keine gewinnrealisierende Entnahme begründet,[111] so daß eine Aufdeckung und Besteuerung der stillen Reserven unterbleibt. In der Abb. 15 werden die Formen der Übertragung und deren steuerliche Behandlung noch einmal zusammengestellt.

Die Übertragung eines Wirtschaftsguts zum Buchwert und die unentgeltliche Übertragung können zu einer relativen Besserstellung der Einkommens- bzw. Vermögensposition eines Gesellschafters führen und eignen sich daher zur Durchführung von Ausgleichszahlungen. Zweck einer Ausgleichszahlung ist die relative Besserstellung des benachteiligten Gesellschafters. Die Übertragung von Wirtschaftsgütern gegen angemessenes Entgelt auf den benachteiligten Gesellschafter kann daher für diesen nur dann eine Ausgleichszahlung darstellen, wenn der Mitunternehmer ein besonderes Interesse an dem übertragenen Wirtschaftsgut hat und ein vergleichbares Wirtschaftsgut von einem Dritten nicht erwerben könnte. Dies kann z.B. gegeben sein im Fall der Übertragung eines betrieblichen Grundstücks, dessen Lage dem Mitunternehmer spezifische Verwertungs- bzw. Nutzungsmöglichkeiten eröffnet.

In praxi dürfte allerdings die Ermittlung des intersubjektiv als angemessen erachteten Werts eines Wirtschaftsguts im Einzelfall, z.B. auf Grund unterschiedlicher Nutzungs- und Verwertungsmöglichkeiten der Gesellschafter, äußerst konfliktträchtig sein. Können sich die Gesellschafter auf einen Wert einigen, so wird dieser nur in Ausnahmefällen den vereinbarten Ausgleichszahlungen entsprechen, so daß die Übertragung eines Wirtschaftsguts in aller Regel teilentgeltlich durchzuführen ist. Diese teilentgeltlichen Rechts-

[110] Knobbe-Keuk, Bilanz- und Unternehmenssteuerrecht, S. 314.
[111] Vgl. Kuhlmann, Beurteilung, S. 69.

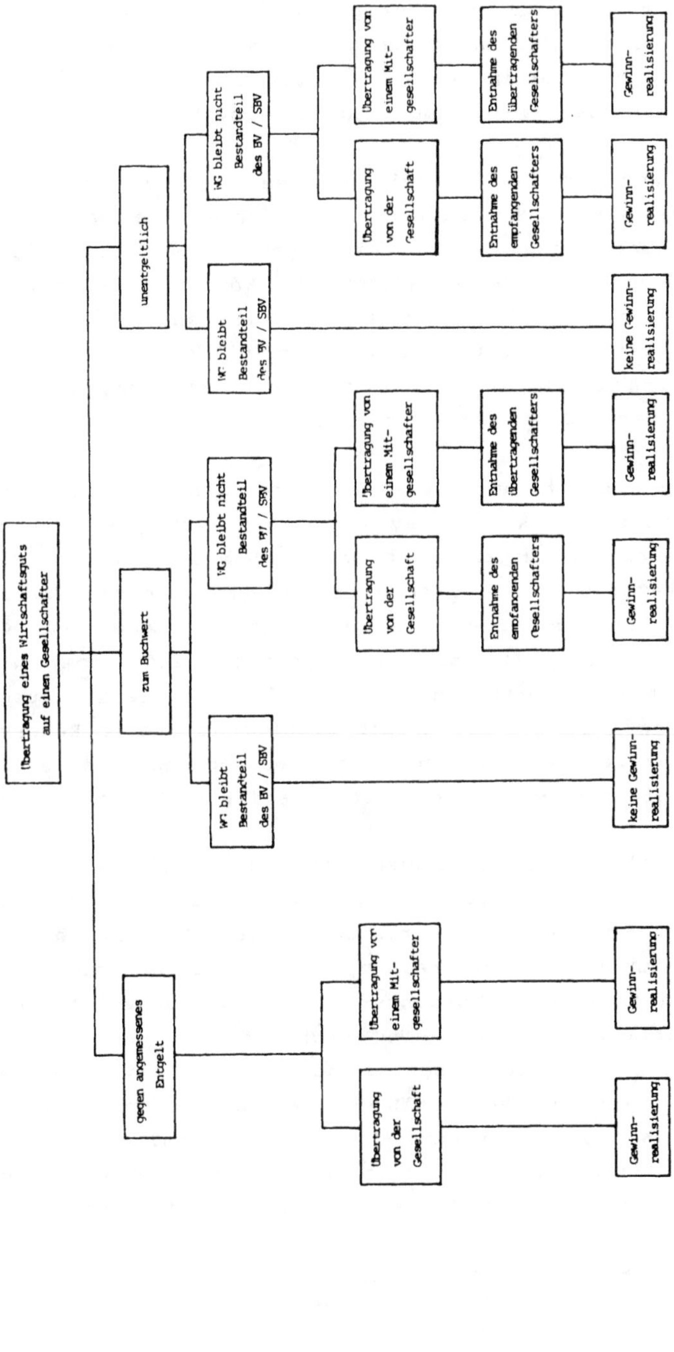

Abb. 15: Steuerliche Behandlung der Übertragung eines Wirtschaftsguts auf einen Gesellschafter

geschäfte sind dann in einen unentgeltlichen und einen entgeltlichen Teil aufzuspalten. "Es ist ständige Übung der Verwaltung, die Differenz zwischen der vereinbarten Vergütung und dem Teilwert der Leistung als Gesellschafterentnahme zu behandeln."[112]

Bei der Beurteilung der Geeignetheit von Übertragungen von Wirtschaftsgütern als Ausgleichszahlungen sind ferner die damit verbundenen unmittelbaren steuerlichen Wirkungen zu berücksichtigen. Mit der Übertragung von Wirtschaftsgütern können grundsätzlich Folgen für die individuelle Belastung des empfangenden Gesellschafters sowohl mit ESt und GewESt als auch mit GewKapSt und VSt verbunden sein, unabhängig davon, ob mit der Übertragung eine Gewinnrealisierung verbunden ist oder nicht.[113]

Soweit durch die Übertragung eine Gewinnrealisierung eintritt, sind deren steuerliche Wirkungen davon abhängig, wem diese Gewinnrealisierung steuerlich zugerechnet wird. Dabei kann es sich sowohl um den übertragenden als auch um den empfangenden Gesellschafter handeln. Ferner können die realisierten Gewinne auf Gesellschaftsebene anteilig auf die Gesellschafter zugrechnet werden.[114] Wird durch die Übertragung keine Gewinnrealisierung ausgelöst, so führen ggf. im Buchwertansatz enthaltene stille Reserven erst zu einem späteren Zeitpunkt bei dem empfangenden Gesellschafter zu insoweit nicht oder nur sehr schwer erfaßbaren steuerlichen Wirkungen.
Darüber hinaus ist eine Übertragung von Wirtschaftsgütern mit vielfältigen und z.T. langfristigen mittelbaren steuerlichen und nichtsteuerlichen Konsequenzen verbunden (z.B. Berücksichtigung und Zurechnung künftiger Abschreibungsmöglichkeiten, zukünftige Wertänderungen, individuelle Nutzungs- und Verwertungsmöglichkeiten). Die mittelbaren Wirkungen sind grundsätzlich bei der Wahl des zu übertragenden Wirtschaftsguts und der Art und Weise der Übertragung im Rahmen des Verhandlungsprozesses zu berücksichtigen. Allerdings ist eine Erfassung dieser Sachverhalte auf Grund der mangelnden Prognostizierbarkeit sowie der z.T. stark ausgeprägten Subjektabhängigkeit (z.B. Berücksichtigung der individuel-

[112] Schulze zur Wiesche, Gesellschafterentnahmen, S. 1524.
[113] Vgl. zur Begründung und Quantifizierung die Abschn. 5.3.3.2.1 und 5.3.3.2.2. analog.
[114] Vgl. ebenda.

len Verwertungsmöglichkeiten eines Wirtschaftsguts durch einen Mitunternehmer) nur in Einzelfällen praktikabel und grundsätzlich interpersonell stark konfliktträchtig.

Soweit die Übertragung eines Wirtschaftsguts eine Entnahme darstellt, sind ferner die Wirkungen einer Entnahme bei der Entscheidung über deren Einsatz und Ausgestaltung als Ausgleichszahlung aus der Sicht des betreffenden Gesellschafters zu berücksichtigen. Eine Entnahme[115] des Gesellschafters findet in der Regel ihren Niederschlag auf dessen Kapitalkonto; die Entnahme mindert unter sonst gleichen Bedingungen das Kapitalkonto des entnehmenden Gesellschafters.[116] Dadurch werden zunächst die zukünftigen Entnahmemöglichkeiten des betreffenden Gesellschafters insoweit eingeschränkt, wie sie durch Gesetz oder Gesellschaftsvertrag an den zuletzt festgestellten Kapitalanteil gebunden sind.
Soweit durch die entnahmebedingte Minderung des Kapitalkontos eine Änderung in den Beteiligungsrelationen der Gesellschafter bewirkt wird, kann dies zum einen nachteilige Konsequenzen für die Mitwirkungsrechte (z.B. Stimmrechte) des Gesellschafters bei der gesellschaftlichen Willensbildung haben. Zum anderen kann mit der Änderung der Beteiligungsrelationen eine Minderung der auf den einzelnen Gesellschafter entfallenden stillen Reserven verbunden sein.[117] Eine Entnahme bezeichnet ferner gemäß § 4 Abs. 1 Satz 2

[115] Entnahmen sind grundsätzlich außerbetrieblich veranlaßt und können sowohl im Gesellschaftsvertrag geregelt sein als auch auf stillschweigender Übereinkunft der Beteiligten beruhen. Eine Entnahme setzt eine ausdrückliche Willenserklärung oder ein schlüssiges Verhalten des entnehmenden Gesellschafters voraus, so daß eine Entnahme rückwirkend für ein vergangenes Wirtschaftsjahr steuerlich nicht anerkannt wird. Als spätester Entnahmezeitpunkt kommt der Tag der Einreichung von Steuererklärung - einschließlich Bilanz - zum Finanzamt in Frage. Vgl. Schulze zur Wiesche, Gesellschafterentnahmen, S. 1523; Knobbe-Keuk, Bilanz- und Unternehmenssteuerrecht, S. 286; Biergans, Einkommensteuer, S. 421 f; BFH v. 24.11.1982 IR 51/82, S. 365 ff; BFH v. 31.01.1985 IV R 130/82, S. 395 ff.

[116] Vgl. Falterbaum/Beckmann, Buchführung, S. 105 f; Schulze zur Wiesche, Gesellschafterentnahmen, S. 1522.

[117] Auf dieses Problem weist zutreffend Rückle hin: "Wenn die Entnahmen die Kapitalbeteiligungsverhältnisse ändern, so ist ihre Vermögenswirkung i.a. ungleich ihrem Nominalbetrag. Bei Vorhandensein von stillen Reserven werden die Entnahmen der anderen Gesellschafter eher zu einer Vermögensvermehrung der übrigen Gesellschafter führen... Allerdings können die durch ... Entnahmen induzierten Veränderungen der Vermögensanteile für den isolierten steuerbilanzpolitischen Kalkül nur geschätzt werden; die exakte Ermittlung würde ein wesentlich

EStG einen Vorgang, bei dem ein Steuerpflichtiger dem Betrieb Wirtschaftsgüter "für sich, für seinen Haushalt oder für andere betriebsfremde Zwecke im Laufe des Wirtschaftsjahrs entnommen hat." Die entnommenen Wirtschaftsgüter stehen der Gesellschaft somit nicht mehr für betriebliche Zwecke zur Verfügung. Im Gegensatz zu einer Ausgleichszahlung in Form eines veränderten Gewinnanteils, einer veränderten Sondervergütung oder der Übertragung eines Wirtschaftsguts, die keine Entnahme darstellt, ist eine Ausgleichszahlung in Form einer Entnahme daher zwingend mit einer Minderung des Betriebsvermögens der Gesellschaft verbunden.
Damit kann die zukünftige Gewinnentwicklung beeinträchtigt und damit die Rentabilität des Unternehmens geschmälert werden.[118] Sinkt der zukünftige Gewinn der Gesellschaft, so sinkt unter sonst gleichen Bedingungen auch der zukünftige Gewinnanteil des entnehmenden Gesellschafters. Eine Entnahme ist aus dessen Sicht daher zum einen nur dann vorteilhaft und somit eine geeignete Form einer Ausgleichszahlung, wenn auf Grund individueller außerbetrieblicher Verwertungsmöglichkeiten des entnommenen Wirtschaftsguts die mit der Entnahme ggf. verbundene Reduzierung des Gewinnanteils überkompensiert wird. Zum anderen kann die Entnahme trotz einer damit verbundenen Gewinnreduktion aus der Sicht des entnehmenden Gesellschafters dann vorteilhaft sein, wenn er zur Vermeidung oder Beseitigung einer drohenden oder bereits eingetretenen Illiquidität auf die aus einer Verwertung des entnommenen Wirtschaftsguts resultierenden liquiden Mittel angewiesen ist.

Diese, mit einer Entnahme verbundenen mittelbaren steuerlichen und nicht-steuerlichen Wirkungen auf das Kapitalkonto des betreffenden Gesellschafters und auf die Rentabilität des Unternehmens, sind bei der Bemessung der Ausgleichszahlung in Form einer Entnahme grundsätzlich zu berücksichtigen. Allerdings sind auch diese Wirkungen entweder nur sehr schwer prognostizierbar (z.B. Minderung der anteiligen stillen Reserven, Minderung der Rentabilität) oder werden intersubjektiv sehr unterschiedlich eingeschätzt (z.B. Re-

umfangreicheres Modell erfordern." Rückle, Normative Theorie, S. 471.

[118] Es ist allerdings auch denkbar, daß in Einzelfällen, z.B. bei Entnahme eines verlustbringenden Wirtschaftsguts, die gegenteilige Wirkung eintritt, d.h. eine Verbesserung der Gewinnsituation der Gesellschaft realisiert wird.

duktion der Stimmrechte) und sind daher im Rahmen des Verhandlungsprozesses nur sehr begrenzt berücksichtigungsfähig.

Bei der Ausgestaltung der Ausgleichszahlung in Form einer Entnahme sind ferner die unmittelbaren Wirkungen dieser Entnahme auf Gewinnanteil und Steuerbelastung aus der Sicht des benachteiligten (entnehmenden) Mitunternehmers zu erfassen. Durch die Entnahme des Mitunternehmers B werden das Betriebsvermögen und damit der verteilungsfähige Gewinn der Gesellschaft vor Hinzurechnung der Entnahme und damit die Gewinnanteile der Gesellschafter reduziert. Inwieweit durch die Entnahme der dem Mitunternehmer zuzurechnende Gewinn, bestehend aus Entnahme und verbleibendem Gewinnanteil, verändert wird, ist abhängig von der Behandlung der Entnahme bei der Gewinnverteilung. Da mit der Entnahme die Gewährung einer Ausgleichszahlung bewirkt werden soll, muß sich der Gewinn des Gesellschafters im Vergleich zu der Situation ohne Gewährung einer Ausgleichszahlung um den Wert dieser Entnahme erhöhen. Wird der Wert der Entnahme auf den Gewinn des Gesellschafters in voller Höhe angerechnet, so ist insoweit praktisch keine Ausgleichszahlung, vielmehr eine Vorverlagerung von späteren Gewinnentnahmen vorgenommen worden. Dies bedeutet, daß zum einen die Entnahme bei dem entnehmenden Gesellschafter im Rahmen der Gewinnverteilung wie ein Gewinnvorab zu erfassen ist, der insoweit nicht auf den verbleibenden Gewinn des Gesellschafters anzurechnen ist. Zum anderen ist die durch Entnahme E_B auf der Gesamthandsebene bewirkte Minderung des Gewinnanteils GA_B auszugleichen. Diese Minderung des Gewinnanteils von Mitunternehmer B ist abhängig von dessen Beteiligungsquote b und beträgt demnach:

$$\Delta GA_B = b * E_B$$

Durch diese Reduzierung des Gewinnanteils würde ein Teil der vereinbarten Ausgleichszahlung kompensiert, so daß der entnehmende Mitunternehmer B im Rahmen der Gewinnverteilung einen Anspruch auf Erhöhung des Gewinnanteils um ΔGA_B hat. Diese Erhöhung ist entsprechend der Verursachung vom Gewinnanteil des Gesellschafters A abzuziehen und dem Mitunternehmer B wie ein Gewinnvorab zuzurechnen.[119]

[119] Vgl. dazu und im folgenden auch die Vorgehensweise in Abschn. 5.3.3.2.1.

Die erfolgten Entnahmen werden im Rahmen der steuerlichen Gewinnermittlung durch Betriebsvermögensvergleich gemäß § 4 Abs. 1 EStG der Betriebsvermögensänderung wieder hinzugerechnet. Wird die Entnahme des Gesellschafters bei der Gewinnverteilung wie ein Gewinnvorab behandelt, so ist der durch die Hinzurechnung der Entnahme bewirkte Mehrgewinn steuerlich verursachungsgerecht in voller Höhe dem entnehmenden Gesellschafter zuzurechnen.[120] Demnach ist die Entnahme E_B zusätzlich mit ESt belastet, so daß der Mitunternehmer unter Berücksichtigung der ESt eine Entnahme $E_B{}^{**}$ anstreben muß, wobei zunächst gilt

$$E_B = E_B^{**} \text{ ./. } e_B * E_B^{**} \; ; \quad e_B = \text{ESt-Satz}$$

$$(=) \quad E_B^{**} = \frac{E_B}{(1-e_B)}$$

Soweit die Gesellschaft die GewESt verursachungsgerecht, entsprechend der anteiligen Einkünfte aus Gewerbebetrieb, auf die Gesellschafter zurechnet, ist mit der Entnahme E_B ferner eine erhöhte anteilige GewESt-Belastung verbunden. Die dadurch begründete Erhöhung der Entnahme ist analog zunächst zu bestimmen mit

$$E_B^{**} = \frac{E_B}{(1-ge^*)}$$

Unter Berücksichtigung der Interdependenzen der Steuerarten muß der Mitunternehmer B somit nach einem Wert der Entnahme $E_B{}^{**}$

[120] Vgl. Schulze zur Wiesche, Gesellschafterentnahmen, S. 1527. "Rechtsprechung und Literatur verfahren im allgemeinen folgendermaßen: in der Regel soll der Gewinn dem entnehmenden Gesellschafter zuzurechnen sein, doch sollen die Gesellschafter eine abweichende Verteilung beschließen können." Knobbe-Keuk, Bilanz- und Unternehmenssteuerrecht, S. 289. Als eine solche abweichende Verteilung könnte etwa vereinbart werden, daß der durch die Hinzurechnung der Entnahme bewirkte steuerliche Mehrgewinn dem bevorteilten Gesellschafter A zugerechnet wird und insoweit aus der Sicht des entnehmenden (benachteiligten) Mitunternehmers B keine Notwendigkeit zur Berücksichtigung der damit verbundenen ertragsteuerlichen Wirkungen besteht.

streben, der wie folgt zu ermitteln ist:

$$E_B = E_B^{**} - \Delta GewESt - \Delta ESt$$

$$(=) \quad E_B = E_B^{**} - \left[E_B^{**} * ge^*\right] - \left[E_B^{**} - E_B^{**} * ge^*\right] * e_B$$

$$(=) \quad E_B^{**} = \frac{E_B}{(1-ge^*)(1-e_B)}$$ [121]

Die Berücksichtigung der steuerlichen Wirkungen erfolgt dann bei der Gewinnverteilung verursachungsgemäß in Form eines Gewinnvorab zugunsten des entnehmenden Gesellschafters B und zu Lasten des Gewinnanteils des Gesellschafters A.

Die Quantifizierung und Berücksichtigung der Wirkungen der Vornahme einer Ausgleichszahlung in Form einer Entnahme auf den Gewinnanteil sowie der steuerlichen Wirkungen aus der Sicht des benachteiligten Mitunternehmers B müssen daher analog der in Abschn. 5.3.3.2.1 dargestellten Vorgehensweise erfolgen, so daß auf eine weitere Darstellung in Form einer Beispielrechnung verzichtet werden kann.

Aus der Sicht der Gesellschafter kann es ferner durchaus sinnvoll sein, zusätzlich oder anstatt der Gewährung von Ausgleichszahlungen durch Sachentnahmen, Ausgleichszahlungen in Form von Barentnahmen vorzunehmen.[122] "Unter einer Barentnahme ist die Verwendung von liquiden Mitteln des Betriebs für betriebsfremde Zwecke zu verstehen."[123] Während bei Sachentnahmen auf Grund der Existenz von stillen Reserven Gewinne realisiert werden können, entspricht

[121] Soweit der durch die Hinzurechnung der Entnahme bewirkte Mehrgewinn entsprechend dem Gewinnverteilungsschlüssel verteilt wird oder nur dem bevorteilten Gesellschafter A zugerechnet wird, sind bei Mitunternehmer B nur anteilige oder gar keine steuerlichen Wirkungen zu erfassen. Auf eine Darstellung wird verzichtet. Vgl. dazu auch Abschn. 5.3.3.2.1 und 5.3.3.2.2. Soweit mit den Entnahmen eine Änderung des Gewinnverteilungsschlüssels verbunden ist, sind ggf. zusätzlich die Folgen für die GewKapSt und die VSt zu berücksichtigen. Auf eine gesonderte Darstellung dieser Wirkungen wird an dieser Stelle verzichtet. Vgl. dazu ebenda.

[122] Zu den Wirkungen der Barentnahmen auf Kapitalkonto und Rentabilität vgl. die voranstehenden Ausführungen dieses Abschnitts.

[123] Biergans, Einkommensteuer, S. 415.

der Teilwert von Barentnahmen als Nominalgüter grundsätzlich dem Nominalwert.[124] [125] Bei der Vornahme von Ausgleichszahlungen in Form von Barentnahmen entfällt somit das Problem der angemessenen Bewertung der Entnahmen sowie das Problem der steuerlichen Zurechnung ggf. aufgedeckter stiller Reserven auf die Beteiligten.

Die Barentnahme des benachteiligten Mitunternehmers B kann zum einen wie ein Gewinnvorab behandelt werden.[126] Insoweit wird auf die diesbezüglichen voranstehenden Ausführungen hinsichtlich Quantifizierung und Erfassung der damit verbundenen Wirkungen auf Gewinnanteil und Steuerbelastung verwiesen. Die Barentnahme des Mitunternehmers kann zum anderen als eine vorgezogene Gewinnentnahme qualifiziert werden, die den verbleibenden Gewinnanteil entsprechend mindert. Da eine Ausgleichszahlung einen zusätzlichen Vorteil bei dem empfangenden (benachteiligten) Gesellschafter bewirken muß, kann eine solche Konstruktion aus der Sicht des empfangenden Gesellschafters ausschließlich unter Liquiditätsaspekten den Charakter einer Ausgleichszahlung annehmen. Nur soweit der Gesellschafter bei eingetretener oder drohender Illiquidität auf eine vorzeitige bzw. erhöhte Barentnahme angewiesen ist, stellt diese für ihn einen zusätzlichen Vorteil in Form einer früheren Verfügbarkeit von liquiden Mitteln und damit eine Ausgleichsleistung dar.
Soweit die Barentnahme als vorgezogene Gewinnentnahme behandelt und auf den Gewinnanteil angerechnet wird, sind unmittelbare Veränderungen der Steuerbelastung des entnehmenden Gesellschafters als Wirkung der vorgezogenen Entnahme grundsätzlich nicht zu berücksichtigen.

Bei der Bestimmung der steuerlichen Folgen seitens des benachteiligten Mitunternehmers B und deren Berücksichtigung bei der Bemes-

[124] Vgl. ebenda, S. 290 f. Von der Entnahme liquider Mittel in ausländischer Währung wird im folgenden abgesehen. Vgl. dazu ebenda, S. 291.

[125] Die Wirkungen und steuerliche Behandlung der Entnahmen von Nutzungen und Leistungen unterscheiden sich nicht grundsätzlich von denen der Sachentnahmen. Auf eine gesonderte Erörterung der Entnahmen von Nutzungen und Leistungen wird daher verzichtet. Vgl. dazu auch Schulze zur Wiesche, Gesellschafterentnahmen, S. 1525 ff.

[126] Soweit die Barentnahmen als Kapitalentnahme qualifiziert werden gelten die entsprechenden Ausführungen bzgl. der Sachentnahmen analog.

sung der Brutto-Ausgleichszahlung in Form von Barentnahmen ist allerdings in den genannten Fällen zu beachten, daß durch eine Entnahme mittelbar eine Reduzierung an GewSt der Gesellschaft bewirkt werden kann. Unter sonst gleichen Bedingungen wird unter Berücksichtigung von § 12 Abs. 1 Satz 1 GewStG durch den Bestand an liquiden Mitteln ggf. das Gewerbekapital erhöht, während daraus resultierende Zinserträge den Gewerbeertrag erhöhen. Mit einer Ausgliederung von liquiden Mitteln durch Änderung von Entnahmevereinbarungen[127] kann somit die GewSt-Belastung der Gesellschaft und damit auch die anteilige GewSt-Belastung des Mitunternehmers B reduziert werden.

Eine solche Konstruktion zur Einsparung von GewSt könnte seitens der Finanzverwaltung ggf. als Mißbrauch rechtlicher Gestaltungsmöglichkeiten gemäß § 42 AO angesehen werden. Einer solchen Einschätzung widerspricht allerdings die Rechtsprechung der FG und des BFH.[128] Nach dieser Rechtsprechung ist es einem Unternehmer in Grenzen freigestellt, mit welcher Eigenkapital-Fremdkapital-Relation er sein Unternehmen führen will. "Eigenkapital kann nur dann durch Fremdkapital ersetzt werden, wenn und soweit der Betrieb über entnahmefähige Barmittel verfügt."[129] "Entscheidet sich ein Unternehmer, zunächst den Betrieb mit Eigenkapital zu betreiben, so kann er diesen Entschluß jederzeit dadurch revidieren, daß er Eigenkapital entnimmt und durch Fremdkapital ersetzt. Die Aufnahme von Eigenkapital ersetzendem Fremdkapital ist deshalb ebenso betrieblich veranlaßt wie der Einsatz von Fremdkapital bei Betriebsgründung. Dies bedeutet, daß die Aufnahme von entnahmebedingten Krediten betrieblich veranlaßt ist. Nichts anderes gilt für eine Personengesellschaft mit insgesamt positivem Eigenkapital und zwar auch dann, wenn das Kapitalkonto des entnehmenden Gesellschafters negativ ist."[130]

Wenn die Aufnahme von entnahmebedingten Krediten betrieblich veranlaßt ist, sind die anfallenden Zinsen als Betriebsausgaben steu-

---

127 Vgl. Söffing, Ausgliederung, S. 429.
128 Vgl. BFH v. 23.6.1983 IV R 192/80, S. 725 ff, BFH v. 17.4.1985 IR 101/81, S. 510 ff.
129 BFH v. 17.4.1985 IR 101/81, S. 510.
130 FG Hamburg v. 24.4.1985 I 233/81, S. 945.

erlich anzuerkennen.[131] Damit führt die Ausgliederung von liquiden Mitteln, verursacht durch die Gewährung von Ausgleichszahlungen in Form von Barentnahmen sowohl zu einer Reduzierung der anteiligen GewSt als auch der ESt der Gesellschafter.

Die relative Steuerersparnis der Gesellschafter ist im Einzelfall abhängig von folgenden Determinanten:
- Bestand an liquiden Mitteln;
- erzielbare Zinserträge aus dem Bestand an liquiden Mitteln, wenn dieser im Unternehmen verbleiben würde;
- Betrag der zu entnehmenden liquiden Mittel;
- Betrag der aus der Entnahme resultierenden unternehmensbezogenen Fremdfinanzierung;
- ESt-Satz des einzelnen Gesellschafters.

Die bei Kenntnis dieser Daten ermittelbare Steuerersparnis der Gesellschafter ist in zweierlei Hinsicht von Bedeutung. Zum einen werden durch diese Steuerersparnis die steuerlichen Wirkungen der Gewährung einer Ausgleichszahlung in Form einer Barentnahme bei dem Mitunternehmer B als entnehmendem Gesellschafter abgeschwächt. Dadurch sinkt der brutto, d.h. vor Abzug der Steuern anzustrebende Entnahmebetrag E_B^{**}. Zum anderen realisieren alle übrigen Gesellschafter ebenfalls eine Ersparnis an anteiliger GewSt-Belastung und an ESt, so daß aus der Sicht des Mitunternehmers B der um die verbleibenden Steuerwirkungen erhöhte Entnahmebetrag E_B^{**} tendenziell leichter gegen die übrigen Gesellschafter im Rahmen der weiteren Verhandlungen durchsetzbar ist.

5.3.3.2.4 Vornahme von Ausgleichszahlungen durch Zahlungen zwischen den beteiligten Privatpersonen

Es besteht ferner die Möglichkeit der Vornahme von Ausgleichszahlungen auf privater Ebene der Gesellschafter. Der durch die Realisierung der individuell optimalen Steuerplanung bevorteilte Gesellschafter A leistet hierbei aus seinem Privatvermögen die ver-

[131] Soweit diese entnahmebedingten Kredite als Dauerschulden zu qualifizieren sind, muß eine Hinzurechnung der Hälfte der Dauerschuldzinsen gemäß § 8 Nr. 1 GewStG zum Gewerbeertrag bzw. der entsprechenden Verbindlichkeiten gemäß § 12 Abs. 2 Nr. 1 GewStG zum Gewerbekapital erfolgen.

einbarte Ausgleichszahlung in das Privatvermögen des benachteiligten Mitunternehmers B.

Die mit einer solchen Konstruktion verbundenen steuerlichen Wirkungen sind abhängig von der Behandlung dieser Zahlungen durch Finanzverwaltung und Rechtsprechung. Auch wenn die Gesellschafter die Zahlungen auf privater Ebene durchführen, ist nicht unbedingt davon auszugehen, daß es sich aus Sicht der Finanzverwaltung tatsächlich um steuerlich irrelevante Zahlungen handelt.[132] Soweit die Finanzverwaltung die Ausgleichszahlungen als betrieblich veranlaßt qualifiziert, sind diese grundsätzlich steuerpflichtig.[133]
Von einer betrieblichen Veranlassung einer Zahlung ist stets dann auszugehen, "wenn objektiv ein Zusammenhang mit dem... Betrieb besteht und subjektiv die Aufwendungen zur Förderung... des Betriebs gemacht werden."[134] Da die Ausgleichszahlung ihre Verursachung in der Gesellschafterstellung hat, ist ein objektiver betrieblicher Zusammenhang der Ausgleichszahlung mit dem Gesellschafterverhältnis offensichtlich gegeben.[135]
Eine Ausgleichszahlung ermöglicht es den Gesellschaftern, einen von allen Beteiligten weitgehend akzeptierten Kompromiß hinsichtlich der auf Gesellschaftsebene zwingend einheitlich durchzuführenden Steuerplanungskonzeption herbeizuführen. Insoweit dient die Ausgleichszahlung letztlich dem Fortbestand des Gesellschaftsverhältnisses, so daß auch das Kriterium der subjektiven Förderungsabsicht als erfüllt angesehen werden kann.[136]
Die Annahme einer betrieblichen Veranlassung der Ausgleichszahlung auf privater Ebene führt zu einer steuerlichen Umqualifizierung dieser Transferzahlungen sowohl bei dem leistenden als auch bei dem empfangenden Gesellschafter.[137] Bei dem die Ausgleichszahlung leistenden Gesellschafter sind diese "Aufwendungen, die ihre Ursa-

[132] Entsprechend der Abgrenzung der zu betrachtenden Steuerarten in Abschn. 4.3.1.2 wird von möglichen schenkungssteuerlichen Wirkungen abstrahiert.

[133] Vgl. ebenso Rückle, Normative Theorie, S. 475.

[134] BFH v. 28.11.1980 VI R 193/77, S. 369.

[135] Vgl. ebenso die Argumentation von Rabald, Steuerwirkungen, S. 268.

[136] Vgl. im Ergebnis auch ebenda, S. 269.

[137] Eine Umqualifizierung seitens der Finanzverwaltung ist vor allem im Rahmen einer Außenprüfung gemäß §§ 193 ff. AO wahrscheinlich, bei welcher auch die steuerlichen und ggf. die übrigen Verhältnisse der Gesellschafter einer Prüfung unterzogen werden. Vgl. Tipke-Kruse, AO, Tz 4 zu § 194, S. 50 f.

che in dieser Beteiligung (im Gesellschaftsverhältnis) haben... als Sonderbetriebsausgaben des Gesellschafters abzugsfähig."[138] Entsprechend sind bei dem empfangenden Gesellschfter diese "Erträge, die ihre Ursache in der Beteiligung (im Gesellschaftsverhältnis) haben, als Sonderbetriebseinnahmen des Gesellschafters zu erfassen."[139]
Die Vornahme einer Ausgleichszahlung bewirkt dann eine steuerliche Entlastung des leistenden und eine steuerliche Belastung des empfangenden Gesellschafters, die im Rahmen der Verhandlungen über die Höhe der Ausgleichszahlungen zu berücksichtigen sind.[140]

Soweit die Finanzverwaltung einen betrieblichen Zusammenhang in Ausnahmefällen verneint,[141] werden durch die Ausgleichszahlungen grundsätzlich keine ertragsteuerlichen Folgen ausgelöst.[142] Insoweit bietet sich die Vornahme von Ausgleichszahlungen auf privater Ebene besonders dann an, wenn die steuerlichen Wirkungen von Ausgleichszahlungen auf betrieblicher Ebene, z.B. durch Sondervergütungen oder Entnahmen, nicht oder nur ungenügend im Rahmen der Steuerplanung quantifiziert werden können.

Es ist allerdings zu berücksichtigen, daß der Betrag, der als nicht betrieblich veranlaßt qualifizierten Ausgleichszahlung bei dem leistenden Gesellschafter A bereits in voller Höhe der Besteuerung unterlegen hat. Auf der Ausgleichszahlung lasten somit bereits die ESt und, soweit die Ausgleichszahlung aus dem Gewinn aus der Beteiligung an der Gesellschaft bestritten wird, die anteilige GewSt. Es ist daher auch bei Vornahme von Ausgleichszahlungen auf privater Ebene im Rahmen von weiteren Verhandlungen über die Höhe der privaten Ausgleichszahlung zu vereinbaren, ob der Gesellschafter A die auf den Ausgleichszahlungen lastenden Steuerzahlungen alleine in voller Höhe trägt, oder ob diese anteilig auf die Beteiligten zu verteilen ist. In letzterem Fall würde

---

[138] BFH v. 15.10.1975 I R 16/73, S. 190.
[139] Ebenda.
[140] Zur Quantifizierung und Berücksichtigung der steuerlichen Wirkungen der Vornahme von Ausgleichszahlungen vgl. Abschn. 5.3.3.2.1 und 5.3.3.2.2. Auf eine Darstellung wird verzichtet.
[141] Vgl. eine entsprechende Argumentation bei Rabald, Steuerwirkungen, S. 266 m.w.N. und S. 269.
[142] Allerdings sind ggf. Folgen für die VSt der Beteiligten zu berücksichtigen. Vgl. auch Abschn. 5.3.3.2.1 und 5.3.3.2.2.

der Mitunternehmer B somit eine um die anteilige Steuerbelastung von Gesellschafter A reduzierte Ausgleichszahlung erhalten.

Ausgleichszahlungen auf privater Ebene können äußerst flexibel eingesetzt werden. Die Zahlungen können praktisch zu jedem beliebigen Zeitpunkt im Planungszeitraum erfolgen. Insbesondere ist es möglich, private Ausgleichszahlungen auch noch nachträglich für vorangegangene Wirtschaftsjahre vorzunehmen, z.B. in Reaktion auf das Ergebnis einer Angemessenheitsprüfung der Gewinnverteilung im Rahmen einer Betriebsprüfung. Dagegen ist durch Ausgleichszahlungen auf privater Ebene die Nutzung von möglichen Vorteilen hinsichtlich der GewSt-Belastung der Gesellschaft[143] oder hinsichtlich der Gesamt-ESt-Belastung bei unterschiedlichen ESt-Sätzen der beteiligten Gesellschafter[144] nicht möglich.
Die Ausgleichszahlungen auf privater Ebene erweisen sich somit grundsätzlich als eine äußerst flexible und anpassungsfähige Form der Vornahme von Ausgleichszahlungen[145].

Auf Grund der in den vorangehenden Abschnitten erörterten Voraussetzungen, Determinanten und Wirkungen der einzelnen Formen von Ausgleichszahlungen ist im Einzelfall unter Berücksichtigung der spezifischen Gegebenheiten zu prüfen, welche Form von Ausgleichszahlungen durchsetzbar und vorteilhaft erscheint. Wie in den vorausstehenden Abschnitten dargestellt, sind als wesentliche Determinanten der Auswahlentscheidung zu nennen:

1. Gesellschaftsintern geltende und ggf. im Gesellschaftsvertrag festgelegte Regelungen hinsichtlich der Zurechnung von GewESt, GewKapSt und der Entnahmen auf die Gesellschafter;

2. Quantifizierbarkeit der steuerlichen Wirkungen;

3. Möglichkeit der Nutzung positiver steuerlicher Wirkungen durch Ausgliederung von liquiden Mitteln bzw. Umverteilung von Gewinnen;

[143] Vgl. Abschn. 5.3.3.2.3.
[144] Vgl. Abschn. 5.3.3.2.1.
[145] Offenbar wird diese Form der Ausgleichszahlungen auch von Siegel gewählt. Vgl. Siegel, Zielfunktion, S. 284.

4. ESt-Sätze der beteiligten Gesellschafter;

5. Erwartete steuerliche Behandlung der einzelnen Formen von Ausgleichszahlungen durch die Finanzverwaltung und ggf. Rechtsprechung sowie die Möglichkeiten einer die Durchsetzung unterstützenden Argumentation der Gesellschaft.

Dabei muß allerdings nicht zwingend die Entscheidung für eine einzige Form getroffen werden. Es ist vielmehr ebenso möglich, mehrere Formen von Ausgleichszahlungen nebeneinander einzusetzen. So ist es naheliegend, ex ante im Rahmen der Steuerplanung festgelegte Ausgleichszahlungen auf betrieblicher Ebene (Gewinnanteil oder -vorab, Sondervergütungen, Entnahmen) ex post durch private Ausgleichszahlungen zu ergänzen. Allerdings ist zu berücksichtigen, daß die aufgezeigten steuerlichen Wirkungen auf Grund der Interdependenzen der Steuerarten bei einer Kombination mehrerer Formen von Ausgleichszahlungen ggf. in Wechselwirkungen treten, wodurch der erforderliche Planungsaufwand vervielfacht wird.

5.4 Determinanten und Ablauf des Verhandlungsprozesses

Die auf der Gesellschaftsebene einheitlich für alle Gesellschafter durchzuführende Steuerplanungskonzeption sowie Höhe und Form ggf. vorzunehmender Ausgleichszahlungen sind Gegenstand eines Verhandlungsprozesses zwischen den Gesellschaftern. Die Ableitung allgemeingültiger Aussagen über den Verhandlungsablauf sowie über mögliche Verhandlungsergebnisse setzt die Kenntnis und operationale Darstellbarkeit der Determinanten des Verhandlungsprozesses voraus.

Zu den Determinanten des Verhandlungsprozesses sind zunächst die Sachverhalte zu rechnen, welche die relative Machtposition eines Geellschafters in dem Gesellschaftsgefüge bestimmen.[1] Je größer die relative Machtposition eines Gesellschafters ist, desto mehr ist er in der Lage, den Verhandlungsablauf und mögliche Verhandlungsergebnisse zu determinieren.
Ferner wird der Verhandlungsprozeß durch die steuerlich relevanten persönlichen Verhältnisse determiniert. So werden die Verhandlungen über die zu wählende Form der Ausgleichszahlung durch die damit verbundenen steuerlichen Wirkungen beeinflußt, die ihrerseits von den persönlichen steuerlichen Verhältnissen abhängen.[2]

Darüber hinaus werden der Verhandlungsablauf und mögliche Verhandlungsergebnisse wesentlich von der Persönlichkeitsstruktur der Beteiligten geprägt.[3] Die Persönlichkeitsstruktur eines Gesellschafters bestimmt dessen Risikoeinstellung. Von der Risikoeinstellung hängt es aber im wesentlichen ab, ob ein Gesellschafter während der Verhandlungen frühzeitig eine Bereitschaft zu Kompromissen zeigt (risikoscheuer Gesellschafter) oder aber unter Inkaufnahme möglicherweise erhöhter Nachteile nach einer weitestgehenden Durchsetzung individueller Interessen strebt (risikofreudiger Gesellschafter).[4]

---

[1] Vgl. dazu ausführlich Abschn. 5.1.
[2] Vgl. Abschn. 5.3.3.2.
[3] Vgl. Rückle, Normative Theorie, S. 471.
[4] Eine ähnliche Auffassung findet sich auch bei Kirsch: "Schließlich spielt auch die Motivation, die Ressourcen zur Beeinflussung einzusetzen, eine erhebliche Rolle." Kirsch, Entscheidungsprozeß, S. 188.

Die Persönlichkeitsstruktur bestimmt insbesondere auch das Verhandlungsgeschick eines Gesellschafters, d.h. die Fähigkeit, Mitgesellschafter zu überzeugen, zu motivieren, zu solidarisieren oder auch Sachverhalte instruktiv darzustellen. Das gilt auch für die Beurteilung möglicher erzielbarer Verhandlungsergebnisse hinsichtlich deren Angemessenheit.[5]

Verhandlungsablauf und -ergebnis richten sich ferner nach den individuellen intellektuellen Fähigkeiten und Kenntnissen der Beteiligten. Die Kenntnis des Machtgefüges der Gesellschaft, der individuell optimalen Steuerplanungskonzeption, der möglichen Wirkungen, die aus einer (partiellen) Nichtrealisation dieser Konzeption resultieren und der möglichen Formen von Ausgleichszahlungen sowie deren steuerliche und nicht-steuerliche Wirkungen versetzt einen Gesellschafter in die Lage, die notwendigen Verhandlungsobjekte zu identifizieren und mögliche Verhandlungsergebnisse zu beurteilen.

Sowohl die persönlichen Fähigkeiten und Kenntnisse als auch die Persönlichkeitsstruktur der Beteiligten entziehen sich einer angemessenen allgemeingültigen und operationalen Darstellung, so daß wesentlich weitergehende allgemeingültige "Aussagen über Verläufe (und Ergebnisse, d.A.) des Verhandlungsprozesses... nicht gemacht werden"[6] können. Verhandlungen über die zu realisierende Steuerplanungskonzeption und über Ausgleichszahlungen sind infolge der dargestellten steuerlichen und nicht-steuerlichen Wirkungen grundsätzlich sehr komplex.
Soweit die Verhandlungen rational und unter systematischer Beachtung ökonomischer Aspekte erfolgen sollen, besteht im Einzelfall die Notwendigkeit einer anforderungsgerechten Strukturierung des Verhandlungsprozesses, da ansonsten die Gefahr besteht, daß dieser nicht alle wesentlichen Sachverhalte angemessen und zielorientiert erfaßt. Als anforderungsgerecht muß ein rationaler Verhandlungsprozeß dann bezeichnet werden, wenn zum einen aus der Sicht des Gesellschafters die Vollständigkeit der zu verhandelnden Sachverhalte gewährleistet ist. Zum anderen müssen diese Sachverhalte in einer konsistenten Reihenfolge verhandelt werden, bei der die po-

[5] Vgl. Rückle, Normative Theorie, S. 472.
[6] Ebenda, S. 471.

tentiellen Wirkungen eines verhandelten Sachverhalts auf die noch anstehenden Verhandlungsobjekte berücksichtigt werden können.
Ein in diesem Sinne anforderungsgerecht strukturierter Verhandlungsprozeß könnte wie folgt ablaufen:

Ausgangspunkt des kollektiven Verhandlungsprozesses ist die mit Hilfe des Verfahrens der Ermittlung von Grenzsteuerzuwachsraten bestimmte individuell optimale Konzeption der Steuerplanung. Ausgehend von der individuell optimalen Konzeption sind dann unter Berücksichtigung des individuellen Satisfizierungsniveaus der Zielerreichung diejenigen Ausgleichszahlungen zu bestimmen, die der Mitunternehmer im Fall der Durchsetzung der eigenen Steuerplanungskonzeption zu zahlen bereit ist oder im Fall der Nicht-Realisation der individuellen Konzeption mindestens erhalten will.

In einem weiteren Schritt sollten sich die beteiligten Gesellschafter auf Höhe und Form von möglichen Ausgleichszahlungen einigen. Dabei muß die "quotale Verteilung des Nachteils ausgehandelt werden... Entscheidungslogisch begründbar ist die auszuhandelnde Aufteilung ebensowenig wie die Verteilung von Entnahmen und Vermögen."[7] Höhe und Form der Ausgleichszahlungen können zunächst nur unter Vorbehalt festgelegt werden, da die Vornahme von Ausgleichszahlungen in Abhängigkeit von der gewählten Form ggf. mit steuerlichen Wirkungen verbunden ist. Die steuerlichen Wirkungen werden ferner vom Zeitpunkt des Zuflusses und der Besteuerung bei dem empfangenden Mitunternehmer und dessen zu diesem Zeitpunkt relevanten steuerlichen Verhältnissen determiniert.

Nach der Festlegung von vorläufiger Form und Höhe der Ausgleichszahlungen sind die mit einer Vornahme der Ausgleichszahlungen verbundenen individuellen und kollektiven steuerlichen und nichtsteuerlichen Wirkungen zu ermitteln. Im weiteren muß dann durch Verhandlungen bestimmt werden, welcher Gesellschafter mit den steuerlichen Folgen belastet bzw. welcher Gesellschafter von den steuerlichen Folgen entlastet wird. Damit ist aus der Sicht des einzelnen Mitunternehmers festgelegt, inwieweit die um die ermittelten steuerlichen Wirkungen korrigierten Ausgleichszahlungen in ihrer endgültigen Höhe durchsetzbar sind.

---

[7] Gratz, Grundprobleme, S. 139.

Ein sich danach vollziehender Ablauf des kollektiven Verhandlungsprozesses im Rahmen der Steuerplanung wird anhand des folgenden Beispiels verdeutlicht.

Beispiel:
Mitunternehmer B strebt nach Steuerbarwertminimierung und hat im Rahmen der individuellen Steuerplanung zunächst die für ihn optimale Steuerplanungskonzeption mit Hilfe des Verfahrens der Ermittlung von Grenzsteuerzuwachsraten bestimmt (die individuell optimale Konzeption entspricht dem Inhalt der Tab. II in Abschn. 4.4.2.1).
Auf Grund seiner relativen Machtposition in der Gesellschaft kann Mitgesellschafter A die für ihn optimale Steuerplanungskonzeption auf Gesellschaftsebene bei Gewährung von Ausgleichszahlungen an die benachteiligten Gesellschafter durchsetzen. A strebt nach Nettokapitalwertmaximierung (die für A optimale Konzeption entspricht dem Inhalt der Tab. III in Abschn. 4.4.2.2).
Aus der Sicht des Mitunternehmers B besteht somit die Notwendigkeit, angemessene Ausgleichszahlungen zur (teilweisen) Kompensation der infolge der zu erwartenden Nicht-Realisierung der individuell optimalen Planungskonzeption entstandenen Nachteile zu bestimmen und im Rahmen der weiteren Verhandlungen nach der Durchsetzung der Ausgleichszahlungen zu streben. Bei der Ermittlung der Ausgleichszahlungen werden ausschließlich die nachteiligen Konsequenzen für den Steuerbarwert als Zielgröße des Mitunternehmers B berücksichtigt.[8] Weiter ist davon auszugehen, daß die GewSt verursachungsgerecht auf die Beteiligten zugerechnet wird.[9]
Infolge der Durchsetzung der Planungskonzeption von Mitgesellschafter A ist die Reihe der Bruttoergebnisse G_t^g auf Gesellschaftsebene vorgegeben ebenso wie die Reihe der Gewinnanteile GA_B (Beteiligungsquote b=0,3) des Mitunternehmers B und dessen Sondervergütungen SV_B. Für die Sonderbetriebsergebnisse SBE_B wird angenommen, daß Mitunternehmer B sie entsprechend der individuell optimalen Planungskonzeption nachverlagert (vgl. Tab. II). Diese neue Datenkonstellation, einschließlich der daraus für B resultierenden Reihe der zu versteuernden Einkommen, ist in Tab. VI zusammengestellt.

---
[8] Vgl. Abschn. 5.3.3.1.
[9] Vgl. ebenda.

Tab. VI	t_1	t_2	t_3	t_4	t_5	Σ
(1) G_t^g (III)	323.730,-	232.577,-	84.730,-	150.383,-	65.980,-	857.400,-
(2) $\sum_{j=1}^{k} SV_{tj}$ (I/II)	48.000,-	48.000,-	30.900,-	27.600,-	46.500,-	201.000,-
(3) GA_{tB} (III)	82.719,-	55.373,-	16.149,-	36.835,-	5.844,-	196.920,-
(4) SBE_{tB} (II)	-	6.000,-	-	12.300,-	17.300,-	35.600,-
(5) G_{tB}= (3) + (4)	82.719,-	61.373,-	16.149,-	49.135,-	23.144,-	232.520,-
(6) SV_{tB} (I/II)	12.000,-	12.000,-	8.600,-	5.600,-	9.400,-	47.600,-
(7) E_{tB} (I/II)	-	-	36.000,-	8.000,-	27.500,-	71.500,-
(8) M_{tj}= (5)+(6)+(7)	94.719,-	73.373,-	60.749,-	62.735,-	60.044,-	351.620,-

Aus den Daten der Tabelle VI ergibt sich für Mitunternehmer B bei einem Zinssatz von i=0,06 und bei Anwendung der ESt-Grundtabelle 1986/87 folgender Kapitalwert der Steuerzahlungen

$K_{0}{}^{St}_{VI} = 141.846,06$[10]

Im Vergleich zum Steuerbarwertoptimum

$K_{0}{}^{St}_{II} = 135.298,28$[11]

ist der Kapitalwert somit erhöht worden um

$\underline{K_{0}{}^{St} = 6547,78}$

Eine Erhöhung des Kapitalwerts der Steuerzahlungen bedeutet aus der Sicht des Mitunternehmers B, daß jetzt im Vergleich zur individuell optimalen Steuerplanungskonzeption die Steuerzahlungen früher und/oder mit einem höheren Betrag anfallen. Da mit diesem früheren bzw. erhöhten Abfluß von liquiden Mitteln in Form von Steuerzahlungen Vermögensminderungen bewirkt werden, besteht aus der Sicht des Mitunternehmers im Zeitpunkt der Planerstellung die Notwendigkeit des Ausgleichs dieses Mittelabflusses in Höhe der Zunahme des Steuerbarwerts.

Unter Berücksichtigung seines individuellen Satisfizierungsniveaus fordert B daher im Rahmen der ersten Phase des kollektiven Verhandlungsprozesses zunächst eine Ausgleichszahlung in Höhe von z.B. AZ = 6000,-. Mitgesellschafter A und Gesellschafter B können sich nach Verhandlungen auf eine Ausgleichszahlung in Höhe von AZ = 5000,- einigen; diese soll A in Form von zusätzlichen Sondervergütungen[12] an B erbringen.

Mitunternehmer B hat die Ermittlung des individuellen Nachteils auf der Basis der Erhöhung des Kapitalwerts der Steuerzahlungen vorgenommen. Damit muß auch die ausgehandelte Kompensationszahlung in Form der Sondervergütungen grundsätzlich den Charakter eines Barwerts haben. Die Ausgleichszahlung muß damit grundsätzlich im Planungszeitpunkt t_1 erfolgen, um durch deren Wiederanlage die durch die höheren bzw. früheren Abflüsse von liquiden Mitteln in Form von Steuerzahlungen bewirkte Minderung des Vermögensendwerts

[10] Vgl. die Zielfunktion der Steuerbarwertminimierung und die Berechnung in Abschn. 4.4.2.1.

[11] Vgl. zur Ermittlung ebenda.

[12] Für die anderen möglichen Formen von Ausgleichszahlungen auf betrieblicher Ebene gelten die vorausstehenden und folgenden Ausführungen analog. Auf eine gesonderte Darstellung kann daher verzichtet werden.

z.T. zu kompensieren.[13] Soweit dieser Zahlungszeitpunkt aus der Sicht des Mitunternehmers durchsetzbar ist, ermittelt B auf Grund dieser ersten Verhandlungsergebnisse die mit der Ausgleichszahlung von AZ = 5000,- in der Form von Sondervergütungen verbundenen Wirkungen in der 1. Periode des Planungszeitraums (Zeitpunkt t_1):

$$SV^{**} = \frac{SV^*}{(1-ge^*)(1-e_B)} \; ; \quad SV^* = \frac{SV}{(1-b)}$$

$$\Rightarrow SV^* = \frac{5000}{(1-0,3)} = 7142,86$$

$$\Rightarrow SV^{**} = \frac{7142,86}{(1-0,1304)(1-0,41)} = 13921,97$$ [14)]

Damit strebt Mitunternehmer B im Rahmen der weiteren Verhandlungen zunächst nach Ausgleichszahlungen in Form von Sondervergütungen in Höhe von SV^{**} = 13921,97.

Die Vornahme von Ausgleichszahlungen auf betrieblicher Ebene an einen Mitunternehmer ist mit einer Beeinträchtigung der zukünftigen Bruttoergebnisentwicklung und mit einer Reduktion der Gewinne G_{tj} der Mitgesellschafter bzw. des Mitgesellschafters verbunden.[15] Letztlich kann daher i.d.R. nur ein Teilbetrag, der um die ermittelten Wirkungen erhöhten Ausgleichszahlung, z.B. SV^{**} = 10.000,-, als Verhandlungsergebnis durchgesetzt werden.

[13] Der Zielfunktion der Steuerbarwertminimierung entspricht das Oberziel der Vermögensmaximierung, vgl. Abschn. 4.3.2.2.

[14] Soweit in dieser Phase des Verhandlungsprozesses der Zahlungs- bzw. Besteuerungszeitpunkt der Größe SV^{**} noch nicht festliegt, weil zuerst mögliche steuerliche Wirkungen und erst auf der Basis dieser Ergebnisse der Zahlungszeitpunkt verhandelt wird, ist der für die Ermittlung von SV^{**} notwendige ESt-Satz e_B als arithmetisches Mittel aus den für die Planungsperioden erwarteten Steuersätzen zu bilden.

[15] Vgl. dazu Abschn. 5.3.3.1 und 5.3.3.2.

Die zusätzlichen Sondervergütungen SV** bewirken nun ihrerseits eine erneute Erhöhung des Kapitalwerts der Steuerzahlungen im Vergleich zu $K_0{}^{St}{}_{VI}$:

$K_0{}^{St}{}_{VI}{}^{neu}$ = 147.177,75

$K_0{}^{St}$ = 5.331,69. (Diff.)

Diesem Kapitalwert stehen jetzt allerdings die Ausgleichszahlungen SV** in Höhe von 10.000 gegenüber.

Ein so verlaufender Verhandlungprozeß ist jedoch keineswegs zwingend. Der dargestellte Verhandlungsablauf ist allerdings insoweit allgemeingültig, als jeder Verhandlungsprozeß im Rahmen der Steuerplanung die genannten Aspekte (Höhe, Form und steuerliche Wirkungen der Ausgleichszahlungen) berühren muß.

6. Die Manövriermasse der Steuerplanung und deren anforderungsgerechte Strukturierung

6.1 Notwendigkeit der Strukturierung und Ableitung von Strukturierungskriterien

Ergebnis der individuellen Steuerplanung des Mitunternehmers ist die Reihe der optimalen zu versteuernden Einkommen und damit die Reihe der optimalen Gewinne aus der Beteiligung an der Personengesellschaft.[1] Dieses Ergebnis gilt unverändert für den Gesellschafter, der sich auf Gesellschaftsebene mit seiner individuell optimalen Planungskonzeption durchsetzen kann.[2] Soweit der Mitunternehmer die individuelle Planungskonzeption nicht realisieren kann, muß er ggf. Anpassungsentscheidungen auf seiner Sonderbetriebsebene vornehmen. Mit dem Verfahren der Ermittlung der Grenzsteuerzuwachsraten ist es möglich, den für die genannten Fälle jeweils erforderlichen quantitativen Manövriermasseneinsatz zu ermitteln.[3]

Die potentiell verfügbare Manövriermasse der Steuerplanung ist eine heterogene Menge von Wahlrechten und Ermessensspielräumen[4] mit jeweils spezifischen Eigenschaften. Eine zielorientierte Manövriermasseneinsatzentscheidung erfordert daher eine Strukturierung der Manövriermasse nach deren Eigenschaften, soweit diese für die Steuerplanung erheblich sind. Der Mitunternehmer muß im Rahmen der Steuerplanung eine Entscheidung darüber treffen können, welche Manövriermasse zu welchem Zeitpunkt einzusetzen ist,und zwar unter Berücksichtigung der damit verbundenen Konsequenzen für den Manövriermasseneinsatz der übrigen Planungsperioden.
"Im Mittelpunkt der praktischen Umsetzung (der Steuerplanung, d.A.) steht der Einsatz der Manövriermasse, der eine betriebsindividuelle Analyse und Strukturierung nach Flexibilitäts-, Ergiebig-

[1] Vgl. Abschn. 4.4.
[2] Vgl. ebenda.
[3] Vgl. ebenda.
[4] Vgl. Abschn. 3.

keits- und Zeitdauerwirkungen voraussetzt."[5] [6] Für die Steuerplanung des Mitunternehmers ist es somit notwendig, die vorhandene Manövriermasse nach den planungsrelevanten Merkmalen der Manövriermasse zu strukturieren.

Im folgenden ist daher zu prüfen, welche Merkmale der Manövriermasse als planungsrelevant zu bezeichnen sind und sich als Strukturierungskriterien eignen:[7]

a) Zugriffsmöglichkeiten auf die Manövriermasse

Der für die individuelle Zielerreichung erforderliche Manövriermasseneinsatz ist für den Mitunternehmer unmittelbar - unter der Annahme einer ausreichenden Quantität der vorhandenen Manövriermasse - nur insoweit realisierbar, als er auf die vorhandene Manövriermasse Zugriffsmöglichkeiten hat, d.h. über deren Einsatz alleine, ohne Abstimmung mit anderen Gesellschaftern, entscheiden kann. Muß der Einsatz der Manövriermasse dagegen mit den Mitgesellschaftern abgestimmt werden, ist eine individuelle Manövriermasseneinsatzentscheidung nicht mehr möglich. Für die praktische Durchführung der Steuerplanung des Mitunternehmers ergibt sich somit die Notwendigkeit der Strukturierung der vorhandenen Manövriermasse nach der Zugriffsmöglichkeit, d.h. nach der Kompetenz über deren Einsatz zu entscheiden.[8]

Aus der Sicht des Mitunternehmers als Planungsträger ist danach die Manövriermasse zu differenzieren in:

---

[5] Wacker, Steuerlexikon, S. 680.

[6] In der Literatur sind zahlreiche Strukturierungsvorschläge zu finden, die sich z.T. nur in der gewählten Terminologie unterscheiden; vgl. z.B. Börner/Krawitz, Steuerbilanzpolitik, S. 179 ff; Bauer, Rechnungspolitik, S. 197 ff; Rückle, Normative Theorie, S. 354 ff. sowie die Literaturangaben bei Michels, Wahlrechte, S. 70.

[7] Vgl. zur eingehenden Ableitung und Begründung dieser Merkmalsauswahl auch die in der voranstehenden Fußnote angegebene Literatur. Zu anderen Systematisierungsansätzen (z.B. Systematisierung nach Bilanzierungs- und Bewertungswahlrechten, Systematisierung nach genetischen Aspekten) vgl. Michels, Wahlrechte, S. 69 ff. und Rückle, Normative Theorie, S. 354 ff. Diese alternativen Ansätze werden dort zutreffend als für die Steuerplanung bzw. -politik nicht geeignet qualifiziert.

[8] Vgl. ebenso Michels, Steuerliche Wahlrechte, S. 173.

a.1) Manövriermasse, die ausschließlich dem kollektiven Zugriff unterliegt (kollektive Manövriermasse auf Gesamthandsebene).
Dem Einsatz dieser Manövriermasse muß grundsätzlich ein kollektiver Abstimmungsprozeß vorausgehen.
Beispiel: Abschreibungsmethode bei Wirtschaftsgütern des Gesamthandsvermögens.

a.2) Manövriermasse, die ausschließlich dem individuellen Zugriff unterliegt (individuelle Manövriermasse auf Sonderbetriebsebene).
Über den Einsatz dieser Manövriermasse kann der Mitunternehmer grundsätzlich isoliert ohne Abstimmungsprozess entscheiden.[9]
Beispiel: Abschreibungsmethode bei Wirtschaftsgütern des Sonderbetriebsvermögens.

a.3) Manövriermasse, die dem kollektiven Zugriff unterliegt, deren Voraussetzungen zur Inanspruchnahme allerdings an persönlichen Eigenschaften des Mitunternehmers anknüpfen.[10]
Beispiel: Bewertungsfreiheit des § 7e EStG.

b) Ergänzende Wirkungen der Manövriermasse auf Substanzsteuern
Neben der Bestimmung der Zugriffsmöglichkeiten auf die im Einzelfall zur Verfügung stehende Manövriermasse ist für eine zielorientierte Manövriermasseneinsatzentscheidung ferner von Bedeutung, welche Steuerarten von dem Manövriermasseneinsatz berührt werden.
Die Steuerplanung des Mitunternehmers ist konzipiert als originäre Ertragsteuerplanung, die um eine derivative Substanzsteuerplanung ergänzt ist.[11]
Auf Grund der zahlreichen faktischen Überschneidungen von Ansatz- und Bewertungsregelungen in der Steuerbilanz und der Vermögensaufstellung[12] kann der ertragsteuerliche Manövriermasseneinsatz neben den angestrebten ertragsteuerlichen auch nicht unmittelbar angestrebte und ggf. auch nicht erwünschte substanzsteuerliche Konsequenzen haben. "Besonders zu beachten ist, daß der Einsatz be-

[9] Es ist allerdings denkbar, daß der Gesellschaftsvertrag für die Gesellschafter Vorschriften über den Einsatz dieser individuellen Manövriermasse enthält. Diese Möglichkeit wird im folgenden vernachlässigt.
[10] Vgl. dazu und zu der steuerrechtlichen Würdigung auch Reiss, Behandlung, S. 243.
[11] Vgl. Abschn. 4.
[12] Vgl. Bauer, Rechnungspolitik, S. 42 f. und Abschn. 4.3.2.1.

stimmter ergebnismindernder Manövriermassenteile konträr auf den Ausweis der entsprechenden Positionen in der Vermögensaufstellung wirkt."[13]

Beispiel:[14] Die Inanspruchnahme von Sonderabschreibungen bei Wirtschaftsgütern, die nicht Gebäude sind, setzt gemäß § 7a Abs. 4 EStG eine lineare Abschreibung voraus. Die ertragsteuerlichen Sonderabschreibungen sind für die Vermögensaufstellung nicht zu berücksichtigen.[15] Andererseits kann entsprechend Abschn. 52 Abs. 1 VStR "die vermögensteuerlich günstigere degressive Abschreibungsmethode auch nicht geltend gemacht werden, da hierfür regelmäßig die Anwendung in der Einkommensteuerbilanz Voraussetzung ist."[16]

Für die Durchführung der Steuerplanung des Mitunternehmers ist es daher notwendig, die Manövriermasse danach zu strukturieren, ob deren Einsatz mittelbar mit substanzsteuerlichen Konsequenzen verbunden ist oder nicht.

c) Wirkungsrichtung der Manövriermasse

Durch den Manövriermasseneinsatz kann der Gewinnausweis in der Steuerbilanz entweder reduziert oder erhöht werden.

Diese Eigenschaft der Manövriermasse kann als Wirkungsrichtung bezeichnet werden.[17]

Beispiele für gewinnausweiserhöhende Manövriermasse:

- Vornahme von Zuschreibungen beim nichtabnutzbaren Anlagevermögen und beim Umlaufvermögen auf einen gestiegenen Teilwert gemäß § 6 Abs. 1 Nr. 2 Satz 3 EStG.
- Vornahme von Zuschreibungen bei Wirtschaftsgütern des abnutzbaren Anlagevermögens nach Inanspruchnahme steuerlicher Sonderabschreibungen und erhöhter Absetzungen in früheren Perioden gemäß § 6 Abs. 3 Satz 2 EStG.[18]

---

13 Koschmieder, Mehrzweckbilanz, S. 161.

14 Vgl. ebenda.

15 Vgl. Abschn. 52 Abs. 1 VStR und Falterbaum/Barthel, Bewertungsrecht, S. 394.

16 Koschmieder, Mehrzweckbilanz, S. 161 f.

17 Vgl. ebenso Bauer, Rechnungspolitik, S. 201 ff. und Börner/Krawitz, Steuerbilanzpolitik, S. 195. Börner verwendet für die Unterscheidung der Manövriermasse hinsichtlich ihrer Wirkungsrichtung die Begriffe 'Vermehrungsmasse'und 'Verminderungsmasse'. Vgl. Börner, Bilanzrichtlinien-Gesetz, S. 222.

18 Vgl. auch Börner, Bilanzrichtlinien-Gesetz, S. 222 f.

Die Strukturierung der Manövriermasse nach der Wirkungsrichtung ist für den Mitunternehmer als Planungsträger "von grundlegender Bedeutung; denn je nach periodengerechtem Ergebnis folgt aus der Zielfunktion: Entweder hat sich der Steuerbilanzpolitiker um eine ausweistechnische Verminderung dieses Ergebnisses oder aber um dessen Vermehrung zu bemühen."[19] Bei der Strukturierung der Manövriermasse nach dem Kriterium der Wirkungsrichtung ist allerdings zu beachten, daß es nicht in allen Fällen möglich ist, die Manövriermasse generell in gewinnausweiserhöhende und -reduzierende Teile zu differenzieren.[20]

Vielmehr kann es von den Umständen und Daten des Einzelfalls abhängen, ob ein Manövriermasseneinsatz den Gewinnausweis erhöht oder mindert (Beispiel: Wahl der Leistungsabschreibung gemäß § 7 Abs. 1 Satz 4 EStG).

d) Zeitliche Flexibilität der Manövriermasse

Eine Strukturierung der Manövriermasse nach ihrer zeitlichen Flexibilität erfolgt danach, ob der Zeitpunkt des Manövriermasseneinsatzes zwingend vorgegeben ist oder zumindest in Grenzen frei gewählt werden kann.[21]

Die zeitliche Flexibilität der Manövriermasse kann unterschieden werden in:[22]

d.1) unbeschränkte zeitliche Flexibilität

Der Zeitpunkt des Manövriermasseneinsatzes ist von dem Planungsträger grundsätzlich frei wählbar.

Beispiel:
- Teilwertabschreibung gemäß § 6 Abs. 1 EStG,
- Zuschreibungen bei Gegenständen des nichtabnutzbaren Anlagevermögens gemäß § 6 Abs. 1 EStG.

---

[19] Börner/Krawitz, Steuerbilanzpolitik, S. 195.

[20] Bauer differenziert zwischen wählbarer und ermittlungsgebundener, d.h. nur bei Kenntnis der Daten des Einzelfalls bestimmbarer Wirkungsrichtung. Vgl. Bauer, Rechnungspolitik, S. 203 f.

[21] Vgl. Bauer, Rechnungspolitik, S. 218, Börner/Krawitz, Steuerbilanzpolitik, S. 188 f. und Michels, Wahlrechte, S. 135 f.

[22] Vgl. zu der Differenzierung ebenda.

d.2) beschränkte zeitliche Flexibilität

Der Manövriermasseneinsatz muß faktisch oder entsprechend der gesetzlich eingeräumten Frist in einem bestimmten Zeitraum erfolgen.

Beispiel: - Übertragung stiller Reserven gemäß § 6b EStG,
- Auflösung steuerfreier Rücklagen (Abschn. 35 Abs. 6 EStR).

d.3) keine zeitliche Flexibilität

Der Manövriermasseneinsatz kann nur in einer bestimmten Periode erfolgen.

Beispiel: - Sofortabschreibung geringwertiger Wirtschaftsgüter gemäß § 6 Abs. 2 EStG,
- Bildung einer Preissteigerungs-Rücklage gemäß § 74 EStDV.

Die Strukturierung der Manövriermasse nach ihrer zeitlichen Flexibilität erlaubt es dem Mitunternehmer als Planungsträger aus Vorsichtsgründen auf Grund planungsbedingter Unsicherheiten, eine gewisse 'Vorratshaltung' an Manövriermasse zu betreiben. Indem zunächst die zeitlich inflexible, dann die beschränkt flexible und anschließend die unbeschränkt flexible Manövriermasse eingesetzt wird, verbleibt ggf. eine 'Dispositionsreserve' an zeitlich unbeschränkt flexibler Manövriermasse.[23]

e) Betragsmäßige Flexibilität der Manövriermasse

Die Realisierung der optimalen Reihe des Manövriermasseneinsatzes kann in praxi in der Regel nur erreicht werden, wenn einzelne Bestandteile der Manövriermasse dosiert, d.h. nur mit Teilbeträgen ihres Wirkungsumfangs eingesetzt werden können, so daß das vorgegebene Fixierungsziel erfüllt wird.[24]

e.1) betragsmäßige Flexibilität ist gegeben

Die Manövriermasse kann mit einem Teilbetrag ihres grundsätzlichen Wirkungsumfangs eingesetzt werden.

[23] Vgl. ebenso Börner/Krawitz, Steuerbilanzpolitik, S. 190 und Bauer, Rechnungspolitik, S. 220.

[24] Vgl. Bauer, Rechnungspolitik, S. 205.

Beispiel: - Ansatz von Zwischenwerten bei Teilwertabschreibungen gemäß § 6 Abs. 1 Nr. 1 und 2 EStG,
- Übertragung von Teilen stiller Reserven gemäß § 6b EStG.

e.2) betragsmäßige Flexibilität ist nicht gegeben
Die Manövriermasse muß mit dem vollen Betrag ihres Wirkungsumfangs eingesetzt werden.
Beispiel: - Bewertungsfreiheit nach § 6 Abs. 2 EStG,
- Wechsel der AfA-Methode gemäß § 7 Abs. 3 EStG.

f) Reversibilität der Manövriermasse
Die auf Grund der planungsbedingten Unsicherheiten notwendige Variabilität des Manövriermasseneinsatzes erfordert ferner eine Strukturierung der Manövriermasse nach der Reversibilität bereits getroffener Manövriermasseneinsatzentscheidungen. Hinsichtlich der Reversibilität des Manövriermasseneinsatzes ist zu unterscheiden, ob und inwieweit bereits getroffene Entscheidungen wieder aufgehoben werden können (Aufhebbarkeit) und ob und inwieweit die Folgen nicht aufhebbarer Entscheidungen an neue Erfordernisse angepaßt werden können (Anpaßbarkeit).

f.1) Aufhebbarkeit des Manövriermasseneinsatzes[25]
Der Manövriermasseneinsatz ist als aufhebbar zu bezeichnen, wenn die Einsatzentscheidung nachträglich revidiert werden kann.[26]
Nach Einreichung der Steuererklärung an das Finanzamt ist eine solche Bilanzänderung gemäß § 4 Abs. 2 EStG an die Zustimmung des Finanzamts gebunden. Die Änderung bzw. Rücknahme von Manövriermasseneinsatzentscheidungen ist möglich, soweit sich der Steuerpflichtige auf einen im Vergleich zum Zeitpunkt der Erstellung der ursprünglichen Bilanz verbesserten Informationsstand berufen kann.[27] Soweit die Veranlagung Bestandskraft erlangt hat, kann eine Bilanzänderung gemäß § 172 Abs. 1 Nr. 2a AO bis zum Ablauf der Rechtsbehelfsfrist beantragt werden.[28] Im übrigen sind Bilanzänderungen gemäß § 173 AO nur bei Bekanntwerden neuer Tatsa-

[25] In diesem Zusammenhang sprechen Börner/Krawitz von Reversibilität "ex tunc". Vgl. Börner/Krawitz, Steuerbilanzpolitik, S. 183 f.
[26] Vgl. ebenso Bauer, Rechnungspolitik, S. 225.
[27] Vgl. Herrmann/Heuer, Kommentar, Anm. 74 zu § 4 EStG.
[28] Vgl. Tipke-Kruse, AO, Tz 21 zu § 172 AO.

chen zulässig. Dabei gilt, daß die "Nachholung eines Antrags auf Gewährung einer antragsgebundenen Steuervergünstigung und die Ausübung von Wahlrechten ... Verfahrenshandlungen, (jedoch, d.A.) keine Tatsachen"[29] i.S.v. § 173 AO sind.

Eine Tatsache i.S.v. § 173 AO ist dagegen gegeben, soweit ein neuer Sachverhalt bekannt wird, an den eine Steuervergünstigung anknüpft.[30] Soweit die Ausübung des Wahlrechts nicht fristgebunden ist, wird ggf. unter weiteren Voraussetzungen eine Bilanzänderung vorgenommen.[31]
Wird die Bestandskraft im Rahmen einer steuerlichen Betriebsprüfung aufgehoben und werden in diesem Rahmen neue Tatsachen bekannt, sind Bilanzänderungen ebenfalls möglich.[32]

Wie die Ausführungen verdeutlichen, ist die Aufhebbarkeit für die Steuerplanung zwar von grundsätzlicher Bedeutung, jedoch knüpft diese an verfahrensrechtlichen Bedingungen an und ist somit nicht einzelnen Elementen der Manövriermasse zuordenbar.[33] Eine Strukturierung der Manövriermasse nach dem Merkmal der Aufhebbarkeit ist daher nicht sinnvoll.

f.2) Anpaßbarkeit des Manövriermasseneinsatzes[34]
Der Manövriermasseneinsatz ist anpaßbar, wenn "die Nachwirkungen einer Maßnahme in zeitlicher oder betragsmäßiger Hinsicht durch an späteren Stichtagen zu treffende Entscheidungen"[35] hinsichtlich neuer Erfordernisse gesteuert werden können. Dabei kann die Anpaßbarkeit von Bedingungen abhängen (bedingte Anpaßbarkeit) oder unbedingt (unbedingte Anpaßbarkeit) sein.

---

29 Ebenda, Tz 11 zu § 173 AO.
30 Vgl. ebenda.
31 Vgl. ebenda.
32 Vgl. ebenda. Diese Möglichkeit der Bilanzänderung ist insbesondere interessant im Zusammenhang mit Manövriermasseneinsatzentscheidungen und damit verbundenen Ausgleichszahlungen. Wird die gewählte Form von Ausgleichszahlungen steuerlich verworfen oder anders beurteilt als von den Beteiligten erwartet, so können die daraus resultierenden Wirkungen ggf. durch eine Bilanzänderung kompensiert bzw. verhindert werden.
33 Vgl. Bauer, Rechnungspolitik, S. 228.
34 Börner/Krawitz, Steuerbilanzpolitik, S. 198 f. verwenden den Terminus "Reversibilität ex nunc"; Bauer, Rechnungspolitik, S. 221 ff. spricht von Lenkbarkeit des Mitteleinsatzes.
35 Bauer, Rechnungspolitik, S. 224.

Beispiel: bedingte Anpaßbarkeit
- Anpassung einer früheren Teilwertabschreibung durch eine Zuschreibung bei Wirtschaftsgütern des nichtabnutzbaren Anlagevermögens oder des Umlaufvermögens.

Beispiel: unbedingte Anpaßbarkeit
- Korrektur eines früher gewählten Wertansatzes bei steuerfreien Rücklagen.[36]

Soweit die Mitteleinsatzentscheidung bzw. deren Folgen zu einem späteren Zeitpunkt durch eine andersgelagerte Entscheidung nicht mehr modifiziert werden können, ist der Mitteleinsatz als nicht anpaßbar zu kennzeichnen.

Beispiel: Absetzungen, Sonderabschreibungen und Teilwertabschreibungen bei Wirtschaftsgütern des abnutzbaren Anlagevermögens entsprechend § 6 Abs. 1 Nr. 1 Satz 4 EStG.

g) Verbundenheit der Manövriermasse

Durch das Kriterium der Verbundenheit wird dargestellt, inwieweit durch einen Manövriermasseneinsatz ein anderer Manövriermasseneinsatz ermöglicht (positive Verbundenheit) oder verhindert (negative Verbundenheit) wird.[37]

g.1) positive Verbundenheit

Beispiel: Die Inanspruchnahme der degressiven AfA gemäß § 7 Abs. 2 EStG bewirkt das Folgewahlrecht der Berücksichtigung der tatsächlichen oder der linearen Abschreibungen bei der Ermittlung der Herstellungskosten gemäß Abschn. 33 Abs. 4 Satz 3 EStR.

g.2) negative Verbundenheit

Beispiel: Durch die Vornahme von Teilwertabschreibungen wird die Möglichkeit zur Bildung einer Preissteigerungs-Rücklage nach § 74 Abs. 3 Satz 2 und 3 eingeschränkt.

[36] Vgl. Börner/Krawitz, Steuerbilanzpolitik, S. 187.
[37] Vgl. Bauer, Rechnungspolitik, S. 220.

h) Bindung des Manövriermasseneinsatzes

Die Bindung des Manövriermasseneinsatzes "bestimmt sich nach dem Maß, in dem die Entscheidungsfreiheit in gleichgelagerten Fällen eingeschränkt wird."[38]

Hinsichtlich der Bindung ist somit die Frage nach der Einheitlichkeit der Bewertung[39] (Bindung des Manövriermasseneinsatzes für analoge Fälle zum gleichen Bilanzstichtag) sowie die Frage nach der Bewertungsstetigkeit[40] (Bindung des Manövriermasseneinsatzes für analoge Fälle bei aufeinanderfolgenden Bilanzstichtagen) angeschnitten.

Eine mögliche Bindung des Manövriermasseneinsatzes im Sinne einer Einheitlichkeit der Bewertung kann letztlich nur den Zweck verfolgen, eine willkürliche Bewertung auszuschließen. Eine willkürfreie Bewertung kann aber nur dann gewährleistet sein, wenn eine unterschiedliche Ausschöpfung von Bewertungsspielräumen lediglich "bei sachlich begründeten, insbesondere artmäßigen Unterschieden zwischen den Vermögensgegenständen (erfolgt, d.A.), allerdings nur in dem Maße, wie es durch den sachlich begründeten Unterschied zwischen den Bewertungsobjekten gerechtfertigt ist."[41]

Auch eine mögliche Bindungswirkung im Sinne einer Bewertungsmethodenstetigkeit kann nur eine willkürfreie Bewertung bezwecken.[42] Analog zu der Einheitlichkeit der Bewertung ist daher nach der höchstrichterlichen Rechtsprechung eine "sachlich begründete Änderung einer bis dahin angewendeten Bilanzierungs- oder Bewertungsweise"[43] gestattet. Über diese zu Einzelfällen[44] ergangene höchstrichterliche Rechtsprechung hinaus, kommt es nach der h.M. "steuerlich allein darauf an, ob handelsrechtlich nach Gesetz oder den Grundsätzen ordnungsmäßiger Buchführung (s. § 5 Abs. 1) eine Pflicht zur Bewertungsstetigkeit besteht ... Diese Frage ist z.Z. nur eingeschränkt zu bejahen."[45] Handelsrechtlich ist die Bewer-

[38] Bauer, Rechnungspolitik, S. 215; Börner/Krawitz, Steuerbilanzpolitik, S. 192 f. verwenden den Terminus "Flexibilität in bezug auf analoge Fälle."

[39] Vgl. dazu Selchert, Grundsatz, S. 447 ff.

[40] Vgl. dazu grundlegend Selchert, Bewertungsstetigkeit, S. 1889 ff.

[41] Selchert, Grundsatz, S. 453.

[42] Vgl. Herrmann/Heuer, Kommentar, Anm. 92 zu § 6 EStG.

[43] Ebenda.

[44] Vgl. ebenda.

[45] Ebenda, m.w.H. Zu möglichen sachlich begründeten Änderungen vgl. Selchert, Bewertungsstetigkeit, S. 1891 ff.

tungsmethodenstetigkeit in § 252 Abs. 1 Nr. 6 HGB kodifiziert. Eine methodische Bewertung ist eine zielbezogene, zwangsläufige bzw. planmäßige Vorgehensweise der Wertfindung.[46] Beizubehaltende Bewertungsmethoden können danach begründet werden durch gesetzliche Regelungen, kodifizierte und nicht kodifizierte GoB, festgelegte unternehmensspezifische Bewertungsrichtlinien sowie durch faktische gleichförmige Entscheidungen über mehrere Perioden.
Eine Durchbrechung der Bewertungsstetigkeit ist dann zulässig, wenn eine Änderung in den der Rechnungslegung zugrunde liegenden rechtlichen, organisatorischen und wirtschaftlichen Verhältnissen eingetreten ist.[47] Eine Abweichung im Hinblick auf steuerliche Erfordernisse kann "stets als begründete Ausnahme gelten."[48]
Somit ist eine methodenfreie Vorgehensweise grundsätzlich möglich. Soweit die Inanspruchnahme von Bewertungswahlrechten allerdings methodisch erfolgt, ist insoweit grundsätzlich eine Methodenbeibehaltung erforderlich und somit eine Bindung des Manövriermasseneinsatzes gegeben. Eine Durchbrechung der Stetigkeit ist in diesen Fällen ausschließlich mit einer sachlichen Begründung zulässig.[49]

Im Ergebnis muß somit festgestellt werden, daß die Bindung des Manövriermasseneinsatzes sowohl im Sinne einer Einheitlichkeit der Bewertung als auch im Sinne einer Bewertungsstetigkeit in der Mehrzahl der Fälle - bis auf diejenigen, zu denen eine entsprechende höchstrichterliche Rechtsprechung existiert - nicht als allgemeingültiges Strukturierungsmerkmal der Manövriermasse verwendbar ist. Es ist vielmehr im konkreten Einzelfall zu entscheiden, ob eine Bindung anzunehmen ist oder nicht.[50]

i) Wirkungsdauer der Manövriermasse

Aus dem Prinzip des Bilanzzusammenhangs resultiert die Relevanz der Wirkungsdauer der Manövriermasse für die Steuerplanung.[51] Die

---

[46] Vgl. Selchert, Bewertungsstetigkeit, S. 1890 ff.
[47] Vgl. SABI, Entwurf, S. 72.
[48] Ebenda.
[49] Vgl. Börner, Bilanzrichtlinien-Gesetz, S. 214.
[50] Unter Berücksichtigung des Diskussionsstands bzgl. des Stetigkeitsgebots sowie der einzelfallbezogenen Rechtsprechung zum Gebot der Willkürfreiheit ist zu vermuten, daß im Zweifelsfall eher von einer Bindung auszugehen ist. Vgl. wohl ebenso Bauer, Rechnungspolitik, S. 217; vgl. die Zusammenstellung der Rechtsprechung bei Herrmann-Heuer, Kommentar, Anm. 96 zu § 6 EStG.
[51] Vgl. Börner/Krawitz, Steuerbilanzpolitik, S. 181.

in einer Periode eingesetzte gewinnausweisreduzierende Manövriermassse steht in späteren Perioden nicht mehr zur Verfügung, woraus unter sonst gleichen Bedingungen ein entsprechend höherer Ergebnisausweis resultiert.[52] Unter der Wirkungsdauer der Manövriermasse ist daher "der Zeitraum zu verstehen, innerhalb dessen sich die positiven und negativen Wirkungen ... (des Einsatzes der Manövriermasse, d.A.) ausgleichen."[53] Der zielorientierte Einsatz der Manövriermasse im Rahmen der Steuerplanung erfordert grundsätzlich eine Berücksichtigung dieser Wirkungen des Manövriermasseneinsatzes,[54] da mit der Wirkungsdauer die mit dem Manövriermasseneinsatz verbundenen Zins- und Steuersatzeffekte variieren.

Allerdings kann die Wirkungsdauer der Manövriermasse nur im konkreten Einzelfall bestimmt werden, da z.B. der zeitliche Erstreckungsbereich einer Bewertungsmaßnahme nicht nur von der rechtlichen Konstruktion dieser Maßnahme, sondern auch von dem Bewertungsobjekt abhängt.[55] Die Wirkungsdauer einer Bilanzierungs- oder Bewertungsmaßnahme wird determiniert durch den Zeitraum, in dem das Wirtschaftsgut in dem Unternehmen bilanzierungspflichtig ist.[56] Einer Bilanzierungs- bzw. Bewertungsmaßnahme können daher in Abhängigkeit von dem Bilanzierungs- bzw. Bewertungsobjekt mehrere zeitliche Erstreckungsbereiche zuzuweisen sein. "Beispielsweise bestimmt sich der zeitliche Wirkungshorizont einer degressiven Abschreibung nach der Nutzungsdauer des betroffenen Wirtschaftsgutes des Anlagevermögens."[57]
Eine allgemeingültige Strukturierung der Manövriermasse nach dem Kriterium der Wirkungsdauer ist daher nicht möglich.[58] Vielmehr muß in praxi für den Einzelfall eine Strukturierung der Manövriermasse etwa nach langfristiger (mehr als fünf Planungsperioden), mittelfristiger (zwei bis fünf Planungsperioden) und kurzfristiger (eine Planungsperiode) Wirkungsdauer vorgenommen werden. Dies kann dann z.B. in Abhängigkeit davon erfolgen, ob eine Bilanzierungs- bzw. Bewertungsmaßnahme bei Wirtschaftsgütern des längerfristig nutzbaren Anlagevermögens (z.B. Grundstücke), des mittelfristig

[52] Vgl. ebenda, S. 181 f.
[53] Ebenda, S. 180.
[54] Vgl. dazu auch Michels, Wahlrechte, S. 133 ff.
[55] Vgl. Börner/Krawitz, Steuerbilanzpolitik, S. 180 f.
[56] Vgl. ebenda, S. 181.
[57] Ebenda.
[58] Vgl. zu dieser Auffassung ebenda, S. 180.

nutzbaren Anlagevermögens (z.B. geringwertige Wirtschaftsgüter) oder des Umlaufvermögens (z.B. Vorräte) erfolgt.

Als Strukturierungskriterien der verfügbaren Manövriermasse der Steuerplanung sind somit folgende den einzelnen Bestandteilen der Manövriermasse generell zuordenbare Merkmale heranzuziehen:[59]

1. Zugriffsmöglichkeiten
   a) unbeschränkt gegeben
      (= Manövriermasse auf Sonderbetriebsebene),
   b) beschränkt gegeben,
   c) nicht gegeben
      (= Manövriermasse auf Gesamthandsebene).

2. Wirkungsrichtung
   a) gewinnausweiserhöhend,
   b) gewinnausweisreduzierend,
   c) erhöhend/reduzierend in Abhängigkeit von den Daten und Umständen des Einzelfalls.

3. Wirkungen auf Substanzsteuern
   a) bestehen,
   b) bestehen nicht.

4. Zeitliche Flexibilität
   a) unbeschränkt gegeben,
   b) beschränkt gegeben,
   c) nicht gegeben.

5. Betragsmäßige Flexibilität
   a) gegeben,
   b) nicht gegeben.

[59] Für die konkrete Anwendung wäre dieser Kriterienkatalog im Einzelfall um die angesprochenen Merkmale der Wirkungsdauer und der Bindung zu ergänzen. Ferner können im Einzelfall weitere differenzierte Strukturierungen der Manövriermasse erforderlich sein, vgl. z.B. Rückle, Normative Theorie, S. 375 ff.

6. Verbundenheit
   a) gegeben,
      a.1) positiv,
      a.2) negativ,
   b) nicht gegeben.

7. Reversibilität in der Form der Anpaßbarkeit
   a) gegeben,
      a.1) bedingt,
      a.2) unbedingt,
   b) nicht gegeben.

Die Vielzahl der im Einzelfall relevanten Merkmale der Manövriermasse läßt es wünschenswert erscheinen, eine generelle Ordnung nach der Elastizität oder Anpassungsfähigkeit an die jeweilige Planungssituation unter Berücksichtigung aller Kriterien im Sinne einer optimalen Reihenfolge des Manövriermasseneinsatzes vorzunehmen.[60] Eine befriedigende Lösung dieses Problems ist noch nicht gefunden. Dies muß darauf zurückgeführt werden, daß die genannten Merkmale der Manövriermasse bzw. des Manövriermasseneinsatzes in ihrer Relevanz für die Steuerplanung als grundsätzlich gleichrangig einzustufen sind und somit eine allgemeingültige Reihenfolge des Manövriermasseneinsatzes, die einer etwaigen Rangfolge der Merkmale folgt, nicht abgeleitet werden kann.[61]
Unter Berücksichtigung der planungsbedingten Unsicherheiten kann als generelle Maxime von Überlegungen zur optimalen Reihenfolge des Manövriermasseneinsatzes nur gelten, daß durch den Einsatz von Manövriermasse die individuelle Entscheidungsfreiheit des zukünftigen Manövriermasseneinsatzes so wenig wie möglich eingeschränkt werden sollte.[62]

60 Vgl. Kühn, Aktionsmöglichkeiten, S. 178 ff; Heigl, Ertragsteuer-Kennzahlen, S. 18; Marettek, Unternehmenspolitik, S. 79 ff.
61 Vgl. im Ergebnis ebenso Bauer, Rechnungspolitik, S. 230. Vgl. auch Börner/Krawitz, Steuerbilanzpolitik, S. 205.
62 Vgl. Bauer, Rechnungspolitik, S. 230 und Börner/Krawitz, Steuerbilanzpolitik, S. 205, die für die Auswahl der einzusetzenden Manövriermasse entsprechende Faustregeln formulieren.

6.2 Anforderungsgerechte Strukturierung der Manövriermasse[1]

Nach den genannten Kriterien ist im folgenden entsprechend der Planungskonzeption eine Ordnung der ertragsteuerlichen Manövriermasse der Steuerplanung des Mitunternehmers vorzunehmen.[2] Die nachfolgende Zusammenstellung der Manövriermasse kann keinen Anspruch auf Vollständigkeit erheben. Dies ist zum einen begründet durch die Existenz branchenspezifisch auszulegender Manövriermasse, im wesentlichen aber durch z.T. kontroverse Ansichten in Rechtsprechung und Literatur darüber, ob einzelne Regelungen Wahlrechte beinhalten oder nicht.[3]
Die Zusammenstellung beschränkt sich daher auf die wesentlichen Wahlrechte im Sinne der herrschenden Meinung.[4] Der beabsichtigte Einsatz der Gestaltungsmöglichkeiten in der Einheitsbilanz bewirkt, daß der Wahlrechtskatalog nur die Schnittmenge handelsrechtlich und steuerrechtlich zulässiger Wahlrechte enthält.[5]
Für die konkrete Anwendung ist ein solcher Katalog der Manövriermasse zu ergänzen um den Wirkungsumfang (Beträge) der einzelnen Wahlrechte und um die ggf. bereits eingesetzten Teilbeträge. Da der manuelle Rechen- und 'Verwaltungs'- Aufwand somit im allgemeinen relativ groß sein dürfte, empfiehlt sich die Übertragung der relevanten Daten auf eine Datenbank. Die dazu bereits verfügbare Standard-Software ermöglicht durch Vorgabe von frei wählbaren Auswahlkriterien einen schnellen und direkten Zugriff auf die im Ein-

---

[1] Der Zusammenstellung der Manövriermasse liegen die einschlägigen Gesetze, Richtlinien und Kommentierungen mit dem Stand 31.12.87 zugrunde.

[2] Entsprechend der vorgenommenen Abgrenzung der 'Manövriermasse'ist auf eine Darstellung der 'privaten' steuerlichen Wahlmöglichkeiten, d.h. derjenigen, die nicht spezifisch für den Mitunternehmer sind, zu verzichten. Vgl. zu entsprechenden Zusammenstellungen Michels, Wahlrechte, S. 170 ff.

[3] Vgl. zu diesem Problem auch Bauer, Rechnungspolitik, S. 231 f.

[4] In der Literatur finden sich bereits z.T. sehr umfassende, d.h. nicht problem- bzw. anwendungsspezifische Wahlrechtskataloge. Vgl. z.B. Bauer, Rechnungspolitik, S. 231 ff, auf die im folgenden in Teilen zurückgegriffen werden kann.

[5] Vgl. auch Stollenwerk, Steuerbilanz, S. 1059. Auf eine Einbeziehung von Wahlrechten nach dem BerlinFG, ZonenRFG und dem AuslInvestG wird verzichtet. Entsprechend der Auslegung des Terminus Manövriermasse ist auch auf eine Darstellung der Vielzahl von Sachverhaltsgestaltungen zu verzichten. Vgl. dazu eingehend z.B. Pfleger, Bilanzpolitik.

zelfall einzusetzende Manövriermasse in qualitativer (artmäßiger) und betragsmäßiger Hinsicht.

Im Rahmen eines Manövriermassenkatalogs mit exemplarischem Charakter muß im Interesse der Übersichtlichkeit auf eine Darstellung der Voraussetzungen der Wahlrechtsinanspruchnahme bzw. Spielraumnutzung, des Wahlrechtsinhalts sowie der z.T. kontroversen Literaturmeinungen zur Existenz bzw. zu Einsatzmöglichkeiten einzelner Gestaltungsmöglichkeiten verzichtet werden.[6]

Ein Katalog der Manövriermasse mit dem Charakter einer Check-Liste muß einen direkten Zugriff auf die Manövriermasse ermöglichen. Dies erfordert eine nachvollziehbare Ordnung der einzelnen Gestaltungsmöglichkeiten. Im Rahmen der Steuerplanung, deren Gestaltungsobjekt die Einheitsbilanz ist, ist daher eine Ordnung der Manövriermasse nach Bilanzpositionen zweckmäßig. Bei der Klassifizierung der Merkmalsausprägungen wird, soweit möglich, von der Inanspruchnahme bzw. Nutzung der Gestaltungsmöglichkeiten ausgegangen. Zur Vermeidung von Wiederholungen wird in der Merkmalsspalte 'Zugriffsmöglichkeiten' eine Mehrfachzuordnung vorgenommen, soweit die Gestaltungsmöglichkeiten sachlich sowohl auf Gesamthandsebene (keine oder beschränkte Zugriffsmöglichkeit) als auch in analoger Weise auf Sonderbetriebsebene (unbeschränkte Zugriffsmöglichkeit) gegeben sein können.[7]

---

[6] Es sei insoweit auf die einschlägigen Kommentare und die dazu zahlreich erschienene Literatur verwiesen. Vgl. etwa Bauer, Rechnungspolitik, S. 197 ff. und die dort jeweils angegebene Literatur. Zu der in Teilen noch nicht abeschlossenen Diskussion der Folgen des Bilanzrichtlinien-Gesetzes für die Besteuerung und die Nutzung steuerlicher Gestaltungsmöglichkeiten vgl. Börner, Bilanzrichtlinien-Gesetz, S. 201 ff. ("Die steuerbilanzrechtlichen ... Folgen des neuen allgemeinen Bewertungsrechts lassen sich noch nicht in vollem Umfang absehen". Ebenda, S. 212); Pfleger, Bilanzpolitik, S. 129 ff; Stollenwerk, Steuerbilanz, S. 1053 ff; Mann, Probleme, S. 2199 ff; Förschle/Kropp, Wechselwirkungen, S. 152 ff; Döllerer, Handelsbilanz; Schneeloch, Bilanzrichtlinien-Gesetz, S. 752 ff.

[7] Vgl. dazu u.a. Reiss, Behandlung, S. 242 ff; Knobbe-Keuk, Personengesellschaft, S. 109 ff; Biergans, Einkommensteuer, S. 464 ff; Knobbe-Keuk, Bilanz- und Unternehmenssteuerrecht, S. 275 ff. Es ist im einzelnen zu bedenken, daß die Beteiligung des Mitunternehmers zwar als gewerbliche Tätigkeit behandelt wird, er allerdings keinen eigenen gewerblichen Betrieb unterhält.

Im Interesse einer straffen Darstellung werden ferner Wahlrechte, die für mehrere Positionen der Bilanz gelten, zusammengefaßt. Auf eine Differenzierung einzelner Wahlrechte in die möglichen Unterfälle kann in dem hier interessierenden Zusammenhang verzichtet werden, da nicht eine vollständige Auflistung der Gestaltungsmöglichkeiten notwendig ist, sondern eine Strukturierung der wesentlichen Gestaltungswahlrechte und -wahlrechtstypen nach ihren planungserheblichen Merkmalen im Vordergrund steht.

	Zugriffsmöglichkeit			Wirkungsrichtung			Wirkungen auf SubstSt		Zeitliche Flexibilität			Betragsmäßige Flexibilität		Verbundenheit			Reversibilität /Anpaßbarkeit		
	unbeschränkt	beschränkt	keine	erhöhend	senkend	erhöhend/ senkend	bestehen	bestehen nicht	unbeschränkt	beschränkt	keine	gegeben	nicht gegeben	gegeben pos.	gegeben neg.	nicht gegeben	gegeben bedingt	gegeben unbedingt	nicht gegeben
1. Gestaltungsmöglichkeiten im Bereich des Anlagevermögens a) Gestaltungsmöglichkeiten bei Ansatz bzw. Ermittlung von Anschaffungs- und Herstellungskosten (1) Einbeziehungswahlrechte bei der Ermittlung der Herstellungskosten gem. § 255 Abs. 2 HGB, Abschn. 33 EStR.			X	X			X		X			X		X					X
(2) Ermessensspielräume bei der Berechnung der in die Herstellungskosten einzubeziehenden Kostenbestandteile.			X			X	X				X	X				X			X
(3) Ermessensspielräume bei der Ermittlung der Anschaffungskosten in den Fällen der § 7 Abs. 2 EStDV, § 6 Abs. 1 Nr. 5 EStG.[1]	X[1]		X[1]			X	X				X	X				X			X

b) Gestaltungsmöglichkeiten bei der Festlegung der Nutzungsdauer

(1) Widerlegung der betriebsgewöhnlichen Nutzungsdauer nach den AfA-Tabellen auf Grund betriebsindividueller Besonderheiten[2].

(2) Ansatz der geschätzten (tatsächlichen) Nutzungsdauer an Stelle der in § 7 Abs. 4 Satz 1 EStG normierten Nutzungsdauer bei Abschreibungen von Gebäuden, gem. § 7 Abs. 4 Satz 2 EStG, Abschn. 42 Abs. 2 EStR.

Zugriffsmöglichkeit			Wirkungsrichtung			Wirkungen auf SubstSt		Zeitliche Flexibilität			Betragsmäßige Flexibilität		Verbundenheit			Reversibilität /Anpaßbarkeit		
													gegeben		nicht gegeben	gegeben		nicht gegeben
unbeschränkt	beschränkt	keine	erhöhend	senkend	erhöhend/senkend	bestehen	bestehen nicht	unbeschränkt	beschränkt	keine	gegeben	nicht gegeben	pos.	neg.		bedingt	unbedingt	
X		X			X	X				X	X				X	X		
X		X		X			X		X		X			X		X		

c) Gestaltungsmöglichkeiten bei der Wahl und im Rahmen von Abschreibungen

(1) Wahlrecht der Vornahme degressiver Abschreibungen bei beweglichen Wirtschaftsgütern des Anlagevermögens gem. § 7 Abs. 2 EStG anstatt der linearen Abschreibung gem. § 7 Abs. 1 Satz 1 EStG.

(2) Wahlrecht der Vornahme von Abschreibungen nach Maßgabe der Leistung des beweglichen Wirtschaftsguts gem. § 7 Abs. 1 Satz 4 EStG und Abschn. 43 Abs. 5 EStR anstatt der linearen Abschreibung gem. § 7 Abs. 1 Satz 1 EStG.

(3) Wahlrecht der Inanspruchnahme der Vereinfachungsabschreibung bei abnutzbaren Wirtschaftsgütern im Zugangsjahr gem. Abschn. 43 Abs. 7 EStR anstatt der genauen zeitanteiligen Abschreibung.

	Zugriffsmöglichkeit			Wirkungsrichtung			Wirkungen auf SubstSt		Zeitliche Flexibilität			Betragsmäßige Flexibilität		Verbundenheit			Reversibilität /Anpaßbarkeit		
	unbeschränkt	beschränkt	keine	erhöhend	senkend	erhöhend/senkend	bestehen	bestehen nicht	unbeschränkt	beschränkt	keine	gegeben	nicht gegeben	gegeben pos.	gegeben neg.	nicht gegeben	gegeben bedingt	gegeben unbedingt	nicht gegeben
(1)	X		X			X	X				X	X		X	X			X	
(2)	X		X			X	X				X	X			X			X	
(3)	X		X		X		X				X		X			X			X

(4) Wahlrecht der Inanspruchnahme der Sofortabschreibung geringwertiger beweglicher Wirtschaftsgüter gem.§ 6 Abs. 2 EStG und Abschn. 40 EStR anstatt der Abschreibungen entsprechend § 7 Abs. 1 und 2 EStG.

(5) Ermessensspielraum bei der Ermittlung und ggf. Wahlrecht der Berücksichtigung eines Restwerts bei der Berechnung der Abschreibungen entsprechend Abschn. 43 Abs. 4 EStR.

(6) Wahlrecht des Wechsels der Abschreibungsmethode gem. § 7 Abs. 3 EStG.

(7) Wahlrecht bei der Festlegung des Abschreibungsbeginns bei einzelbewertungsfähigen Teilen einer abschnittsweise erstellten bzw. gelieferten Großanlage.[3]

(8) Wahlrecht der Inanspruchnahme der Staffelabschreibung bei Gebäuden gem. § 7 Abs. 5 EStG anstatt der Abschreibungen gem. § 7 Abs. 4 EStG.

	Zugriffsmöglichkeit			Wirkungsrichtung			Wirkungen auf SubstSt		Zeitliche Flexibilität			Betragsmäßige Flexibilität		Verbundenheit			Reversibilität /Anpaßbarkeit		
	unbeschränkt	beschränkt	keine	erhöhend	senkend	erhöhend/senkend	bestehen	bestehen nicht	unbeschränkt	beschränkt	keine	gegeben	nicht gegeben	gegeben pos.	gegeben neg.	nicht gegeben	gegeben bedingt	gegeben unbedingt	nicht gegeben
(4)	X		X		X		X				X		X			X			X
(5)	X		X	X			X				X	X		X					X
(6)	X		X			X	X		X				X	X					X
(7)	X		X	X			X				X		X			X			X
(8)	X		X		X			X			X		X		X				X

	Zugriffsmöglichkeit			Wirkungsrichtung			Wirkungen auf SubstSt		Zeitliche Flexibilität			Betragsmäßige Flexibilität		Verbundenheit			Reversibilität /Anpaßbarkeit		
	unbeschränkt	beschränkt	keine	erhöhend	senkend	erhöhend/senkend	bestehen	bestehen nicht	unbeschränkt	beschränkt	keine	gegeben	nicht gegeben	gegeben pos.	gegeben neg.	nicht gegeben	gegeben bedingt	gegeben unbedingt	nicht gegeben
(9) Wahlrecht der Inanspruchnahme von Sonderabschreibungen für Vertriebene und Verfolgte gem. § 7e EStG.	X	X			X			X			X	X			X		X		
(10) Wahlrecht der Inanspruchnahme von Sonderabschreibungen zur Förderung kleiner und mittlerer Betriebe gem. § 7g EStG.			X		X			X			X	X			X		X		
(11) Wahlrecht der Inanspruchnahme erhöhter Absetzungen für Wirtschaftsgüter, die dem Umweltschutz dienen gem. § 7d EStG.	X		X		X			X	X			X			X		X		
(12) Wahlrecht der Inanspruchnahme von Teilwertabschreibungen bei vorübergehender Wertminderung bei Wirtschaftsgütern des Anlagevermögens gem. § 6 Abs. 1 EStG und § 253 Abs. 2 HGB.	X		X		X		X			X		X			X		X		
(13) Ermessensspielraum bei der Ermittlung des niedrigeren Teilwerts (z.B. auf Grund außergewöhnlicher technischer oder wirtschaftlicher Abnutzung, gestiegener Wiederbeschaffungskosten, erwiesener Fehlmaßnahmen) gem. § 6 Abs. 1 Nr. 1 und 2 EStG[4].	X		X			X	X				X	X				X	X		

d) Gestaltungsmöglichkeiten bei der Vornahme von Zuschreibungen

(1) Wahlrecht der Vornahme von Zuschreibungen bei Wirtschaftsgütern des nicht abnutzbaren Anlagevermögens auf einen höheren Teilwert gem.§ 6 Abs. 1 Nr. 2 Satz 3 EStG, § 253 Abs. 5 HGB.

(2) Wahlrecht der Vornahme von Zuschreibungen bei Wirtschaftsgütern des abnutzbaren Anlagevermögens auf einen höheren Teilwert nach vorangehender Inanspruchnahme erhöhter Absetzungen, Sonderabschreibungen, Abschreibungen nach § 6 Abs. 2 und nach § 6b Abs. 1 oder Abs. 3 Satz 2 EStG, gem. § 6 Abs. 3 Satz 2 i.V.m. Abs. 1 Nr. 1 EStG, § 253 Abs. 5 HGB.

	Zugriffsmöglichkeit			Wirkungsrichtung			Wirkungen auf SubstSt		Zeitliche Flexibilität			Betragsmäßige Flexibilität		Verbundenheit			Reversibilität/Anpaßbarkeit		
	unbeschränkt	beschränkt	keine	erhöhend	senkend	erhöhend/senkend	bestehen	bestehen nicht	unbeschränkt	beschränkt	keine	gegeben	nicht gegeben	gegeben pos.	gegeben neg.	nicht gegeben	gegeben bedingt	gegeben unbedingt	nicht gegeben
(1)	X		X	X			X			X		X		X			X		
(2)	X		X	X			X			X		X		X			X		

Zugriffsmöglichkeit			Wirkungsrichtung			Wirkungen auf SubstSt		Zeitliche Flexibilität			Betragsmäßige Flexibilität		Verbundenheit			Reversibilität /Anpaßbarkeit		
unbeschränkt	beschränkt	keine	erhöhend	senkend	erhöhend/ senkend	bestehen	bestehen nicht	unbeschränkt	beschränkt	keine	gegeben	nicht gegeben	gegeben pos.	gegeben neg.	nicht gegeben	gegeben bedingt	gegeben unbedingt	nicht gegeben
X		X			X	X		X			X		X					X
X		X			X	X		X			X		X					X
X		X			X		X		X			X			X			X

e) Gestaltungsmöglichkeiten im Rahmen der Anwendung von Bewertungsverfahren

(1) Wahlrecht der Vornahme einer Gruppenbewertung bei beweglichen Wirtschaftsgütern des Sachanlagevermögens, anstatt Einzelbewertung gem. Abschn. 36 Abs. 3 EStR, § 240 Abs. 4 HGB.

(2) Wahlrecht der Festwertbildung bei beweglichen Wirtschaftsgütern des Sachanlagevermögens anstatt Einzelbewertung gem. Abschn. 36 Abs. 4 EStR, § 240 Abs. 3 HGB.

(3) Wahlrecht der Vornahme einer Durchschnittsbewertung bei vertretbaren Wirtschaftsgütern des Anlagevermögens anstatt Einzelbewertung, gem. Abschn. 36 Abs. 2 EStR.[5]

f) Wahlrecht der Behandlung von Zuschüssen Dritter zur Anschaffung oder Herstellung von Wirtschaftsgütern des Anlagevermögens als Betriebseinnahmen oder als Minderung der Anschaffungs- oder Herstellungskosten gem. Abschn. 34 Abs. 1 EStR.

g) Ermessensspielräume bei der Differenzierung und Zuordnung von
- Anlagevermögen - Umlaufvermögen[6]
- Gebäudeteilen - Betriebsvorrichtungen[7]
- Herstellungsaufwand - Erhaltungsaufwand[8]
- Anschaffungsnebenkosten - Anschaffungsfolgekosten.

h) Bildung von gewillkürtem (Sonder-)Betriebsvermögen.

	Zugriffsmöglichkeit			Wirkungsrichtung			Wirkungen auf SubstSt		Zeitliche Flexibilität			Betragsmäßige Flexibilität		Verbundenheit			Reversibilität /Anpaßbarkeit		
														gegeben		nicht gegeben	gegeben		nicht gegeben
	unbeschränkt	beschränkt	keine	erhöhend	senkend	erhöhend/senkend	bestehen	bestehen nicht	unbeschränkt	beschränkt	keine	gegeben	nicht gegeben	pos.	neg.		bedingt	unbedingt	
f)	X		X		X		X				X		X			X			X
g)	X		X		X		X				X		X	X					X
h)	X		X			X	X		X			X		X			X		

2. Gestaltungsmöglichkeiten im Bereich des Umlaufvermögens

a) Gestaltungsmöglichkeiten bei Ansatz bzw. Ermittlung von Anschaffungs- und Herstellungskosten

	Zugriffsmöglichkeit			Wirkungsrichtung			Wirkungen auf SubstSt		Zeitliche Flexibilität			Betragsmäßige Flexibilität		Verbundenheit			Reversibilität /Anpaßbarkeit		
	unbeschränkt	beschränkt	keine	erhöhend	senkend	erhöhend/senkend	bestehen	bestehen nicht	unbeschränkt	beschränkt	keine	gegeben	nicht gegeben	gegeben pos.	gegeben neg.	nicht gegeben	gegeben bedingt	gegeben unbedingt	nicht gegeben
(1) Einbeziehungswahlrechte bei der Ermittlung der Herstellungskosten gem. § 255 Abs. 2 HGB, Abschn. 33 EStR.			X	X			X		X			X		X					X
(2) Ermessensspielräume bei der Berechnung der in die Herstellungskosten einzubeziehenden Kostenbestandteile.			X			X	X				X	X				X			X
(3) Ermessensspielräume bei der Ermittlung der Anschaffungskosten in den Fällen der § 7 Abs. 2 EStDV, § 6 Abs. 1 Nr. 5 EStG.	X		X			X	X				X	X				X			X

	Zugriffsmöglichkeit			Wirkungsrichtung			Wirkungen auf SubstSt		Zeitliche Flexibilität			Betragsmäßige Flexibilität		Verbundenheit			Reversibilität /Anpaßbarkeit		
														gegeben		nicht gegeben	gegeben		nicht gegeben
	unbeschränkt	beschränkt	keine	erhöhend	senkend	erhöhend/senkend	bestehen	bestehen nicht	unbeschränkt	beschränkt	keine	gegeben	nicht gegeben	pos.	neg.		bedingt	unbedingt	
b) Gestaltungsmöglichkeiten bei der Vornahme von Abschreibungen (1) Ermessensspielraum bei der Ermittlung des Teilwerts gem. § 6 Abs. 1 Nr. 2 Satz 2 EStG.[9]	X		X			X	X				X	X				X	X		
(2) Wahlrecht der Inanspruchnahme von Teilwertabschreibungen bei Wirtschaftsgütern des Umlaufvermögens gem. § 6 Abs. 1 Nr. 2 EStG Abschn. 36 Abs. 1 EStR.	X		X		X		X			X		X			X		X		
c) Gestaltungsmöglichkeiten bei der Vornahme von Zuschreibungen Wahlrecht der Vornahme von Zuschreibungen bei höherem Teilwert gem. § 6 Abs. 1 Nr. 2 Satz 3 EStG, § 253 Abs. 5 HGB.	X		X	X			X			X		X		X			X		

d) Gestaltungsmöglichkeiten im Rahmen der Anwendung von Bewertungsverfahren

(1) Wahlrecht der Vornahme einer Gruppenbewertung bei Wirtschaftsgütern des Vorratsvermögens sowie anderen gleichartigen/gleichwertigen Wirtschaftsgütern anstatt Einzelbewertung gem. Abschn. 36 Abs. 3 EStR, § 240 Abs. 4 HGB.

(2) Wahlrecht der Festwertbildung bei Roh-, Hilfs- und Betriebsstoffen anstatt Einzelbewertung, gem. Abschn. 36 Abs. 4 EStR, § 240 Abs. 3 HGB.

(3) Wahlrecht der Vornahme einer Durchschnittsbewertung bei Wirtschaftsgütern des Vorratsvermögens anstatt Einzelbewertung gem. Abschn. 36 Abs. 2 EStR.

	Zugriffsmöglichkeit			Wirkungsrichtung			Wirkungen auf SubstSt		Zeitliche Flexibilität			Betragsmäßige Flexibilität		Verbundenheit			Reversibilität/Anpaßbarkeit		
	unbeschränkt	beschränkt	keine	erhöhend	senkend	erhöhend/senkend	bestehen	bestehen nicht	unbeschränkt	beschränkt	keine	gegeben	nicht gegeben	gegeben pos.	gegeben neg.	nicht gegeben	gegeben bedingt	gegeben unbedingt	nicht gegeben
(1)	X		X			X	X		X			X		X					X
(2)	X		X			X	X		X			X		X					X
(3)	X		X			X		X		X			X			X			X

	Zugriffs-möglichkeit			Wirkungsrichtung			Wirkungen auf SubstSt		Zeitliche Flexibilität			Betragsmäßige Flexibilität		Verbundenheit			Reversibilität/Anpaßbarkeit		
	unbeschränkt	beschränkt	keine	erhöhend	senkend	erhöhend/senkend	bestehen	bestehen nicht	unbeschränkt	beschränkt	keine	gegeben	nicht gegeben	gegeben pos.	gegeben neg.	nicht gegeben	gegeben bedingt	gegeben unbedingt	nicht gegeben
e) Gestaltungsmöglichkeiten bei der Bewertung von Vorräten (1) Wahlrecht der Vornahme eines Importwarenabschlags bei bestimmten Wirtschaftsgütern des Umlaufvermögens gem. § 80 EStDV.	X		X		X			X	X			X			X		X		
(2) Wahlrecht bei der Ermittlung des Wertansatzes bestimmter metallhaltiger Wirtschaftsgüter des Vorratsvermögens gem. § 74a EStDV.	X		X			X	X		X			X			X	X			X
f) Gestaltungsmöglichkeiten bei der Bewertung von Forderungen Wahlrecht des Verzichts auf die Vornahme einer Abzinsung bei kurzfristigen unverzinslichen Forderungen.[10]	X		X	X			X		X				X			X			X

Zugriffs-möglichkeit			Wirkungsrichtung			Wirkungen auf SubstSt		Zeitliche Flexibilität			Betragsmäßige Flexibilität		Verbundenheit			Reversibilität /Anpaßbarkeit		
													gegeben			gegeben		
unbeschränkt	beschränkt	keine	erhöhend	senkend	erhöhend/senkend	bestehen	bestehen nicht	unbeschränkt	beschränkt	keine	gegeben	nicht gegeben	pos.	neg.	nicht gegeben	bedingt	unbedingt	nicht gegeben
X		X	X				X			X		X			X			X
		X			X		X	X				X			X			X

3. Gestaltungsmöglichkeiten beim Ansatz von Rechnungsabgrenzungsposten

(1) Wahlrecht bei der Vorgehensweise zur Verteilung eines Disagios bei einem Fälligkeitsdarlehen.[11]

(2) Wahlrecht der Bildung eines Rechnungsabgrenzungspostens bei untergeordneter Bedeutung der abzugrenzenden Beträge.[12]

4. Gestaltungsmöglichkeiten bei der Bildung von Rücklagen

	Zugriffsmöglichkeit			Wirkungsrichtung			Wirkungen auf SubstSt		Zeitliche Flexibilität			Betragsmäßige Flexibilität		Verbundenheit			Reversibilität /Anpaßbarkeit		
	unbeschränkt	beschränkt	keine	erhöhend	senkend	erhöhend/senkend	bestehen	bestehen nicht	unbeschränkt	beschränkt	keine	gegeben	nicht gegeben	gegeben pos.	gegeben neg.	nicht gegeben	gegeben bedingt	gegeben unbedingt	nicht gegeben
(1) Wahlrecht der Bildung und Spielräume bei der Berechnung einer Rücklage für Preissteigerungen bei Roh-, Hilfs- und Betriebsstoffen, halbfertigen Erzeugnissen, Fertigerzeugnissen und Waren gem. § 74 EStDV.	X		X		X			X			X	X			X			X	
(2) Wahlrecht der vorzeitigen Auflösung einer gebildeten Rücklage für Preissteigerungen gem. § 74 Abs. 5 EStDV.	X		X	X				X		X		X				X		X	
(3) Wahlrecht der Bildung einer Rücklage für Ersatzbeschaffung gem. Abschn. 35 EStR.	X		X		X			X		X		X			X				X
(4) Wahlrecht der Auflösung einer gebildeten Rücklage für Ersatzbeschaffung gem. Abschn. 35 Abs. 6 EStR.	X		X	X				X		X		X		X					X
(5) Wahlrecht der Bildung einer Rücklage nach § 6b EStG.[13]	X	X			X			X		X		X			X				X
(6) Wahlrecht der Auflösung einer gebildeten § 6b-Rücklage gem. § 6b Abs. 3 EStG.[14]	X	X		X				X		X		X		X					X
(7) Wahlrecht der Bildung einer Zuschußrücklage gem. Abschn. 34 Abs. 3 EStR.	X		X		X			X			X		X			X			X

5. Gestaltungsmöglichkeiten bei der Bildung von Rückstellungen

	Zugriffsmöglichkeit			Wirkungsrichtung			Wirkungen auf SubstSt		Zeitliche Flexibilität			Betragsmäßige Flexibilität		Verbundenheit			Reversibilität /Anpaßbarkeit		
	unbeschränkt	beschränkt	keine	erhöhend	senkend	erhöhend/senkend	bestehen	bestehen nicht	unbeschränkt	beschränkt	keine	gegeben	nicht gegeben	gegeben pos.	gegeben neg.	nicht gegeben	gegeben bedingt	gegeben unbedingt	nicht gegeben
(1) Wahlrecht der Passivierung von unmittelbaren Pensionsverpflichtungen für Pensionszusagen vor dem 31.12.1986 gem. Art. 28 Abs. 1 EGHGB, i.V.m. § 249 HGB, § 6a EStG.[15]			X		X		X			X		X		X			X		
(2) Wahlrecht der Passivierung von mittelbaren Verpflichtungen aus einer Zusage für eine laufende Pension oder eine Anwartschaft auf eine Pension sowie für eine ähnliche unmittelbare oder mittelbare Verpflichtung gem.Art. 28 Abs. 1 EGHGB i.V.m. § 249 HGB, § 6a EStG.			X		X		X			X		X		X			X		
(3) Wahlrecht der Verteilung der ersten und letzten Zuführung zu einer Pensionsrückstellung über drei Wirtschaftsjahre gem. § 6a Abs. 4 Satz 2 und 4 EStG.			X	X			X				X	X		X				X	

	Zugriffsmöglichkeit			Wirkungsrichtung			Wirkungen auf SubstSt		Zeitliche Flexibilität			Betragsmäßige Flexibilität		Verbundenheit			Reversibilität/Anpaßbarkeit		
	unbeschränkt	beschränkt	keine	erhöhend	senkend	erhöhend/senkend	bestehen	bestehen nicht	unbeschränkt	beschränkt	keine	gegeben	nicht gegeben	gegeben pos.	gegeben neg.	nicht gegeben	gegeben bedingt	gegeben unbedingt	nicht gegeben
(4) Wahlrecht bzgl. der Methode der Auflösung von Pensionsrückstellungen nach Eintritt des Versorgungsfalls gem. Abschn. 41 Abs. 24 EStR.			X	X			X			X			X			X	X		
(5) Wahlrecht der Nachholung von Pensionsanwartschaftsrückstellungen gem. § 6a Abs. 4 EStG.			X		X		X			X		X		X			X		
(6) Wahlrecht bzgl. der Festlegung des Pensionsalters gem. Abschn. 41 Abs. 13 EStR.			X			X	X				X		X			X			X
(7) Wahlrecht bzgl. der Vorgehensweise bei der Berechnung der GewSt-Rückstellung gem. Abschn. 22 Abs. 2 EStR.			X			X	X		X				X			X			X
(8) Ermessensspielräume bei der Passivierung von Rückstellungen dem Grunde und der Höhe nach,[16] z.B. bei - Garantie- und Produkthaftpflichtrisiken, - Prozeßrisiken, - Drohende Verluste aus schwebenden Geschäften.	X		X			X	X				X	X				X	X		

1 Mehrfachnennungen in der Merkmalsspalte `Zugriffsmöglichkeiten` erfolgen, soweit die Gestaltungsmöglichkeiten sachlich sowohl auf Gesamthandsebene (keine oder beschränkte Zugriffsmöglichkeit), als auch auf Sonderbetriebsebene (unbeschränkte Zugriffsmöglichkeit) gegeben sein können.

2 Vgl. Herrmann-Heuer, Kommentar, Anm. 195 ff. zu § 7 EStG.

3 Vgl. ebenda, Anm. 160 zu § 7 EStG.

4 Vgl. z.B. die einschlägigen Kommentierungen bei Herrmann-Heuer, Kommentar, Anm. 569 ff. zu § 6 EStG.

5 Vgl. ebenda, Anm. 148 zu § 6 EStG.

6 Vgl. ebenda, Anm. 253 ff. zu § 6 EStG.

7 Vgl. Abschn. 43 Abs. 3 EStR.

8 Vgl. Abschn. 157 EStR.

9 Vgl. z.B. die einschlägigen Kommentierungen bei Herrmann-Heuer, Kommentar, Anm. 569 ff. zu § 6 EStG.

10 Vgl. Herrmann-Heuer, Kommentar, Anm. 935 zu § 6 EStG.

11 Vgl. ebenda, Anm. 62 (Damnum [2], zu § 4 EStG.

12 Vgl. ebenda, Anm. 28g zu § 4 EStG.

13 Vgl. Knobbe-Keuk, Bilanz- und Unternehmenssteuerrecht, S. 277 ff.

14 Vgl. ebenda.

15 "Die handelsrechtliche Passivierungspflicht (für Neuzusagen, d.A.) derogiert das Passivierungswahlrecht von § 6a Abs. 1 EStG." Börner, Bilanzrichtlinien-Gestz, S. 210.

16 Vgl. dazu Pfleger, Bilanzpolitik, Rn 624 ff., S. 417 ff.

7. Zusammenfassung

Der Mitunternehmer strebt im Rahmen der individuellen Steuerplanung nach einer Realisierung seiner finanziellen Oberziele, konkretisiert durch das Streben nach einer bestimmten Struktur von Nettoentnahmen, d.h. Entnahmen nach Steuern, unter Beachtung von Nebenbedingungen. Instrument der Zielerreichung ist die nach diesen Zielen ausgerichtete individuell optimale Steuerplanungskonzeption, bestehend aus dem steuerlichen Subziel bzw. der Zielfunktion und dem danach vorzunehmenden Manövriermasseneinsatz auf Gesamthands- und Sonderbetriebsebene.

Erstellt die Gesellschaft - wie in praxi üblich - nur eine Einheitsbilanz, so kann die Steuerplanung des Mitunternehmers allerdings nicht mehr nur eine zielgerechte Gestaltung der steuerlichen Belastung beinhalten. Vielmehr muß die Formulierung des Subziels der Steuerplanung und damit die Festlegung der Manövriermasseneinsatzstrategien sowohl die oberzielkonforme Gestaltung der Entnahmemöglichkeiten als auch - unter Berücksichtigung der persönlichen Verhältnisse - die dadurch über den erforderlichen Gewinnausweis in der Einheitsbilanz induzierte steuerliche Belastung berücksichtigen. Damit erhält die Steuerplanung den Charakter einer Gewinnplanung unter Berücksichtigung von Steuern.

Die Steuerplanung des Mitunternehmers erstreckt sich auf dessen zu versteuerndes Einkommen, so daß der Mitunternehmer im Planungszeitraum nach einer optimalen Reihe der zu versteuernden Einkommen strebt.
Andererseits ist aber annahmegemäß nur der aus der Mitunternehmergemeinschaft resultierende Gewinn Objekt der Steuerplanung des Mitunternehmers. Die übrigen steuerlich relevanten Determinanten sind dagegen als Daten anzusehen. Daher muß die optimale Reihe der zu versteuernden Einkommen des Mitunternehmers m.H. einer durch einen entsprechenden Manövriermasseneinsatz induzierten Verlagerung des Ausweises des Gewinns aus der Mitunternehmergemeinschaft

angestrebt werden. Auch wenn das Potential der in der Mitunternehmergemeinschaft ausweisbaren Gewinne oder die zur Verfügung stehende Manövriermasse und damit die verlagerbaren Gewinnteile für eine vollständige Angleichung der Grenzsteuerbarwerte der zu versteuernden Einkommen des Mitunternehmers nicht ausreicht, so erhält der Mitunternehmer aus der abgeleiteten Handlungsanweisung doch in jedem Fall Hinweise über den tendenziell zu verfolgenden Manövriermasseneinsatz auf der Ebene der Mitunternehmergemeinschaft. Dieser Aspekt muß aber in einer Diskussion der Steuerplanung des Mitunternehmers eine zentrale Stellung einnehmen, da nicht die Bestimmung des optimalen Gewinnausweises aus Sicht der Gesellschaft per se von Interesse sein kann, sondern vielmehr die Gewinnung von Informationen über die aus individueller Sicht optimale Gewinnausweisreihe und damit über den zu verfolgenden Manövriermasseneinsatz.

Im Rahmen der Steuerplanung des einzelnen Mitunternehmers genügt es daher grundsätzlich nicht, den Gesamtgewinnausweis der Gesellschaft undifferenziert aus kollektiver Sicht zu planen. Vielmehr muß die Planung des anzustrebenden Gewinnausweises aus der Sicht des einzelnen Mitunternehmers als Planungsträger, unter möglichst umfassender Beachtung von dessen persönlichen Determinanten der Steuerplanung erfolgen.

Diese Anforderung wird von dem vorgestellten modifizierten Verfahren der Ermittlung von Grenzsteuerzuwachsraten erfüllt.
Dieses Verfahren ermöglicht es dem Mitunternehmer (wenn auch nur in Form von Näherungslösungen),

- den anzustrebenden Manövriermasseneinsatz auf Sonderbetriebs- und Gesamthandsebene zu ermitteln,
- persönliche Determinanten der individuellen Steuerplanung, weitere Einkünfte, Verlustsituationen etc. zu berücksichtigen,
- Nebenbedingungen (insbesondere verschiedene Liquiditätssituationen) der Zielerreichung zu erfassen,
- substanzsteuerliche Folgen des ertragsteuerlichen Manövriermasseneinsatzes gesondert zu erfassen,

- durch Variation einzelner Zielkomponenten Sensibilitätsberechnungen durchzuführen (z.B. Variationen des Zinssatzes).

Damit steht dem Mitunternehmer auch ein Instrument zur Verfügung, um im Rahmen der für die Durchsetzung der individuellen optimalen Manövriermasseneinsatzstrategie ggf. notwendig werdenden Verhandlungen auf Gesellschaftsebene, mögliche Verhandlungsergebnisse bzw. Kompromißlösungen zu simulieren oder insbesondere auch mögliche Gegenstrategien zu entwickeln.

Die Bestimmung der individuell optimalen Steuerplanungskonzeption setzt die Ermittlung anforderungsgerechter und zukunftsbezogener Informationen über planungserhebliche Sachverhalte und Daten voraus. Dem Mitunternehmer stehen als Informationsquellen grundsätzlich das Rechnungswesen des Unternehmens, das Verfahren der einheitlichen und gesonderten Gewinnfeststellung bzw. entsprechende Feststellungsbescheide sowie weitere steuerliche und nicht-steuerliche Möglichkeiten der Informationsgewinnung offen.
Wie die Analyse dieser Informationsquellen ergeben hat, stellt insbesondere das Rechnungswesen der Gesellschaft ein effizientes Instrument der Informationsgewinnung dar, soweit dieses eine funktionsfähige und den Anforderungen der Steuerplanung gerecht werdende Planungsrechnung beinhaltet. Als eine in diesem Sinne anforderungsgerechte Planungsrechnung muß die ergebnis- und liquiditätsorientierte Planungs- und Kontrollrechnung (Puk) von Hahn gelten.

Die Analyse der Informationsmöglichkeiten hat weiter gezeigt, daß zum einen die Qualität der zu gewinnenden Informationen sehr unterschiedlich sein kann und zum anderen der Zugang zu den Informationsquellen durch rechtliche bzw. gesellschaftsvertragliche Regelungen sowie durch die faktischen Verhältnisse in der Gesellschaft determiniert wird. Steuerplanerische Entscheidungen sind daher in praxi grundsätzlich bei unvollkommener Information zu treffen, so daß Informationsstand und Risikoeinstellung des Mitunternehmers als weitere Determinanten der Subzielwahl und des Verfahrens der Steuerplanung zu beachten sind.

Hat der Mitunternehmer die individuell optimale Steuerplanungskonzeption ermittelt, so muß diese zur Realisierung der individuellen finanziellen Oberziele auf Gesellschaftsebene durchgesetzt werden. Interpersonell unterschiedliche Oberziele der Steuerplanung und/oder Zielwirkungen des Manövriermasseneinsatzes führen i.d.R. zu interpersonell differierenden individuell optimalen Steuerplanungskonzeptionen. Der Zwang zur einheitlichen Bilanzierung und Bewertung auf Gesellschaftsebene bewirkt dagegen, daß steuerplanerische Entscheidungen über den Einsatz der steuerlichen Manövriermasse auf Gesellschaftsebene einheitlich für alle Mitunternehmer zu treffen sind. Die auf Gesellschaftsebene zu verfolgende Steuerplanungskonzeption ist daher interpersonell grundsätzlich konfliktär. Wie gezeigt werden konnte, wird die von dem einzelnen Mitunternehmer angestrebte Durchsetzung der individuell optimalen Planungskonzeption bei interpersonellen Zielkonflikten durch die relative Machtstellung des einzelnen Gesellschafters im Gesellschaftsgefüge determiniert.

Die weitere Analyse der Machtgrundlagen des Mitunternehmers hat ergeben, daß diese in institutionelle, d.h. formale und in faktische Machtgrundlagen differenziert werden können. Quellen der institutionellen Machtgrundlagen sind gesetzliche Vorschriften sowie gesellschaftsvertragliche Regelungen. Die faktischen Machtgrundlagen resultieren aus der qualitativen und/oder quantitativen Ausprägung der Beiträge des Gesellschafters an die Gesellschaft, in Relation zu den Beiträgen der Mitgesellschafter.

Ein Gesellschafter mit relativ stark ausgeprägter Machtposition kann seine individuell optimale Steuerplanungskonzeption -unter Beachtung der geschützten Rechtspositionen der Mitgesellschafter - auf Gesellschaftsebene durchsetzen. Ein schwacher Gesellschafter muß sich im diesem Fall auf zielorientierte Anpassungsentscheidungen bzw. -maßnahmen auf der individuellen Sonderbetriebsebene beschränken, um auf diese Weise zumindest eine partielle Realisation der individuellen Zielvorstellungen zu bewirken.

Kann der Mitunternehmer die individuell optimale Steuerplanungskonzeption nicht oder nicht vollständig realisieren, so resultiert für ihn daraus ggf. eine Erhöhung des Barwerts der Steuerzahlungen und/oder eine Reduktion des Barwerts der beteiligungsinduzierten Nettozuflüsse bzw. des Nettoentnahmepotentials. Der Mitunternehmer ist grundsätzlich nicht bereit, derartige Nachteile in der individuellen Zielerreichung ohne einen angemessenen Ausgleich hinzunehmen.
Soweit kein Gesellschafter über eine ausgeprägte Machtstellung verfügt, wird der Mitunternehmer als Planungsträger die steuerplanerischen Entscheidungen eines Mitgesellschafters daher nicht als Datum hinnehmen, sondern er wird versuchen, die erwarteten oder tatsächlichen Entscheidungen durch den Einsatz manipulativer Maßnahmen zu beeinflussen. Die Beteiligten treten somit in kollektive Verhandlungen ein.
Verhandlungsobjekt ist zum einen die auf Gesellschaftsebene zu verfolgende Steuerplanungskonzeption. Soweit die mit der zu realisierenden Planungskonzeption verbundenen Maßnahmen Kontingenzen, d.h. nachteilige Wirkungen für die Zielerreichung des Mitunternehmers induzieren, besteht aus dessen Sicht die Notwendigkeit von angemessenen Ausgleichsmaßnahmen, welche die Nachteile zumindest teilweise kompensieren, so daß zum anderen Art und Höhe von Ausgleichszahlungen zentrale Objekte des kollektiven Verhandlungsprozesses werden. Es ist nachgewiesen worden, daß sich als mögliche Formen von Ausgleichszahlungen grundsätzlich sowohl Änderungen der Gewinnverteilung und der Sondervergütungen als auch die Übertragung von Wirtschaftsgütern, Änderungen der Entnahmen sowie Zahlungen zwischen den beteiligten Privatpersonen eignen.

Die Ausgestaltung der Ausgleichszahlungen ist abhängig von den damit angestrebten kompensierenden Wirkungen. Die anzustrebenden Wirkungen der Ausgleichszahlungen ergeben sich aus den beschriebenen interpersonellen Kontingenzen von steuerplanerischen Entschei-

dungen. Wie gezeigt wurde, ist die Vornahme von Ausgleichszahlungen stets mit steuerlichen und nicht-steuerlichen Folgen verbunden. Die weitere Untersuchung der einzelnen Formen von Ausgleichszahlungen hat ergeben, daß die ex ante angestrebten kompensierenden Wirkungen nur dann mit den ex post feststellbaren Wirkungen übereinstimmen, wenn diese mit der Vornahme von Ausgleichszahlungen verbundenen steuerlichen und nicht steuerlichen Folgen bereits bei der Ausgestaltung der Ausgleichszahlungen berücksichtigt werden. Die möglichen Folgen von Ausgleichszahlungen für die ESt, VSt sowie die anteilige GewESt und GewKapSt der Gesellschafter werden durch die Behandlung der Zahlungen seitens der Finanzverwaltung determiniert. Die Analyse der steuerlichen Behandlung hat ergeben, daß Ausgleichszahlungen grundsätzlich als nicht betrieblich veranlaßt angesehen werden; dennoch ist in Abhängigkeit von der im Einzelfall gewählten Ausgestaltung der Ausgleichszahlungen eine steuerliche Anerkennung durch die Finanzverwaltung möglich.
Unter Berücksichtigung der erwarteten steuerlichen Behandlung der Ausgleichszahlungen sind daher ggf. unterschiedliche steuerliche Wirkungen bei der Ausgestaltung der Zahlungen zu berücksichtigen.

Wie im weiteren festgestellt worden ist, sind als wesentliche Determinanten der Auswahl und Ausgestaltung von Ausgleichszahlungen zu nennen:

1. Gesellschaftsintern geltende und ggf. im Gesellschaftsvertrag festgelegte Regelungen hinsichtlich der Zurechnung von GewESt, GewKapSt und der Entnahmen auf die Gesellschafter;
2. Möglichkeit der Nutzung positiver steuerlicher Wirkungen durch Ausgliederung von liquiden Mitteln bzw. Umverteilung von Gewinnen;
3. ESt-Sätze der beteiligten Gesellschafter;
4. Erwartete steuerliche Behandlung der einzelnen Formen von Ausgleichszahlungen durch die Finanzverwaltung und ggf. Rechtsprechung sowie die Möglichkeiten einer die Durchsetzung der steuerlichen Anerkennung unterstützenden Argumentation der Gesellschaft;
5. Quantifizierbarkeit der steuerlichen Wirkungen.

Die potentiell verfügbare Manövriermasse der Steuerplanung des Mitunternehmers ist eine heterogene Menge von Wahlrechten und Ermessensspielräumen mit unterschiedlichen spezifischen Eigenschaften. Eine zielorientierte Manövriermasseneinsatzentscheidung erfordert daher eine Strukturierung der Manövriermasse nach deren Eigenschaften, soweit diese für die Steuerplanung erheblich sind.
Es hat sich gezeigt, daß als allgemeingültige Strukturierungskriterien folgende Merkmale der Manövriermasse heranzuziehen sind: Zugriffsmöglichkeiten, Wirkungsrichtung, Wirkungen auf Substanzsteuern, zeitliche und betragsmäßige Flexibilität, Verbundenheit sowie Reversibilität. Die abschließende Zusammenstellung und anforderungsgerechte Strukturierung der wesentlichen Manövriermasse dient der praktischen Umsetzbarkeit des vorgestellten Planungsverfahrens.

Anhang

Anhang A: Symbolverzeichnis

a_j	=	Beteiligungsquote des Gesellschafters j am verteilungsfähigen Gewinn der Gesellschaft
e_j	=	ESt-Satz des Gesellschafters j
E_{tj}	=	weitere Einkünfte des Gesellschafters j in Periode t nach Abzug der gesamten persönlichen Einkommensminderungen wie Sonderausgaben, Freibeträge etc. (aggregierte Größe).
G_{ges}	=	Gewinn des Gesellschafters im Planungszeitraum (Totalgewinn) bestehend aus Gewinnanteilen und Sonderbetriebsergebnissen, ohne Sondervergütungen
G_t^g	=	Bruttoergebnis der Einheitsbilanz der Gesamthand in Periode t vor GewESt und nach Berücksichtigung der irreversiblen Manövriermasse und eines tendenziell gleichverteilten Einsatzes der freien (flexiblen) Manövriermasse
G_{tj}	=	Summe aus Gewinnanteil GA_{tj} und Sonderbetriebsergebnis SBE_{tj} des Gesellschafters j in Periode t
GA_{tj}	=	Gewinnanteil a_j des Gesellschafters j in Periode t am Gewinn der Gesellschaft nach Sondervergütungen
ge	=	nomineller GewESt-Satz (bei allen Berechnungen gilt ge = 0,15 für Hebesatz = 300% und Steuermeßzahl = 0,05)
ge*	=	faktischer GewESt-Satz, berücksichtigt die Abzugsfähigkeit der GewESt (bei allen Berechnungen gilt ge* = 0,1304 für Hebesatz = 300% und Steuermeßzahl = 0,05)
GewKapSt $[m_e]$	=	zusätzliche durch Einsatz der ertragsteuerlichen Manövriermasse induzierte Wirkungen bei der anteiligen GewKapSt des Gesellschafters

i	=	Kalkulationszinsfuß (für alle Berechnungen gilt i = 0,06 soweit kein anderer Wert angegeben)
j	=	Gesellschafterindex, j=1... k
K_0	=	Kapitalwert
$M_{j,ges}$	=	Summe der zu versteuernden Einkommen des Gesellschafters im Planungszeitraum
M_{tj}	=	Zu versteuerndes Einkommen des Gesellschafters j in Periode t
m_e	=	ertragsteuerlicher Manövriermasseneinsatz
N	=	Nettokapitalwert
P_t	=	Netto-Kalkulationszinssatz (nach Steuern) in %, der Periode t
$S^{ESt}[M_{tj}]$	=	ESt-Zahlungen als Funktion von M_{tj}
$\overline{SBE}_{tj}$	=	Sonderbetriebsergebnis des Gesellschafters j in Periode t einschließlich der Sondervergütungen, nach Berücksichtigung der irreversiblen Manövriermasse und eines tendenziell gleichverteilten Einsatzes der freien (flexiblen) Manövriermasse.
SBE_{tj}	=	Sonderbetriebsergebnis des Gesellschafters j in Periode t ohne Sondervergütungen, nach Berücksichtigung der irreversiblen Manövriermasse und eines tendenziell gleichverteilten Einsatzes der freien (flexiblen) Manövriermasse.
St	=	Steuerzahlungen
SV_{tj}	=	Sondervergütungen des Gesellschafters j in Periode t (nur gewinnausweisabhängige SV)
t	=	Periodenindex
$VSt[m_e]$	=	zusätzliche durch Einsatz der ertragsteuerlichen Manövriermasse induzierte Folgewirkungen bei der VSt des Gesellschafters
Z	=	Zielfunktionswert

ANHANG B: Grenzsteuersatztabelle ESt-Tarif 1986/87

4536	0,0000	7721	,2200	10907	,2200
4589	,2200	7775	,2200	10961	,2200
4643	,2200	7829	,2200	11015	,2200
4697	,2200	7883	,2200	11069	,2200
4751	,2200	7937	,2200	11123	,2200
4805	,2200	7991	,2200	11177	,2200
4859	,2200	8045	,2200	11231	,2200
4913	,2200	8099	,2200	11285	,2200
4967	,2200	8153	,2200	11339	,2200
5021	,2200	8207	,2200	11393	,2200
5075	,2200	8261	,2200	11447	,2200
5129	,2200	8315	,2200	11501	,2200
5183	,2200	8369	,2200	11555	,2200
5237	,2200	8423	,2200	11609	,2200
5291	,2200	8477	,2200	11663	,2200
5345	,2200	8531	,2200	11717	,2200
5399	,2200	8585	,2200	11771	,2200
5453	,2200	8639	,2200	11825	,2200
5507	,2200	8693	,2200	11879	,2200
5561	,2200	8747	,2200	11933	,2200
5615	,2200	8801	,2200	11987	,2200
5669	,2200	8855	,2200	12041	,2200
5723	,2200	8909	,2200	12095	,2200
5777	,2200	8963	,2200	12149	,2200
5831	,2200	9017	,2200	12203	,2200
5885	,2200	9071	,2200	12257	,2200
5939	,2200	9125	,2200	12311	,2200
5993	,2200	9179	,2200	12365	,2200
6047	,2200	9233	,2200	12419	,2200
6101	,2200	9287	,2200	12473	,2200
6155	,2200	9341	,2200	12527	,2200
6209	,2200	9395	,2200	12581	,2200
6263	,2200	9449	,2200	12635	,2200
6317	,2200	9503	,2200	12689	,2200
6371	,2200	9557	,2200	12743	,2200
6425	,2200	9611	,2200	12797	,2200
6479	,2200	9665	,2200	12851	,2200
6533	,2200	9719	,2200	12905	,2200
6587	,2200	9773	,2200	12959	,2200
6641	,2200	9827	,2200	13013	,2200
6695	,2200	9881	,2200	13067	,2200
6749	,2200	9935	,2200	13121	,2200
6803	,2200	9989	,2200	13175	,2200
6857	,2200	10043	,2200	13229	,2200
6911	,2200	10097	,2200	13283	,2200
6965	,2200	10151	,2200	13337	,2200
7019	,2200	10205	,2200	13391	,2200
7073	,2200	10259	,2200	13445	,2200
7127	,2200	10313	,2200	13499	,2200
7181	,2200	10367	,2200	13553	,2200
7235	,2200	10421	,2200	13607	,2200
7289	,2200	10475	,2200	13661	,2200
7343	,2200	10529	,2200	13715	,2200
7397	,2200	10583	,2200	13769	,2200
7451	,2200	10637	,2200	13823	,2200
7505	,2200	10691	,2200	13877	,2200
7559	,2200	10745	,2200	13931	,2200
7613	,2200	10799	,2200	13985	,2200
7667	,2200	10853	,2200	14039	,2200

14093	,2200	17279	,2200	20465	,2485
14147	,2200	17333	,2200	20519	,2491
14201	,2200	17387	,2200	20573	,2497
14255	,2200	17441	,2200	20627	,2503
14309	,2200	17495	,2200	20681	,2509
14363	,2200	17549	,2200	20735	,2515
14417	,2200	17603	,2200	20789	,2521
14471	,2200	17657	,2200	20843	,2527
14525	,2200	17711	,2200	20897	,2533
14579	,2200	17765	,2200	20951	,2539
14633	,2200	17819	,2200	21005	,2545
14687	,2200	17873	,2200	21059	,2551
14741	,2200	17927	,2200	21113	,2557
14795	,2200	17981	,2200	21167	,2563
14849	,2200	18035	,2200	21221	,2569
14903	,2200	18089	,2210	21275	,2575
14957	,2200	18143	,2217	21329	,2581
15011	,2200	18197	,2223	21383	,2587
15065	,2200	18251	,2230	21437	,2592
15119	,2200	18305	,2236	21491	,2598
15173	,2200	18359	,2242	21545	,2604
15227	,2200	18413	,2249	21599	,2610
15281	,2200	18467	,2255	21653	,2616
15335	,2200	18521	,2262	21707	,2622
15389	,2200	18575	,2268	21761	,2627
15443	,2200	18629	,2274	21815	,2633
15497	,2200	18683	,2281	21869	,2639
15551	,2200	18737	,2287	21923	,2645
15605	,2200	18791	,2293	21977	,2651
15659	,2200	18845	,2300	22031	,2656
15713	,2200	18899	,2306	22085	,2662
15767	,2200	18953	,2312	22139	,2668
15821	,2200	19007	,2319	22193	,2674
15875	,2200	19061	,2325	22247	,2679
15929	,2200	19115	,2331	22301	,2685
15983	,2200	19169	,2337	22355	,2691
16037	,2200	19223	,2344	22409	,2697
16091	,2200	19277	,2350	22463	,2702
16145	,2200	19331	,2356	22517	,2708
16199	,2200	19385	,2362	22571	,2714
16253	,2200	19439	,2369	22625	,2719
16307	,2200	19493	,2375	22679	,2725
16361	,2200	19547	,2381	22733	,2731
16415	,2200	19601	,2387	22787	,2736
16469	,2200	19655	,2394	22841	,2742
16523	,2200	19709	,2400	22895	,2748
16577	,2200	19763	,2406	22949	,2753
16631	,2200	19817	,2412	23003	,2759
16685	,2200	19871	,2418	23057	,2764
16739	,2200	19925	,2424	23111	,2770
16793	,2200	19979	,2430	23165	,2776
16847	,2200	20033	,2437	23219	,2781
16901	,2200	20087	,2443	23273	,2787
16955	,2200	20141	,2449	23327	,2792
17009	,2200	20195	,2455	23381	,2798
17063	,2200	20249	,2461	23435	,2803
17117	,2200	20303	,2467	23489	,2809
17171	,2200	20357	,2473	23543	,2814
17225	,2200	20411	,2479	23597	,2820

23651	,2825	26837	,3134	30023	,3414
23705	,2831	26891	,3139	30077	,3418
23759	,2836	26945	,3144	30131	,3423
23813	,2842	26999	,3149	30185	,3427
23867	,2847	27053	,3154	30239	,3432
23921	,2853	27107	,3159	30293	,3436
23975	,2858	27161	,3164	30347	,3441
24029	,2864	27215	,3169	30401	,3445
24083	,2869	27269	,3174	30455	,3450
24137	,2875	27323	,3179	30509	,3454
24191	,2880	27377	,3184	30563	,3458
24245	,2885	27431	,3189	30617	,3463
24299	,2891	27485	,3194	30671	,3467
24353	,2896	27539	,3199	30725	,3472
24407	,2902	27593	,3203	30779	,3476
24461	,2907	27647	,3208	30833	,3480
24515	,2912	27701	,3213	30887	,3485
24569	,2918	27755	,3218	30941	,3489
24623	,2923	27809	,3223	30995	,3494
24677	,2928	27863	,3228	31049	,3498
24731	,2934	27917	,3232	31103	,3502
24785	,2939	27971	,3237	31157	,3507
24839	,2944	28025	,3242	31211	,3511
24893	,2950	28079	,3247	31265	,3515
24947	,2955	28133	,3252	31319	,3519
25001	,2960	28187	,3256	31373	,3524
25055	,2965	28241	,3261	31427	,3528
25109	,2971	28295	,3266	31481	,3532
25163	,2976	28349	,3271	31535	,3537
25217	,2981	28403	,3275	31589	,3541
25271	,2986	28457	,3280	31643	,3545
25325	,2992	28511	,3285	31697	,3549
25379	,2997	28565	,3290	31751	,3554
25433	,3002	28619	,3294	31805	,3558
25487	,3007	28673	,3299	31859	,3562
25541	,3012	28727	,3304	31913	,3566
25595	,3018	28781	,3308	31967	,3571
25649	,3023	28835	,3313	32021	,3575
25703	,3028	28889	,3318	32075	,3579
25757	,3033	28943	,3322	32129	,3583
25811	,3038	28997	,3327	32183	,3587
25865	,3043	29051	,3332	32237	,3592
25919	,3049	29105	,3336	32291	,3596
25973	,3054	29159	,3341	32345	,3600
26027	,3059	29213	,3346	32399	,3604
26081	,3064	29267	,3350	32453	,3608
26135	,3069	29321	,3355	32507	,3612
26189	,3074	29375	,3359	32561	,3616
26243	,3079	29429	,3364	32615	,3621
26297	,3084	29483	,3369	32669	,3625
26351	,3089	29537	,3373	32723	,3629
26405	,3094	29591	,3378	32777	,3633
26459	,3099	29645	,3382	32831	,3637
26513	,3104	29699	,3387	32885	,3641
26567	,3109	29753	,3391	32939	,3645
26621	,3114	29807	,3396	32993	,3649
26675	,3120	29861	,3400	33047	,3653
26729	,3125	29915	,3405	33101	,3657
26783	,3130	29969	,3409	33155	,3661

33209	,3665	36395	,3891	39581	,4091
33263	,3669	36449	,3894	39635	,4094
33317	,3673	36503	,3898	39689	,4097
33371	,3677	36557	,3901	39743	,4100
33425	,3681	36611	,3905	39797	,4104
33479	,3685	36665	,3908	39851	,4107
33533	,3689	36719	,3912	39905	,4110
33587	,3693	36773	,3916	39959	,4113
33641	,3697	36827	,3919	40013	,4116
33695	,3701	36881	,3923	40067	,4119
33749	,3705	36935	,3926	40121	,4123
33803	,3709	36989	,3930	40175	,4126
33857	,3713	37043	,3933	40229	,4129
33911	,3717	37097	,3937	40283	,4132
33965	,3721	37151	,3940	40337	,4135
34019	,3725	37205	,3944	40391	,4138
34073	,3729	37259	,3947	40445	,4141
34127	,3733	37313	,3951	40499	,4144
34181	,3737	37367	,3954	40553	,4147
34235	,3741	37421	,3958	40607	,4150
34289	,3745	37475	,3961	40661	,4154
34343	,3748	37529	,3965	40715	,4157
34397	,3752	37583	,3968	40769	,4160
34451	,3756	37637	,3971	40823	,4163
34505	,3760	37691	,3975	40877	,4166
34559	,3764	37745	,3978	40931	,4169
34613	,3768	37799	,3982	40985	,4172
34667	,3772	37853	,3985	41039	,4175
34721	,3775	37907	,3989	41093	,4178
34775	,3779	37961	,3992	41147	,4181
34829	,3783	38015	,3995	41201	,4184
34883	,3787	38069	,3999	41255	,4187
34937	,3791	38123	,4002	41309	,4190
34991	,3794	38177	,4006	41363	,4193
35045	,3798	38231	,4009	41417	,4196
35099	,3802	38285	,4012	41471	,4199
35153	,3806	38339	,4016	41525	,4202
35207	,3810	38393	,4019	41579	,4205
35261	,3813	38447	,4022	41633	,4208
35315	,3817	38501	,4026	41687	,4211
35369	,3821	38555	,4029	41741	,4214
35423	,3825	38609	,4032	41795	,4217
35477	,3828	38663	,4036	41849	,4219
35531	,3832	38717	,4039	41903	,4222
35585	,3836	38771	,4042	41957	,4225
35639	,3839	38825	,4046	42011	,4228
35693	,3843	38879	,4049	42065	,4231
35747	,3847	38933	,4052	42119	,4234
35801	,3850	38987	,4055	42173	,4237
35855	,3854	39041	,4059	42227	,4240
35909	,3858	39095	,4062	42281	,4243
35963	,3861	39149	,4065	42335	,4246
36017	,3865	39203	,4068	42389	,4248
36071	,3869	39257	,4072	42443	,4251
36125	,3872	39311	,4075	42497	,4254
36179	,3876	39365	,4078	42551	,4257
36233	,3880	39419	,4081	42605	,4260
36287	,3883	39473	,4085	42659	,4263
36341	,3887	39527	,4088	42713	,4265

42767	,4268	45953	,4424	49139	,4560
42821	,4271	46007	,4427	49193	,4562
42875	,4274	46061	,4429	49247	,4565
42929	,4277	46115	,4432	49301	,4567
42983	,4279	46169	,4434	49355	,4569
43037	,4282	46223	,4436	49409	,4571
43091	,4285	46277	,4439	49463	,4573
43145	,4288	46331	,4441	49517	,4575
43199	,4291	46385	,4444	49571	,4577
43253	,4293	46439	,4446	49625	,4579
43307	,4296	46493	,4449	49679	,4581
43361	,4299	46547	,4451	49733	,4584
43415	,4302	46601	,4453	49787	,4586
43469	,4304	46655	,4456	49841	,4588
43523	,4307	46709	,4458	49895	,4590
43577	,4310	46763	,4461	49949	,4592
43631	,4313	46817	,4463	50003	,4594
43685	,4315	46871	,4465	50057	,4596
43739	,4318	46925	,4468	50111	,4598
43793	,4321	46979	,4470	50165	,4600
43847	,4323	47033	,4472	50219	,4602
43901	,4326	47087	,4475	50273	,4604
43955	,4329	47141	,4477	50327	,4606
44009	,4331	47195	,4479	50381	,4608
44063	,4334	47249	,4482	50435	,4610
44117	,4337	47303	,4484	50489	,4612
44171	,4340	47357	,4486	50543	,4614
44225	,4342	47411	,4489	50597	,4616
44279	,4345	47465	,4491	50651	,4618
44333	,4347	47519	,4493	50705	,4620
44387	,4350	47573	,4496	50759	,4622
44441	,4353	47627	,4498	50813	,4624
44495	,4355	47681	,4500	50867	,4626
44549	,4358	47735	,4503	50921	,4628
44603	,4361	47789	,4505	50975	,4630
44657	,4363	47843	,4507	51029	,4632
44711	,4366	47897	,4509	51083	,4634
44765	,4368	47951	,4512	51137	,4636
44819	,4371	48005	,4514	51191	,4638
44873	,4374	48059	,4516	51245	,4640
44927	,4376	48113	,4518	51299	,4642
44981	,4379	48167	,4521	51353	,4644
45035	,4381	48221	,4523	51407	,4646
45089	,4384	48275	,4525	51461	,4648
45143	,4386	48329	,4527	51515	,4650
45197	,4389	48383	,4530	51569	,4652
45251	,4392	48437	,4532	51623	,4654
45305	,4394	48491	,4534	51677	,4656
45359	,4397	48545	,4536	51731	,4657
45413	,4399	48599	,4538	51785	,4659
45467	,4402	48653	,4541	51839	,4661
45521	,4404	48707	,4543	51893	,4663
45575	,4407	48761	,4545	51947	,4665
45629	,4409	48815	,4547	52001	,4667
45683	,4412	48869	,4549	52055	,4669
45737	,4414	48923	,4552	52109	,4671
45791	,4417	48977	,4554	52163	,4673
45845	,4419	49031	,4556	52217	,4674
45899	,4422	49085	,4558	52271	,4676

52325	,4678	55511	,4779	58697	,4866
52379	,4680	55565	,4781	58751	,4867
52433	,4682	55619	,4783	58805	,4869
52487	,4684	55673	,4784	58859	,4870
52541	,4685	55727	,4786	58913	,4871
52595	,4687	55781	,4787	58967	,4873
52649	,4689	55835	,4789	59021	,4874
52703	,4691	55889	,4790	59075	,4875
52757	,4693	55943	,4792	59129	,4877
52811	,4695	55997	,4794	59183	,4878
52865	,4696	56051	,4795	59237	,4879
52919	,4698	56105	,4797	59291	,4880
52973	,4700	56159	,4798	59345	,4882
53027	,4702	56213	,4800	59399	,4883
53081	,4704	56267	,4801	59453	,4884
53135	,4705	56321	,4803	59507	,4886
53189	,4707	56375	,4804	59561	,4887
53243	,4709	56429	,4806	59615	,4888
53297	,4711	56483	,4807	59669	,4889
53351	,4712	56537	,4809	59723	,4891
53405	,4714	56591	,4810	59777	,4892
53459	,4716	56645	,4812	59831	,4893
53513	,4718	56699	,4813	59885	,4895
53567	,4720	56753	,4815	59939	,4896
53621	,4721	56807	,4816	59993	,4897
53675	,4723	56861	,4818	60047	,4898
53729	,4725	56915	,4819	60101	,4900
53783	,4726	56969	,4821	60155	,4901
53837	,4728	57023	,4822	60209	,4902
53891	,4730	57077	,4824	60263	,4903
53945	,4732	57131	,4825	60317	,4905
53999	,4733	57185	,4827	60371	,4906
54053	,4735	57239	,4828	60425	,4907
54107	,4737	57293	,4830	60479	,4908
54161	,4738	57347	,4831	60533	,4909
54215	,4740	57401	,4832	60587	,4911
54269	,4742	57455	,4834	60641	,4912
54323	,4743	57509	,4835	60695	,4913
54377	,4745	57563	,4837	60749	,4914
54431	,4747	57617	,4838	60803	,4916
54485	,4749	57671	,4840	60857	,4917
54539	,4750	57725	,4841	60911	,4918
54593	,4752	57779	,4842	60965	,4919
54647	,4754	57833	,4844	61019	,4920
54701	,4755	57887	,4845	61073	,4922
54755	,4757	57941	,4847	61127	,4923
54809	,4758	57995	,4848	61181	,4924
54863	,4760	58049	,4849	61235	,4925
54917	,4762	58103	,4851	61289	,4926
54971	,4763	58157	,4852	61343	,4927
55025	,4765	58211	,4854	61397	,4929
55079	,4767	58265	,4855	61451	,4930
55133	,4768	58319	,4856	61505	,4931
55187	,4770	58373	,4858	61559	,4932
55241	,4771	58427	,4859	61613	,4933
55295	,4773	58481	,4860	61667	,4934
55349	,4775	58535	,4862	61721	,4936
55403	,4776	58589	,4863	61775	,4937
55457	,4778	58643	,4864	61829	,4938

61883	,4939	65069	,5000	68255	,5052
61937	,4940	65123	,5001	68309	,5053
61991	,4941	65177	,5002	68363	,5053
62045	,4942	65231	,5003	68417	,5054
62099	,4943	65285	,5004	68471	,5055
62153	,4945	65339	,5005	68525	,5056
62207	,4946	65393	,5006	68579	,5057
62261	,4947	65447	,5007	68633	,5057
62315	,4948	65501	,5008	68687	,5058
62369	,4949	65555	,5009	68741	,5059
62423	,4950	65609	,5010	68795	,5060
62477	,4951	65663	,5011	68849	,5060
62531	,4952	65717	,5012	68903	,5061
62585	,4953	65771	,5013	68957	,5062
62639	,4955	65825	,5013	69011	,5063
62693	,4956	65879	,5014	69065	,5063
62747	,4957	65933	,5015	69119	,5064
62801	,4958	65987	,5016	69173	,5065
62855	,4959	66041	,5017	69227	,5066
62909	,4960	66095	,5018	69281	,5066
62963	,4961	66149	,5019	69335	,5067
63017	,4962	66203	,5020	69389	,5068
63071	,4963	66257	,5021	69443	,5069
63125	,4964	66311	,5022	69497	,5069
63179	,4965	66365	,5022	69551	,5070
63233	,4966	66419	,5023	69605	,5071
63287	,4967	66473	,5024	69659	,5072
63341	,4968	66527	,5025	69713	,5072
63395	,4969	66581	,5026	69767	,5073
63449	,4971	66635	,5027	69821	,5074
63503	,4972	66689	,5028	69875	,5075
63557	,4973	66743	,5029	69929	,5075
63611	,4974	66797	,5029	69983	,5076
63665	,4975	66851	,5030	70037	,5077
63719	,4976	66905	,5031	70091	,5077
63773	,4977	66959	,5032	70145	,5078
63827	,4978	67013	,5033	70199	,5079
63881	,4979	67067	,5034	70253	,5080
63935	,4980	67121	,5035	70307	,5080
63989	,4981	67175	,5035	70361	,5081
64043	,4982	67229	,5036	70415	,5082
64097	,4983	67283	,5037	70469	,5082
64151	,4984	67337	,5038	70523	,5083
64205	,4985	67391	,5039	70577	,5084
64259	,4986	67445	,5040	70631	,5085
64313	,4987	67499	,5040	70685	,5085
64367	,4988	67553	,5041	70739	,5086
64421	,4989	67607	,5042	70793	,5087
64475	,4990	67661	,5043	70847	,5087
64529	,4991	67715	,5044	70901	,5088
64583	,4992	67769	,5045	70955	,5089
64637	,4993	67823	,5045	71009	,5089
64691	,4994	67877	,5046	71063	,5090
64745	,4995	67931	,5047	71117	,5091
64799	,4996	67985	,5048	71171	,5091
64853	,4997	68039	,5049	71225	,5092
64907	,4998	68093	,5049	71279	,5093
64961	,4998	68147	,5050	71333	,5093
65015	,4999	68201	,5051	71387	,5094

71441	,5095	74627	,5131	77813	,5162
71495	,5095	74681	,5132	77867	,5163
71549	,5096	74735	,5132	77921	,5163
71603	,5097	74789	,5133	77975	,5164
71657	,5097	74843	,5133	78029	,5164
71711	,5098	74897	,5134	78083	,5164
71765	,5099	74951	,5134	78137	,5165
71819	,5099	75005	,5135	78191	,5165
71873	,5100	75059	,5135	78245	,5166
71927	,5101	75113	,5136	78299	,5166
71981	,5101	75167	,5137	78353	,5167
72035	,5102	75221	,5137	78407	,5167
72089	,5103	75275	,5138	78461	,5168
72143	,5103	75329	,5138	78515	,5168
72197	,5104	75383	,5139	78569	,5169
72251	,5105	75437	,5139	78623	,5169
72305	,5105	75491	,5140	78677	,5170
72359	,5106	75545	,5140	78731	,5170
72413	,5106	75599	,5141	78785	,5171
72467	,5107	75653	,5141	78839	,5171
72521	,5108	75707	,5142	78893	,5172
72575	,5108	75761	,5143	78947	,5172
72629	,5109	75815	,5143	79001	,5173
72683	,5110	75869	,5144	79055	,5173
72737	,5110	75923	,5144	79109	,5174
72791	,5111	75977	,5145	79163	,5174
72845	,5111	76031	,5145	79217	,5175
72899	,5112	76085	,5146	79271	,5175
72953	,5113	76139	,5146	79325	,5175
73007	,5113	76193	,5147	79379	,5176
73061	,5114	76247	,5147	79433	,5176
73115	,5115	76301	,5148	79487	,5177
73169	,5115	76355	,5148	79541	,5177
73223	,5116	76409	,5149	79595	,5178
73277	,5116	76463	,5149	79649	,5178
73331	,5117	76517	,5150	79703	,5179
73385	,5118	76571	,5150	79757	,5179
73439	,5118	76625	,5151	79811	,5180
73493	,5119	76679	,5151	79865	,5180
73547	,5119	76733	,5152	79919	,5181
73601	,5120	76787	,5153	79973	,5181
73655	,5121	76841	,5153	80027	,5181
73709	,5121	76895	,5154	80027	,5180
73763	,5122	76949	,5154	80081	,5180
73817	,5122	77003	,5155	80135	,5181
73871	,5123	77057	,5155	80189	,5181
73925	,5124	77111	,5156	80243	,5182
73979	,5124	77165	,5156	80297	,5182
74033	,5125	77219	,5157	80351	,5182
74087	,5125	77273	,5157	80405	,5183
74141	,5126	77327	,5158	80459	,5183
74195	,5126	77381	,5158	80513	,5184
74249	,5127	77435	,5159	80567	,5184
74303	,5128	77489	,5159	80621	,5185
74357	,5128	77543	,5160	80675	,5185
74411	,5129	77597	,5160	80729	,5186
74465	,5129	77651	,5161	80783	,5186
74519	,5130	77705	,5161	80837	,5187
74573	,5130	77759	,5162	80891	,5187

80945	,5187	84131	,5214	87317	,5241
80999	,5188	84185	,5215	87371	,5241
81053	,5188	84239	,5215	87425	,5242
81107	,5189	84293	,5216	87479	,5242
81161	,5189	84347	,5216	87533	,5243
81215	,5190	84401	,5216	87587	,5243
81269	,5190	84455	,5217	87641	,5244
81323	,5191	84509	,5217	87695	,5244
81377	,5191	84563	,5218	87749	,5245
81431	,5192	84617	,5218	87803	,5245
81485	,5192	84671	,5219	87857	,5245
81539	,5192	84725	,5219	87911	,5246
81593	,5193	84779	,5220	87965	,5246
81647	,5193	84833	,5220	88019	,5247
81701	,5194	84887	,5221	88073	,5247
81755	,5194	84941	,5221	88127	,5248
81809	,5195	84995	,5221	88181	,5248
81863	,5195	85049	,5222	88235	,5249
81917	,5196	85103	,5222	88289	,5249
81971	,5196	85157	,5223	88343	,5250
82025	,5197	85211	,5223	88397	,5250
82079	,5197	85265	,5224	88451	,5250
82133	,5197	85319	,5224	88505	,5251
82187	,5198	85373	,5225	88559	,5251
82241	,5198	85427	,5225	88613	,5252
82295	,5199	85481	,5226	88667	,5252
82349	,5199	85535	,5226	88721	,5253
82403	,5200	85589	,5226	88775	,5253
82457	,5200	85643	,5227	88829	,5254
82511	,5201	85697	,5227	88883	,5254
82565	,5201	85751	,5228	88937	,5255
82619	,5201	85805	,5228	88991	,5255
82673	,5202	85859	,5229	89045	,5255
82727	,5202	85913	,5229	89099	,5256
82781	,5203	85967	,5230	89153	,5256
82835	,5203	86021	,5230	89207	,5257
82889	,5204	86075	,5231	89261	,5257
82943	,5204	86129	,5231	89315	,5258
82997	,5205	86183	,5231	89369	,5258
83051	,5205	86237	,5232	89423	,5259
83105	,5206	86291	,5232	89477	,5259
83159	,5206	86345	,5233	89531	,5260
83213	,5206	86399	,5233	89585	,5260
83267	,5207	86453	,5234	89639	,5260
83321	,5207	86507	,5234	89693	,5261
83375	,5208	86561	,5235	89747	,5261
83429	,5208	86615	,5235	89801	,5262
83483	,5209	86669	,5236	89855	,5262
83537	,5209	86723	,5236	89909	,5263
83591	,5210	86777	,5236	89963	,5263
83645	,5210	86831	,5237	90017	,5264
83699	,5211	86885	,5237	90071	,5264
83753	,5211	86939	,5238	90125	,5265
83807	,5211	86993	,5238	90179	,5265
83861	,5212	87047	,5239	90233	,5265
83915	,5212	87101	,5239	90287	,5266
83969	,5213	87155	,5240	90341	,5266
84023	,5213	87209	,5240	90395	,5267
84077	,5214	87263	,5241	90449	,5267

90503	,5268	93689	,5294	96875	,5321
90557	,5268	93743	,5295	96929	,5322
90611	,5269	93797	,5295	96983	,5322
90665	,5269	93851	,5296	97037	,5323
90719	,5270	93905	,5296	97091	,5323
90773	,5270	93959	,5297	97145	,5324
90827	,5270	94013	,5297	97199	,5324
90881	,5271	94067	,5298	97253	,5324
90935	,5271	94121	,5298	97307	,5325
90989	,5272	94175	,5299	97361	,5325
91043	,5272	94229	,5299	97415	,5326
91097	,5273	94283	,5299	97469	,5326
91151	,5273	94337	,5300	97523	,5327
91205	,5274	94391	,5300	97577	,5327
91259	,5274	94445	,5301	97631	,5328
91313	,5275	94499	,5301	97685	,5328
91367	,5275	94553	,5302	97739	,5329
91421	,5275	94607	,5302	97793	,5329
91475	,5276	94661	,5303	97847	,5329
91529	,5276	94715	,5303	97901	,5330
91583	,5277	94769	,5304	97955	,5330
91637	,5277	94823	,5304	98009	,5331
91691	,5278	94877	,5304	98063	,5331
91745	,5278	94931	,5305	98117	,5332
91799	,5279	94985	,5305	98171	,5332
91853	,5279	95039	,5306	98225	,5333
91907	,5280	95093	,5306	98279	,5333
91961	,5280	95147	,5307	98333	,5333
92015	,5280	95201	,5307	98387	,5334
92069	,5281	95255	,5308	98441	,5334
92123	,5281	95309	,5308	98495	,5335
92177	,5282	95363	,5309	98549	,5335
92231	,5282	95417	,5309	98603	,5336
92285	,5283	95471	,5309	98657	,5336
92339	,5283	95525	,5310	98711	,5337
92393	,5284	95579	,5310	98765	,5337
92447	,5284	95633	,5311	98819	,5338
92501	,5285	95687	,5311	98873	,5338
92555	,5285	95741	,5312	98927	,5338
92609	,5285	95795	,5312	98981	,5339
92663	,5286	95849	,5313	99035	,5339
92717	,5286	95903	,5313	99089	,5340
92771	,5287	95957	,5314	99143	,5340
92825	,5287	96011	,5314	99197	,5341
92879	,5288	96065	,5314	99251	,5341
92933	,5288	96119	,5315	99305	,5342
92987	,5289	96173	,5315	99359	,5342
93041	,5289	96227	,5316	99413	,5343
93095	,5289	96281	,5316	99467	,5343
93149	,5290	96335	,5317	99521	,5343
93203	,5290	96389	,5317	99575	,5344
93257	,5291	96443	,5318	99629	,5344
93311	,5291	96497	,5318	99683	,5345
93365	,5292	96551	,5319	99737	,5345
93419	,5292	96605	,5319	99791	,5346
93473	,5293	96659	,5319	99845	,5346
93527	,5293	96713	,5320	99899	,5347
93581	,5294	96767	,5320	99953	,5347
93635	,5294	96821	,5321	100007	,5348

100061	,5348	103247	,5375	106433	,5402
100115	,5348	103301	,5375	106487	,5402
100169	,5349	103355	,5376	106541	,5402
100223	,5349	103409	,5376	106595	,5403
100277	,5350	103463	,5377	106649	,5403
100331	,5350	103517	,5377	106703	,5404
100385	,5351	103571	,5377	106757	,5404
100439	,5351	103625	,5378	106811	,5405
100493	,5352	103679	,5378	106865	,5405
100547	,5352	103733	,5379	106919	,5406
100601	,5353	103787	,5379	106973	,5406
100655	,5353	103841	,5380	107027	,5407
100709	,5353	103895	,5380	107081	,5407
100763	,5354	103949	,5381	107135	,5407
100817	,5354	104003	,5381	107189	,5408
100871	,5355	104057	,5382	107243	,5408
100925	,5355	104111	,5382	107297	,5409
100979	,5356	104165	,5382	107351	,5409
101033	,5356	104219	,5383	107405	,5410
101087	,5357	104273	,5383	107459	,5410
101141	,5357	104327	,5384	107513	,5411
101195	,5358	104381	,5384	107567	,5411
101249	,5358	104435	,5385	107621	,5412
101303	,5358	104489	,5385	107675	,5412
101357	,5359	104543	,5386	107729	,5412
101411	,5359	104597	,5386	107783	,5413
101465	,5360	104651	,5387	107837	,5413
101519	,5360	104705	,5387	107891	,5414
101573	,5361	104759	,5387	107945	,5414
101627	,5361	104813	,5388	107999	,5415
101681	,5362	104867	,5388	108053	,5415
101735	,5362	104921	,5389	108107	,5416
101789	,5363	104975	,5389	108161	,5416
101843	,5363	105029	,5390	108215	,5417
101897	,5363	105083	,5390	108269	,5417
101951	,5364	105137	,5391	108323	,5417
102005	,5364	105191	,5391	108377	,5418
102059	,5365	105245	,5392	108431	,5418
102113	,5365	105299	,5392	108485	,5419
102167	,5366	105353	,5392	108539	,5419
102221	,5366	105407	,5393	108593	,5420
102275	,5367	105461	,5393	108647	,5420
102329	,5367	105515	,5394	108701	,5421
102383	,5368	105569	,5394	108755	,5421
102437	,5368	105623	,5395	108809	,5421
102491	,5368	105677	,5395	108863	,5422
102545	,5369	105731	,5396	108917	,5422
102599	,5369	105785	,5396	108971	,5423
102653	,5370	105839	,5397	109025	,5423
102707	,5370	105893	,5397	109079	,5424
102761	,5371	105947	,5397	109133	,5424
102815	,5371	106001	,5398	109187	,5425
102869	,5372	106055	,5398	109241	,5425
102923	,5372	106109	,5399	109295	,5426
102977	,5373	106163	,5399	109349	,5426
103031	,5373	106217	,5400	109403	,5426
103085	,5373	106271	,5400	109457	,5427
103139	,5374	106325	,5401	109511	,5427
103193	,5374	106379	,5401	109565	,5428

109619	,5428	112805	,5455	115991	,5482
109673	,5429	112859	,5456	116045	,5482
109727	,5429	112913	,5456	116099	,5483
109781	,5430	112967	,5456	116153	,5483
109835	,5430	113021	,5457	116207	,5484
109889	,5431	113075	,5457	116261	,5484
109943	,5431	113129	,5458	116315	,5485
109997	,5431	113183	,5458	116369	,5485
110051	,5432	113237	,5459	116423	,5485
110105	,5432	113291	,5459	116477	,5486
110159	,5433	113345	,5460	116531	,5486
110213	,5433	113399	,5460	116585	,5487
110267	,5434	113453	,5461	116639	,5487
110321	,5434	113507	,5461	116693	,5488
110375	,5435	113561	,5461	116747	,5488
110429	,5435	113615	,5462	116801	,5489
110483	,5436	113669	,5462	116855	,5489
110537	,5436	113723	,5463	116909	,5490
110591	,5436	113777	,5463	116963	,5490
110645	,5437	113831	,5464	117017	,5490
110699	,5437	113885	,5464	117071	,5491
110753	,5438	113939	,5465	117125	,5491
110807	,5438	113993	,5465	117179	,5492
110861	,5439	114047	,5465	117233	,5492
110915	,5439	114101	,5466	117287	,5493
110969	,5440	114155	,5466	117341	,5493
111023	,5440	114209	,5467	117395	,5494
111077	,5441	114263	,5467	117449	,5494
111131	,5441	114317	,5468	117503	,5495
111185	,5441	114371	,5468	117557	,5495
111239	,5442	114425	,5469	117611	,5495
111293	,5442	114479	,5469	117665	,5496
111347	,5443	114533	,5470	117719	,5496
111401	,5443	114587	,5470	117773	,5497
111455	,5444	114641	,5470	117827	,5497
111509	,5444	114695	,5471	117881	,5498
111563	,5445	114749	,5471	117935	,5498
111617	,5445	114803	,5472	117989	,5499
111671	,5446	114857	,5472	118043	,5499
111725	,5446	114911	,5473	118097	,5500
111779	,5446	114965	,5473	118151	,5500
111833	,5447	115019	,5474	118205	,5500
111887	,5447	115073	,5474	118259	,5501
111941	,5448	115127	,5475	118313	,5501
111995	,5448	115181	,5475	118367	,5502
112049	,5449	115235	,5475	118421	,5502
112103	,5449	115289	,5476	118475	,5503
112157	,5450	115343	,5476	118529	,5503
112211	,5450	115397	,5477	118583	,5504
112265	,5451	115451	,5477	118637	,5504
112319	,5451	115505	,5478	118691	,5505
112373	,5451	115559	,5478	118745	,5505
112427	,5452	115613	,5479	118799	,5505
112481	,5452	115667	,5479	118853	,5506
112535	,5453	115721	,5480	118907	,5506
112589	,5453	115775	,5480	118961	,5507
112643	,5454	115829	,5480	119015	,5507
112697	,5454	115883	,5481	119069	,5508
112751	,5455	115937	,5481	119123	,5508

119177	,5509	122363	,5535	125549	,5562
119231	,5509	122417	,5536	125603	,5563
119285	,5509	122471	,5536	125657	,5563
119339	,5510	122525	,5537	125711	,5563
119393	,5510	122579	,5537	125765	,5564
119447	,5511	122633	,5538	125819	,5564
119501	,5511	122687	,5538	125873	,5565
119555	,5512	122741	,5539	125927	,5565
119609	,5512	122795	,5539	125981	,5566
119663	,5513	122849	,5539	126035	,5566
119717	,5513	122903	,5540	126089	,5567
119771	,5514	122957	,5540	126143	,5567
119825	,5514	123011	,5541	126197	,5568
119879	,5514	123065	,5541	126251	,5568
119933	,5515	123119	,5542	126305	,5568
119987	,5515	123173	,5542	126359	,5569
120041	,5516	123227	,5543	126413	,5569
120095	,5516	123281	,5543	126467	,5570
120149	,5517	123335	,5544	126521	,5570
120203	,5517	123389	,5544	126575	,5571
120257	,5518	123443	,5544	126629	,5571
120311	,5518	123497	,5545	126683	,5572
120365	,5519	123551	,5545	126737	,5572
120419	,5519	123605	,5546	126791	,5573
120473	,5519	123659	,5546	126845	,5573
120527	,5520	123713	,5547	126899	,5573
120581	,5520	123767	,5547	126953	,5574
120635	,5521	123821	,5548	127007	,5574
120689	,5521	123875	,5548	127061	,5575
120743	,5522	123929	,5549	127115	,5575
120797	,5522	123983	,5549	127169	,5576
120851	,5523	124037	,5549	127223	,5576
120905	,5523	124091	,5550	127277	,5577
120959	,5524	124145	,5550	127331	,5577
121013	,5524	124199	,5551	127385	,5578
121067	,5524	124253	,5551	127439	,5578
121121	,5525	124307	,5552	127493	,5578
121175	,5525	124361	,5552	127547	,5579
121229	,5526	124415	,5553	127601	,5579
121283	,5526	124469	,5553	127655	,5580
121337	,5527	124523	,5553	127709	,5580
121391	,5527	124577	,5554	127763	,5581
121445	,5528	124631	,5554	127817	,5581
121499	,5528	124685	,5555	127871	,5582
121553	,5529	124739	,5555	127925	,5582
121607	,5529	124793	,5556	127979	,5583
121661	,5529	124847	,5556	128033	,5583
121715	,5530	124901	,5557	128087	,5583
121769	,5530	124955	,5557	128141	,5584
121823	,5531	125009	,5558	128195	,5584
121877	,5531	125063	,5558	128249	,5585
121931	,5532	125117	,5558	128303	,5585
121985	,5532	125171	,5559	128357	,5586
122039	,5533	125225	,5559	128411	,5586
122093	,5533	125279	,5560	128465	,5587
122147	,5534	125333	,5560	128519	,5587
122201	,5534	125387	,5561	128573	,5588
122255	,5534	125441	,5561	128627	,5588
122309	,5535	125495	,5562	128681	,5588

128735	,5589
128789	,5589
128843	,5590
128897	,5590
128951	,5591
129005	,5591
129059	,5592
129113	,5592
129167	,5593
129221	,5593
129275	,5593
129329	,5594
129383	,5594
129437	,5595
129491	,5595
129545	,5596
129599	,5596
129653	,5597
129707	,5597
129761	,5597
129815	,5598
129869	,5598
129923	,5599
129977	,5599
130031	,5600
130032	0,5600

ANHANG B: Grenzsteuersatztabelle ESt-Tarif 1988

4481	0,0000	7667	,2200	10853	,2200
4535	,0000	7721	,2200	10907	,2200
4589	,0000	7775	,2200	10961	,2200
4643	,0000	7829	,2200	11015	,2200
4697	,0000	7883	,2200	11069	,2200
4751	,0000	7937	,2200	11123	,2200
4805	,0000	7991	,2200	11177	,2200
4859	,2200	8045	,2200	11231	,2200
4913	,2200	8099	,2200	11285	,2200
4967	,2200	8153	,2200	11339	,2200
5021	,2200	8207	,2200	11393	,2200
5075	,2200	8261	,2200	11447	,2200
5129	,2200	8315	,2200	11501	,2200
5183	,2200	8369	,2200	11555	,2200
5237	,2200	8423	,2200	11609	,2200
5291	,2200	8477	,2200	11663	,2200
5345	,2200	8531	,2200	11717	,2200
5399	,2200	8585	,2200	11771	,2200
5453	,2200	8639	,2200	11825	,2200
5507	,2200	8693	,2200	11879	,2200
5561	,2200	8747	,2200	11933	,2200
5615	,2200	8801	,2200	11987	,2200
5669	,2200	8855	,2200	12041	,2200
5723	,2200	8909	,2200	12095	,2200
5777	,2200	8963	,2200	12149	,2200
5831	,2200	9017	,2200	12203	,2200
5885	,2200	9071	,2200	12257	,2200
5939	,2200	9125	,2200	12311	,2200
5993	,2200	9179	,2200	12365	,2200
6047	,2200	9233	,2200	12419	,2200
6101	,2200	9287	,2200	12473	,2200
6155	,2200	9341	,2200	12527	,2200
6209	,2200	9395	,2200	12581	,2200
6263	,2200	9449	,2200	12635	,2200
6317	,2200	9503	,2200	12689	,2200
6371	,2200	9557	,2200	12743	,2200
6425	,2200	9611	,2200	12797	,2200
6479	,2200	9665	,2200	12851	,2200
6533	,2200	9719	,2200	12905	,2200
6587	,2200	9773	,2200	12959	,2200
6641	,2200	9827	,2200	13013	,2200
6695	,2200	9881	,2200	13067	,2200
6749	,2200	9935	,2200	13121	,2200
6803	,2200	9989	,2200	13175	,2200
6857	,2200	10043	,2200	13229	,2200
6911	,2200	10097	,2200	13283	,2200
6965	,2200	10151	,2200	13337	,2200
7019	,2200	10205	,2200	13391	,2200
7073	,2200	10259	,2200	13445	,2200
7127	,2200	10313	,2200	13499	,2200
7181	,2200	10367	,2200	13553	,2200
7235	,2200	10421	,2200	13607	,2200
7289	,2200	10475	,2200	13661	,2200
7343	,2200	10529	,2200	13715	,2200
7397	,2200	10583	,2200	13769	,2200
7451	,2200	10637	,2200	13823	,2200
7505	,2200	10691	,2200	13877	,2200
7559	,2200	10745	,2200	13931	,2200
7613	,2200	10799	,2200	13985	,2200

14039	,2200	17225	,2200	20357	,2382
14093	,2200	17279	,2200	20411	,2386
14147	,2200	17333	,2200	20465	,2390
14201	,2200	17387	,2200	20519	,2394
14255	,2200	17441	,2200	20573	,2398
14309	,2200	17495	,2200	20627	,2402
14363	,2200	17549	,2200	20681	,2406
14417	,2200	17603	,2200	20735	,2410
14471	,2200	17657	,2200	20789	,2414
14525	,2200	17711	,2200	20843	,2419
14579	,2200	17765	,2200	20897	,2423
14633	,2200	17819	,2200	20951	,2427
14687	,2200	17873	,2200	21005	,2431
14741	,2200	17927	,2200	21059	,2435
14795	,2200	17981	,2200	21113	,2439
14849	,2200	18035	,2200	21167	,2443
14903	,2200	18035	,2204	21221	,2447
14957	,2200	18089	,2208	21275	,2451
15011	,2200	18143	,2212	21329	,2455
15065	,2200	18197	,2216	21383	,2459
15119	,2200	18251	,2221	21437	,2463
15173	,2200	18305	,2225	21491	,2467
15227	,2200	18359	,2229	21545	,2471
15281	,2200	18413	,2233	21599	,2475
15335	,2200	18467	,2237	21653	,2479
15389	,2200	18521	,2242	21707	,2483
15443	,2200	18575	,2246	21761	,2487
15497	,2200	18629	,2250	21815	,2491
15551	,2200	18683	,2254	21869	,2495
15605	,2200	18737	,2258	21923	,2499
15659	,2200	18791	,2263	21977	,2502
15713	,2200	18845	,2267	22031	,2506
15767	,2200	18899	,2271	22085	,2510
15821	,2200	18953	,2275	22139	,2514
15875	,2200	19007	,2279	22193	,2518
15929	,2200	19061	,2283	22247	,2522
15983	,2200	19115	,2287	22301	,2526
16037	,2200	19169	,2292	22355	,2530
16091	,2200	19223	,2296	22409	,2534
16145	,2200	19277	,2300	22463	,2538
16199	,2200	19331	,2304	22517	,2542
16253	,2200	19385	,2308	22571	,2546
16307	,2200	19439	,2312	22625	,2550
16361	,2200	19493	,2316	22679	,2554
16415	,2200	19547	,2321	22733	,2558
16469	,2200	19601	,2325	22787	,2561
16523	,2200	19655	,2329	22841	,2565
16577	,2200	19709	,2333	22895	,2569
16631	,2200	19763	,2337	22949	,2573
16685	,2200	19817	,2341	23003	,2577
16739	,2200	19871	,2345	23057	,2581
16793	,2200	19925	,2349	23111	,2585
16847	,2200	19979	,2353	23165	,2589
16901	,2200	20033	,2358	23219	,2593
16955	,2200	20087	,2362	23273	,2596
17009	,2200	20141	,2366	23327	,2600
17063	,2200	20195	,2370	23381	,2604
17117	,2200	20249	,2374	23435	,2608
17171	,2200	20303	,2378	23489	,2612

23543	,2616	26729	,2837	29915	,3045
23597	,2620	26783	,2840	29969	,3049
23651	,2623	26837	,2844	30023	,3052
23705	,2627	26891	,2848	30077	,3055
23759	,2631	26945	,2851	30131	,3059
23813	,2635	26999	,2855	30185	,3062
23867	,2639	27053	,2858	30239	,3066
23921	,2643	27107	,2862	30293	,3069
23975	,2646	27161	,2866	30347	,3073
24029	,2650	27215	,2869	30401	,3076
24083	,2654	27269	,2873	30455	,3079
24137	,2658	27323	,2876	30509	,3083
24191	,2662	27377	,2880	30563	,3086
24245	,2665	27431	,2884	30617	,3089
24299	,2669	27485	,2887	30671	,3093
24353	,2673	27539	,2891	30725	,3096
24407	,2677	27593	,2894	30779	,3100
24461	,2681	27647	,2898	30833	,3103
24515	,2684	27701	,2902	30887	,3106
24569	,2688	27755	,2905	30941	,3110
24623	,2692	27809	,2909	30995	,3113
24677	,2696	27863	,2912	31049	,3116
24731	,2700	27917	,2916	31103	,3120
24785	,2703	27971	,2919	31157	,3123
24839	,2707	28025	,2923	31211	,3127
24893	,2711	28079	,2927	31265	,3130
24947	,2715	28133	,2930	31319	,3133
25001	,2718	28187	,2934	31373	,3137
25055	,2722	28241	,2937	31427	,3140
25109	,2726	28295	,2941	31481	,3143
25163	,2730	28349	,2944	31535	,3147
25217	,2733	28403	,2948	31589	,3150
25271	,2737	28457	,2951	31643	,3153
25325	,2741	28511	,2955	31697	,3156
25379	,2745	28565	,2958	31751	,3160
25433	,2748	28619	,2962	31805	,3163
25487	,2752	28673	,2965	31859	,3166
25541	,2756	28727	,2969	31913	,3170
25595	,2759	28781	,2972	31967	,3173
25649	,2763	28835	,2976	32021	,3176
25703	,2767	28889	,2979	32075	,3180
25757	,2771	28943	,2983	32129	,3183
25811	,2774	28997	,2986	32183	,3186
25865	,2778	29051	,2990	32237	,3189
25919	,2782	29105	,2993	32291	,3193
25973	,2785	29159	,2997	32345	,3196
26027	,2789	29213	,3000	32399	,3199
26081	,2793	29267	,3004	32453	,3203
26135	,2796	29321	,3007	32507	,3206
26189	,2800	29375	,3011	32561	,3209
26243	,2804	29429	,3014	32615	,3212
26297	,2807	29483	,3018	32669	,3216
26351	,2811	29537	,3021	32723	,3219
26405	,2815	29591	,3025	32777	,3222
26459	,2818	29645	,3028	32831	,3225
26513	,2822	29699	,3031	32885	,3229
26567	,2826	29753	,3035	32939	,3232
26621	,2829	29807	,3038	32993	,3235
26675	,2833	29861	,3042	33047	,3238

33101	,3242	36287	,3426	39473	,3599
33155	,3245	36341	,3429	39527	,3602
33209	,3248	36395	,3432	39581	,3605
33263	,3251	36449	,3435	39635	,3607
33317	,3254	36503	,3438	39689	,3610
33371	,3258	36557	,3441	39743	,3613
33425	,3261	36611	,3444	39797	,3616
33479	,3264	36665	,3447	39851	,3619
33533	,3267	36719	,3450	39905	,3621
33587	,3270	36773	,3453	39959	,3624
33641	,3274	36827	,3456	40013	,3627
33695	,3277	36881	,3459	40067	,3630
33749	,3280	36935	,3462	40121	,3633
33803	,3283	36989	,3465	40175	,3635
33857	,3286	37043	,3468	40229	,3638
33911	,3290	37097	,3471	40283	,3641
33965	,3293	37151	,3474	40337	,3644
34019	,3296	37205	,3477	40391	,3647
34073	,3299	37259	,3480	40445	,3649
34127	,3302	37313	,3483	40499	,3652
34181	,3305	37367	,3486	40553	,3655
34235	,3309	37421	,3489	40607	,3658
34289	,3312	37475	,3492	40661	,3660
34343	,3315	37529	,3495	40715	,3663
34397	,3318	37583	,3498	40769	,3666
34451	,3321	37637	,3501	40823	,3669
34505	,3324	37691	,3504	40877	,3671
34559	,3327	37745	,3507	40931	,3674
34613	,3331	37799	,3509	40985	,3677
34667	,3334	37853	,3512	41039	,3680
34721	,3337	37907	,3515	41093	,3682
34775	,3340	37961	,3518	41147	,3685
34829	,3343	38015	,3521	41201	,3688
34883	,3346	38069	,3524	41255	,3691
34937	,3349	38123	,3527	41309	,3693
34991	,3352	38177	,3530	41363	,3696
35045	,3356	38231	,3533	41417	,3699
35099	,3359	38285	,3536	41471	,3701
35153	,3362	38339	,3539	41525	,3704
35207	,3365	38393	,3542	41579	,3707
35261	,3368	38447	,3544	41633	,3710
35315	,3371	38501	,3547	41687	,3712
35369	,3374	38555	,3550	41741	,3715
35423	,3377	38609	,3553	41795	,3718
35477	,3380	38663	,3556	41849	,3720
35531	,3383	38717	,3559	41903	,3723
35585	,3386	38771	,3562	41957	,3726
35639	,3389	38825	,3565	42011	,3728
35693	,3393	38879	,3568	42065	,3731
35747	,3396	38933	,3570	42119	,3734
35801	,3399	38987	,3573	42173	,3736
35855	,3402	39041	,3576	42227	,3739
35909	,3405	39095	,3579	42281	,3742
35963	,3408	39149	,3582	42335	,3744
36017	,3411	39203	,3585	42389	,3747
36071	,3414	39257	,3588	42443	,3750
36125	,3417	39311	,3590	42497	,3752
36179	,3420	39365	,3593	42551	,3755
36233	,3423	39419	,3596	42605	,3758

42659	,3760	45845	,3911	49031	,4050
42713	,3763	45899	,3913	49085	,4053
42767	,3766	45953	,3916	49139	,4055
42821	,3768	46007	,3918	49193	,4057
42875	,3771	46061	,3921	49247	,4059
42929	,3774	46115	,3923	49301	,4062
42983	,3776	46169	,3925	49355	,4064
43037	,3779	46223	,3928	49409	,4066
43091	,3781	46277	,3930	49463	,4068
43145	,3784	46331	,3933	49517	,4071
43199	,3787	46385	,3935	49571	,4073
43253	,3789	46439	,3938	49625	,4075
43307	,3792	46493	,3940	49679	,4077
43361	,3794	46547	,3942	49733	,4080
43415	,3797	46601	,3945	49787	,4082
43469	,3800	46655	,3947	49841	,4084
43523	,3802	46709	,3950	49895	,4086
43577	,3805	46763	,3952	49949	,4089
43631	,3807	46817	,3954	50003	,4091
43685	,3810	46871	,3957	50057	,4093
43739	,3813	46925	,3959	50111	,4095
43793	,3815	46979	,3962	50165	,4097
43847	,3818	47033	,3964	50219	,4100
43901	,3820	47087	,3966	50273	,4102
43955	,3823	47141	,3969	50327	,4104
44009	,3825	47195	,3971	50381	,4106
44063	,3828	47249	,3974	50435	,4108
44117	,3831	47303	,3976	50489	,4111
44171	,3833	47357	,3978	50543	,4113
44225	,3836	47411	,3981	50597	,4115
44279	,3838	47465	,3983	50651	,4117
44333	,3841	47519	,3985	50705	,4119
44387	,3843	47573	,3988	50759	,4122
44441	,3846	47627	,3990	50813	,4124
44495	,3848	47681	,3993	50867	,4126
44549	,3851	47735	,3995	50921	,4128
44603	,3853	47789	,3997	50975	,4130
44657	,3856	47843	,4000	51029	,4132
44711	,3858	47897	,4002	51083	,4135
44765	,3861	47951	,4004	51137	,4137
44819	,3864	48005	,4007	51191	,4139
44873	,3866	48059	,4009	51245	,4141
44927	,3869	48113	,4011	51299	,4143
44981	,3871	48167	,4014	51353	,4145
45035	,3874	48221	,4016	51407	,4148
45089	,3876	48275	,4018	51461	,4150
45143	,3879	48329	,4020	51515	,4152
45197	,3881	48383	,4023	51569	,4154
45251	,3884	48437	,4025	51623	,4156
45305	,3886	48491	,4027	51677	,4158
45359	,3889	48545	,4030	51731	,4160
45413	,3891	48599	,4032	51785	,4162
45467	,3893	48653	,4034	51839	,4165
45521	,3896	48707	,4037	51893	,4167
45575	,3898	48761	,4039	51947	,4169
45629	,3901	48815	,4041	52001	,4171
45683	,3903	48869	,4043	52055	,4173
45737	,3906	48923	,4046	52109	,4175
45791	,3908	48977	,4048	52163	,4177

52217	,4179	55403	,4298	58589	,4407
52271	,4181	55457	,4300	58643	,4408
52325	,4184	55511	,4302	58697	,4410
52379	,4186	55565	,4304	58751	,4412
52433	,4188	55619	,4306	58805	,4414
52487	,4190	55673	,4308	58859	,4415
52541	,4192	55727	,4310	58913	,4417
52595	,4194	55781	,4311	58967	,4419
52649	,4196	55835	,4313	59021	,4421
52703	,4198	55889	,4315	59075	,4422
52757	,4200	55943	,4317	59129	,4424
52811	,4202	55997	,4319	59183	,4426
52865	,4204	56051	,4321	59237	,4428
52919	,4206	56105	,4323	59291	,4429
52973	,4208	56159	,4325	59345	,4431
53027	,4210	56213	,4327	59399	,4433
53081	,4213	56267	,4328	59453	,4434
53135	,4215	56321	,4330	59507	,4436
53189	,4217	56375	,4332	59561	,4438
53243	,4219	56429	,4334	59615	,4440
53297	,4221	56483	,4336	59669	,4441
53351	,4223	56537	,4338	59723	,4443
53405	,4225	56591	,4340	59777	,4445
53459	,4227	56645	,4342	59831	,4446
53513	,4229	56699	,4343	59885	,4448
53567	,4231	56753	,4345	59939	,4450
53621	,4233	56807	,4347	59993	,4451
53675	,4235	56861	,4349	60047	,4453
53729	,4237	56915	,4351	60101	,4455
53783	,4239	56969	,4353	60155	,4456
53837	,4241	57023	,4354	60209	,4458
53891	,4243	57077	,4356	60263	,4460
53945	,4245	57131	,4358	60317	,4461
53999	,4247	57185	,4360	60371	,4463
54053	,4249	57239	,4362	60425	,4465
54107	,4251	57293	,4364	60479	,4466
54161	,4253	57347	,4365	60533	,4468
54215	,4255	57401	,4367	60587	,4470
54269	,4257	57455	,4369	60641	,4471
54323	,4259	57509	,4371	60695	,4473
54377	,4261	57563	,4373	60749	,4475
54431	,4263	57617	,4375	60803	,4476
54485	,4265	57671	,4376	60857	,4478
54539	,4267	57725	,4378	60911	,4480
54593	,4269	57779	,4380	60965	,4481
54647	,4271	57833	,4382	61019	,4483
54701	,4273	57887	,4384	61073	,4485
54755	,4275	57941	,4385	61127	,4486
54809	,4277	57995	,4387	61181	,4488
54863	,4279	58049	,4389	61235	,4489
54917	,4281	58103	,4391	61289	,4491
54971	,4283	58157	,4392	61343	,4493
55025	,4284	58211	,4394	61397	,4494
55079	,4286	58265	,4396	61451	,4496
55133	,4288	58319	,4398	61505	,4497
55187	,4290	58373	,4400	61559	,4499
55241	,4292	58427	,4401	61613	,4501
55295	,4294	58481	,4403	61667	,4502
55349	,4296	58535	,4405	61721	,4504

61775	,4505	64961	,4595	68147	,4675
61829	,4507	65015	,4596	68201	,4676
61883	,4509	65069	,4598	68255	,4677
61937	,4510	65123	,4599	68309	,4679
61991	,4512	65177	,4601	68363	,4680
62045	,4513	65231	,4602	68417	,4681
62099	,4515	65285	,4603	68471	,4683
62153	,4517	65339	,4605	68525	,4684
62207	,4518	65393	,4606	68579	,4685
62261	,4520	65447	,4608	68633	,4686
62315	,4521	65501	,4609	68687	,4688
62369	,4523	65555	,4610	68741	,4689
62423	,4524	65609	,4612	68795	,4690
62477	,4526	65663	,4613	68849	,4691
62531	,4528	65717	,4615	68903	,4693
62585	,4529	65771	,4616	68957	,4694
62639	,4531	65825	,4617	69011	,4695
62693	,4532	65879	,4619	69065	,4696
62747	,4534	65933	,4620	69119	,4698
62801	,4535	65987	,4622	69173	,4699
62855	,4537	66041	,4623	69227	,4700
62909	,4538	66095	,4624	69281	,4701
62963	,4540	66149	,4626	69335	,4702
63017	,4541	66203	,4627	69389	,4704
63071	,4543	66257	,4629	69443	,4705
63125	,4544	66311	,4630	69497	,4706
63179	,4546	66365	,4631	69551	,4707
63233	,4548	66419	,4633	69605	,4709
63287	,4549	66473	,4634	69659	,4710
63341	,4551	66527	,4635	69713	,4711
63395	,4552	66581	,4637	69767	,4712
63449	,4554	66635	,4638	69821	,4713
63503	,4555	66689	,4639	69875	,4715
63557	,4557	66743	,4641	69929	,4716
63611	,4558	66797	,4642	69983	,4717
63665	,4560	66851	,4643	70037	,4718
63719	,4561	66905	,4645	70091	,4719
63773	,4563	66959	,4646	70145	,4721
63827	,4564	67013	,4647	70199	,4722
63881	,4566	67067	,4649	70253	,4723
63935	,4567	67121	,4650	70307	,4724
63989	,4569	67175	,4651	70361	,4725
64043	,4570	67229	,4653	70415	,4726
64097	,4572	67283	,4654	70469	,4728
64151	,4573	67337	,4655	70523	,4729
64205	,4574	67391	,4657	70577	,4730
64259	,4576	67445	,4658	70631	,4731
64313	,4577	67499	,4659	70685	,4732
64367	,4579	67553	,4661	70739	,4733
64421	,4580	67607	,4662	70793	,4735
64475	,4582	67661	,4663	70847	,4736
64529	,4583	67715	,4665	70901	,4737
64583	,4585	67769	,4666	70955	,4738
64637	,4586	67823	,4667	71009	,4739
64691	,4588	67877	,4668	71063	,4740
64745	,4589	67931	,4670	71117	,4741
64799	,4591	67985	,4671	71171	,4743
64853	,4592	68039	,4672	71225	,4744
64907	,4593	68093	,4674	71279	,4745

71333	,4746	74519	,4808	77705	,4862
71387	,4747	74573	,4809	77759	,4863
71441	,4748	74627	,4810	77813	,4864
71495	,4749	74681	,4811	77867	,4865
71549	,4751	74735	,4812	77921	,4866
71603	,4752	74789	,4813	77975	,4867
71657	,4753	74843	,4814	78029	,4867
71711	,4754	74897	,4815	78083	,4868
71765	,4755	74951	,4816	78137	,4869
71819	,4756	75005	,4817	78191	,4870
71873	,4757	75059	,4818	78245	,4871
71927	,4758	75113	,4819	78299	,4871
71981	,4759	75167	,4820	78353	,4872
72035	,4761	75221	,4821	78407	,4873
72089	,4762	75275	,4822	78461	,4874
72143	,4763	75329	,4823	78515	,4875
72197	,4764	75383	,4824	78569	,4876
72251	,4765	75437	,4825	78623	,4876
72305	,4766	75491	,4826	78677	,4877
72359	,4767	75545	,4827	78731	,4878
72413	,4768	75599	,4828	78785	,4879
72467	,4769	75653	,4829	78839	,4880
72521	,4770	75707	,4829	78893	,4880
72575	,4771	75761	,4830	78947	,4881
72629	,4772	75815	,4831	79001	,4882
72683	,4774	75869	,4832	79055	,4883
72737	,4775	75923	,4833	79109	,4883
72791	,4776	75977	,4834	79163	,4884
72845	,4777	76031	,4835	79217	,4885
72899	,4778	76085	,4836	79271	,4886
72953	,4779	76139	,4837	79325	,4887
73007	,4780	76193	,4838	79379	,4887
73061	,4781	76247	,4839	79433	,4888
73115	,4782	76301	,4840	79487	,4889
73169	,4783	76355	,4840	79541	,4890
73223	,4784	76409	,4841	79595	,4890
73277	,4785	76463	,4842	79649	,4891
73331	,4786	76517	,4843	79703	,4892
73385	,4787	76571	,4844	79757	,4893
73439	,4788	76625	,4845	79811	,4893
73493	,4789	76679	,4846	79865	,4894
73547	,4790	76733	,4847	79919	,4895
73601	,4791	76787	,4848	79973	,4896
73655	,4792	76841	,4849	80027	,4896
73709	,4793	76895	,4849	80027	,4900
73763	,4794	76949	,4850	80081	,4901
73817	,4795	77003	,4851	80135	,4902
73871	,4796	77057	,4852	80189	,4903
73925	,4797	77111	,4853	80243	,4903
73979	,4798	77165	,4854	80297	,4904
74033	,4799	77219	,4855	80351	,4905
74087	,4800	77273	,4855	80405	,4906
74141	,4801	77327	,4856	80459	,4906
74195	,4802	77381	,4857	80513	,4907
74249	,4803	77435	,4858	80567	,4908
74303	,4804	77489	,4859	80621	,4909
74357	,4805	77543	,4860	80675	,4909
74411	,4806	77597	,4861	80729	,4910
74465	,4807	77651	,4861	80783	,4911

80837	,4912	84023	,4956	87209	,5001
80891	,4912	84077	,4957	87263	,5002
80945	,4913	84131	,4958	87317	,5002
80999	,4914	84185	,4958	87371	,5003
81053	,4915	84239	,4959	87425	,5004
81107	,4915	84293	,4960	87479	,5005
81161	,4916	84347	,4961	87533	,5005
81215	,4917	84401	,4961	87587	,5006
81269	,4918	84455	,4962	87641	,5007
81323	,4918	84509	,4963	87695	,5008
81377	,4919	84563	,4964	87749	,5008
81431	,4920	84617	,4965	87803	,5009
81485	,4921	84671	,4965	87857	,5010
81539	,4921	84725	,4966	87911	,5011
81593	,4922	84779	,4967	87965	,5011
81647	,4923	84833	,4968	88019	,5012
81701	,4924	84887	,4968	88073	,5013
81755	,4924	84941	,4969	88127	,5014
81809	,4925	84995	,4970	88181	,5014
81863	,4926	85049	,4971	88235	,5015
81917	,4927	85103	,4971	88289	,5016
81971	,4927	85157	,4972	88343	,5017
82025	,4928	85211	,4973	88397	,5017
82079	,4929	85265	,4974	88451	,5018
82133	,4930	85319	,4974	88505	,5019
82187	,4930	85373	,4975	88559	,5020
82241	,4931	85427	,4976	88613	,5020
82295	,4932	85481	,4977	88667	,5021
82349	,4933	85535	,4977	88721	,5022
82403	,4934	85589	,4978	88775	,5023
82457	,4934	85643	,4979	88829	,5023
82511	,4935	85697	,4980	88883	,5024
82565	,4936	85751	,4980	88937	,5025
82619	,4937	85805	,4981	88991	,5026
82673	,4937	85859	,4982	89045	,5026
82727	,4938	85913	,4983	89099	,5027
82781	,4939	85967	,4983	89153	,5028
82835	,4940	86021	,4984	89207	,5029
82889	,4940	86075	,4985	89261	,5030
82943	,4941	86129	,4986	89315	,5030
82997	,4942	86183	,4986	89369	,5031
83051	,4943	86237	,4987	89423	,5032
83105	,4943	86291	,4988	89477	,5033
83159	,4944	86345	,4989	89531	,5033
83213	,4945	86399	,4989	89585	,5034
83267	,4946	86453	,4990	89639	,5035
83321	,4946	86507	,4991	89693	,5036
83375	,4947	86561	,4992	89747	,5036
83429	,4948	86615	,4992	89801	,5037
83483	,4949	86669	,4993	89855	,5038
83537	,4949	86723	,4994	89909	,5039
83591	,4950	86777	,4995	89963	,5039
83645	,4951	86831	,4995	90017	,5040
83699	,4952	86885	,4996	90071	,5041
83753	,4952	86939	,4997	90125	,5042
83807	,4953	86993	,4998	90179	,5042
83861	,4954	87047	,4999	90233	,5043
83915	,4955	87101	,4999	90287	,5044
83969	,4955	87155	,5000	90341	,5045

90395	,5045	93581	,5090	96767	,5135
90449	,5046	93635	,5091	96821	,5135
90503	,5047	93689	,5092	96875	,5136
90557	,5048	93743	,5092	96929	,5137
90611	,5048	93797	,5093	96983	,5138
90665	,5049	93851	,5094	97037	,5138
90719	,5050	93905	,5095	97091	,5139
90773	,5051	93959	,5095	97145	,5140
90827	,5051	94013	,5096	97199	,5141
90881	,5052	94067	,5097	97253	,5141
90935	,5053	94121	,5098	97307	,5142
90989	,5054	94175	,5098	97361	,5143
91043	,5054	94229	,5099	97415	,5144
91097	,5055	94283	,5100	97469	,5144
91151	,5056	94337	,5101	97523	,5145
91205	,5057	94391	,5101	97577	,5146
91259	,5057	94445	,5102	97631	,5147
91313	,5058	94499	,5103	97685	,5147
91367	,5059	94553	,5104	97739	,5148
91421	,5060	94607	,5104	97793	,5149
91475	,5061	94661	,5105	97847	,5150
91529	,5061	94715	,5106	97901	,5150
91583	,5062	94769	,5107	97955	,5151
91637	,5063	94823	,5107	98009	,5152
91691	,5064	94877	,5108	98063	,5153
91745	,5064	94931	,5109	98117	,5154
91799	,5065	94985	,5110	98171	,5154
91853	,5066	95039	,5110	98225	,5155
91907	,5067	95093	,5111	98279	,5156
91961	,5067	95147	,5112	98333	,5157
92015	,5068	95201	,5113	98387	,5157
92069	,5069	95255	,5113	98441	,5158
92123	,5070	95309	,5114	98495	,5159
92177	,5070	95363	,5115	98549	,5160
92231	,5071	95417	,5116	98603	,5160
92285	,5072	95471	,5116	98657	,5161
92339	,5073	95525	,5117	98711	,5162
92393	,5073	95579	,5118	98765	,5163
92447	,5074	95633	,5119	98819	,5163
92501	,5075	95687	,5119	98873	,5164
92555	,5076	95741	,5120	98927	,5165
92609	,5076	95795	,5121	98981	,5166
92663	,5077	95849	,5122	99035	,5166
92717	,5078	95903	,5123	99089	,5167
92771	,5079	95957	,5123	99143	,5168
92825	,5079	96011	,5124	99197	,5169
92879	,5080	96065	,5125	99251	,5169
92933	,5081	96119	,5126	99305	,5170
92987	,5082	96173	,5126	99359	,5171
93041	,5082	96227	,5127	99413	,5172
93095	,5083	96281	,5128	99467	,5172
93149	,5084	96335	,5129	99521	,5173
93203	,5085	96389	,5129	99575	,5174
93257	,5085	96443	,5130	99629	,5175
93311	,5086	96497	,5131	99683	,5175
93365	,5087	96551	,5132	99737	,5176
93419	,5088	96605	,5132	99791	,5177
93473	,5088	96659	,5133	99845	,5178
93527	,5089	96713	,5134	99899	,5178

99953	,5179	103139	,5224	106325	,5268
100007	,5180	103193	,5225	106379	,5269
100061	,5181	103247	,5225	106433	,5270
100115	,5181	103301	,5226	106487	,5271
100169	,5182	103355	,5227	106541	,5271
100223	,5183	103409	,5228	106595	,5272
100277	,5184	103463	,5228	106649	,5273
100331	,5184	103517	,5229	106703	,5274
100385	,5185	103571	,5230	106757	,5274
100439	,5186	103625	,5231	106811	,5275
100493	,5187	103679	,5231	106865	,5276
100547	,5188	103733	,5232	106919	,5277
100601	,5188	103787	,5233	106973	,5277
100655	,5189	103841	,5234	107027	,5278
100709	,5190	103895	,5234	107081	,5279
100763	,5191	103949	,5235	107135	,5280
100817	,5191	104003	,5236	107189	,5281
100871	,5192	104057	,5237	107243	,5281
100925	,5193	104111	,5237	107297	,5282
100979	,5194	104165	,5238	107351	,5283
101033	,5194	104219	,5239	107405	,5284
101087	,5195	104273	,5240	107459	,5284
101141	,5196	104327	,5240	107513	,5285
101195	,5197	104381	,5241	107567	,5286
101249	,5197	104435	,5242	107621	,5287
101303	,5198	104489	,5243	107675	,5287
101357	,5199	104543	,5243	107729	,5288
101411	,5200	104597	,5244	107783	,5289
101465	,5200	104651	,5245	107837	,5290
101519	,5201	104705	,5246	107891	,5290
101573	,5202	104759	,5246	107945	,5291
101627	,5203	104813	,5247	107999	,5292
101681	,5203	104867	,5248	108053	,5293
101735	,5204	104921	,5249	108107	,5293
101789	,5205	104975	,5250	108161	,5294
101843	,5206	105029	,5250	108215	,5295
101897	,5206	105083	,5251	108269	,5296
101951	,5207	105137	,5252	108323	,5296
102005	,5208	105191	,5253	108377	,5297
102059	,5209	105245	,5253	108431	,5298
102113	,5209	105299	,5254	108485	,5299
102167	,5210	105353	,5255	108539	,5299
102221	,5211	105407	,5256	108593	,5300
102275	,5212	105461	,5256	108647	,5301
102329	,5212	105515	,5257	108701	,5302
102383	,5213	105569	,5258	108755	,5302
102437	,5214	105623	,5259	108809	,5303
102491	,5215	105677	,5259	108863	,5304
102545	,5215	105731	,5260	108917	,5305
102599	,5216	105785	,5261	108971	,5305
102653	,5217	105839	,5262	109025	,5306
102707	,5218	105893	,5262	109079	,5307
102761	,5219	105947	,5263	109133	,5308
102815	,5219	106001	,5264	109187	,5308
102869	,5220	106055	,5265	109241	,5309
102923	,5221	106109	,5265	109295	,5310
102977	,5222	106163	,5266	109349	,5311
103031	,5222	106217	,5267	109403	,5312
103085	,5223	106271	,5268	109457	,5312

109511	,5313	112697	,5358	115883	,5402
109565	,5314	112751	,5358	115937	,5403
109619	,5315	112805	,5359	115991	,5404
109673	,5315	112859	,5360	116045	,5404
109727	,5316	112913	,5361	116099	,5405
109781	,5317	112967	,5361	116153	,5406
109835	,5318	113021	,5362	116207	,5407
109889	,5318	113075	,5363	116261	,5408
109943	,5319	113129	,5364	116315	,5408
109997	,5320	113183	,5364	116369	,5409
110051	,5321	113237	,5365	116423	,5410
110105	,5321	113291	,5366	116477	,5411
110159	,5322	113345	,5367	116531	,5411
110213	,5323	113399	,5367	116585	,5412
110267	,5324	113453	,5368	116639	,5413
110321	,5324	113507	,5369	116693	,5414
110375	,5325	113561	,5370	116747	,5414
110429	,5326	113615	,5370	116801	,5415
110483	,5327	113669	,5371	116855	,5416
110537	,5327	113723	,5372	116909	,5417
110591	,5328	113777	,5373	116963	,5417
110645	,5329	113831	,5373	117017	,5418
110699	,5330	113885	,5374	117071	,5419
110753	,5330	113939	,5375	117125	,5420
110807	,5331	113993	,5376	117179	,5420
110861	,5332	114047	,5377	117233	,5421
110915	,5333	114101	,5377	117287	,5422
110969	,5333	114155	,5378	117341	,5423
111023	,5334	114209	,5379	117395	,5423
111077	,5335	114263	,5380	117449	,5424
111131	,5336	114317	,5380	117503	,5425
111185	,5336	114371	,5381	117557	,5426
111239	,5337	114425	,5382	117611	,5426
111293	,5338	114479	,5383	117665	,5427
111347	,5339	114533	,5383	117719	,5428
111401	,5339	114587	,5384	117773	,5429
111455	,5340	114641	,5385	117827	,5429
111509	,5341	114695	,5386	117881	,5430
111563	,5342	114749	,5386	117935	,5431
111617	,5343	114803	,5387	117989	,5432
111671	,5343	114857	,5388	118043	,5432
111725	,5344	114911	,5389	118097	,5433
111779	,5345	114965	,5389	118151	,5434
111833	,5346	115019	,5390	118205	,5435
111887	,5346	115073	,5391	118259	,5435
111941	,5347	115127	,5392	118313	,5436
111995	,5348	115181	,5392	118367	,5437
112049	,5349	115235	,5393	118421	,5438
112103	,5349	115289	,5394	118475	,5439
112157	,5350	115343	,5395	118529	,5439
112211	,5351	115397	,5395	118583	,5440
112265	,5352	115451	,5396	118637	,5441
112319	,5352	115505	,5397	118691	,5442
112373	,5353	115559	,5398	118745	,5442
112427	,5354	115613	,5398	118799	,5443
112481	,5355	115667	,5399	118853	,5444
112535	,5355	115721	,5400	118907	,5445
112589	,5356	115775	,5401	118961	,5445
112643	,5357	115829	,5401	119015	,5446

119069	,5447	122255	,5491	125441	,5536
119123	,5448	122309	,5492	125495	,5537
119177	,5448	122363	,5493	125549	,5538
119231	,5449	122417	,5494	125603	,5538
119285	,5450	122471	,5494	125657	,5539
119339	,5451	122525	,5495	125711	,5540
119393	,5451	122579	,5496	125765	,5541
119447	,5452	122633	,5497	125819	,5541
119501	,5453	122687	,5497	125873	,5542
119555	,5454	122741	,5498	125927	,5543
119609	,5454	122795	,5499	125981	,5544
119663	,5455	122849	,5500	126035	,5544
119717	,5456	122903	,5501	126089	,5545
119771	,5457	122957	,5501	126143	,5546
119825	,5457	123011	,5502	126197	,5547
119879	,5458	123065	,5503	126251	,5547
119933	,5459	123119	,5504	126305	,5548
119987	,5460	123173	,5504	126359	,5549
120041	,5460	123227	,5505	126413	,5550
120095	,5461	123281	,5506	126467	,5550
120149	,5462	123335	,5507	126521	,5551
120203	,5463	123389	,5507	126575	,5552
120257	,5463	123443	,5508	126629	,5553
120311	,5464	123497	,5509	126683	,5553
120365	,5465	123551	,5510	126737	,5554
120419	,5466	123605	,5510	126791	,5555
120473	,5466	123659	,5511	126845	,5556
120527	,5467	123713	,5512	126899	,5556
120581	,5468	123767	,5513	126953	,5557
120635	,5469	123821	,5513	127007	,5558
120689	,5470	123875	,5514	127061	,5559
120743	,5470	123929	,5515	127115	,5559
120797	,5471	123983	,5516	127169	,5560
120851	,5472	124037	,5516	127223	,5561
120905	,5473	124091	,5517	127277	,5562
120959	,5473	124145	,5518	127331	,5562
121013	,5474	124199	,5519	127385	,5563
121067	,5475	124253	,5519	127439	,5564
121121	,5476	124307	,5520	127493	,5565
121175	,5476	124361	,5521	127547	,5566
121229	,5477	124415	,5522	127601	,5566
121283	,5478	124469	,5522	127655	,5567
121337	,5479	124523	,5523	127709	,5568
121391	,5479	124577	,5524	127763	,5569
121445	,5480	124631	,5525	127817	,5569
121499	,5481	124685	,5525	127871	,5570
121553	,5482	124739	,5526	127925	,5571
121607	,5482	124793	,5527	127979	,5572
121661	,5483	124847	,5528	128033	,5572
121715	,5484	124901	,5528	128087	,5573
121769	,5485	124955	,5529	128141	,5574
121823	,5485	125009	,5530	128195	,5575
121877	,5486	125063	,5531	128249	,5575
121931	,5487	125117	,5532	128303	,5576
121985	,5488	125171	,5532	128357	,5577
122039	,5488	125225	,5533	128411	,5578
122093	,5489	125279	,5534	128465	,5578
122147	,5490	125333	,5535	128519	,5579
122201	,5491	125387	,5535	128573	,5580

128627	,5581
128681	,5581
128735	,5582
128789	,5583
128843	,5584
128897	,5584
128951	,5585
129005	,5586
129059	,5587
129113	,5587
129167	,5588
129221	,5589
129275	,5590
129329	,5590
129383	,5591
129437	,5592
129491	,5593
129545	,5593
129599	,5594
129653	,5595
129707	,5596
129761	,5597
129815	,5597
129869	,5598
129923	,5599
129977	,5600
130031	,5600
130032	,5600

Literaturverzeichnis

Bamberg, Günther/Coenenberg, Adolf/Klein-Doepke, Rainer, (Informationen) Zur entscheidungsorientierten Bewertung von Informationen, in: ZfbF 1976, S. 30-42.

Bareis, Hans, (Planung) Die Steuern in der betrieblichen Planung, Berlin 1969.

Bauer, Jörg, (Rechnungspolitik) Grundlagen einer handels- und steuerrechtlichen Rechnungspolitik der Unternehmung, Wiesbaden 1981.

Beise, H., (Betrachtungsweise) Die wirtschaftliche Betrachtungsweise bei der Auslegung der Steuergesetze in der neueren deutschen Rechtsprechung, in: StuW 1981, S. 1-14.

Bellinger, Bernhard/Vahl, Günther, (Unternehmensbewertung) Unternehmensbewertung in Theorie und Praxis, Wiesbaden 1984.

Bidlingmaier, Johannes, (Zielkonflikte) Zielkonflikte und Zielkompromisse im unternehmerischen Entscheidungsprozess, Wiesbaden 1968.

Bidlingmaier, Johannes, (Zielfunktion) Zielfunktion, in: Gabler's Wirtschaftslexikon, Bd. 2, 10. Aufl., Wiesbaden 1979, Sp. 2339-2341.

Biergans, Enno, (Einkommensteuer) Einkommensteuer und Steuerbilanz, 3. Aufl., München 1985.

Bitz, Horst, (Mitunternehmerschaft) Begriff und steuerliche Folgen der Mitunternehmerschaft auf gesellschaftsrechtlicher und schuldrechtlicher Basis, in: DB 1984, S. 316-318.

Böcker, Franz, (Entscheidungssituation) Entscheider, Entscheidungssituation und Risikoaversion, in: ZfbF 1986, S. 979-995.

Börner, Dietrich, (Bilanzrichtlinien-Gesetz) Bilanzrichtlinien-Gesetz und Steuerbilanzpolitik, in: StbJb 1986/87, S. 201-234.

Börner, Dietrich/Krawitz, Norbert, (Steuerbilanzpolitik) Steuerbilanzpolitik, Herne/Berlin 1977.

Brandmüller, Gerhard/Küffner, Peter/Sauer, Otto, (Bonner Handbuch) Bonner Handbuch Personengesellschaften, Loseblattausgabe, Bonn 1983, Stand 1984.

Breidenbach, Berthold, (Gewinnverteilung) Angemessenheit der Gewinnverteilung bei Familien-Personengesellschaften, in: DB 1980, Beilage 20.

Brenzke, Dieter, (Organisation) Organisation der Ertragsteuerplanung, Diss. Erlangen - Nürnberg 1974.

Brewi, Karl, (Behandlung) Die steuerliche Behandlung der Personengesellschaften, Düsseldorf 1981.

Budde, Dieter/Kaiser, Klaus, (Steuerbilanz) Die Steuerbilanz der Personengesellschaft, in: Beck'scher Bilanz-Kommentar, München 1986, Anhang 1, S. 1249-1260.

Bussmann, K.F., (Rechnungswesen) Industrielles Rechnungswesen, Stuttgart 1963.

Coenenberg, Adolf Gerhard, (Jahresabschluß) Jahresabschluß und Jahresabschlußanalyse, 9. Aufl., Landsberg am Lech 1987.

Daum, Edmund, (Substanzsteuerplanung) Substanzsteuerplanung gewerblicher Unternehmen, Frankfurt, Bern 1980.

Dedner, Martin/Günther, Rolf, (Etragsteuerplanung) Zur Ertragsteuerplanung unter Berücksichtigung des zeitlichen Auseinanderfallens von Steuerschuld und Steuerzahlung auf der Grundlage modellexogener Daten, in: ZfB 1980, S. 853-873.

Dedner, Martin/Günther, Rolf/Rünger, Martin, (Berücksichtigung) Die Berücksichtigung der Planungsabhängigkeit von Nettozinssatz und Steuerbilanzgewinn bei der Ertragsteuerplanung, in: ZfB 1980, S. 164-185.

Dedner, Martin/Günther, Rolf/Rünger, Martin, (Ertragsteuerplanung) Ertragsteuerplanung bei unvollkommener Information, in: ZfOR 1980, S. B 239-B 257.

Döllerer, Georg, (Steuerbilanz) Die Steuerbilanz der Personenhandelsgesellschaft als konsolidierte Bilanz einer wirtschaftlichen Einheit, in: DStZ/A 1974, S. 211-220.

Döllerer, Georg, (Bilanzen) Die Bilanzen der Personenhandelsgesellschaft und ihrer Gesellschafter - Chaos oder System, in: DStZ 1980, S. 259-265.

Döllerer, Georg, (Steuerrecht) Neues Steuerrecht der Personengesellschaft, in: DStZ 1983, S. 179-184.

Döllerer, Georg, (Handelsbilanz) Handelsbilanz und Steuerbilanz, in: BB 1987, Beilage 12.

Eisele, Wolfgang, (Technik) Technik des betrieblichen Rechnungswesens, 2. Aufl., München 1985.

Eisenach, Manfred, (Steuerplanung) Entscheidungsorientierte Steuerplanung, Wiesbaden 1974.

Eisenführ, Franz/Weber, Martin, (Zielstrukturierung) Zielstrukturierung: ein kritischer Schritt im Entscheidungsprozess, in: ZfbF 1986, S. 907-929.

Erdtmann, Detlef, (Streitigkeiten) Die Entscheidung von Streitigkeiten zwischen geschäftsführenden und nichtgeschäftsführenden Gesellschaftern einer offenen Handelsgesellschaft (Kommanditgesellschaft) über die handelsrechtliche Jahresbilanz, Diss. Hamburg 1974.

Falterbaum, Hermann/Barthel, Klaus, (Bewertungsrecht) Bewertungsrecht, Vermögensteuer, 8. Aufl., Achim 1986.

Falterbaum, Hermann/Beckmann, Heinz, (Buchführung) Buchführung und Bilanz, 12. Aufl., Achim 1987.

Felix, Günther/Streck, Michael, (Nichtanerkennung) Nichtanerkennung gesellschaftsvertraglicher Vereinbarungen durch die Finanzverwaltung bei Personengesellschaften, in: DB 1975, S. 2213-2219.

Förschle, Gerhard/Kropp, Manfred, (Wechselwirkungen) Wechselwirkungen zwischen Handels- und Steuerbilanz beim Anlagevermögen nach dem Bilanzrichtlinien-Gesetz, in: WPg 1986, S. 152-161.

Franz, Ulrich, (Verhandlung) Theorie der Verhandlung, Diss. Freiburg 1968.

Ganßmüller, Helmut (Steuerentnahmerecht) Das Steuerentnahmerecht der Gesellschafter der OHG und KG, Köln 1962.

Gintrowski, Günter/Marettek, Alexander, (Bemerkungen) Bemerkungen zu Entscheidungsmodellen für die betriebliche Steuer- (bilanz)-politik, in: StuW 1972, S. 231-238.

Gnam, Arnulf (Hrsg.), (Ergänzungsbilanzen) Handbuch der Bilanzierung, Abschn. Ergänzungsbilanzen, Loseblattausgabe, Freiburg i. Br. 1960, Stand: 1983.

Gratz, Kurt, (Grundprobleme) Grundprobleme individueller und kollektiver Steuerplanung: Anwendungsbereiche und Lösungsverfahren unternehmerischer Steuergestaltung, Berlin 1982.

Groh, Manfred, (Bilanzrecht) Das werdende Bilanzrecht in steuerlicher Sicht, in: DB 1985, S. 1849-1851.

Großfeld, Bernhard, (Minderheitenschutz) Rücklagenbildung und Minderheitenschutz bei Personenhandelsgesellschaften, in: WPg 1987, S. 698-707.

Günther, Rolf, (Berücksichtigung) Die Berücksichtigung des zeitlichen Unterschiedes zwischen Entstehung und Entrichtung der Ertragsteuerschulden im Steuerbarwertminimierungsmodell, in: ZfB 1979, S. 298-318.

Günther, Rolf, (Ermittlung) Ermittlung der Grenzsteuerzuwachsraten - Ein Verfahren zur Ertragsteuerplanung, in: StuW 1980, S. 31-50.

Gürsching, Lorenz/Stenger, Alfons, (Bewertungsgesetz) Kommentar zum Bewertungsgesetz und Vermögensteuergesetz, Loseblattausgabe, 8. Aufl., Köln 1985, Stand: März 1987.

Hahn, Dietger, (Konzepte) Konzepte und Beispiele zur Organisation des Controlling in der Industrie, in: ZfürO 1979, S. 4-24.

Hahn, Dietger, (Puk) Planungs- und Kontrollrechnung - Puk, Integrierte ergebnis- und liquiditätsorientierte Planungs- und Kontrollrechnung als Führungsinstrument in Industrieunternehmungen mit Massen- und Serienproduktion, 3. Aufl., Wiesbaden 1984.

Halaczinsky, Raymond, (Sonderbetriebsvermögen) Das Sonderbetriebsvermögen im Bewertungsrecht, in: BB 1985, S. 1341-1351.

Hasenack, Wilhelm, (Rechnungswesen) Rechnungswesen der Personenunternehmungen, in: Kosiol, E. (Hrsg.), Handwörterbuch des Rechnungswesens, Stuttgart 1970, Sp. 1317-1342.

Hax, Herbert, (Entscheidungsmodelle) Entscheidungsmodelle in der Unternehmung, Reinbek 1974.

Heigl, Anton, (Ertragsteuer-Kennzahlen) Betriebliche Ertragsteuer-Kennzahlen, Köln-Marienburg 1974.

Heigl, Anton/Melcher, Günther-Herbert, (Ertragsteuerplanung) Ertragsteuerplanung, Köln-Marienburg 1974.

Heinen, Edmund, (Zielsystem) Das Zielsystem der Unternehmung, 2. Aufl., Wiesbaden 1971.

Heinhold, Michael, (Steuerplanung) Betriebliche Steuerplanung mit quantitativen Methoden, München 1979.

Heinlein, Alfons, (Angemessenheit) Angemessenheit im Steuerrecht, München 1978.

Herrmann, Carl/Heuer, Gerhard/Raupach, Arndt, (Kommentar) Einkommensteuer- und Körperschaftsteuergesetz mit Nebengesetzen, Kommentar, Loseblattausgabe, 19. Aufl., Köln 1950/82, Stand: 1987.

Hirte, Heribert, (Informationsrechte) Die Ausübung der Informationsrechte von Gesellschaftern durch Sachverständige, in: BB 1985, S. 2208-2210.

Hofbauer, Max, (Regelung) Die Regelung der Gewinnermittlung und Gewinnverteilung im Gesellschaftsvertrag von Personenhandelsgesellschaften, in: BFuP 1983, S. 214-224.

Hummel, Siegfried/Männel, Wolfgang, (Kostenrechnung) Kostenrechnung - Grundlagen, Aufbau und Anwendung, Bd. I, II, 2. Aufl., Wiesbaden 1980.

IdW, Steuerfachausschuß, (Übernahme) Zur Übernahme von Steuerbilanzwerten in die Vermögensaufstellung; Eingabe an den BdF vom 8.5.1985, in: FN 1985, S. 202-203.

IdW (Hrsg.), (Neuorientierung) Neuorientierung bei der Besteuerung der Personengesellschaften, Düsseldorf 1985.

John, Gerd/Theisen, Manuel, (Gestaltungsmaßnahmen) Steuerliche Gestaltungsmaßnahmen im Rahmen des § 15a des Einkommensteuergesetzes, in: BB 1981, S. 1375-1378.

Jung, Hubert, (Instrumente) Instrumente der betrieblichen Steuerplanung von Personengesellschaften, München 1984.

Kaefer, Wolfgang, (Modelle) Grundlagen und Modelle zu Steuerbelastungsanalysen und -vergleichen mit Hilfe der automatischen Datenverarbeitung, Köln 1974.

Kaiser, Hans, (Gesellschaftsvertrag) Der Gesellschaftsvertrag der Personengesellschaft in steuerlicher Sicht, in: StKongrRep 1976, S. 265-283.

Kappler, Ekkehard, (Informationskosten) Informationskosten aus Sicht der Informationsökonomik und des Informationsverhaltens, in: ZfO 1975, S. 95-104.

Kirsch, Werner, (Entscheidungsprozesse) Entscheidungsprozesse, Bd. III - Entscheidungen in Organisationen, Wiesbaden 1971.

Kirsch, Werner, (Koordination) Die Koordination von Entscheidungen in Organisationen, in: Kirsch, Werner u.a. Unternehmenspolitik: Von der Zielforschung zum strategischen Management, München 1981, S. 82-120.

Klausmann, Walter, (Entwicklung) Entwicklung der Unternehmensplanung, in: Schriftenreihe des Instituts für Unternehmensplanung - IUP -, Hrsg. K. Bleicher, D. Hahn Gießen 1983.

Kloock, Josef/Mann, Gerhard, (Besteuerungsfolgen) Entscheidungsabhängige Besteuerungsfolgen - Auswirkungen auf Bilanzgewinn und Liquidität in dynamischer Sicht, in: ZfbF 1985, S. 371-390.

Knobbe-Keuk, Brigitte, (Personengesellschaft) Die Personengesellschaft im Recht der Steuervergünstigungen, in: Kruse (Hrsg.) Die Grundprobleme der Personengesellschaft im Steuerrecht, Köln 1979.

Knobbe-Keuk, Brigitte, (Bilanz- und Unternehmenssteuerrecht) Bilanz- und Unternehmenssteuerrecht, 5. Aufl., Köln 1985.

Knobbe-Keuk, Brigitte, (Gewerbesteuerbelastung) Die gesellschaftsvertragliche Gewinnverteilung und die Gewerbesteuerbelastung bei Personengesellschaften, in: StuW 1985, S. 382-389.

Knobbe-Keuk, Brigitte, (Mitunternehmerschaft) Gesellschaft und Mitunternehmerschaft, in: StuW 1986, S. 106-117.

Kobs, Erwin, (Bilanzen) Bilanzen und Ergänzungsbilanzen bei Personengesellschaften, 7. Aufl., Herne/Berlin 1982.

Kobs, Erwin, (Austritt) Austritt aus Personengesellschaften in einkommensteuerlicher Sicht, 7. Aufl., Herne/Berlin 1983.

Koschmieder, Kurt-Dieter, (Mehrzweckbilanz) Steuerliche Mehrzweckbilanz, Berlin 1980.

Kottke, Klaus, (Bilanzstrategie) Bilanzstrategie und Steuertaktik, 3. Aufl., Herne/Berlin 1978.

Kruschwitz, Lutz, (Entscheidungsregeln) Klassische Entscheidungsregeln bei Risiko, in: WiSu 1987, S. 81-85.

Kruse, H.W. (Hrsg.), (Grundprobleme) Die Grundprobleme der Personengesellschaft im Steuerrecht, Köln 1979.

Kühn, Klaus, (Aktionsmöglichkeiten) Aktionsmöglichkeiten bei der Feststellung des Jahreserfolges im deutschen, französischen und englischen Steuerrecht - Untersuchung und Vergleich der einzelnen Instrumente sowie ihrer Bedeutung für die Wirksamkeit der Ertragsteuerpolitik, Diss., Clausthal 1977.

Kuhlmann, Jörg, (Beurteilung) Beurteilung von Übertragungssachverhalten im Rahmen von Mitunternehmerschaften, in: DB 1983, S. 66-73.

Kupsch, Peter, (Satisfizierungsprinzip) Satisfizierungsprinzip, in: WiSt 1982, S. 477 f.

Kurth, Hans, (Besteuerung) Die Besteuerung des Mitunternehmers, Wiesbaden 1978.

Kussmann, (Beteiligungen) Beteiligungen/Mitunternehmerverhältnisse, in: NWB, Fach 3c, S. 3060-3074.

Lauf, Reinhold, (Liquiditätssicherung) Liquiditätssicherung und Steuerbelastung, Berlin 1977.

Laux, Helmut, (Entscheidungstheorie) Entscheidungstheorie - Grundlagen, Berlin - Heidelberg - New York 1982.

List, Heinrich, (Rechtsquellen) Die Rechtsquellen des modernen Steuerrechts, in: StKongrRep 1975, S. 139-167.

Mann, Gerhard, (Probleme) Bilanzsteuerrechtliche Probleme nach dem Inkrafttreten des Bilanzrichtlinien-Gesetzes, in: DB 1986, S. 2199-2203.

Marettek, Alexander, (Steuerbilanz) Steuerbilanz- und Unternehmenspolitik, Freiburg 1971.

Marettek, Alexander, (Bemerkungen) Bemerkungen zur Konzeption für eine optimale Steuerbilanzpolitik - eine Entgegnung -, in: ZfbF 1974, S. 120-129.

Marettek, Alexander, (Steuerbilanzplanung) Steuerbilanzplanung, Herne/Berlin 1980.

Marettek, Alexander, (Steuerplanung) Steuerplanung als Teil der Unternehmensplanung, in: Führungsprobleme industrieller Unternehmungen, Festschrift für Friedrich Thomee zum 60. Geburtstag, Berlin, New York 1980, S. 373-392.

Marettek, Alexander, (Techniken) Die Techniken der Steuerplanung, in: WiSU 1982, S. 389-392, 439-444.

Marx, Franz Jürgen, (Einheitswert) Der Einheitswert des gewerblichen Betriebs von Personengesellschaften, Arbeitspapier Nr. 10 der Universität Trier, Hrsg.: Dickertmann/Lehmann, Trier 1986.

Melcher, Günther, (Anwendungsbereiche) Anwendungsbereiche und Mittel betrieblicher Steuerpolitik, in: StuW 1972, S. 327-332.

Michels, Rolf, (Wahlrechte) Steuerliche Wahlrechte, Wiesbaden 1982.

Mittelbach, Rolf, (Personengesellschaft) Personengesellschaft, GmbH oder Mischgesellschaft, 2. Aufl., Ludwigshafen 1979.

Moxter, Adolf, (Unternehmensbewertung) Grundsätze ordnungsmäßiger Unternehmensbewertung, Wiesbaden 1976.

Müller-Kröncke, Gerhard, (Entscheidungsmodelle) Entscheidungsmodelle - Analyse der Möglichkeiten zur Bilanzbeeinflussung nach geltendem und künftigem Ertragsteuerrecht, Berlin 1974.

Naujoks, Wilfried/Kayser, Gunter, (Mittelstand) Mittelstand 1983: Lage im Wettbewerb und betriebswirtschaftliche Praxis, Beiträge zur Mittelstandsforschung, Göttingen 1983.

Okraß, Jochen, (Praktikabilität) Zur Praktikabilität des Modells der Steuerbarwertminimierung, in: BFuP 1973, S. 492-510.

Packmohr, Arthur, (Bilanzpolitik) Bilanzpolitik und Bilanzmanagement - Leitlinien für die optimale Gestaltung des Jahresabschlusses mit Checkliste der bilanzpolitischen Aktivitäten, Köln 1984.

Pankow, Max/Fitzner, Gisela, (Steuerbilanz) Die Steuerbilanz der Personengesellschaft, in: Beck'scher Bilanz-Kommentar, München 1986, Anhang 1, S. 1223-1249; 1260-1302.

Paulus, Hans-Jürgen, (Ziele) Ziele, Phasen und organisatorische Probleme steuerlicher Entscheidungen in der Unternehmung, Berlin 1978.

Petzold, Günter, (Gewinnverlagerungen) Gewinnverlagerungen unter Berücksichtigung der Progression, Herne/Berlin 1981.

Pfleger, Günter, (Bilanzpolitik) Die neue Praxis der Bilanzpolitik: Gestaltungsmöglichkeiten in der Handels- und Steuerbilanz nach der Bilanzreform, 2. Aufl., Freiburg i.Br. 1986.

Plückebaum, Rudolf, (Gewinn) Gewinn der Mitunternehmer (§ 15 Abs. 1 Ziff. 2 EStG), in: DB 1977, S. 180-182; 228-231.

Plückebaum, Rudolf/Sauerland, Heinz/Wendt, Wilhelm, (Einkommensteuer) Einkommensteuer, 14. Aufl., Achim 1985.

Potthoff, Erich, (Gesellschaftsverträge) Betriebswirtschaftliche Überlegungen zur Gestaltung von Gesellschaftsverträgen bei Personengesellschaften, in: BFuP 1985, S. 185-199.

Rabald, Bernd, (Steuerwirkungen) Fremdbestimmte Steuerwirkungen und Personengesellschaftsverträge, Wiesbaden 1987.

Reiss, Wolfram, (Behandlung) Ertragsteuerliche Behandlung von Gesamthandsbeteiligungen und Beteiligungserträgen, in: StuW 1986, S. 232-255.

Ritzrow, Manfred, (Personengesellschaft) Das steuerliche Betriebsvermögen der Personengesellschaft, in: StWA 1987, S. 77-84.

Rollig, Wolfgang, (Steuerpolitik) Betriebswirtschaftliche Steuerpolitik und unvollkommene Information, Frankfurt 1980.

Rose, Gerd, (Substanzsteuern) Betrieb und Steuer: Die Substanzsteuern, 4. Aufl., Wiesbaden 1982.

Rose, Gerd, (Ertragsteuern) Betrieb und Steuer: Die Ertragsteuern, 8. Aufl., Wiesbaden 1984.

Rose, Gerd, (Wahlrechte) Steuerliche Wahlrechte als Gegenstände anwendungsorientierter betriebswirtschaftlicher Forschung, in: Gaugler/Meissner/Thom (Hrsg.), Zukunftsaspekte der anwendungsorientierten Betriebswirtschaftslehre, Stuttgart 1986, S. 349-362.

Rudel, Meinhard, (Praxis) Praxis der Steuerberatungsbetriebe: Organisationsstruktur, Mandanten und Leistungsprogramm - Eine empirische Untersuchung über Stand und Entwicklungschancen der steuerberatenden Berufe, Berlin 1979.

Rückle, Dieter, (Normative Theorie) Normative Theorie der Steuerbilanzpolitik, Wien 1983.

Sauerland, Heinz/Schmidt, Arnold, (Umsatzsteuer) Umsatzsteuer, 16. Aufl., Achim 1987.

Selchert, Friedrich W., (Besteuerung) Besteuerung und Unternehmenspolitik, in: ZfB 1975, S. 429-448; 561-576.

Selchert, Friedrich W., (Aktienrechtliche Jahresabschlußprüfung) Aktienrechtliche Jahresabschlußprüfung, Wiesbaden 1979.

Selchert, Friedrich W., (Grundsatz) Grundsatz der Einheitlichkeit der Bewertung, in: WPg 1983, S. 447-453.

Selchert, Friedrich W., (Bewertungsstetigkeit) Bewertungsstetigkeit nach dem Bilanzrichtlinie-Gesetz, in: DB 1984, S. 1889-1894.

Selchert, Friedrich W./Jung, Hubert, (Steuerbilanz) Ableitung der Steuerbilanz aus der Handelsbilanz, in: BB 1983, S. 1004-1009.

Selchert, Friedrich W./Jung, Hubert, (Ableitung) Ableitung der Vermögensaufstellung aus der Steuerbilanz, in: BB 1983, S. 2223-2229.

Siegel, Theodor, (Verfahren) Verfahren zur Minimierung der Einkommensteuer-Barwertsumme, in: BFuP 1972, S. 65-80.

Siegel, Theodor, (Zielfunktion) Zur Zielfunktion und Problemlösung bei der Ertragsteuerplanung, in: ZfB 1973, S. 265-294.

Siegel, Theodor, (Probleme und Verfahren) Probleme und Verfahren der Ertragsteuerplanung, in: Aschfalk, Bernd/Hellfors, Sven/ Marettek, Alexander (Hrsg.), Unternehmensprüfung und Beratung, Festschrift zum 60. Geburtstag von Bernhard Hartmann, Freiburg/Br. 1976, S. 223-248.

Siegel, Theodor, (Auseinanderfallen) Auseinanderfallen von Steuerentstehung und Steuerzahlung bei der Steuerbilanzplanung, in: ZfB 1980, S. 377-386.

Siegel, Theodor, (Steuerwirkungen) Steuerwirkungen und Steuerpolitik in der Unternehmung, Würzburg 1982.

Söffing, Günter, (Verlustverteilung) Unterschiedliche Gewinn- und Verlustverteilung bei Personengesellschaften, in: NWB, Fach 3, S. 6577-6578.

Söffing, Günter, (Besteuerung) Besteuerung der Mitunternehmer, 2. Aufl., Herne/Berlin 1983.

Söffing, Günter, (Ausgliederung) Ausgliederung von Liqudität als Mittel der Steuergestaltung, in: DStR 1985, S. 429-435.

Sonderausschuß Bilanzrichtlinien-Gesetz (SABI), (Entwurf) Entwurf einer Verlautbarung: Zum Grundsatz der Bewertungsstetigkeit (§ 252 Abs. 1 Nr. 6 HGB) und zu den Angaben bei Abweichungen von Bilanzierungs- und Bewertungsmethoden (§ 284 Abs. 2 Nr. 3 HGB), in: IdW, FN 1987, S. 71-73.

Sudhoff, Heinrich, (Gesellschaftsvertrag) Der Gesellschaftsvertrag der Personengesellschaft, 6. Aufl., München 1985.

Scherrer, Gerhard, (Gewinnausweisstrategien) Die Besteuerung optimaler Gewinnausweisstrategien, in: ZfB 1973, S. 77-92.

Scherrer, Gerhard, (Ermittlung) Ermittlung optimaler Steuerbilanzgewinne auf der Basis des Endwertmodells, in: DB 1981, S. 225-231.

Schick, Walter, (Aspekte) Steuerverfahrensrechtliche Aspekte der Bilanz, in: BB 1987, S. 133-139.

Schlegelberger, (HGB-Kommentar) Handelsgesetzbuch, kommentiert von Geßler, Ernst/Hefermehl, Wolfgang/Hildebrandt, Wolfgang/ Schröder, Georg/Martens, Klaus-Peter/Schmidt, Karsten, 5. Aufl., Band III/2. Halbband, §§ 161-177a; §§ 335-342, München 1986.

Schmalenbach, Eugen, (Dynamische Bilanz) Dynamische Bilanz, Köln/Opladen 1962.

Schmidt, Karsten, (Informationsrechte) Informationsrechte in Gesellschaften und Verbänden, Heidelberg 1984.

Schneeloch, Dieter, (Bilanzrichtlinien-Gesetz) Bilanzrichtlinien-Gesetz und Besteuerung, in: WPg 1985, S. 565-574.

Schneider, Dieter, (Investition) Investition und Finanzierung, 5. Aufl., Wiesbaden 1980.

Schopp, Heinrich, (Kapitalkonten) Kapitalkonten und Gesellschafterdarlehen in den Abschlüssen von Personenhandelsgesellschaften, in: BB 1987, S. 581-584.

Schuhmann, Jochen, (Grundzüge) Grundzüge der mikroökonomischen Theorie, 3. Aufl., Berlin, Heidelberg, New York 1980.

Schult, Eberhard, (Vermögensaufstellungspolitik) Zur Existenz einer Vermögensaufstellungspolitik, in: StuW 1979, S. 43-50.

Schult, Eberhard, (Praxisrelevante Steuerbilanzpolitik) Praxisrelevante Steuerbilanzpolitik mit Hilfe von Grenzsteuersätzen? in: WPg 1981, S. 72-78.

Schulze zur Wiesche, Dieter, (Mitunternehmerschaft) Die Mitunternehmerschaft im Ertragsteuerrecht, in: FR 1980, S. 526-532.

Schulze zur Wiesche, Dieter, (Gewinnermittlung) Gewinnermittlung und Gewinnfeststellung bei Personengesellschaften, Köln 1982.

Schulze zur Wiesche, Dieter, (Gesellschafterentnahmen) Gesellschafterentnahmen bei Personengesellschaften, in: BB 1985, S. 1522-1531.

Schulze zur Wiesche, Dieter, (Personengesellschaft) Die Personengesellschaft nach dem Beschluß des Großen Senats vom 25.6.1984, in: WPg 1985, S. 65-76.

Schulze zur Wiesche, Dieter, (Gewinnverteilungsvereinbarungen) Gewinnverteilungsvereinbarungen bei Personengesellschaften, in: Rechts- und Wirtschaftspraxis, (RWP) 1986, SG. 5.2, S. 875-902.

Schulze zur Wiesche, Dieter, (Rechtsprechung) Rechtsprechung des Bundesfinanzhofs der letzten zwei Jahre zur Personengesellschaft, in: FR 1987, S. 216-224.

Schulze zur Wiesch, Dietrich W., (Stille Reserven) Stille Reserven im Jahresabschluß der Einzelkaufleute und Personenhandelsgesellschaften, in: ZfbF 1987, S. 219-227.

Schwichtenberg, Knut, (Verselbständigung) Stärkere Verselbständigung der Personengesellschaft, in: WPg 1985, S. 225-229.

Staub, Hermann, (HGB-Großkommentar) Handelsgesetzbuch Großkommentar, neubearbeitet von: Brüggemann/Canaris/Fischer/ Hehn/Ratz/Schulze-Osterloh/Schilling/Ulmer/Würdinger/Röhricht, 2. Band/1. Halbband, Berlin 1973, 2. Band/2. Halbband, Berlin 1970.

Steinbach, Klaus, (Entnahmerecht) Das betriebswirtschaftliche Entnahmerecht bei Personengesellschaften, Diss. Berlin 1974.

Stollenwerk, Arnd, (Steuerbilanz) Steuerbilanz und Steuerbilanzpolitik auf der Grundlage der Handelsbilanz neuen Rechts, in: DB 1987, S. 1053-1059.

Streck, Michael, (Zwischenbilanz) Zwischenbilanz der Rechtsentwicklung nach dem Geprägebeschluß des Großen Senats, in: DStR 1986, S. 3-8.

Thiel, Rudolf, (Funktion) Funktion und Gehalt der Sonderbilanzen der Gesellschafter bei der Besteuerung der Gewinne aus einer Personengesellschaft, in: FR 1974, S. 333-336.

Tipke, Klaus/Kruse, Heinrich Wilhelm, (AO) Abgabenordnung, Loseblattausgabe Köln 1965, 12. Aufl., 1986.

Ulmer, Peter, (Mitwirkung) Die Mitwirkung des Kommanditisten an der Bilanzierung der KG, in: Fischer, Robert u.a. (Hrsg.), Strukturen und Entwicklungen im Handels-, Gesellschafts- und Wirtschaftsrecht, Festschrift für Wolfgang Hefermehl zum 70. Geburtstag, München 1976, S. 207-224.

Vogt, Fritz J., (Bilanztaktik) Bilanztaktik - Wahlrechte des Unternehmens beim Jahresabschluß, 6. Aufl., Heidelberg 1963.

von Wallis, Hugo/Heinicke, Wolfgang, (Besteuerung) Besteuerung der Personen- und Kapitalgesellschaften, 3. Aufl., Heidelberg 1978.

Wacker, Wilhelm (Hrsg.), (Lexikon) Lexikon der deutschen und internationalen Besteuerung, 2. Aufl., München 1982.

Wagner, Franz/Dirrigl, Hans, (Steuerplanung) Die Steuerplanung der Unternehmung, Stuttgart 1980.

Wasmer, Claudius, (Zweifelsfragen) Zweifelsfragen bei der Aufteilung des Einheitswertes des Betriebsvermögens von Personengesellschaften, in: BB 1986, S. 2177-2180.

Westermann, H. (Hrsg.), (Handbuch) Handbuch der Personengesellschaften, Loseblattausgabe, Köln 1967/78, 3. Aufl., 1980.

Wild, Jürgen, (Unternehmensplanung) Grundlagen der Unternehmensplanung, 4. Aufl., Opladen 1982.

Wittmann, Waldemar, (Unternehmung) Unternehmung und unvollkommene Information, Köln - Opladen 1959.

Woerner, Lothar, (Mitunternehmerbegriff) Mitunternehmerbegriff und Bilanzbündeltheorie bei der Gewerbesteuer, in: BB 1974, S. 592-598.

Woerner, Lothar, (Tragweite) Die Tragweite des Beitragsgedankens des § 15 Abs. 1 Nr. 2 EStG, in: DStZ/A 1977, S. 299-310.

Woerner, Lothar, (Mitunternehmer) Die Besteuerung der Mitunternehmer, in: DStZ/A 1980, S. 203-208.

Wöhe, Günter, (Einführung) Einführung in die allgemeine Betriebswirtschaftslehre, 15. Aufl., München 1984.

Wöhe, Günter, (Bilanzierung) Bilanzierung und Bilanzpolitik, 7. Aufl., München 1987.

Woltmann, Albrecht, (Bilanz) Die Bilanz der Personenhandelsgesellschaft an der Schwelle des Bilanzrichtlinien-Gesetzes, in: WPg 1985, S. 245-251; 275-279.

Zimmermann, Reinar/Reyher, Ulrich/Hottmann, Jürgen, (Personengesellschaft), Die Personengesellschaft im Steuerrecht, Achim 1987.

VERZEICHNIS DER VERWENDETEN URTEILE, BESCHLÜSSE UND VERWALTUNGSANWEISUNGEN

BFH-U v. 30.11.51 II ZR 109/51, in: BGHZ Bd. 4, S. 108-123.
BFH-U v. 25.3.66 VI 313/65, in: BStBl 1966 III, S. 487 f.
BFH-U v. 15.11.67 IV R 139/67, in: BStBl II 1968, S. 152-161.
BFH-U v. 21.12.72 IV R 53/72, in: BStBl II 1973, S. 298-303.
BFH-U v. 29.3.73 IV R 158/68, in: BStBL II 1973, S. 489-493.
BFH-U v. 4.6.73 IV R 26/68, in: BStBl II 1973, S. 866-868.
BFH-U v. 29.8.73 I R 26/71, in: BStBl II 1974, S. 62 f.
BFH-U v. 15.10.75 I R 16/73, in: BStBl II 1976, S. 188-190.
BFH-U v. 24.1.80 IV R 156-157/78, in: BStBl II 1980, S. 271-275.
BFH-U v. 6.11.80 IV R 182/77, in: BStBl II 1981, S. 220-223.
BFH-U v. 28.11.80 VI R 193/77, in: BStBl II 1981, S. 368-371.
BFH-Beschluß v. 11.12.80 IV R 91/76, in: BStBl II 1981, S. 310- 314.
BFH-U v. 27.5.81 I R 112/79, in: BStBl II 1982, S. 192-197.
BFH-U v. 24.11.82 I R 51/82, in: BStBl II 1983, S. 365-367.
BFH-U v. 23.6.83 IV R 192/80, in: BStBl II 1983, S. 725-728.
BFH-U v. 7.7.83 IV R 209/80, in: BStBl II 1984, S. 53 -56.
BFH-Beschluß v. 25.6.84 GrS 4/82, in: BStBl II 1984, S. 751-770.
BFH-U v. 31.1.85 IV R 130/82, in: BStBl II 1985, S. 395-398.
BFH-U v. 17.4.85 I R 101/81, in: BStBl II 1985, S. 510-513.
BFH-U v. 20.6.85 IV R 36/83, in: BStBl II 1985, S. 654-655.
BFH-U v. 12.11.85 VIII R 286/81, in: BStBl II 1986, S. 55-58.
BFH-U v. 14.11.85 IV R 63/83, in: BStBl II 1986, S. 58 -60.
BFH-U v. 6.5.86 VIII R 300/82, in: BStBl II 1986, S. 891-894.
BFH-U v. 7.8.86 IV R 137/83, in: BStBl II 1986, S. 910-913.
BFH-U v. 17.3.87 VIII R 293/82, in: BStBl II 1987, S. 558-561.
BFH-U v. 7.4.87 VIII R 259/84, in: BStBl II 1987, S. 766-768.
BGH-U v. 27.9.79 II ZR 31/78, in: DB 1979, S. 2480.
BGH-U v. 20.6.83 II ZR 85/82, in: DB 1983, S. 1864-1866.
BGH-U v. 11.11.85 II ZR 35/85, in: BB 1986, S. 772 f.
Bay OLG Beschluß v. 20.11.86 BReg. 3 Z 107/86, in: BB 1987, S. 711-714.

FG-U Hamburg v. 24.4.85 I 233/81, in: EFG 1986, S. 12.

BMF v. 20.12.77 IV B 2 - S2241-231/77, (Mitunternehmererlaß) Schreiben betr. Besteuerung der Mitunternehmer von Personengesellschaften, in: BStBl I 1978, S. 8-16.

BMF v. 8.5.81 IV B 2 - S2241-102/81, Schreiben betr. Zweifelsfragen des § 15a EStG, in: BStBl I 1981, S. 308-310.

BMF v. 24.6.87 IV A 5 - S0430-9/87, Betr.: Auskunft mit Bindungswirkung nach Treu und Glauben (verbindliche Auskunft), in: BStBl I 1987, S. 474.

Stichwortverzeichnis

www.ingramcontent.com/pod-product-compliance
Lightning Source LLC
LaVergne TN
LVHW081359011026
849161LV00013BA/2856